计算机基础实践与创新

主　编　杨玉强　董本清
副主编　高丽娜　韩丽艳　刘维学
　　　　逄　靓　李国栋

北京理工大学出版社
BEIJING INSTITUTE OF TECHNOLOGY PRESS

内容简介

本书系统介绍了计算机的基础知识及基本操作，将计算机基础能力培养、思想政治教育引导和创新能力引导融入整个内容中。全书共分 8 个项目模块，软件部分采用最新的 Windows 10 +WPS Office 2019，内容包括计算机与信息技术基础、计算机系统的基本组成和基本工作原理、计算机操作系统、办公软件——WPS 文字、办公软件——WPS 表格、办公软件——WPS 演示、计算机网络与 Internet、计算机新技术及应用等。

本书参考了全国计算机技术与软件专业技术资格（水平）考试大纲的要求，采用基于工作需求的项目模块设计，将每个项目模块分成若干具体实践任务，通过知识点的学习和任务实操的训练达到理论学习与实践训练的统一，还为每一项目模块设计了创新实践训练内容、巩固练习、职业素养拓展和思政引导，最后为学生设计了自我评价和学习总结，能够满足“学习兴趣激发、知识体系构建、实践能力训练、职业素养提升、创新能力养成和思想政治教育”六大需求。

本书可作为职业本科、应用型本科院校计算机类相关专业教材或参考书，也可供高等职业专科院校教师及企事业单位管理人员培训使用。

图书在版编目（CIP）数据

计算机基础实践与创新 / 杨玉强，董本清主编. --北京：北京理工大学出版社，2023.4
ISBN 978-7-5763-2302-3

Ⅰ. ①计…　Ⅱ. ①杨…　②董…　Ⅲ. ①电子计算机　Ⅳ. ①TP3

中国国家版本馆 CIP 数据核字（2023）第 069647 号

出版发行 / 北京理工大学出版社有限责任公司
社　　址 / 北京市海淀区中关村南大街 5 号
邮　　编 / 100081
电　　话 / （010）68914775（总编室）
　　　　（010）82562903（教材售后服务热线）
　　　　（010）68944723（其他图书服务热线）
网　　址 / http://www.bitpress.com.cn
经　　销 / 全国各地新华书店
印　　刷 / 河北盛世彩捷印刷有限公司
开　　本 / 787 毫米×1092 毫米　1/16
印　　张 / 19.25
字　　数 / 499 千字
版　　次 / 2023 年 4 月第 1 版　2023 年 4 月第 1 次印刷
定　　价 / 98.00 元

责任编辑 / 时京京
文案编辑 / 时京京
责任校对 / 刘亚男
责任印制 / 李志强

前 言

随着信息技术的不断发展，计算机已经成为人们日常工作和生活的必备工具。计算机技术在科研、军事、经济和生活的各个领域得到了广泛且深入的应用，对生产和生活产生了巨大而深远的影响，在提高生产效率、提升生活质量上都有重要意义。掌握计算机的基本操作技能，学会利用计算机作为工具去解决实际问题，已经成为大学生必备能力之一。

二十大报告指出：要坚持教育优先发展、科技自立自强、人才引领驱动，加快建设教育强国、科技强国、人才强国，坚持为党育人、为国育才。为探索出更丰富的学生成人成才之法，与知名企业东软教育科技集团协同创新编写了《计算机基础实践与创新》。本教材依据“岗课赛证融通”的设计理念，不仅进行了“知行合一”的“任务实践训练”“创新实践训练”“职业素养拓展”设计，还通过“思政引导”内容的设计，引领学生进行价值观的塑造和人格的养成，旨在深化教材专创融合和思政教育改革，为国家培养创新型人才贡献力量。

《计算机基础实践与创新》是高等院校计算机类相关专业的计算机基础能力培养和创新能力引导的专用教材，汇聚作者多年一线教学经验与教学改革成果，是与知名企业东软教育科技集团协同完成的校企合作特色教材。

- 内容结构设计独特

本书基于成果导向的项目模块设计，每个项目模块由若干实践任务构成，每项任务包括若干知识点和任务实操；每一项目模块设计了创新实践训练内容和巩固练习，还针对每一项目模块设计了职业素养拓展和思政引导，最后为学生设计了自我评价和学习总结，能够满足“学习兴趣激发、知识体系构建、实践能力训练、职业素养提升、创新能力养成和思想政治教育”六大需求。

本书的内容共分 8 个项目模块：

项目模块一：计算机与信息技术基础，包括了解计算机发展历程、了解科学思维、了解计算机中信息的表示 3 个任务。

项目模块二：计算机系统的基本组成和基本工作原理，包括了解计算机系统的基本组成、微型计算机系统的组成、微型计算机的主机系统、微型计算机的外部设备、计算机软件、指令和指令系统 6 个任务。

项目模块三：计算机操作系统，包括操作系统概述、Windows 10 操作系统 2 个任务。

项目模块四：办公软件——WPS 文字，包括编辑文字、设置文本格式、图文混排、制作表格、页面布局及文档打印 5 个任务。

项目模块五：办公软件——WPS 表格，包括输入与编辑数据、数据计算、插入图表、数据管理与分析 4 个任务。

项目模块六：办公软件——WPS 演示，包括编辑与设置演示文稿、设置幻灯片动画效果、放映演示文稿 3 个任务。

项目模块七：计算机网络与 Internet，包括计算机网络概述、计算机网络的组成和分类、网络传输介质和通信设备、TCP/IP 协议、Internet 概述及应用 5 个任务。

项目模块八：计算机新技术及应用，包括云计算、大数据、人工智能、物联网、移动互联网、区块链、工业互联网、其他技术 8 个任务。

- 校企合作特色教材

本书引入企业的最新人才需求和标准，基于 OBE 模式精简理论设计，精心编排思政教育引导，精选创新案例确保创新引导和实践训练，在基于工作需求的项目中实现实践与创新能力的突破；能够引导学生自觉应用计算思维来解决专业和实际应用问题，教会学生学会创新思考，打开学生创新的大门，为职业能力培养打下坚实的基础。

本书按照应用型创新人才培养的特点，从计算机在企业应用的实际出发，以“夯实知识基础，面向企业应用，培养创新思维，夯实实践训练”为目标，具有概念清晰、系统全面、精讲多练、实用性强、突出技能培训、创新引导和思政引领等特点。本书可作为职业本科、应用型本科院校、高等职业专科院校及成人高校计算机类相关专业的计算机基础教材，也可供相关培训班以及企业管理人员使用。

编　者

2022 年 9 月

目　　录

项目模块一

计算机与信息技术基础

计算机的诞生开启了人类信息时代的序幕。计算机作为20世纪诞生的最先进的科学技术发明之一，以其强大的生命力迅速从最初的军事科研应用扩展到社会的各个领域。因此，掌握计算机的基本操作技能，学会利用计算机作为工具去解决实际问题，已经成为各行业对所需人才的基本要求之一。

【项目目标】

本项目模块将通过3个任务来介绍计算机与信息技术的基础知识，包括了解计算机发展历程、了解科学思维、认识计算机中信息的表示等，为后面的学习和实践打下坚实基础。

任务一 了解计算机发展历程

☑**任务目标**：了解计算机的诞生过程、计算机的5个发展阶段、计算机的发展趋势；认识计算机的特点、分类和具体应用。

知识点1　早期的计算工具

(1) 原始人类的计数。

人类使用工具进行计算的历史可以追溯到原始人的手指计算、石头计数、木棍计数、结绳计数、刻痕计数等方式。奇普计数的方式，以单条绳上的结数数量及位置进行组合记录：从视觉上分辨结数（绕圈数）表示从 1 到 9 的数字，“0”则用空位代替，十、百、千等量级则以单独绳结依次在绳上的位置表示，如图 1.1 所示。若一条绳底部为 6 结，中部为 3 结，顶部为 2 结，则该条绳表示的数字为 236。

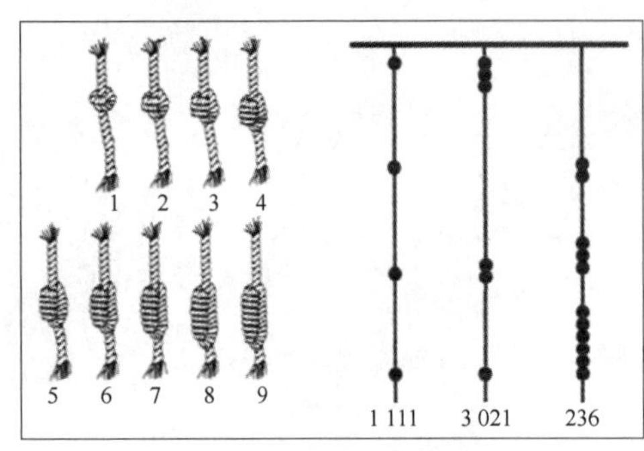

图 1.1　奇普结绳计数

奇普（Quipu 或 Khipu）是古代美洲安第斯山脉印加人的一种结绳记事方法，用来计数或者记录历史。奇普结绳通过绳子材料的种类、整体顺序排列、打结方式、绳子的颜色等表示不同的含义，堪称世界上唯一的“立体文字”，这种结绳记事方法已经失传。

随着人类对实际计算的需要，人们又用不同的语言符号表示不同的数字，并逐渐形成了相应的计数系统。早期的计数系统一共有 7 种，分别是古埃及象形数字、古巴比伦楔形数字、中国甲骨文数码、古希腊阿提卡数字、中国筹算数码、印度婆罗门数字和玛雅数字。

（2）中国甲骨文。

甲骨文又称“契文”“甲骨卜辞”“殷墟文字”或“龟甲兽骨文”。中国甲骨文数码是指我国商代（约公元前 1600—约公元前 1046 年）刻于兽骨与龟甲上的数码。甲骨文数码符号是结绳记数的象形。中国甲骨文数码与现代数字对照如图 1.2 所示。商代甲骨文已形成完整的十进制系统，其中的十、百、千、万的倍数，在甲骨文中都是用两个单数字合写在一起的“合文”。

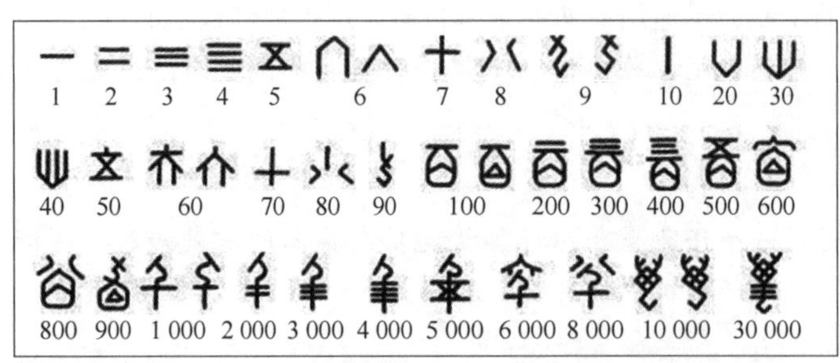

图 1.2　中国甲骨文数码与现代数字对照

甲骨文除了采用合文表示数字，还采用析文表示。2017 年 11 月 24 日，甲骨文顺利通过联合国教科文组织世界记忆工程国际咨询委员会的评审，成功入选《世界记忆名录》。

（3）中国的筹算数码。

筹算数码常指中国从汉代筹算至明代商业所用的数字，是人类最重要、最常用的数字之一。汉代（公元前 206—公元 220 年）广泛采用算筹作为计算工具进行计算，其计算方法称为筹算法。已出土的算筹材料有竹制、木制、骨制、玉制、象牙制等。

筹算法中用算筹表示数，筹算数码有横式和纵式两种，具体如图 1.3 所示。筹算数码的特点是只用横纵 18 个符号，通过位值制就可表示出任何数，与现代通用的十进制计数法完全一致。具体计数时个位数用纵式，十位数用横式，以后纵横相间，遇零留空位，例如 20 856 的计数如图 1.4 所示。

在汉代，由于商业经济的迅速发展，为了确保账目中的数字难以更改或出差错，防止腐败，又创造了会计体数字，沿用至今。会计体数字即今天在财政及银行系统中还在普遍使用的大写数字，也是目前所见的常用最繁的数字，现排列如图 1.5 所示。

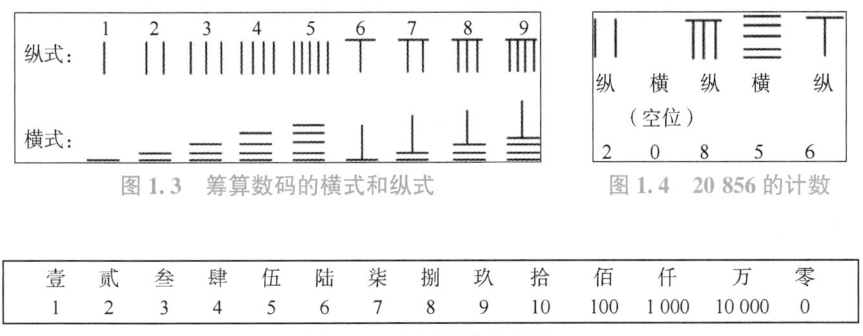

图 1.3　筹算数码的横式和纵式　　图 1.4　20 856 的计数

壹	贰	叁	肆	伍	陆	柒	捌	玖	拾	佰	仟	万	零
1	2	3	4	5	6	7	8	9	10	100	1 000	10 000	0

图 1.5　常用最繁的数字

（4）中国的珠算盘。

算筹操作简单，念歌诀摆弄算筹，计数既直观又形象。后来，为了在摆弄时更加方便，算筹由圆柱形变为方形。但单纯形状上的改变还是不能解决进行复杂运算时，算筹摆弄的繁乱和不便的问题。因此，对算筹的进一步改变迎来了珠算盘的萌芽，到南北朝时珠算盘已定型。珠算盘利用进位制记数，算盘本身存贮数字，打算盘的人只要熟记“三下五去二”运算口诀，就足以胜任绝大多数的账面工作，可以边算边记录结果，进行加减运算时比用电子计算器还快。

由于珠算盘结构简单，节省空间，携带方便，操作迅速，价格低廉，在我国的经济发展中长期发挥着重要作用，是电子计算器出现以前我国最受欢迎、使用最普遍的一种计算工具。因为打算盘既动手指又动脑，现在珠算盘已经成为开发儿童智力潜能与思维能力的一种教具。

以上介绍的这些计算工具都是通过利用某种物体来代表数值，并通过对物体的机械操作进行计算。

知识点 2　近代的计算工具

近代科学对计算工具使用的便捷性、计算的速度、计算的精度等都提出了新的要求，出现了以下几种常见的计算工具。

（1）比例规。

比例规又叫扇形圆规，是意大利天文学家、力学家、哲学家、物理学家和数学家伽利略·伽利雷（Galileo Galilei，1564—1642）在 1597 年左右发明的，用于计算、考古绘图或绘画设计。它的外形像圆规，两脚上各有刻度，可任意开合，是利用比例的原理进行乘除比例等计算的工具。淘宝在售的比例规如图 1.6 所示。该仪器还可用于以缩小或放大的比例复制图纸，将线和圆分成相等的部分，快速准确地解决困难的测量问题，计算没有尺度的地图上的距离等。

（2）纳皮尔筹。

纳皮尔筹是苏格兰数学家约翰·纳皮尔（John Napier，1550—1617）于 1612 年发明的。它是由十根木条组成的，每根木条上都刻有数码，右边第一根木条是固定的，其余的都可根据计算的需要进行拼合或调换位置。格子乘法的实质就是把多位数乘法问题拆分为若干一位数的乘法和加法问题，纳皮尔只不过是把格子乘法里填格子的工作事先做好而已。清华大学科学博物馆藏品纳皮尔和他的纳皮尔筹如图 1.7 所示。

图 1.6　比例规

图 1.7　纳皮尔与他的纳皮尔筹

（3）计算尺。

计算尺（Slide Rule）是根据对数原理制成的一种计算工具，能进行乘、除、乘方、开方、三角函数及对数等的运算，是一种模拟计算器；通常由三部分组成，包括上下固定的直条（上下定尺）、中间滑动的直条（滑尺）、透明滑动的窗口（游标，中间有一条细线“发线”用于对齐刻度）。在 1970 年之前使用广泛，之后被电子计算器所取代。清华大学科学博物馆藏品计算尺如图 1.8 所示。

（4）加法器。

1642 年，法国数学家布莱士·帕斯卡（Blaise Pascal，1623—1662）为了帮助整天忙着计算税率、税款的父亲，发明了世界上第一台机械计算机——加法器。帕斯卡和他的加法器如图 1.9 所示。这台盘式手摇计算机只能进行简单的加减运算。但加法器首次确立了计算机器的概念，成了计算工具变革的起点。这是世界上第一款不需要知道原理、口诀等就能直接使用的计算工具，虽然只能做加减法，但计算过程不再依赖人的大脑。人们从它的发明中得到启迪：纯机械装置可代替人的思考过程和记忆过程。

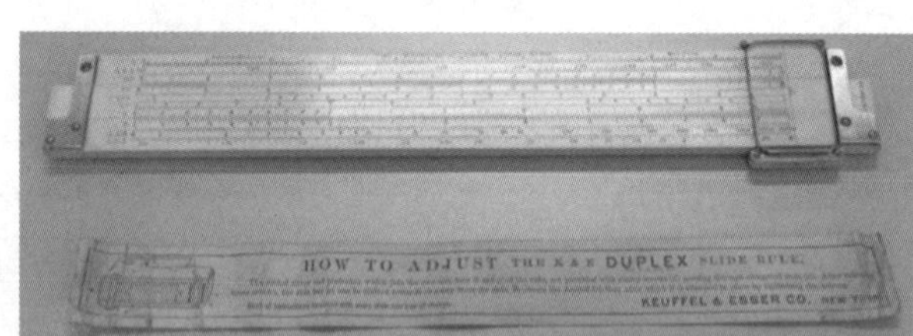

图 1.8　计算尺

图 1.9　帕斯卡和他的加法器

（5）乘法器。

1674 年，戈特弗里德·威廉·莱布尼茨（Gottfried Wilhelm Leibniz，1646—1716）制造出一个长 1 米的“乘法器”——莱布尼茨转轮，因为增加了一个“步进轮”，解决了进位和连续计算的问题，已经能够完全掌握四则运算规则，自动进行加减乘除。莱布尼茨和他的乘法器如图 1.10 所示。帕斯卡加法器和莱布尼茨乘法器是手摇计算机的雏形，但由于是纯手工制造的，仍无法满足工业发展的巨大需求。

（6）差分机。

1819 年，英国科学家查尔斯·巴贝奇（Charles Babbage，1792—1871）设计出“差分机”，并于 1822 年制造出可动模型，制作了差分机 1 号的七分之一，如图 1.11 所示。这台机器能够提高乘法速度和改进对数表等数字表的精确度。

图 1.10 莱布尼茨和他的乘法器

图 1.11 巴贝奇与差分机 1 号（已完成的七分之一）

1834 年，巴贝奇提出了分析机，分析机模型如图 1.12 所示。

1847 年到 1849 年，巴贝奇运用了开发分析机得到的心得，重新设计了差分机 2 号。巴贝奇的差分机和分析机的设计超出了他所处的时代至少一个世纪。差分机设计闪烁出了程序控制的灵光——它能够按照设计者的旨意，自动处理不同函数的计算过程，为现代计算机设计思想的发展奠定基础。为了纪念巴贝奇的伟大贡献，1985 年至 1991 年，伦敦科学博物馆依照巴贝奇的图纸，用 6 年的时间打造了一台完整的差分机 2 号。这台巨大的机械计算机，长 3.35 米，高 2.13 米，有 4 000 多个零件，重 2.5 吨，能够完美地实现巴贝奇设计的所有功能，如图 1.13 所示。

图 1.12 分析机模型

图 1.13 伦敦科学博物馆重建的差分机 2 号

拓展阅读

世界上首位程序员是奥古斯塔·爱达·拜伦（Augusta Ada Byron，1815—1852），她对计算机的预见超前了一个世纪。1842 年，爱达把法国工程师费德里科·路易吉（Federico Luigi，1809—1896）发表的关于巴贝奇分析机的理论和性能的文章由法文译成英文，并在其中加入她的许多注释。在注释中，爱达描述了分析机如何进行编程，最早给出计算机程序设计的许多想法。为了纪念爱达，在 1980 年 12 月 10 日，美国国防部制作了一个新的编程语言——Ada；美国国防部标准局以她的生日设立了一个编号 MIL-STD-1815；微软的产品里也可以找到爱达的全息图标签；英国计算机公会每年都颁发以爱达为名的奖项。

（7）手摇计算机。

1874 年，在俄国工作的瑞典发明家奥德涅尔（Willgodt Theophil Odhner，1845—1905）制造了手摇计算机，这是一种齿数可变的齿轮计算机。“奥德涅尔轮”就是凸齿上有 9 个齿数可变的用于置数的轮子，代替了莱布尼兹的阶梯形轴。奥德涅尔与他的“奥德涅尔轮”模型如图 1.14 所示。

在之后的一个多世纪里，这种手摇计算机的改进机型一直是最流行的计算设备。“菲利克斯”手摇计算机正是“奥德涅尔”手摇计算机的改进机型。清华大学科学博物馆收藏的“菲利克斯”手摇计算机如图 1.15 所示。

图 1.14　奥德涅尔与他的“奥德涅尔轮”模型

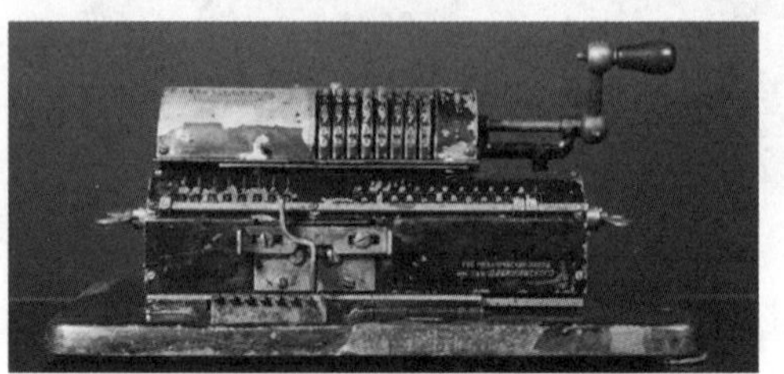
图 1.15　“菲利克斯”手摇计算机

北京日报在《亲自撰写数学论文，他是清帝中的科技达人》中这样描述：在中国历代帝王中，康熙可谓是仅有的一位认真学习过西方天文、地理、数学、医药等各种学科的帝王，而且还主持推动了多项大规模的科学活动，对中西科技文化交流做出了巨大贡献。康熙的数学用具——铜镀金盘式手摇计算机，由清宫造办处依帕斯卡计算机的构造原理自制，利用其齿轮系统转动可进行加减乘除运算，如图 1.16 所示。这台计算机黑漆木盒的小抽屉中放着纳皮尔算筹一副。盘式计算机能进行加减乘除运算，如结合算筹还能进行平方、立方、开平方、开立方等运算，功能十分强大。

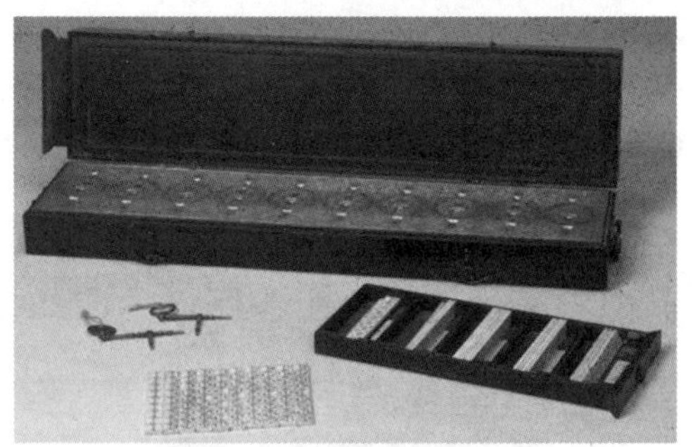
图 1.16　康熙的数学用具——铜镀金盘式手摇计算机

拓展阅读

原子弹是算盘打出来的？在“两弹一星”的研发过程中，由于条件艰苦、设备简陋、算力紧张，新中国第一代科学家利用“算盘+计算尺+手摇计算机+国产电子计算机”把理论变成现实，完成轰动世界的壮举。邓稼先领导研制中国第一颗原子弹时使用的手摇计算机如图 1.17所示。

1958 年，我国第一台电子计算机 103 型计算机问世。1959 年，104 型计算机问世，并成为我国科学家在研发“两弹一星”时使用的主力机型。中科院计算技术研究所研制的 104 型计算机如图 1.18 所示。关于“原子弹是算盘打出来的”这一说法，科学家们确实用过算盘、计算尺作为补充性的辅助工具，用于粗估，原子弹研发过程中的主要算力来自手摇计算机+国产电子计算机。

图 1.17　手摇计算机

图 1.18　国产 104 型计算机

知识点3　电子计算机的发展

随着人类对计算需求的不断提升，计算工具经历了由简单到复杂的演化，它们在不同的历史时期推动了科技的进步，当手动计算不能满足人类生产、生活需求时，现代电子计算机开始走入人们的视野。进入20世纪，电子技术、自动理论、数学科学的发展为现代计算机的发展提供了物质基础和理论依据。

3.1　电子计算机

（1）微分分析器。

1930年，美国科学家、工程师范内瓦·布什（Vannevar Bush，1890—1974）造出世界上首台模拟电子计算机——微分分析器。微分分析器采用一系列电机驱动，利用齿轮转动的角度来模拟计算结果，如图1.19所示。1945年他发表的论文《诚如所思》（As We May Think）中提出了微缩摄影技术和麦克斯储存器（memex）的概念，开创了数字计算机和搜索引擎时代。后来的鼠标、超文本等计算机技术的创造都源于该论文。布什对信息技术发展具有远见的先驱性人物，获得了“信息时代的教父”的美誉。

图1.19　微分分析器

（2）ABC计算机。

美国科学家约翰·文森特·阿塔纳索夫（John Vincent Atanasoff，1903—1995）与当时的物理系硕士生克利福德·贝瑞（Cifford Berry，1918—1963）一起开发的阿塔纳索夫-贝瑞计算机（Atanasoff-Berry Computer，通常简称ABC计算机），是世界上第一台电子计算机。约翰·文森特·阿塔纳索夫、克利福德·贝瑞，与放置在爱荷华州立大学Durham Center一楼的ABC计算机，如图1.20所示。

图1.20　约翰·文森特·阿塔纳索夫、克利福德·贝瑞与ABC计算机

阿塔纳索夫从1935年开始探索运用数字电子技术进行计算工作的可能性。在1937年开始设计，1939年与贝瑞一起造出了一台完整的样机。这台计算机是电子与电器的结合，电路系统中装有300个电子真空管执行数字计算与逻辑运算，机器使用电容器来进行数值存储，数据输入采用打孔读卡方法，还采用了二进位制。因此，ABC的设计中已经包含了现代计算机中四个最重要的基本概念，从这个角度来说它是一台真正现代意义上的电子计算机。ABC计算机不可编程，且非图灵完全，只能进行线性方程组的计算。ABC计算机是公认的计算机先驱，为今天大型机和小型机的发展奠定了坚实的基础。

（3）ENIAC。

1946 年 2 月，由美国军方定制的电子数字积分计算机“埃尼阿克”（Electronic Numerical Integrator and Computer，ENIAC）在美国宾夕法尼亚大学问世。埃尼阿克是美国物理学家约翰·莫奇利（John Mauchly，1907—1980）与美国电气工程师普雷斯伯·埃克特（J. Presper Eckert，1919—1995）借鉴并发展了阿塔纳索夫的思想，为美国奥伯丁武器试验场弹道计算而研制的世界第一台通用的电子计算机。这台计算机使用了 17 840 支电子管，大小为 80 英尺[①]×8 英尺，重达 28t（吨），功耗为 170 kW，其运算速度为每秒 5 000 次的加法运算，造价约为 487 000 美元。莫奇利和埃克特与他们的 ENIAC 如图 1. 21 所示。

图 1. 21　莫奇利和埃克特与他们的 ENIAC

第一台计算机 ENIAC 没有采用二进制操作和存储程序控制，不具备现代电子计算机的主要特征。

1945 年 3 月，冯·诺依曼领导的小组发表了“存储程序（stored-program）”方式的“离散变量自动电子计算机方案”EDVAC（Electronic Discrete Variable Automatic Computer）宣告了现代计算机结构思想的诞生，该方案至今仍为计算机设计者所遵循，冯·诺依曼也因此被称为“计算机之父”。

冯诺依曼对计算机最大的贡献在于“存储程序控制”概念的提出和实现。“存储程序”方式的基本思想是：必须将事先编好的程序和原始数据送入主存后才能执行程序，一旦程序被启动执行，在不需操作人员干预下，计算机能自动完成逐条指令取出和执行的任务。通常把符合“存储程序控制”的计算机统称为冯·诺依曼型计算机。

3. 2　计算机发展的 5 个阶段

计算机的前 4 代主要电子器件相继使用了真空电子管、晶体管、中小规模集成电路和大规模、超大规模集成电路。每一次更新换代都使计算机的体积和耗电量大大减小，功能大大增强，应用领域进一步拓宽。特别是体积小、价格低、功能强的微型计算机的出现，使得计算机迅速普及，进入了办公室和家庭，在办公室自动化和多媒体应用方面发挥了很大的作用。目前，小到微型机大到超级计算机的应用已扩展到社会的各个领域。

随着新一代计算机的研发，计算机已进入第 5 代智能计算机时代，采用了超大规模集成电路、光学元器件等元器件。1981 年，日本宣布要在 10 年内研制“能听会说、能识字、会思考”的第五代计算机，这个计划成为人类迈向第五代计算机的开端。第五代计算机是把信息采集、存储、处理、通信同人工智能结合在一起的智能计算机系统，具有推理、联想、判断、决策、学习等功能。第五代计算机的系统结构将突破传统的冯·诺依曼机器的概念，实现高度的并行处理。计算机发展的五个阶段如表 1. 1 所示。

表 1. 1　计算机发展的五个阶段

代别	划分年代	电子元器件	运算速度（指令数/秒）	硬件	软件	应用领域
第一代计算机	1946—1958	真空电子管	几千—几万	主存储器采用汞延迟线、阴极射线示波管静电存储器、磁鼓、磁芯；外存储器采用的是磁带	机器语言、汇编语言	军事和科学计算

① 1 英尺 = 0. 304 米。

续表

代别	划分年代	电子元器件	运算速度（指令数/秒）	硬件	软件	应用领域
第二代计算机	1958—1964	晶体管	几万至几十万	内存储器大量使用磁性材料制成的磁芯存储器，外存储器主要采用磁带、磁盘	高级程序设计语言、早期操作系统	除科学计算外，已应用于数据处理、过程控制
第三代计算机	1965—1970	中小规模集成电路	几十万至几百万	内存储器磁芯、半导体，外存储器主要采用磁带、磁盘	广泛使用操作系统，产生了分时、实时等操作系统和计算机网络	科学计算、数据处理、过程控制
第四代计算机	1971至今	大规模、超大规模集成电路	上千万至千万亿	内存储器采用半导体芯片，外存储器采用大容量磁盘、光盘等	可视化操作系统、数据库、多媒体、网络软件。微处理器和微型计算机获得飞速发展	广泛应用于工业、生活各个领域，并进入以网络为支撑的应用时代
第五代智能计算机	1981至今	超大规模集成电路，光学元器件等	亿亿	先进的微细加工和封装测试技术，砷化镓器件、约瑟夫森器件、光学器件、光纤通信技术以及智能辅助设计系统等	由问题求解与推理、知识库管理和智能化人机接口三个基本子系统组成	模拟人的智能和交流方式

拓展阅读

戈登·摩尔（Gordon Moore）是Intel公司的创始人之一。1965年，时任仙童半导体公司研究开发实验室主任的摩尔应邀为《电子学》杂志35周年专刊写了一篇题目是《让更多的元器件填满集成电路》的观察评论报告，对未来十年间半导体元件工业的发展趋势做出预言。这篇报告整理后形成摩尔定律：由于硅技术的不断改进，每18个月，集成度将翻一番，速度将提高一倍，而其价格将降低一半。实践证明摩尔定律的预测是基本准确的。

知识点4　计算机的发展趋势

计算机的发展趋势是微型化、巨型化、网络化、智能化。

（1）微型化。

微型化是指用高性能的VLSI（超大规模集成电路）来开发质量更可靠、性能更好、价格更低、整机更小、携带更方便的高度集成的微型计算机。一方面，随着微型处理器（CPU）技术的成熟，台式电脑、笔记本电脑、掌上电脑、平板电脑体积逐步微型化，成本更低，计算机操作系统也更加完善和便捷，计算机外部设备更趋于精细。另一方面，微型计算机已嵌入仪器、仪表、家用电器等小型仪器设备及工业控制过程，微型计算机也进入汽车领域，实现导航定位、汽车信息和故障专业诊断、网络功能、娱乐功能、安防功能等。

（2）巨型化。

巨型化是指运行速度更快、存储容量更大、功能更强、可靠性更高的计算机。巨型机又称超级计算机，由成百上千乃至更多的处理器组成，具有很强的计算和处理数据的能力，主要特点表现为高速度、大容量、能耗巨大，配有多种外部和外围设备及丰富的、高功能的软件系统。主要用于航空航天、气象学、核地质学、人工智能、生物工程等尖端科学技术领域和军事国防系统的研究开发。研制超级计算机的技术水平是衡量一个国家科学技术和工业发展水平的重要标志。

我国目前最具代表性的一批先进超算有神威太湖之光超级计算机（如图 1.22 所示）、天河二号、天河一号、神威 E 级原型机、神威蓝光计算机、曙光 5000A、深腾 X8800、星云、银河系列巨型机等。2022 年，在全球超算 Top500 当中，我国上榜的数量已经达到 173 台，上榜数量位居全球第一；而美国上榜的数量只有 126 台，位居第二。

图 1.22　神威太湖之光超级计算机

（3）网络化。

网络化是通过通信设备和传输介质将具有地理独立功能的不同计算机相互连接，在通信软件的支持下，按照网络协议相互通信，网络内的计算机之间实现软硬件资源共享、信息交换和协同工作。计算机网络逐步成为人们工作和生活不可或缺的工具，利用网络的宝贵资源，扩大计算机的使用范围，为用户提供方便、及时、可靠、广泛、灵活的信息服务，并能够与世界各地的人进行线上通信、网络交易和获取各类服务等。

（4）智能化。

智能化是指事物在计算机网络、大数据、物联网和人工智能等技术的支持下，所具有的能满足人的各种需求的属性。智能化是指使计算机具备类似于人类的感知能力、记忆和思维能力、学习能力、自适应能力和行为决策能力，能够进行“看”“听”“说”“想”“做”，即具备理解自然语言、声音、文字、图像的能力，具有说话能力，能够与人类用自然语言直接对话，能够进行思考、联想、推理得出结论，能够利用现有的知识和不断学习的知识，具有解决复杂问题、收集记忆、检索相关知识的能力。其中最有代表性的是各个领域的专家系统和机器人。

知识点 5　计算机的特点、分类和应用

计算机已经广泛应用于人们生活和工作的方方面面，在生产、生活、教育、科研等领域起着重要作用。

5.1　计算机的特点

计算机主要有以下 6 大特点：

（1）运算速度快：计算机的运算速度是指计算机在单位时间内执行指令的条数，一般以每秒能执行多少条指令来描述。当今计算机系统的运算速度已达到每秒万亿次，微机也可达每秒亿次以上，使大量复杂的科学计算问题得以解决。例如：卫星轨道的计算、导弹控制、大型水坝的计算等。

（2）计算精确度高：计算机的运算精度取决于采用机器码的字长（二进制码），字长由微处理器对外数据通路的数据总线条数决定，即常说的 32 位处理器、64 位处理器。字长越长，有效位数就越多，精度就越高。尖端科学技术的发展需要高度精确的计算。如导弹系统精准击中预定目标就需要计算机的精确计算。

（3）逻辑运算能力强：计算机不仅能进行精确计算，还具有逻辑运算功能，能对信息进行比较和判断。计算机能把参加运算的数据、程序以及中间结果和最后结果保存起来，并能根据判断的结果自动执行下一条指令以供用户随时调用。计算机逻辑运算能力可体现在情报的快速检索和资料的迅速分类等方面。

（4）存储容量大：计算机的存储器具有记忆特性，可以存储大量的信息，这些信息，不仅包括各类数据信息，还包括加工这些数据的程序。在存储时，计算机用 0 和 1 组成的符号存储数据，如果用一个 1TB 容量的硬盘存储 50 万字书的话，约可存储 100 万本，相当于一个中等规模的图书馆。

（5）自动化程度高：由于计算机具有存储记忆能力和逻辑判断能力，所以可以将预先编好的程序组纳入计算机内存，在程序控制下，计算机可以连续、自动地工作，不需要人的干预。微观上看就是计算机执行完一条指令之后，会根据程序计数器自动取下一条指令执行，这样周而复始，直至自动完成任务。自动执行程序功能是计算机最大的特点。

（6）普及率高：个人计算机是指一种大小、价格和性能适用于个人使用的多用途计算机。台式机、笔记本电脑到小型笔记本电脑和平板电脑以及超级本等都属于个人计算机。随着 5G 网络的成熟，居家办公、远程教育、线上交流、购物娱乐等应用日益普及，改变了人们原有的生活模式，让混合型办公、混合式学习、网上生活成为新常态。

5.2　计算机的分类

（1）按信息的处理方式分类。

按信息的处理方式分类可将计算机分为数字计算机、模拟计算机和混合计算机 3 种。

①数字计算机。

数字计算机处理的是非连续变化的数据，这些数据在时间上是离散的。计算机输入的是数字量，输出的也是数字量。模拟计算机处理和显示的是连续的物理量，数据用连续变化的模拟信号表示。模拟信号在时间上是连续的，通常称为模拟量，如电压、电流等。

②模拟计算机。

模拟计算机计算精度不高，主要用于过程控制和模拟仿真。模拟计算机通常都是专用计算机，在军事控制系统中被广泛地使用，如飞机的自动驾驶仪和坦克上的兵器控制计算机。

③混合计算机。

混合计算机是把模拟计算机与数字计算机联合在一起应用于系统仿真的计算机系统。数字计算机是串行操作的，运算速度受到限制，但运算精度很高；而模拟计算机是并行操作的，运算速度很高，但精度较低。把两者结合起来取长补短，适用于一些严格要求实时性的复杂系统的仿真。例如，在导弹系统仿真中，连续变化的姿态动力学模型由模拟计算机来实现，而导航和轨道计算则由数字计算机来实现。

（2）按照用途及其使用范围分类。

按照用途及其使用范围，可将计算机分为专用计算机和通用计算机。

①专用计算机。

专用计算机是为解决某一应用问题而专门设计的计算机，其结构简单、功能单一、经济快速、可靠性高，但适应性差。如军事系统、银行系统属专用计算机。

②通用计算机。

通用计算机是指通用性好、综合处理能力强，适用于各种领域的计算机，平时我们购买的品牌机、兼容机都是通用计算机。通用计算机配备较齐全的外部设备及软件，不但能办公，还能进行各类设计、查询资料、科学计算、数据处理等方面的广泛应用，具有较高的运算速度、较大的存储容量，适应性强。

（3）按照性能、规模和功能分类。

按照性能、规模和处理能力进行分类，可以将计算机分为微型机、小型机、中型机、大型机、超级计算机。

①微型机。

微型计算机简称微机，是应用最广泛的机型。普遍应用于学校教育、企业生产、公共管理、生活娱乐等方面。按结构与性能可以划分为单片机、单板机、个人计算机（PC 机）、网络计算机、工业控制计算机、嵌入式计算机等。

②小型机。

小型机是指采用精简指令集处理器，性能和价格介于 PC 服务器和大型主机之间的一种高性能 64 位计算机。国内业界习惯上说的小型机是指 UNIX 服务器，在服务器市场中处于中高端位置，具有高可靠性、高可用性、高服务性的特点。随着微型计算机的飞速发展，小型机有被微型机取代的趋势。

③中型机。

中型机就是价格低、规模小的大型计算机，中型机区别于 PC、服务器的特有体系结构，并且具有各制造厂商自己的专利技术，性能低于大型机，但是处理能力强，常用于中小型企业和公司。

④大型机。

大型机也称大型主机，具有很强的处理和管理能力，该类计算机也具有较高的运算速度，有较大的存储容量及较好的通用性，但价格昂贵。大型机追求的是稳定、可靠，主要用于商业管理系统；典型编程语言是 Cobol。积累了各个行业很多的非关系数据库，Cobol 程序之类无法移植的应用，维持了大型机的生存空间。通常被用来作为银行、铁路、公司、高校和科研院所等大型应用系统中的计算机网络的主机来使用。

⑤超级计算机。

超级计算机又称巨型机或高性能计算机，通常由数百数千甚至更多的处理器组成，能够执行一般个人电脑无法处理的大量资料与高速运算。超级计算机主要特点包含两个方面：极大的数据存储容量和极快速的数据处理速度。信息处理能力比个人计算机快一到两个数量级以上，它应用于密集计算、高速计算、海量数据处理等领域，诸如气象、空间技术、能源、医药等尖端科学研究和战略武器研制等。超级计算机典型编程语言是 Fortran、C。

拓展阅读

国家超级计算中心是由国家科技部批准成立的数据计算机构，是科技部下属事业单位。纳入国家超算中心序列的有九所：国家超级计算天津中心、国家超级计算广州中心、国家超级计算深圳中心、国家超级计算长沙中心、国家超级计算济南中心、国家超级计算无锡中心、国家超级计算郑州中心、国家超级计算昆山中心、成都超算中心。“神威太湖之光”超算由国家并行计算机工程技术研究中心研制，安装在国家超级计算无锡中心，该中心由清华大学管理运营。

5.3　计算机的应用

计算机从诞生开始一直在科研领域、军事领域起着重要的作用，随着计算机功能的不断完善和拓展，其应用已经深入社会的各个领域，在学习、生活、工作等方方面面对人类产生了深远的影响。

（1）科学计算（或数值计算）。

科学计算是指利用计算机再现、预测和发现客观世界运动规律和演化特征的全过程，是指利用计算机解决科学和工程中的数学问题进行的数值计算。利用计算机的高速计算、大存储容量和连续运算的能力，可以实现人工无法解决的各种科学计算问题。如高能物理、工程设计、地震预测、气象预报、航天技术等。由于计算机具有高运算速度和精度以及逻辑判断能力，因此出现了计算力学、计算物理、计算化学、生物控制论等新的学科。科学计算过程主要包括建立数学模型、建立求解的计算方法和计算机实现三个阶段。

（2）数据处理（或信息处理）。

数据处理是指对数值、文字、图表等信息数据进行收集、存储、整理、分类、统计、加工、利用、传播等一系列活动的统称。被广泛地应用于办公自动化，80%以上的计算机主要用于数据处理，这类工作量大面宽，是计算机应用的主导方向。数据处理的基本目的是从大量的、可能是杂乱无章的、难以理解的数据中抽取并推导出对于某些特定的人们来说是有价值、有意义的数据。数据处理是系统工程和自动控制的基本环节。数据处理贯穿于社会生产和社会生活的各个领域，如办公自动化、企事业计算机辅助管理与决策、情报检索、图书管理、电影电视动画设计、报表统计、账目计算等。

数据处理从简单到复杂经历了三个发展阶段：

①电子数据处理（Electronic Data Processing，EDP），它是以文件系统为手段，实现一个部门内的单项管理。

②管理信息系统（Management Information System，MIS），它是以数据库技术为工具，实现一个部门的全面管理，以提高工作效率。

③决策支持系统（Decision Support System，DSS），它是以数据库、模型库和方法库为基础，帮助管理决策者提高决策水平，改善运营策略的正确性与有效性。

（3）计算机辅助系统。

计算机辅助系统是指利用计算机来帮助设计人员进行工程设计，以提高设计工作的自动化程度，缩短设计周期、降低生产成本、节省人力物力，而且保证产品质量。目前，此技术已经在电路、机械、土木建筑、服装等设计中得到了广泛的应用。计算机辅助技术包括计算机辅助设计、计算机辅助制造、计算机辅助测试、计算机辅助教学等。

①计算机辅助设计（Computer Aided Design，CAD）。

计算机辅助设计是利用计算机系统辅助设计人员进行工程或产品设计，以实现最佳设计效果的一种技术。它已广泛地应用于飞机、汽车、机械、电子、建筑和轻工等领域。如在建筑设计过程中，可以利用 CAD 技术进行力学计算、结构计算、绘制建筑图纸等。

②计算机辅助制造（Computer Aided Manufacturing，CAM）。

计算机辅助制造是利用计算机系统进行生产设备的管理、控制和操作的过程。例如，在产品的制造过程中，用计算机控制机器的运行，处理生产过程中所需的数据，控制和处理材料的流动以及对产品进行检测等。将 CAD 和 CAM 技术集成，实现设计生产自动化，这种技术被称为计算机集成制造系统（CIMS）。它的实现将真正做到无人化工厂（或车间）。

③计算机辅助教学（Computer Aided Instruction，CAI）。

计算机辅助教学是利用计算机系统使用课件来进行教学。课件可以用多媒体创作工具或高级语言来开发制作，它能引导学生根据自己的兴趣和需求，利用碎片化时间循序渐进地进行自主学习。CAI 的主要特色是交互教育、个别指导和因材实施。

（4）过程控制（或实时控制）。

过程控制也称实时控制，是利用计算机及时采集检测数据，按最优值迅速地对控制对象进行自动调节或自动控制，如自动化生产流水线的控制等。采用计算机进行过程控制，不仅可以大大提高控制的自动化水平，而且可以提高控制的及时性和准确性，从而改善劳动条件、提高产品质量及合格率。过程控制已在机械、冶金、石油、化工、纺织、水电、航天等部门得到广泛应用。

（5）人工智能（或智能模拟）。

人工智能（Artificial Intelligence，AI）是指计算机能模拟人类的感知、推理、学习和理解等某些智能行为，实现自然语言理解与生成、定理机器证明、自动程序设计、自动翻译、图像识别、声音识别、疾病诊断等功能，并能用于各种专家系统和机器人构造等。现在人工智能的研究已取得不少成果，有些已开始走向实用阶段。例如，能模拟高水平医学专家进行疾病诊疗的专家系统，具有一定思维能力的智能机器人等。

人工智能的发展分为弱人工智能、强人工智能和超人工智能三个阶段。弱人工智能可以代替人力处理某一领域的工作，目前全球的人工智能水平大部分处于这一阶段，如超越人类围棋水平的阿尔法狗、智能手机、智能汽车等。强人工智能拥有和人类一样的智能水平，可以代替一般人完成生活中的大部分工作，是所有人工智能企业目前想要实现的目标。超人工智能是指机器像人类一样可以通过各种采集器、网络进行学习，每天自身会进行多次升级迭代，拥有完全超越人类的智能水平。

拓展阅读

英国数学家、逻辑学家、密码学家艾伦·图灵（Alan Turing，1912—1954），被称为计算机科学之父、人工智能之父。1936 年，图灵在《论数字计算在决断难题中的应用》的论文中，给“可计算性”下了一个严格的数学定义，并提出著名的“图灵机”（Turing Machine）设想。“图灵机”不是一种具体的机器，而是一种思想模型，可制造一种十分简单但运算能力极强的计算装置，用来计算所有能想象得到的可计算函数。“图灵机”与“冯·诺伊曼机”齐名，被永远载入计算机的发展史中。

1950 年 10 月，图灵又发表划时代之作——《机器能思考吗》，也正是这篇文章，为图灵赢得了“人工智能之父”的桂冠。著名的图灵测试：如果一个人（代号 C）使用测试对象皆理解的语言去询问两个他不能看见的对象任意一串问题。对象为：一个是正常思维的人（代号 B）、一个是机器（代号 A）。如果经过若干询问以后，C 不能得出实质的区别来分辨 A 与 B 的不同，则此机器 A 通过图灵测试，这台机器具有智能。

图灵还进一步预测称，到 2000 年，人类应该可以用 10 GB 的计算机设备，制造出可以在 5 分钟的问答中骗过 30% 成年人的人工智能。2014 年，俄罗斯人开发的聊天机器人软件尤金·古斯特曼号称是史上第一个通过图灵测试的人工智能。

（6）网络应用。

计算机网络是计算机技术与现代通信技术结合的产物，指将具有独立功能的多个计算机系统和设备，通过通信线路（如电缆、光纤、微波、卫星等）和通信设备把它们互相连接起来，按照一定的通信协议以实现系统资源共享、相互通信的信息网络系统。计算机网络的建立，不仅解决了一个单位内部、一个城市、一个国家、世界范围内计算机与计算机之间的通信和各种软、硬件资源的共享、传输与处理，还通过建立的通信进行各种商务活动、企业管理、沟通交流等。

（7）多媒体技术。

多媒体技术是指通过计算机对文字、数据、图形、图像、动画、声音等多种媒体信息进行综合处理和管理，使用户可以通过多种感官与计算机进行实时信息交互的技术。多媒体技术使计算机由办公室、实验室中的专用品变成了信息社会的个人使用的普通工具，广泛应用于工业生产管理、学校教育、旅游业、电子商业、休闲娱乐、餐饮服务等领域。

5.4 未来新一代的计算机

计算机的创新从未停止，从运行速度、存储容量、传输速度、能耗到体系结构、芯片性能、工作原理、器件及制造技术等方面进行创造性变革。未来计算机有可能在量子计算机、模糊计算机、神经网络计算机、生物计算机等研究领域取得重大突破。

（1）量子计算机。

量子计算机是一类遵循量子力学规律进行高速数学和逻辑运算、存储及处理量子信息的物理装置。当某个装置处理和计算的是量子信息，运行的是量子算法时，它就是量子计算机。量子计算机的概念源于对可逆计算机的研究。研究可逆计算机的目的是解决计算机中的能耗问题。量子计算机是一个广义的抽象概念，指的是通过利用量子力学的原理来实现计算的一种模型。光量子计算机是量子计算的一种物理实现方案。

光子计算机（或光量子计算机）是一种用光信号进行数字运算、信息存储和处理的新型计算机，运用集成光路技术，把光开关、光存储器等集成在一块芯片上制成集成光路，再用光导纤维连接成计算机，光子计算机通过对光子的量子操控及测量来实现计算。光子计算机消耗的能量和发热更少，可以大大提高信息的存储能力。未来有望解决密码破译、分子模拟、大数据处理等传统计算机难以解决的计算任务。

2017 年，中国科学技术大学潘建伟团队成功研制出世界上第一台超越早期经典计算机的光量子计算原型机。

2020 年，潘建伟团队成功构建了光量子计算原型机“九章”。在经过一系列的改进后，全球最快“超算”30 万亿年才能解出的问题，“九章二号”1 毫秒就能得出结果。

2021 年，超导量子计算原型机“祖冲之二号”，实现了对“量子随机线路取样”任务的快速求解，比目前最快的超级计算机快一千万倍，计算复杂度比谷歌的超导量子计算原型机“悬铃木”高一百万倍，使得中国首次在超导体系达到了“量子计算优越性”里程碑。

2020 年，金贤敏团队研制出一种基于非冯·诺依曼计算架构下的结合集成芯片、光子概念的光子计算机是“世界首台商用科研级专用光量子计算机”。

2021 年 2 月 8 日，中科院量子信息重点实验室的科技成果转化平台合肥本源量子科技公司，发布具有自主知识产权的量子计算机操作系统“本源司南”。实现了量子资源系统化管理、量子计算任务并行化执行、量子芯片自动化校准等全新功能，助力量子计算机高效稳定运行，标志着国产量子软件研发能力已达国际先进水平。

拓展阅读

上海交通大学金贤敏团队，长期聚焦光子芯片，将量子信息和光子信息芯片化与集成化。2018 年，金贤敏团队通过“飞秒激光直写”技术制备出节点数达 49×49 的芯片，是世界最大规模的三维集成光量子芯片，也是国内首个光量子计算芯片。2020 年，金贤敏团队又研制出一种基于非冯·诺依曼计算架构下的结合集成芯片、光子概念的光子计算机。2021 年 2 月国内首家光量子芯片及光量子计算公司——图灵量子成立于上海。图灵量子已发布的核心产品包括全系统集成的商用科研级专用光量子计算机——TuringQ Gen1、三维光量子芯片及超高速可编程光量子芯片等，自主研发的首款商用光量子计算模拟软件 FeynmanPAQS 弥补了当时国内光量子 EDA 领域技术和产品的空白。

（2）模糊计算机。

模糊计算机是专门用以处理模糊信息的电子计算机，属于第六代计算机。依照模糊理论，判断问题不是以是、非两种绝对的值或 0 与 1 两种数码来表示，而是取许多值，如接近、几乎、差不多及差得远等模糊值来表示。用这种模糊的、不确切的判断进行工程处理的计算机就是模糊计算机。模糊计算机是建立在模糊数学基础上的计算机。模糊计算机除具有一般计算机的功能外，其功能尽量接近人脑，全面具备人脑的学习、思考、判断和对话能力，可以立即辩识外界物体的形状和特征，甚至可帮助人从事复杂脑力劳动。把模糊计算机装在吸尘器里，可以根据灰尘量以及地毯的厚实程度调整吸尘器的功率。模糊计算机还能用于地震灾情判断、疾病医疗诊断、发酵工程控特、海空导航巡视等多个方面。

（3）神经网络计算机。

神经网络计算机是模仿人的大脑判断能力和适应能力、可并行处理多种数据功能，可以判断对象的性质与状态，并能采取相应的行动，而且可同时并行处理实时变化的大量数据，并引出结论的计算机，属于第六代计算机。神经网络计算机除有许多处理器外，还有类似神经的节点，每个节点与许多点相连。若把每一步运算分配给每台微处理器，它们同时运算，其信息处理速度和智能会大大提高。神经网络计算机的信息不是存储在存储器中，而是存储在神经元之间的联络网中。若有节点断裂，电脑仍有重建资料的能力，它还具有联想记忆、视觉和声音识别能力。

拓展阅读

2020 年，浙江大学联合之江实验室共同研制成功了我国首台基于自主知识产权类脑芯片的类脑计算机（Darwin Mouse）。这台类脑计算机包含 792 颗浙江大学研制的达尔文 2 代类脑芯片，支持 1.2 亿脉冲神经元、近千亿神经突触，与小鼠大脑神经元数量规模相当，典型运行功耗只需要 350~500 瓦，同时它也是目前国际上神经元规模最大的类脑计算机，如图 1.23 所示。与此同时，团队还研制了专门面向类脑计算机的操作系统——达尔文类脑操作系统（DarwinOS），实现对类脑计算机硬件资源的有效管理与调度，支撑类脑计算机的运行与应用。

图 1.23　类脑计算机 Darwin Mouse

(4) 生物计算机。

生物计算机也称仿生计算机，属于第六代计算机。主要原材料是生物工程技术产生的蛋白质分子，并以此作为生物芯片来替代半导体硅片，利用有机化合物存储数据。其生物电子元件是利用蛋白质具有的开关性，用蛋白质分子制成集成电路，形成蛋白质芯片、红血素芯片等。利用DNA化学反应，通过和酶的相互作用可以使某基因代码通过生物化学的反应转变为另一种基因代码可以作为输入数据，反应后的基因代码可以作为运算结果。生物计算机芯片既有自我修复功能，又可直接与生物活体结合，一种用生物分子元件组装成的纳米级计算机，将其植入人体能自动扫描身体信号、检测生理指标、诊断疾病并控制药物释放等。同时，生物芯片具有发热少、功能低、电路间无信号干扰等优点。

★★ 任务实操

图灵奖是计算机领域世界最高奖项，请查找获得图灵奖的科学家，选择其中一位进行100字以内的总结，并与同学进行分享。

任务二　了解科学思维

☑**任务目标：** 了解常见的科学思维，了解科学思维遵循的三个原则，了解科学思维的三大思维；能够有意识地运用科学思维和创新思维去分析问题、解决问题，培养科学思维素质，提升科学思维能力；尝试分析总结计算机使用过程中软件系统和硬件系统上的创新设计。

知识点6　科学思维

科学思维是指符合认识规律、遵循一定的逻辑规则，并能够达到正确认识结果的思维。科学思维是为了正确认识客观世界所具有的思辨模式和认识方法，它是连接实践与理论的桥梁。科学思维是人类智力系统的核心，是人类在学习、认识、操作和其他活动中所表现出来的理解、分析、比较、综合、概括、抽象、推理、讨论等所组成的综合思维。

科学思维的本质特点是正确性。如果不能正确地运用概念、判断进行推理，不能运用科学的思维方法，思维的结果往往是错误的，这就不是科学思维。科学思维是判断一件事情是否属实的系统性方法，这要优于传统方法、人们的惯性思维以及任何人的个人观点。在科学认识活动中，科学思维需要遵守三个基本原则：逻辑性原则、方法论原则、历史性原则。

6.1　逻辑性原则

逻辑性原则就是遵循逻辑法则，达到归纳和演绎的统一。科学认识活动的逻辑规则包括归纳逻辑、演绎逻辑以及归纳和演绎的统一。

(1) 从个别到一般的归纳思维。

归纳方法是从个别或特殊的事物概括出共同本质或一般原理的逻辑思维方法，它是从个别到一般的推理。其目的在于透过现象认识本质，通过特殊揭示一般。主要的归纳方法包括完全归纳法、简单枚举法和因果联系的归纳法。归纳思维例子：因为朋友张三直播带货赚钱了，所以直播带货可能赚到钱。

（2）从一般到个别的演绎思维。

演绎思维和归纳思维相反，是从一般到个别的推理。所谓演绎是根据一类事物都有的属性、关系、本质来推断该事物中个别事物也具有此属性、关系和本质的思维方法和推理形式。演绎推理把关于事物最一般、最本质、最普遍的规定作为逻辑出发点，按照事物本身的转化关系把事物联系完整地复制出来，使某一领域的科学知识结合成一个严密的体系，显示出建构知识体系的强有力的功能。演绎思维例子：绝大多数人直播带货都会赚钱，所以我能够在里面赚钱的概率较大。

（3）归纳和演绎的辩证统一。

归纳和演绎的客观基础是事物的个性与共性的对立统一。个性中包含共性，通过个性可以认识共性。同样，掌握了共性就能更深刻地了解个性。归纳和演绎之间是相互依存、相互渗透的，它们在科学认识中的主次地位是可以互相转化的。辩证统一例子：因为朋友张三直播带货赚钱了，所以觉得直播带货可能赚到钱，所以对直播带货做了详细的市场调研，经过市场调研后，确定直播带货可能赚到钱，但带货产品类型不同、平台不同成功的概率有所不同。

6.2 方法论原则

方法论原则就是在方法上要求辩证地分析和综合两种思维方法。分析与综合是抽象思维的基础方法，分析是把事物的整体或过程分解为各个要素，分别加以研究的思维方法和思维过程。只有对各要素首先做出周密的分析，才可能从整体上进行正确的综合，从而真正地认识事物。综合就是把分解开来的各个要素结合起来，组成一个整体的思维方法和思维过程。只有对事物各种要素从内在联系上加以综合，才能正确地认识整个客观对象。

（1）分析思维方法。

分析方法大体上有四个层次，即定性分析、定量分析、因果分析和系统分析，它是最基本的思维方法之一。

第一，明确分析内容。对事物或现象在空间分布上、时间发展上及对事物的各个因素、方面、属性等进行分析。第二，分析程序大体上包括解剖整体、研究部分、寻找联系。第三，把握分析要点。所谓分析要点，就是部分不同于整体的特征点以及部分与部分之间相互区别或相互联系的特征点。它常常是时空的分界点、状态的突变点、因素的区分点或联系点。

（2）综合思维方法。

综合思维是力求通过全面掌握事物各部分、各方面的特点及内在联系，并通过概括和升华，以事物各个部分、各个属性和关系的真实联结和本来面貌来复现事物的整体，综合为多样性的统一体。因此，综合不是简单的机械相加，而是紧紧抓住各部分研究成果之间的内在联系，从中把握事物整体的本质和规律，得出一个全新整体性的认识。培养和运用整体分析方法应把握从整体出发确定对象、从系统出发把握阶段、从全局出发进行决策。

（3）分析与综合辩证统一的思维。

分析思维与综合思维所关心和强调的角度不同，“认识了部分才能更好地认识整体”和“认识了整体才能更好地认识部分”是同一个原则的两个方面，整个认识过程应该是分析与综合的辩证结合过程。分析是综合的基础，综合是分析的前提。分析与综合不仅相互依存、相互渗透。人们要完整深刻地认识客观事物，就必然是一个反复运用分析与综合方法的过程，它是一个分析—综合—再分析—再综合的循环往复的过程。

6.3 历史性原则

历史性原则就是在体系上，实现逻辑与历史的一致，达到理论与实践的具体历史的统一。

历史性原则就是承认事物存在的暂时性和实际生活永恒的变动性，凭借时代的发展和历史条件的变化而不断地拓展自身的理论内容和理论形态。历史是第一性的，是逻辑的客观基础；逻辑是第二性的，是对历史的抽象概括。历史的东西决定逻辑的东西，逻辑的东西是从历史中派生出来的。逻辑和历史统一的原则，在科学思维中，特别是在科学理论体系的建立中有着重要意义。

科学思维不仅是一切科学研究和技术发展的起点，而且始终贯穿于科学研究和技术发展的全过程，是创新的灵魂。三大科学思维包括实证思维、逻辑思维、计算思维，科学思维与创新思维相辅相成，具有科学思维能力是创新型人才在思维方式、知识素养、实践能力上的综合体现。

知识点 7 实证思维

实证思维（Experimental Thinking）又称实验思维，是指通过观察、归纳为特征，通过实验、实践获取自然规律、事物规律的一种思维方法，以物理学科为代表。碰到一个具体的问题时，确定问题主题，结合自身实际情况有针对性地去学习，以观察和归纳为特征，借助某些特定的设备或方法，来获取数据并进行分析，提出自己的解决方案，然后积极实践，大胆试错，删减、修正方案中的错误或不足，快速迭代。

知识点 8 逻辑思维

逻辑思维（Logical Thinking）是指通过抽象概括，建立描述事物本质的概念，应用科学的方法探寻概念之间联系的一种思维方法，以数学学科为代表，以推理和演绎为特征，基于事实，探寻事物之间联系、发展的一种思维方法。

逻辑思维是人脑的一种理性活动，思维主体把感性认识阶段获得的对于事物认识的信息材料抽象成概念，运用概念进行判断，并按一定逻辑关系进行推理，从而产生新的认识。逻辑思维每一步必须准确无误，否则无法得出正确的结论。逻辑思维是分析性的，按部就班。逻辑思维要遵循逻辑规律，如同一律、矛盾律、排中律、充足理由律等规律，违背这些规律，思维就会发生偷换概念、自相矛盾、形而上学等逻辑错误，认识就是混乱和错误的。

知识点 9 计算思维

计算思维（Computational Thinking）又称构造思维，是指从具体的算法设计规范入手，通过算法过程的构造与实施，认知事物规律，解决给定问题的一种思维方法。它以设计和构造为特征，以计算机学科为代表。目前，国际上广泛使用的计算思维概念是由美国卡内基·梅隆大学周以真教授提出的，即计算思维是运用计算机科学的基础概念去求解问题、设计系统和理解人类行为的涵盖了计算机科学之广度的一系列思维活动。

计算思维的本质是抽象（Abstract）和自动化（Automation）。它反映了计算的根本问题，即什么能被有效地自动进行。计算是抽象的自动执行，自动化需要某种计算机去解释抽象。计算思维就是思维过程或功能的计算模拟方法论，其研究的目的是提供适当的方法，使人们能借助现代和将来的计算机，逐步实现人工智能的较高目标。诸如模式识别、决策、优化和自控等算法都属于计算思维范畴。

三大思维方法需要在实践中有意识地持续训练和体会，逐渐养成科学思维习惯，形成良好的科学思维素养，有助于促进良好的交流和素质的提升，有助于形成正确的世界观和方法论，有助于掌握认识和改造世界的思想武器，有助于正确地认识世界和改造世界，有助于我们在认识世界和改造世界的活动中少走弯路，有助于我们判断事实是否与理论相符合，有助于正确的科学理论的形成。总之，科学思维能够帮助我们综合运用各种科学思维方法，面对新情况，解决新问题，有所发现、有所创新、有所发明、有所创造。

知识点 10　科学思维与创新思维

创新思维（Innovative Thinking）指的是在科学研究过程中，形成一种不受或者较少受传统思维和范式的束缚，超越常规思维、构筑新意、独树一帜、捕捉灵感或相信直觉，用以实现科学研究突破的一种思维方式。创新思维的本质在于用新的角度、新的思考方法来解决现有的问题。创新思维的判定标准是提高工作质量、生活质量、工作效率、个人或产品竞争力，对经济、社会、技术、教育等产生有益的影响就是创新，创新不一定非得是全新的东西，“旧瓶子装新酒”“新瓶子装老酒”都是创新。进行创新思维要注意打破思维定式、思维惯性和思维封闭三大障碍。

科学思维与创新思维相辅相成，在科学研究的过程当中，我们需要创新，而创新的过程也需要遵守科学。创新思维用新颖独到的方法解决问题。通过这两种思维的结合，可以突破常规思维的界限，用非常规的方法和视角思考问题，提出有特色的解决方案，从而产生新颖、独特、具有社会意义的思维结果。

任务三

了解计算机中信息的表示

☑**任务目标**：理解计算机的存储与进制的含义，掌握常用数制及进制数之间的相互转换，掌握二进制数的运算，了解数值型数据的表示和处理，简单了解非数值型数据的表示和处理；能够熟练地进行常用进制数的转换计算，能够运用软件简单处理非数值型数据。

知识点 11　计算机中的数据及其单位

计算机是对各种信息进行自动、高速处理的机器。这些信息包括数字、字符、符号、表达式等，还可能是图像、图形、声音、视频、动画等多媒体信息，无论什么类型的数据，在计算机内部都是以二进制的形式存储、运算、处理和传输的。所以计算机需要将这些信息进行识别和处理，将其转换成计算机能够识别的二进制代码。在计算机内部本质上只存在高电压和低电压，一般可用高电压表示 1，用低电压表示 0。

在计算机内存储和运算时，通常要涉及的存储单位如下。

（1）基本储存单元。

位（bit，简记为 b，音为“比特”）：计算机中的数据都以二进制代码来表示，二进制代码只有“0”和“1”两个数码，采用多个数码（0 和 1 的组合）来表示一个数。其中每一个数码称为一位，是计算机存储的最小单位。如二进制数 10010011，占 8 位。

字节（Byte，简记为 B，音译为“拜特”）：计算机中数据存储的基本构成单位，每 8 位组成一个字节：1 Byte = 8 bit。各种信息在计算机中存储、处理至少需要一个字节。例如，一个 ASCII 码用一个字节表示，一个汉字用两个字节表示。

字（Word）：计算机进行数据处理时，一次存取、加工和传送的数据长度称为字。一个字通常由一个或多个（一般是字节的整数位）字节构成。例如 32 位计算机：1 字 = 32 位 = 4 字节；64 位计算机：1 字 = 64 位 = 8 字节，计算机的字长决定了其 CPU 一次操作处理实际位数的多少，由此可见计算机的字长越大，其性能越优越。

（2）存储容量的度量单位。

在计算机各种存储介质中，例如内存、硬盘、光盘、U 盘等，存储容量的表示不是位、字节和字，而是 KB、MB、GB 等，但这不是新的存储单位，而是基于字节换算的。

计算机存储单位的换算关系如表 1.2 所示。

表 1.2　计算机存储单位的换算关系

单位换算	单位拼写	单位名称
1 KB = 2^{10} B = 1 024 B	KiloByte，KB	千字节
1 MB = 2^{10} K = 1 024 KB = 2^{20} B	MegaByte，MB	兆字节
1 GB = 2^{10} M = 1 024 MB = 2^{30} B	GigaByte，GB	吉字节
1 TB = 2^{10} G = 1 024 GB = 2^{40} B	TeraByte，TB	太字节
1 PB = 2^{10} T = 1 024 TB = 2^{50} B	PetaByte，PB	拍字节
1 EB = 2^{10} P = 1 024 PB = 2^{60} B	ExaByte，EB	艾字节
1 ZB = 2^{10} E = 1 024 EB = 2^{70} B	ZetaByte，ZB	泽字节
1 YB = 2^{10} Z = 1 024 ZB = 2^{80} B	YottaByte，YB	尧字节
1 BB = 2^{10} Y = 1 024 YB = 2^{90} B	Brontobyte，BB	珀字节
1 NB = 2^{10} B = 1 024 BB = 2^{100} B	NonaByte，NB	诺字节
1 DB = 2^{10} D = 1024 NB = 2^{110} B	DoggaByte，DB	刀字节

知识点 12　常用数制及进制数转换

数制是人类表示数值大小的方法的统称。进位计数制是人类按照进位方式实现计数的制度，简称计数制。生活中常用的计数制有：十进制、七进制、十二进制、二十四进制、六十进制等。例如，每过 12 个月为一年，年计数采用的就是十二进制，每过 60 分钟为 1 个小时，时钟计数则采用的是六十进制等。

数的表示法一般采用位置计数法。在一个数中，数码和数码所在的位置决定了该数的大小。任何进位计数制都包含有两个重要的概念：基数和位权。不同进位制之间的区别，本质上就是基数和位权的取值不同。所谓基数，就是该进位制中可能用到的数码个数；所谓位权，就是在某一进位制的数中，每一位的大小都对应着该位上的数码乘上一个固定的数，这个固定的数就是这一位的权数，简称位权。

日常生活中，我们使用的数据一般是用十进制表示，而计算机中所有的数据都是使用二进制。因此程序员编写源程序时，为了书写方便仍经常采用十进制、八进制或十六进制，输入计算机后，由计算机自动转换为二进制进行存储和计算，运算完成后的结果再自动转换为十进制或其他进制输出。因此，需要了解二进制与其他常用进制之间的相互转换。

12.1 常用数制

（1）十进制。

十进制有 10 个不同的数字符号 0~9，计数规则为“逢十进一，借一当十”，可用式 1.1 表示。

$$N_{10} = \sum_{i=-m}^{n-1} A_i \cdot 10^i \qquad \text{（式 1.1）}$$

其中，A_i为 10 个符号中的任何一个，10^i为第 i 位符号所对应的权，这个十进制数具有 n 位整数，m 位小数，$i= -m \sim n-1$。当 $i \geqslant 0$ 代表的是整数部分；当 $i<0$ 时，代表的是小数部分。十进制数用 D 结尾、下角标 10 结尾或省略。按照式 1.1 进行“按权展开”如下所示。

例如：$(89\,456.23)_D = 8\times10^4+9\times10^3+4\times10^2+5\times10^1+6\times10^0+2\times10^{-1}+3\times10^{-2}$

（2）二进制。

二进制有 2 个不同的数字符号 0 和 1，计数规则为“逢二进一，借一当二”，可用式 1.2 表示。

$$N_2 = \sum_{i=-m}^{n-1} B_i \cdot 2^i \qquad \text{（式 1.2）}$$

其中，B_i为 2 个符号中的任何一个，2^i为第 i 位符号所对应的权，这个二进制数具有 n 位整数，m 位小数，$i= -m \sim n-1$。当 $i \geqslant 0$，代表的是整数部分；当 $i<0$ 时，代表的是小数部分。二进制数用 B 结尾或下角标 2 结尾。按照式 1.2 进行“按权展开”如下所示。

例如：$(1010.101)_B = 1\times2^3+0\times2^2+1\times2^1+0\times2^0+1\times2^{-1}+0\times2^{-2}+1\times2^{-3}$

（3）八进制。

八进制有 8 个不同的数字符号 0~7，计数规则为“逢八进一，借一当八”，可用式 1.3 表示。

$$N_8 = \sum_{i=-m}^{n-1} C_i \cdot 8^i \qquad \text{（式 1.3）}$$

其中，C_i为 8 个符号中的任何一个，8^i为第 i 位符号所对应的权，这个八进制数具有 n 位整数，m 位小数，$i=-m \sim n-1$。当 i≥0 代表的是整数部分；当 i<0 时，代表的是小数部分。八进制数用 O 结尾或下角标 8 结尾。按照式 1.3 进行“按权展开”如下所示。

例如：$(7435.34)_O = 7\times8^3+4\times8^2+3\times8^1+5\times8^0+3\times8^{-1}+4\times8-^2$

（4）十六进制。

十六进制有 16 个不同的数字符号 0~9，A~F（A~F 分别代表十进制中的 10~15），计数规则为“逢十六进一，借一当十六”，可用式 1.4 表示。

$$N_{16} = \sum_{i=-m}^{n-1} D_i \cdot 16^i \qquad \text{（式 1.4）}$$

其中，D_i为 16 个符号中的任何一个，16^i为第 i 位符号所对应的权，这个十六进制数具有 n 位整数，m 位小数，$i= -m \sim n-1$，当 $i \geqslant 0$ 代表的是整数部分，当 $i<0$ 时，代表的是小数部分。十六进制数用 H 结尾或下角标 16 结尾。按照公式 1.4 进行“按权展开”如下所示。

例如：(E79F.C8) $H = 14\times16^3+7\times16^2+9\times16^1+15\times16^0+12\times16^{-1}+8\times16^{-2}$

（5）常用数制对照。

4 种常用数制对照表，如表 1.3 所示。

表 1.3　常用数制对照表

十进制	二进制	八进制	十六进制
0	0	0	0
1	1	1	1
2	10	2	2
3	11	3	3
4	100	4	4
5	101	5	5
6	110	6	6
7	111	7	7
8	1 000	10	8
9	1 001	11	9
10	1 010	12	A
11	1 011	13	B
12	1 100	14	C
13	1 101	15	D
14	1 110	16	E
15	1 111	17	F

12.2　常见进制间的转换

（1）非十进制转换成十进制。

将二进制、八进制和十六进制数转换成十进制数时，只需要将该数进行按权展开后求和，即“按权展开求和法”，例子如下。

【例 1.1】 $(1010.101)_2 = 1\times2^3+0\times2^2+1\times2^1+0\times2^0+1\times2^{-1}+0\times2^{-2}+1\times2^{-3}$

$= (8+0+2+0+0.5+0+0.125)_{10}$

$= (10.625)_{10}$

【例 1.2】 $(7435.34)_8 = 7\times8^3+4\times8^2+3\times8^1+5\times8^0+3\times8^{-1}+4\times8^{-2}$

$= (3584+256+24+5+0.375+0.0625)_{10}$

$= (3869.4375)_{10}$

【例 1.3】 $(E79F.C8)_{16} = 14\times16^3+7\times16^2+9\times16^1+15\times16^0+12\times16^{-1}+8\times16^{-2}$

$= (57344+1792+144+15+0.75+0.03125)_{10}$

$= (59295.78125)_{10}$

（2）十进制转换成非十进制。

十进制转化为 R 进制（这里 R 进制是泛指，可以代表二进制、八进制、十六进制等）要分为两部分分别进行：

整数部分：要除 R 取余法，直到商为 0，余数从后向前排列；

小数部分：要乘 R 取整，小数部分继续乘 R 取整，直到小数部分为 0，取得的整数从前向后排列。

【例 1.4】（725.625）$_{10}$＝（ ？ ）$_{2}$

解：（725.625）$_{10}$＝（1011010101.1010）$_{2}$

除数	商	余数	
2	725		低位
2	362	余1	↓
2	181	余0	
2	90	余1	
2	45	余0	
2	22	余1	
2	11	余0	
2	5	余1	
2	2	余1	
2	1	余0	
	0	余1	高位

	取整	
0.625 × 2		高位
[1].250 × 2	1	↑
[0].50 × 2	0	
[1].0	1	低位

练习：（725.625）$_{10}$＝（ ？ ）$_{8}$＝（ ？ ）$_{16}$

（3）二进制数转换成八进制数、十六进制数。

①二进制数转八进制数。

二进制数转换成八进制数的方法是，“取三合一 421 法”，即从二进制的小数点为分界点，向左（或向右）每三位取成一位，不足三位补零，分好组后按照“421”计算每组的和。

【例 1.5】（11111010.0101）$_{2}$＝（ ？ ）$_{8}$

转换过程如下所示，注意补零是不改变数的大小的。

解：（11111010.0101）$_{2}$＝（372.24）$_{8}$

			421	
二进制数	011	111	010.010	100
八进制数	3	7	2 . 2	4

练习：（10011101.1011）$_{2}$＝（ ？ ）$_{8}$

②二进制数转十六进制数。

二进制数转换成十六进制数的方法是，“取四合一 8421 法”，即从二进制数的小数点为分界点，向左（或向右）每四位取成一位，不足四位补零，分好组后按照“8421”计算每组的和。

【例 1.6】（11111010.0101）$_{2}$＝（ ？ ）$_{16}$

解：（11111010.0101）$_{2}$＝（FA.5）$_{16}$

		8421
二进制数	1111	1010.0101
十六进制数	F	A . 5

练习：（10011101.1011）$_{2}$＝（ ？ ）$_{16}$

总结：二进制数转八进制数或者二进制数转换成十六进制数，也可以先转换成十进制数，再转换成目标进制。

（4）八进制数、十六进制数转换成二进制数。

①八进制数转二进制数。

八进制数转换成二进制数的方法是“一分三 421 法”，即从八进制的小数点为分界点，向左（或向右）每一位上的八进制数按照“421”写成对应的三位二进制数，最高位零或最低位零略去。

【例 1.7】$(162.35)_8 =$ (　?　$)_2$

解：$(162.35)_8 = (1110010.011101)_2$

	421			
八进制数	1	6	2 . 3	5
二进制数	001	110	010.011	101

练习：$(357.64)_8 =$ (　?　$)_2$

②十六进制数转二进制数。

十六进制数转换成二进制数的方法是“一分四 8421 法”，即从十六进制的小数点为分界点，向左（或向右）每一位上的十六进制数按照“8421”写成对应的四位二进制数，最高位零或最低位零略去。

【例 1.8】$(D9.26)_{16} =$ (　?　)

解：$(D9.26)_{16} = (11011001.0010011)_2$

		8421	
十六进制数	D	9 . 2	6
二进制数	1101	1001.0010	0110

练习：$(F46.89)_{16} =$ (　?　$)_2$

知识点 13　二进制数的运算

计算机内部采用二进制表示数据，具有强大的运算能力，它可以进行两种二进制运算：算术运算和逻辑运算。

13.1　二进制数的算术运算

二进制数的算术运算包括加、减、乘、除四则运算，在数字系统中是经常遇到的，它们的运算规则与十进制数很相似。

（1）二进制数的加法。

根据“逢二进一”规则，二进制数加法的法则为：

0+0=0，0+1=1，1+0=1，1+1=10（向高位进位）

【例 1.9】$(1011)_2 + (1001)_2 =$ (　?　$)_2$

解：$(1011)_2 + (1001)_2 = (10100)_2$

$$\begin{array}{r} 1011 \\ +1001 \\ \hline 10100 \end{array}$$

（2）二进制数的减法。

根据“借一有二”的规则，二进制数减法的法则为：

0-0=0，10-1=1，1-0=1，1-1=0（向高位借位）

【例 1.10】$(1010)_2 - (101)_2 =$ (　?　$)_2$

解：$(1010)_2 - (101)_2 = (101)_2$

$$\begin{array}{r} 1010 \\ -\ 101 \\ \hline 0101 \end{array}$$

(3) 二进制的乘法。

二进制数乘法过程可仿照十进制数乘法进行。但由于二进制数只有 0 或 1 两种可能的乘数位，导致二进制乘法更为简单。二进制数乘法的法则为：

$$0\times0=0,\ 0\times1=0,\ 1\times0=0,\ 1\times1=1$$

【例 1.11】 $(1011)_2\times(1101)_2=(\quad ?\quad)_2$

解：$(1011)_2\times(1101)_2=(10001111)_2$

$$\begin{array}{r} 1011 \\ \times1101 \\ \hline 1011 \\ 0000 \\ 1011 \\ 1011 \\ \hline 10001111 \end{array}$$

(4) 二进制数的除法。

二进制数除法与十进制数除法类似，不存在进位、借位。

【例 1.12】 $(1111000)_2\div(1010)_2=(\quad ?\quad)_2$

解：$(1111000)_2\div(1010)_2=(1100)_2$

$$\begin{array}{r} 1100 \\ 1010\overline{)1111000} \\ 1010 \\ \hline 1010 \\ 1010 \\ \hline 0 \end{array}$$

13.2 二进制数的逻辑运算

(1) 逻辑“与”运算。

又称为逻辑乘（AND），常用符号“×”或“∧”或“·”表示。逻辑“与”运算遵循如下运算规则：

$$0\times1=0 \quad 或 \quad 0\cdot1=0 \quad 或 \quad 0\wedge1=0$$
$$1\times0=0 \quad 或 \quad 1\cdot0=0 \quad 或 \quad 1\wedge0=0$$
$$1\times1=1 \quad 或 \quad 1\cdot1=1 \quad 或 \quad 1\wedge1=1$$

可见，两个数相“与”时，两个数全为 1 时，值为 1；若有一个数为 0 则值为 0。

(2) 逻辑“或”运算。

又称为逻辑加（OR），可用符号“+”或“∨”来表示。逻辑“或”运算遵循如下运算规则：

$$0+0=0 \quad 或 \quad 0\vee0=0$$
$$0+1=1 \quad 或 \quad 0\vee1=1$$
$$1+0=1 \quad 或 \quad 1\vee0=1$$

$$1+1=1 \quad 或 \quad 1 \vee 1=1$$

可见，两个相“或”的逻辑变量中，只要有一个为 1，“或”运算的结果就为 1。仅当两个变量都为 0 时，或运算的结果才为 0。计算时，要特别注意和算术运算的加法加以区别。

（3）逻辑“非”运算。

逻辑非运算又称作逻辑取反操作（NOT），又称为逻辑否定操作，实际上就是将原逻辑变量的状态求反。通常通过在逻辑变量的上方加一横线表示“非”，如变量为 A，则其非运算结果用 $\overline{A}$ 表示。

逻辑“非”运算遵循如下运算规则：

$$\overline{0}=1$$

$$\overline{1}=0$$

对一个二进制数取反时，是对二进制的每个位取反。

（4）逻辑“异或”运算。

“异或”运算（XOR），常用符号“∧”或“⊙”来表示，“异或”运算规则为：

$$0 \wedge 0=0 \quad 或 \quad 0 \odot 0=0$$

$$0 \wedge 1=1 \quad 或 \quad 0 \odot 1=1$$

$$1 \wedge 0=1 \quad 或 \quad 1 \odot 0=1$$

$$1 \wedge 1=0 \quad 或 \quad 1 \odot 1=0$$

可见，两个相“异或”的逻辑运算变量取值相同时，逻辑“异或”的结果为 0，取值相异时，“异或”的结果为 1。

以上仅就逻辑变量只有一位的情况得到了逻辑“与”“或”“非”“异或”运算的运算规则。当逻辑变量为多位时，可在两个逻辑变量对应位之间按上述规则进行运算。特别注意，所有的逻辑运算都是按位进行的，位与位之间没有任何联系，即不存在算术运算过程中的进位或借位关系。下面举例说明。

【例 1.13】 两变量的取值分别是 X＝00FEH，Y＝5432H，求 $Z_1=X \wedge Y$；$Z_2=X \vee Y$；$Z_3=\overline{X}$；$Z_4=X \odot Y$ 的值。

解：X＝0000 0000 1111 1110B

　　Y＝0101 0100 0011 0010B

则：Z_1＝0000 0000 0011 0010＝0032H

　　Z_2＝0101 0100 1111 1110＝54FEH

　　Z_3＝1111 1111 0000 0001＝FF01H

　　Z_4＝0101 0100 1100 1100＝54CCH

知识点 14　数值型数据的表示和处理

数值在计算机中表示形式为机器数。在日常生活中，人们使用的是有正负之分的十进制数。但用二进制易于用物理器件实现，运算起来规则简单，所以任何数值型数据在计算机内都是用二进制表示的。计算机中，数值型的数据有两种表示方法，一种叫作定点数，一种叫作浮点数。

14.1　定点数

定点数是约定小数点在某一固定位置上的数。定点数有两种：定点小数和定点整数。

（1）定点小数。

定点小数约定小数点的位置在最高数据位的左边，定点小数表示的是小于1的纯小数。

（2）定点整数。

定点整数约定小数点的位置在最低数据位的右边，定点整数表示的是纯整数。整数分两类：无符号整数和有符号整数。

①无符号整数。

机器字长的所有位都用来表示数值大小，存储无符号整数时，先将整数转换成二进制形式，如果不足位，则在左侧补0，直到位数达到机器字长。

【例1.14】将23存储在字长位8的存储单元中。

解：$23_{10}=17_{16}=(00010111)_2$，所以机器的存储单元中存储的数据是00010111。

②有符号整数。

有符号整数使用一个二进制位作为符号位，一般符号位都放在所有数位的最左面一位（最高位），0表示正号+（正数），1表示负号-（负数），其余各位用来表示数值的大小。

【例1.15】将-23存储在字长位8的存储单元中。

解：$(-23)_{10}=(-17)_{16}=(10010111)_2$，所以机器的存储单元中存储的数据是10010111。

③定点数的码制。

定点数在计算机中可用不同的码制表示，一般有原码、反码和补码3种表示法。补码是为了解决正负数的减法问题。

- 原码：最高位叫符号位，“0”表示正，“1”表示负，其余位表示数值的大小。原码零有两个编码，+0和-0编码不同，表示不唯一。
- 反码：正数的反码与原码相同；负数的反码是符号位不变，其他数值位按位取反。
- 补码：正数的补码与原码相同；负数的补码是在其反码的末位加1。

在计算机内存中，定点数一律采用补码的形式来存储。正数的原码、反码、补码都是一样的。负数存储的是补码，当读取时还要采用逆向的转换，也就是将补码转换为原码。将补码转换为原码也很简单：符号位保留，数值位先减去1，再将数值位取反即可。

【例1.16】求十进制数-51的原码、反码、补码。

解：$(-51)_{10}=(10110011)_2$

原码 10110011

反码 11001100

补码 11001101

【例1.17】求二进制数-0.110101的原码、反码、补码。

解：-0.110101是定点小数，在计算机中存储时最高位为符号位

原码 11100101

反码 10011010

补码 10011011

14.2 浮点数

在计算机中，浮点数的特点是小数点的位置根据需要而浮动。浮点数表示的基本原理来源于十进制中使用的科学计数法。在计算机中一个任意二进制数N可以写成：

$$N = M \times 2^E \quad \text{（式1.5）}$$

在机器中表示一个浮点数时，一是要给出尾数M，用定点小数形式表示，尾数部分包括尾符

和尾数，尾数部分给出有效数字的位数，因而决定了浮点数的表示精度。二是要给出指数 E，用整数形式表示，常称为阶码。阶码部分包括阶符和阶码，阶码指明小数点在数据中的位置，因而决定了浮点数的表示范围。

在实际计算机中，IEEE 754 标准即 IEEE 二进制浮点数算术标准为许多 CPU 与浮点运算器所采用，其中的单精度浮点数格式用于 32 位机器，具体格式如图 1.24 所示。

图 1.24　32 位机器单精度浮点数格式

知识点 15　非数值型数据的表示和处理

非数值数据，通常是指字符、字符串、图像、音频、视频和汉字等各种数据，它们不用来表示数值的大小，一般情况也不进行算术运算。

15.1　字符和字符串的表示和处理

计算机中字符和字符串是人和计算机进行交流的桥梁。计算机内部需要将其按照一定的规则转换成二进制才能被识别。

（1）字符。

计算机中的信息都是用二进制编码表示的，用以表示字符的二进制编码称为字符编码。计算机中最常用的字符编码是美国信息交换标准交换代码（American Stand Code for Information Interchange，ASCII）。国际通用的是用 7 位二进制表示一个字符的 ASCII 码，共 128 个：10 个十进制数 0~9，52 个英文大小写（A~Z，a~z），34 个专用字符和 32 个控制字符，如表 1.4 所示。最高位在机内存储时恒为 0。

所有 ASCII 字符编码都可以通过查表获得，对于常用到的 ASCII 码可以适当记忆。例如，大写字母 A 的 ASCII 码是 1000001，换算成 10 进制数为 65；小写字母 a 的 ASCII 码是 97，大小写字母之间差为 32，数字 0 的 ASCII 码是 48，这样就可以推算出常见的数字、字母的 ASCII 码。

表 1.4　ASCII 码

b3b2b1b0 位	b6b5b4 位［注：（ ）内为 ASCII 码的十进制数］							
	000（00~15）	001（16~31）	010（32~47）	011（48~63）	100（64~79）	101（80~95）	110（96~111）	111（112~127）
0000	NUL	DLE	SP	0	@	P	`	p
0001	SOH	DC1	!	1	A	Q	a	q
0010	STX	DC2	”	2	B	R	b	r
0011	ETX	DC3	#	3	C	S	c	s
0100	EOT	DC4	$	4	D	T	d	t
0101	ENQ	NAK	%	5	E	U	e	u
0110	ACK	SYN	&	6	F	V	f	v
0111	BEL	ETB	’	7	G	W	g	w
1000	BS	CAN	(	8	H	X	h	x

续表

b3b2b1b0 位	b6b5b4 位［注：( ) 内为 ASCII 码的十进制数］							
	000 (00~15)	001 (16~31)	010 (32~47)	011 (48~63)	100 (64~79)	101 (80~95)	110 (96~111)	111 (112~127)
1001	HT	EM	)	9	I	Y	i	y
1010	LF	SUB	*	:	J	Z	j	z
1011	VT	ESC	+	;	K	[	k	{
1100	EF	FS	,	<	L	\	l	|
1101	CR	GS	-	=	M	]	m	}
1110	S0	RS	.	>	N	^	n	~
1111	S1	US	/	?	O	_	o	Del

（2）字符串。

字符串是指一串连续的字符。对于字符串的储存，在计算机中有两种储存方式：向量法和串表法。向量法就是字符串存储在存储器中的一片连续空间中，每个字节存放一个字符的 ASCII 码，每一个字符的储存地址是物理连续的，优点就是简单、节省储存空间，缺点就是进行增删查改不方便；串表法就是每一个字符在储存时都带有一个关于下一个字符的链接字信息，这样其物理储存地址就不要连续了，方便增删查改，缺点就是消耗储存空间。

15.2　汉字的表示和处理

汉字编码可以用国标码表示，也可以用区位码以及机内码表示。汉字的字形码用来在点阵中显示汉字。

1981 年我国国家标准局发布的 GB 2312—1980，即《信息交换用汉字编码字符集》，简称国标码，共有字符 7 445 个，分为两级，一级为 3 755 个，按汉语拼音的顺序排列，二级 3 008 个，按部首和笔画排列。扩展国标码（GBK）是在国标码的基础上加大了收字范围，有 20 902 个汉字。Windows 7 系统默认编码格式 GBK，Linux、Windows 10 默认编码格式都是 UTF-8 编码。UTF-8 是针对 Unicode 的一种可变长度字符编码；它可以用来表示 Unicode 标准中的任何字符，而且其编码中的第一个字节仍与 ASCⅡ 相容，使得 UTF-8 编码成为现今互联网信息编码标准而被广泛使用。

（1）国标码：国标码（GB 2312—1980）表由 94 行（0~93）和 94 列（0~93）构成，行和列分别用 7 位二进制码表示，即双七位二进制表示法，第一个七位（第一字节）表示行号，第二字节表示列号，行号和列号共同定义一个字符，常用十六进制表示。

（2）区位码：国标码可表示成区位码的形式。将行号称为区号，列号称为位号，有 94 个区和 94 个位，区、位号均用十进制数表示，故可以用 4 位十进制数表示一个汉字。

（3）机内码：计算机内部的汉字代码，不同的计算机系统中使用的机内码是不同的。在微型机中多采用两字节代码作为机内码。国标码转换为机内码的规则为：十六进制国标码+8080H，即：置国标码的两个字节的最高位为 1 即可。

15.3　音频信息的表示和处理

多媒体计算机不仅要处理数值信息和字符型信息，还要处理音频信息和视频信息。声音信息的计算机获取过程主要是进行数字化处理，因为只有数字化以后声音信息才能像文字、图形信息那样进行存储、检索、编辑和加工处理。声音信息的数字化过程，通常以麦克风、立体声录音机或 CD 激光唱盘等作为声音信号的输入源，声卡以一定的采样频率和量化级别对输入的声音进行数字化采样，将其以模拟信号转换为数字信号（模/数转换，也称 A/D 转换），然后以适当的格式存储。由于扬声器只能接收模拟信号，记录下来的声音在播放时，需要由声卡将文件中的数字信号还原成模拟信号（数/模转换，也称 D/A 转换），再经混声器混合后由扬声器输出。

多媒体计算机中发出的声音有两种来源。一种是通过声音录入设备录制的原始声音，直接记录了真实声音的二进制采样数据；另一种是计算机 MIDI 文件存储的音乐演奏指令序列，这些指令发送给声卡，由声卡按照指令将声音合成出来，合成法使数据量大大减少，当前音乐的合成技术已经很成熟。

（1）Wave。

Wave 格式是微软公司开发的一种声音文件格式，它符合 PIFF（Resource Interchange File Format）文件规范，用于保存 Windows 平台的音频信息资源，被 Windows 平台及其应用程序所支持。“*.WAV”格式支持多种音频位数、采样频率和声道，是 PC 上流行的声音文件格式，其文件尺寸比较大，多用于存储简短的声音片段。

（2）AIFF。

AIFF 是音频交换文件格式的英文缩写，后缀为“.AIF/.AIFF”。AIFF 是苹果计算机公司开发的一种音频文件格式，被 Macintosh 平台及其应用程序所支持，Netscape Navigator 浏览器中 Live Audio 也支持 AIFF 格式，SGI 及其他专业音频软件也同样支持这种格式，还支持 16 位 44.1 kHz。

（3）Audio。

Audio 文件是 Sun Microsystems 公司推出的一种经过压缩的数字音频格式，后缀“.AU”，是 Internet 中常用的声音文件格式。Audio 文件原先是 UNIX 操作系统下的数字声音文件。

（4）MPEG。

MPEG（Moving Picture Experts Group，动态图像专家组）代表运动图像压缩标准，这里的音频文件格式指的是 MPGE 标准中的音频部分，即 MPGE 音频层（MPEG Audio Layer），后缀“.MP1/.MP2/.MP3”。因其音质与存储空间的性价比较高，现在使用最多的是 MP3 格式。

（5）RealAudio。

RealAudio 文件是 RealNetworks 公司开发的一种新型流式音频（Streaming Audio）文件格式，后缀“.RA/.RM/.RAM”，它包含在 RealNetworks 公司所制定的音频、视频压缩规范 RealMedia 中，主要用于在低速率的广域网上实时传输音频信息。网络连接速率不同，客户端所获得的声音质量也不同。

（6）MIDI。

MIDI（Musical Instrument Digital Interface，乐器数字接口）是数字音乐/合成乐器的统一国际标准，后缀“.MID/.RMI”。它定义了计算机音乐程序、合成器以及其他电子设备交换音乐信号的方式，还规定了不同厂家的电子乐器与计算机连接的电缆和硬件及设备之间的协议；可用于为不同乐器创建数字声音，可模拟大提琴、小提琴、钢琴等乐器。

15.4　图形图像的表示和处理

图形（Graphic）：也叫矢量图，是由矢量的数学对象定义的线条和曲线组成。适用于文字、商标等规则的图形。矢量图主要优点是放大时不会失真。

图像（Image）：也叫位图，保存方式为点阵存储，也称为点阵图像或绘制图像。图像（位图）以像素为基本单位。像素是指基本原色素及其灰度的基本编码。像素是构成数码图像的基本单位，通常以像素每英寸 PPI 为单位来表示图像分辨率的大小，分辨率越高，图像越清晰，占用的空间越大。主要适用于照片或要求精细细节的图像，主要缺点是放大会失真。

图像文件格式是记录和存储影像信息的格式。对数字图像进行存储、处理、传播，必须采用一定的图像格式，也就是把图像的像素按照一定的方式进行组织和存储，把图像数据存储成文件就得到图像文件。

图像文件格式决定了应该在文件中存放何种类型的信息，文件如何与各种应用软件兼容，文件如何与其他文件交换图像数据。图像的常用格式如下：

（1）BMP（Bitmap）格式。

BMP（位图格式）：是 DOS 和 Windows 兼容计算机系统的标准 Windows 图像格式。BMP 格式支持 RGB、索引颜色、灰度和位图颜色模式，但不支持 Alpha 通道。BMP 格式支持 1、4、24、32 位的 RGB 位图，对图像信息不压缩，占用磁盘空间大。

（2）TIFF（Tag Image File Format）格式。

TIFF（标记图像文件格式）用于在应用程序之间和计算机平台之间交换文件。TIFF 是一种灵活的图像格式，被所有绘画、图像编辑和页面排版应用程序支持。几乎所有的桌面扫描仪都可以生成 TIFF 图像。

（3）JPEG（Joint Photographic Experts Group）格式。

JPEG（联合图片专家组）是目前所有格式中压缩率最高的格式。大多数彩色和灰度图像都使用 JPEG 格式压缩图像，压缩比很大而且支持多种压缩级别的格式，当对图像的精度要求不高而存储空间又有限时，JPEG 是一种理想的压缩方式。在 WorldWideweb 和其他网上服务的 HTML 文档中，JPEG 用于显示图片和其他连续色调的图像文档。JPEG 支持 CMYK、RGB 和灰度颜色模式。JPEG 格式保留 RGB 图像中的所有颜色信息，通过选择性地去掉数据来压缩文件。

（4）PDF（Portable Document Format）格式。

PDF（可移植文档格式）用于 Adobe Acrobat。Adobe Acrobat 是 Adobe 公司用于 Windows、UNIX 和 DOS 系统的一种电子出版软件，十分流行。与 Postseript 页面一样，PDF 可以包含矢量和位图图形，还可以包含电子文档查找和导航功能。

（5）PNG（Portable Network Graphic Format）格式。

PNG 图片以任何颜色深度存储单个光栅图像。PNG 是与平台无关的格式。PNG 优点支持高级别无损耗压缩、支持 alpha 通道透明度、支持伽玛校正、支持交错，最新的 Web 浏览器支持。缺点是 PNG 文件不支持较旧的浏览器和程序，提供的压缩量较少，对多图像文件或动画文件不提供任何支持。

（6）GIF（Graphic Interchange Format）格式。

GIF（图像交换格式）是一种 LZw 压缩格式，用来最小化文件大小和电子传递时间，分为静态 GIF 和动态 GIF。在 WorldWideWeb 和其他网上服务的 HTML（超文本标记语言）文档中，GIF 文件格式普遍用于现实索引颜色和图像。GIF 还支持灰度模式，采用 256 色压缩文件格式，最多只能存储 256 色的图像，但已经能满足一般的需要，且占用空间较小，背景可透明，也可做成动画图片。

15.5　视频的表示和处理

根据人眼视觉暂留原理，每秒超过 24 帧的图像变化看上去是平滑连续的，这样的连续画面叫视频。所谓视频其实就是由很多的静态图片组成的。由于人类眼睛的特殊结构，画面快速切换时，画面会有残留，所以静态图片快速切换的时候感觉起来就是连贯的动作。这就是视频的原理。视频是多媒体系统中主要的媒体形式之一。视频信息的处理包括视频画面的剪辑、合成、叠加、转换和配音等。

视频编辑方法分为两大类：线性编辑和非线性编辑。非线性编辑是在计算机技术的支持下，利用合适的编辑软件，对视频素材在“时间线”上任意进行修改、拼接、渲染、特效等处理。常用的视频编辑处理软件有 Video for Windows、Adobe Premiere Pro、Quick Time、Ulead Video Editor 等。另外，Windows Movie Maker 是 Windows XP 操作系统中内置的数字电影编辑软件。

数字视频文件的格式取决于视频的压缩标准。Windows 系统中标准的视频格式为 AVI，Mactonish 计算机的视频标准格式则为 MOV。而 VCD、DVD 和 MPEG 标准又有各自的专有格式。总体而言，视频格式一般分成影像格式（Video Format）和流格式（Stream Video format）两大类。

（1）AVI 系列。

标准 AVI 格式（Audio Video Interleaved，音频视频交错格式）是指可以将视频和音频交织在一起进行同步播放，这是一种 Windows 系统中比较通用的视频格式。AVI 格式最大的优点是兼容性好、调用方便、图像质量好。缺点是文件尺寸大。由于某些扩展名为 avi 的视频文件采用了不同的压缩标准，实际上他们的格式是不同的。所以有时候会出现不能播放的情况，应考虑通过下载相应的解码器来解决。

（2）MOV 格式。

MOV（Movie Digital Video Technolegy）格式的优点是能够跨平台使用、存储空间小，支持 25 位彩色，支持领先的集成压缩技术。

（3）MPEG 系列。

MPEG 格式，扩展名为 mpg 或 mpeg。MPEG 格式是运动图像压缩算法的国际标准。MPEG 格式采用有损压缩方法减少运动图像中的冗余信息从而达到高压缩比的目的。MPEG 标准包括 MPEG 视频、MPEG 音频和 MPEG 系统（视频、音频同步）三个部分。这种格式的优点是相对于 AVI 文件有较高的压缩率，影片质量高而文件小。

（4）DAT 格式。

DAT 格式是 Video CD（VCD）数据文件的扩展名，DAT 格式也是基于 MPEG 压缩方法的一种文件格式，是标准的 VCD 影碟里的视频文件。

★★ 任务实操

打字训练

（1）认识键盘。

以常用的 107 键键盘为例，键盘是由主键盘区、功能键区、编辑键区、小键盘区和状态指示灯区组成，如图 1.25 所示。

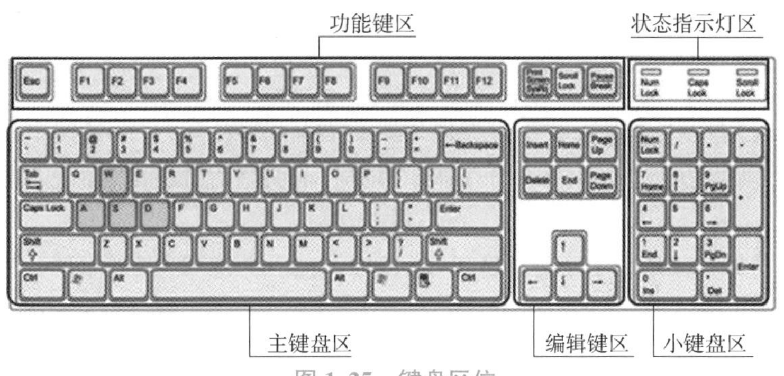

图 1.25　键盘区位

①主键盘区：用于输入文字和符号，包括字母键、数字键、符号键、控制键和 Windows 功能键。主键盘区有一部分键有上、下两个字符组成，这些键称为“双字符键”，单独按下这些键，将输入“下档字符”；需要输入“上档字符”时，按下［shift］键不放再按下这些键即可。控制键和 Windows 功能键的作用如表 1.5 所示。

表 1.5　控制键和 Windows 功能键的作用

按键	作用
［Tab］键	制表位，每按一次该键，光标向右移动 8 个字符
［CapsLock］键	大写字母锁定键，按下该键，输入的字母为大写；再按下该键，取消大写锁定状态
［Shift］键	用于输入上档字符，或锁定字母大写状态
［Ctrl］键和［Alt］键	用于同其他字符组合，实现不同功能，比如：［Ctrl+F］查找的组合键
［Space］键	位于主键盘区的下方，最长的按键。每按一次，会产生一个空格字符
［Backspace］键	退格键，每按一次该键，光标向左移动一个位置，若左边有字符，将删除该位置上的字符
［Enter］键	回车键，两个作用：一是确认并执行输入的命令；二是再输入文字时按此键，将结束本段的输入，进入下一行
Windows 功能键	开始菜单键，按下该键弹出“开始”菜单
Windows 功能键	快捷菜单键，按下该键弹出“快捷菜单”，相当于鼠标右键

②功能键区：在不同软件中，各个键功能不同。其中，［Esc］键用于取消或退出的作用；［F1］键用于获取帮助信息。

③编辑键区：主要用于在编辑过程中控制光标，具体作用如表 1.6 所示。

表 1.6　控制键和 Windows 功能键的作用

按键	作用
［Insert］键	插入键，用于设定/取消字符的插入/改写状态
［Home］键/［End］键	将光标定位到改行的行首或行尾
［Delete］键	删除键，删除光标右侧的一个字符
［PageUp］键/［PageDown］键	上翻屏键/下翻屏键，显示上一页/下一页信息
［Print Screen］键	截屏键
［Pause/Break］键	暂停/中断键，使正在滚动的屏幕暂停
［↑］、［↓］、［→］、［←］	光标移动键，向上、向下、向左、向右移动一个字符位

④小键盘区：用于快速输入数字。当使用小键盘输入数字时，需要按下小键盘左上角的［Num Lock］键，此时状态指示灯区第一个指示灯亮，表明激活数字键盘，可以使用小键盘输入数字。

⑤状态指示灯区：用来显示小键盘区工作状态、大小写状态及滚屏锁定键的状态。

（2）正确打字姿势。

①正确的坐姿。

正确的坐姿可以提高打字速度，减轻疲劳程度，对于初学者尤为重要。正确的坐姿：

图 1.26　正确坐姿

- 身体坐正，双手自然放在键盘上，腰部挺直，上身微前倾；
- 双脚自然放在地面上，大腿自然平直；
- 座椅的高度与计算机键盘、显示器的放置高度相适应，一般以双手自然垂放在键盘上时肘关节略高于手腕为宜；
- 显示器的高度则以用户坐下后，其目光水平线处于屏幕上的2/3 为宜，如图 1.26 所示。

②正确的指法。

准备打字时，将左手的食指放在［F］键上，右手的食指放在［J］键上，这两个按键上有两个用于定位的凸起。其余手指按顺序分别放置在相邻的 6 个基准键位上，双手的大拇指放在空格键上，如图 1.27 所示。

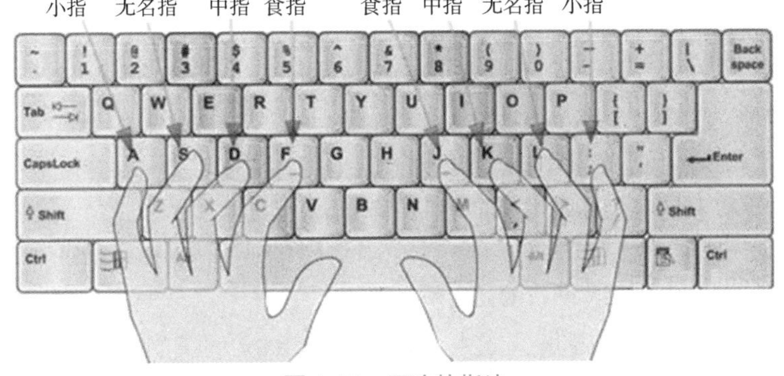

图 1.27　正确的指法

打字时键盘的指法分区：除拇指外，其余 8 个手指各有一定的活动范围，把字符键划分为 8 个区域，每个手指负责输入该区域的字符，如图 1.27 所示。

（3）练习打字时需注意。

- 要严格按照键位分工进行按键，不能随意按键；
- 按键时手指指尖垂直向下用力，不可用力太大；
- 一只手按键时，另一只手手指应放在基准键位上保持不动；
- 按键后手指要迅速返回相应的基准键位；
- 不要长时间按住一个键不放，同时按键时应尽量不看键盘，养成“盲打”的习惯；
- 需要养成良好的打字习惯，并持之以恒地训练，打字速度才会越来越快。

（4）打字速度要求。

打字时可以借助一些打字软件，如金山打字通等软件进行练习，要求本学期末，打字速度可以达到 50 字/分钟以上。

创新实践训练

1. 你知道中国计算机领域最高奖项吗？请查找相关信息，选择其中一位获奖科学家，进行 100 字以内的总结，并与同学进行分享。

2. 请查找鼠标发明的相关资料，并与同学一起讨论，完成在形状、功能、颜色、连接方式等某一方面的创新设计。

3. 用 Windows Movie Maker 创建和编辑大学校园生活或在家陪伴家人的微电影。

巩固训练

选择题

(1) 十六进制数 1000 转换成十进制数是（　　）。

A. 4096　　B. 1024　　C. 2048　　D. 8192

(2) 在微机中，Bit 的中文含义（　　）。

A. 二进制位　　B. 字　　C. 字节　　D. 双字

(3) 汉字国标码（GB2312—80）规定的汉字编码，每个汉字用（　　）。

A. 一个字节表示　　B. 二个字节表示

C. 三个字节表示　　D. 四个字节表示

(4) 个人计算机属于（　　）。

A. 小巨型机　　B. 中型机　　C. 小型机　　D. 微机

(5) 在内存中，每个基本单位都被赋予唯一的序号，这个序号称为（　　）。

A. 字节　　B. 编号　　C. 地址　　D. 容量

(6) 反映计算机存储容量的基本单位是（　　）。

A. 二进制位　　B. 字节　　C. 字　　D. 双字

(7) 在计算机网络中，LAN 网指的是（　　）。

A. 局域网　　B. 广域网　　C. 城域网　　D. 以太网

(8) 十进制数 15 对应的二进制数是（　　）。

A. 1111　　B. 1110　　C. 1010　　D. 1100

(9)（　　）被誉为“现代电子计算机之父”。

A. 查尔斯・巴贝　　B. 阿塔诺索夫　　C. 图灵　　D. 冯・诺依曼

(10) 下列选项中，不属于计算机多媒体的媒体类型是（　　）。

A. 文本　　B. 图像　　C. 音频　　D. 程序

(11) 世界上第一台电子数字计算机的主要元件是（　　）。

A. 电子管　　B. 晶体管　　C. 继电器　　D. 光电管

(12)（　　）的计算机运算速度可达到每秒万亿次以上，主要用于国家高科技领域与工程计算和尖端技术研究。

A. 专用计算机　　B. 巨型计算机　　C. 微型计算机　　D. 小型计算机

(13) 十进制数 121 转换成二进制整数是（　　）。

A. 1111001　　B. 1110010　　C. 1001111　　D. 1001110

(14) 在网站上播放和观看视频时，不可以进行的操作是（　　）。

A. 暂停当前播放的视频　　B. 调整当前视频的播放进度

C. 调整当前视频的播放音量　　D. 将当前播放视频拖动至其他客户端播放

(15) 当前计算机的应用领域极为广泛，但其应用最早的领域是（　　）。

A. 数据处理　　B. 科学计算　　C. 人工智能　　D. 过程控制

(16) 利用计算机模拟人的智能和交流方式称为（　　）。

A. 数据处理　　B. 计算机辅助系统　　C. 自动控制　　D. 人工智能

(17) 十六进制数 E9 转换成八进制数是（　　）。

A. 233　　B. 249　　C. 351　　D. 371

(18) 八进制数 167 转换成十进制数是（　　）。

A. 119　　B. 109　　C. 129　　D. 77

(19)"二维码支付"是计算机应用的（　　）领域。

A. 科学计算　　B. 自动控制　　C. 辅助设计　　D. 图像识别

(20) 以下不属于计算机存储容量单位的是（　　）。

A. 字节　　B. MB　　C. GB　　D. ASCII 码

职业素养拓展

【一定要了解的数学建模赛事】

数学建模是一种数学的思考方法，是运用数学的语言和方法，通过抽象、简化建立能近似刻画并"解决"实际问题的一种强有力的数学手段。

"全国大学生数学建模竞赛"由教育部高教司和中国工业与应用数学学会共同主办。竞赛题目一般来源于工程技术和管理科学等方面经过适当简化加工的实际问题，不要求参赛者预先掌握深入的专门知识，只需要学过普通高校的数学课程完成一篇包括模型的假设、建立和求解，计算方法的设计和计算机实现，结果的分析和检验，模型的改进等方面的论文即答卷。

竞赛评奖以假设的合理性、建模的创造性、结果的正确性和文字表述的清晰程度为主要标准。全国统一竞赛题目，采取通信竞赛方式，以相对集中的形式进行；该竞赛每年 9 月（一般在上旬某个周末的星期五至下周星期一共 3 天，72 小时）举行，竞赛面向全国大专院校的学生，不分专业，以队为单位参赛，每队由 3 名学生及 1 个指导教师构成，专业不限。

思政引导

请阅读以下两篇新闻，对我国超级计算机发展态势及策略有所了解。

【新一期全球超算 500 强榜单：中国上榜数继续位列第一　美国 E 级超算夺冠　中国青年网 2022-06-02 13：02 中国青年网官方账号】：全球超算 Top500 是由国际 Top500 组织发布的全球已安装的超级计算机系统的权威排名，以超级计算机基准程序 Linpack 测试值为序进行排名，由美国与德国超算专家联合编制，每年 6 月和 11 月发布两次。这个榜单代表着世界上超级计算机技术的最高水平。

2022 年上半年，全球超级计算机 500 强榜单显示，在全球浮点运算性能最强的 500 台超级计算机中，中国部署的超级计算机数量继续位列全球第一，达到 173 台，占总体份额的 34.6%；"神威·太湖之光"和"天河二号"分列榜单第六、第九位。上海交通大学部署的"思源一号"此次排名第 138 位，在全球高校部署的超算系统中名列前茅。从制造商看，联想集团交付 161 台，是目前世界最大的超级计算机制造商。

【超级计算机最新"Top500"榜单美国第一，中国超算掉队了吗？上观新闻 2 月前　上观新闻官方账号】

该次全球超算 Top500 榜单美国 E 级超算 Frontier 登顶，我们国家超算落后了吗？

早在 2016 年，中科曙光就正式启动了 E 级超算的研制项目。2018 年，天河三号原型机和神威 E 级原型机开始进入主机研发部署。2018 年，央视也曾披露"天河三号"原型机通过验收，算力达到 E 级。目前，我国已有"神威"E 级原型机、"天河三号"E 级原型机和曙光 E 级原型机 3 个不同技术路线的原型机系统完成交付。但此次 Top500 我国并未提交 E 级原型机的测试数据。

总结与自我评价

总结与自我评价				
本模块知识点	自我评价			
计算机发展的 5 个阶段	□完全掌握	□基本掌握	□有疑问	□完全没掌握
计算机的发展趋势	□完全掌握	□基本掌握	□有疑问	□完全没掌握
计算机的特点、分类应用	□完全掌握	□基本掌握	□有疑问	□完全没掌握
科学思维和创新思维	□完全掌握	□基本掌握	□有疑问	□完全没掌握
掌握计算机的存储	□完全掌握	□基本掌握	□有疑问	□完全没掌握
熟练掌握常用数制及进制数转换	□完全掌握	□基本掌握	□有疑问	□完全没掌握
数值型数据的表示和处理	□完全掌握	□基本掌握	□有疑问	□完全没掌握
需要老师解答的疑问				
自己想要扩展学习的问题				

项目模块二

计算机系统的基本组成和基本工作原理

随着计算机技术的更新迭代，各式各样的台式机和笔记本已经成为家庭娱乐和企事业单位工作所需的必备工具。虽然计算机软硬件产品和技术不断升级更新，但是不同类型计算机的逻辑结构和工作原理并没有太大变化，熟悉计算机系统的组成和工作原理，可以提升人们对计算机的认知、操作、选购和维护能力。

【项目目标】

本项目模块通过6个任务来介绍计算机系统的基本组成、逻辑结构和基本工作原理；通过任务实操掌握计算机硬件的组装和简单维护。

任务一

了解计算机系统的基本组成

☑**任务目标：**掌握计算机系统的基本组成和架构，熟悉掌握计算机主机和外部设备的组成，掌握系统软件和应用软件的分类，了解计算机的工作原理。

知识点1　计算机系统的组成

计算机系统由硬件系统和软件系统两大部分组成。

计算机硬件是构成计算机系统各功能部件的集合。计算机硬件是看得见、摸得着的物理实体，比如 CPU、主板、内存、硬盘、显示器、键盘和鼠标等。

计算机软件是指与计算机系统操作相关的各种程序以及任何程序相关的文档和数据的集合。比如操作系统 Windows、办公软件 Office。

如果计算机硬件脱离了计算机软件，这时的计算机称为“裸机”无法工作。如果计算机软件脱离了计算机硬件就失去了它运行的物质基础。所以说二者相互依存、缺一不可，共同构成一个完整的计算机系统。计算机系统的组成如图 2. 1 所示。

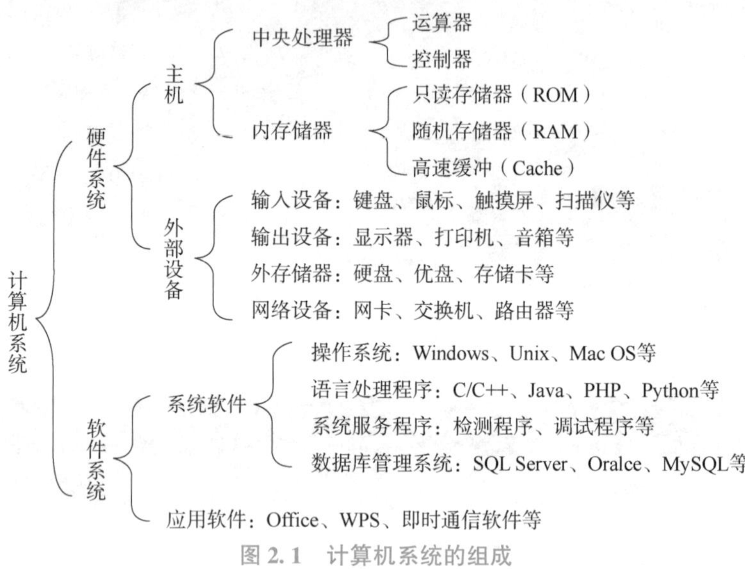

图 2. 1　计算机系统的组成

知识点 2　计算机的逻辑组成

1944 年，美籍匈牙利数学家冯 · 诺依曼提出计算机基本结构和工作方式的设想，为计算机的诞生和发展提供了理论基础。尽管计算机软硬件技术飞速发展，但计算机本身的体系结构并没有明显变化，如今的计算机仍属于冯 · 诺依曼架构，其理论要点主要有三条：

（1）五部分组成：计算机硬件由运算器、控制器、存储器、输入设备和输出设备五个基本部分组成，习惯上称为五大部件。

（2）二进制处理：计算机内部采用二进制来表示和处理程序和数据。

（3）程序存储并自动运行：计算机采用“存储程序”方式，将程序和数据放入内存储器中，计算机能够自动高速地从存储器中取出指令并执行。在计算机执行程序时，无须人工干预，能自动、连续地读取、执行指令，从而得到预期的结果。

计算机的工作原理：首先，计算机把表示计算步骤的程序和计算中需要的原始数据在控制器输入命令的控制下，通过输入设备送入计算机的存储器存储。其次，当计算开始时，在取指令作用下，把程序指令逐条送入控制器。控制器对指令进行译码，并根据指令的操作要求向存储器和运算器发出存储、取数指令和运算命令。最后，经过运算器计算并把结果存放在存储器内，在控制器的取数和输出命令作用下，通过输出设备输出计算结果。

计算机硬件的五大部件中每一个部件都有相对独立的功能，分别完成各自不同的工作。计算机的逻辑组成和每个部件的功能如图 2. 2 所示。由图可知，五大部件实际上是在控制器的控制下协调统一地工作。

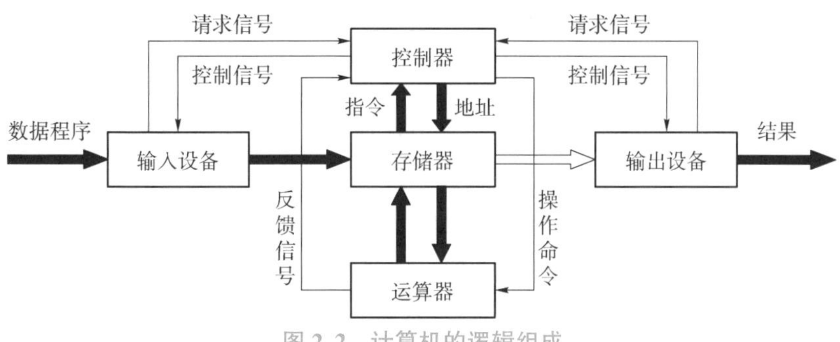

图 2.2　计算机的逻辑组成

任务二

微型计算机系统的组成

☑任务目标：掌握微型计算机硬件的基本组成，理解计算机工作的性能指标，对今后计算机操作会有很大帮助。

知识点 3　微型计算机系统的硬件基本组成

微型计算机包括多种系列、档次和型号的计算机，广义上的微型计算机就是指人们当前使用的台式机和笔记本电脑。

微型计算机由显示器和主机构成，在主机箱内有 CPU、主板、内存、硬盘驱动器、电源、显示适配器和其他接口等，主机箱外有键盘、鼠标和其他外部设备等。以台式机为例，基本硬件组成如图 2.3 所示。

图 2.3　台式机的硬件组成

知识点 4　微型计算机系统的主要性能指标

（1）运算速度：通常所说的计算机运算速度，是指每秒钟所能执行的指令条数，一般用“百万条指令/秒”（MIPS，Million Instruction Per Second）来描述。

（2）主频：微型计算机一般采用 CPU 主频来描述运算速度，主频越高，运算速度就越快，单位是 Hz。

通常 CPU 主频=外频×倍频，外频是 CPU 乃至整个计算机系统的基准频率。内存与主板之间的同步运行速度等于外频。计算机系统中大多数的频率都是在外频的基础上乘以一定的倍数（倍频）来实现。

（3）字长：计算机在同一时间内处理的一组二进制数称为一个计算机的“字”，而这组二进制数的位数就是“字长”。在其他指标相同时，字长越大计算机处理数据的速度就越快，精度越高。现在字长有主要32位和64位两种。

（4）内存储器的容量：内存储器也称主存器，简称内存，它是CPU可以直接访问的存储器，需要执行的程序与需要处理的数据都要存放在内存储器中。内存储器容量的大小反映了计算机即时存储信息的能力。

（5）外存储器的容量：外存储器容量通常是指硬盘容量。外存储器容量越大，可存储的信息就越多，可安装的软件也越多

（6）存取周期：把信息代码存入存储器，称为“写”，把信息代码从存储器中取出，称为“读”。存储器进行一次“读”或“写”操作所需的时间称为存储器的访问时间（或读写时间），而连续启动两次独立的“读”或“写”操作所需的最短时间，称为存取周期。

（7）I/O速度：I/O是输入设备和输出设备（Input/Output）的简称，指的是一切程序或设备与计算机之间发生数据传输的速度。主机I/O的速度取决于I/O总线的设计，这对于慢速设备（例如键盘、打印机）关系不大，但对于高速设备则效果十分明显，比如固态硬盘的I/O速度远高于机械硬盘。

任务三

微型计算机的主机系统

☑**任务目标**：掌握微型计算机主机系统的基本硬件，了解I/O操作、I/O控制器、I/O总线，掌握常见的I/O接口。

知识点5　中央处理器

中央处理器（CPU）是计算机的核心部件，其功能主要是解释计算机指令以及处理计算机软件中的数据。中央处理器主要包括两个部分，即控制器和运算器，其中还包括高速缓冲存储器及实现它们之间联系的数据和控制总线。中央处理器的功能主要为处理指令、执行操作、控制时间、处理数据。Intel和AMD是当前CPU的两大生产厂商，两款CPU如图2.4所示。

图2.4　中央处理器

知识点6　微机主板及其主要部件

主板，又叫母板（Motherboard），是计算机组成最重要的部件之一。主板一般为矩形电路板，上面安装了组成计算机的主要电路系统，一般有CPU插槽、芯片组、BIOS、I/O控制器、键盘和面板控制开关接口、指示灯插接件、扩充插槽等，同时还有CPU、主板及其他卡的直流电源供电部件，控制电流电压所需的电容、电感和电阻等。主板如图2.5所示。

图 2.5　主板

主板的主要部件：

（1）芯片组：芯片组是构成主板电路的核心，决定了主板的级别和档次。北桥芯片是主板上最重要的芯片，主要负责与 CPU、内存、显卡之间的通信。南桥芯片负责连接硬盘接口、USB 接口、PCI 接口等。现在好多主板南北桥合并为主芯片组。芯片组型号通常标识在主板名称中，比如华硕 TUF GAMING B660M-PLUS WIFI D4 主板，它的芯片组型号就是 B660。

（2）存储控制器：连接 CPU 总线、存储器总线、AGP 图形显示等接口。

（3）I/O 控制器：连接存储控制器、I/O 总线、各种接口、BIOS 等。

（4）BIOS：BIOS（Basic Input Output System）是微机中最基础、最重要的程序，它为微机提供最底层、最直接的硬件控制，是连接微机硬件与操作系统的接口。BIOS 程序保存在主板上的 BIOS ROM 芯片中，在这片芯片中还保存有设置 BIOS 参数的设置程序 CMOS。

目前主板 BIOS 设置分为传统形式上的 BIOS 设置以及图形化界面的 UEFI BIOS 设置两大类，传统 BIOS 正在逐步被 UEFI 所取代。两种 BIOS 运行流程如图 2.6 所示。不难看出，UEFI 的启动速度远高于传统 BIOS 启动速度。

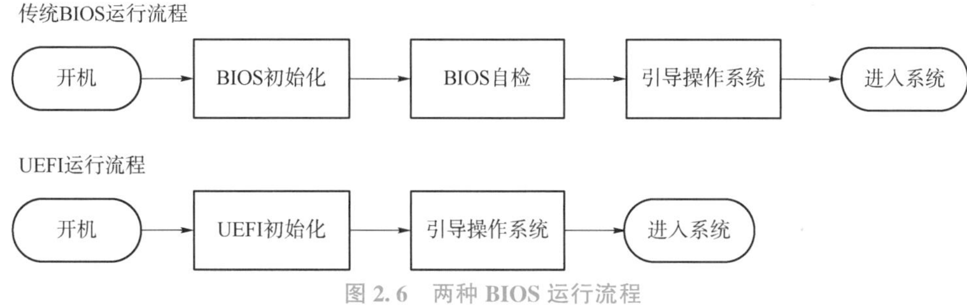

图 2.6　两种 BIOS 运行流程

（5）CMOS：CMOS 芯片（互补金属氧化物半导体存储器）用于存放 BIOS 配置信息，例如当前的日期、时间和启动顺序等。CMOS 参数存储在 BIOS 芯片的 RAM 中，由于有 CMOS 电池供电，关机后 CMOS 数据不会丢失。如果 CMOS 电池电量耗尽，CMOS 参数会恢复到 BIOS 出厂设置。

知识点 7　内存储器

内存储器存储容量较小，但运行速度快，用来存放当前运行程序的指令和数据，并直接与

CPU 交换信息。内存储器由许多储存单元组成，每个单元能存放一个二进制数或一条由二进制编码表示的指令。内存储器由随机存储器和只读存储器构成。

（1）RAM：也叫随机存储器（Random Access Memory），RAM 中存储当前使用的程序、数据、中间结果和与外存交换的数据，CPU 可以根据需要直接读或写 RAM 中的内容。计算机中的内存条是典型的 RAM。图 2.7 和图 2.8 分别为台式机内存和笔记本内存。

图 2.7　台式机内存

图 2.8　笔记本内存

（2）ROM：也叫只读存储器（Read Only Memory），只能读出操作而不能写入操作。微机中的 Rom 主要固化在板卡上，比如主板的 BIOS 既有 ROM，也有 RAM。

知识点 8　I/O 操作、I/O 总线与 I/O 接口

（1）I/O 操作。

I/O 操作包括输入任务和输出任务。输入（Input）任务：将输入设备输入的信息送到内存储器的指定区域。输出（Output）任务：将内存储器指定区域的内容送出到输出设备。I/O 操作也包括将外存储器的内容传输到内存，或将内存中的内容传输到外存储器。主机与 I/O 设备进行交互如图 2.9 所示。

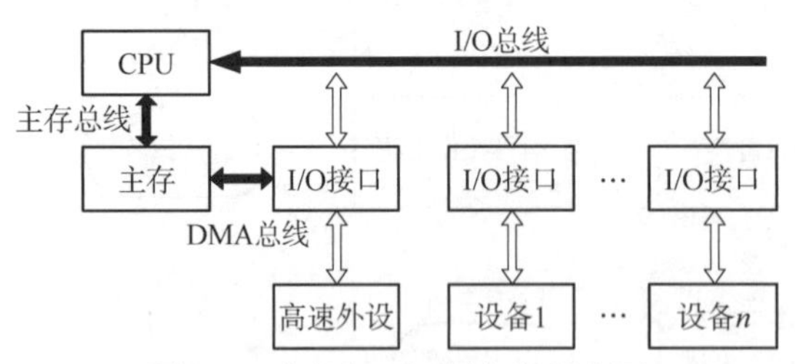

图 2.9　主机与 I/O 设备进行交互

（2）I/O 总线。

系统总线是 CPU 与其他部件之间传送数据和地址等信息的公共通道，根据传送内容的不同，可分为地址总线、数据总线和控制总线。而 I/O 总线是各类 I/O 控制器与 CPU、内存之间传输数据的一组公用信号线，这些信号线在物理上与主板扩展槽中插入的扩展卡（I/O 控制器）直接连接。最新的 I/O 总线 PCI-E 由英特尔提出，实现总线接口的统一。

I/O 总线的带宽：总线的数据传输速率（MB/s）= 数据线位数/8×总线工作频率（MHz）×每个总线周期的传输次数。

（3）I/O 接口。

I/O 设备通常都是物理上相互独立的设备，它们一般通过 I/O 接口与 I/O 控制器连接，I/O 控制器通过扩展卡或者南桥芯片与 I/O 总线连接，I/O 总线经过北桥芯片与内存、CPU 连接。常见的 I/O 接口如图 2.10 所示。

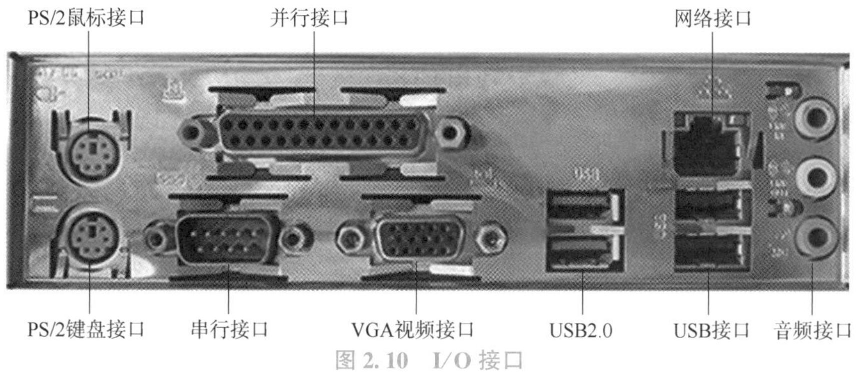

图 2.10　I/O 接口

任务四

微型计算机的外部设备

☑任务目标：了解存储器的层次结构，掌握主存储器、外存储器和缓存的区别，掌握外存储器的类型。

知识点 9　外存储器及存储器的层次结构

（1）外存储器。

外存储器是指除计算机内存、板卡固化的存储器及 CPU 缓存以外的存储器，此类存储器一般断电后仍然能保存数据。与内存相比，存取速度慢、容量大、价格低。常见的外存储器有硬盘、光盘、U 盘和 Flash 卡等。外存储器 U 盘和机械硬盘接口如图 2.11 所示。

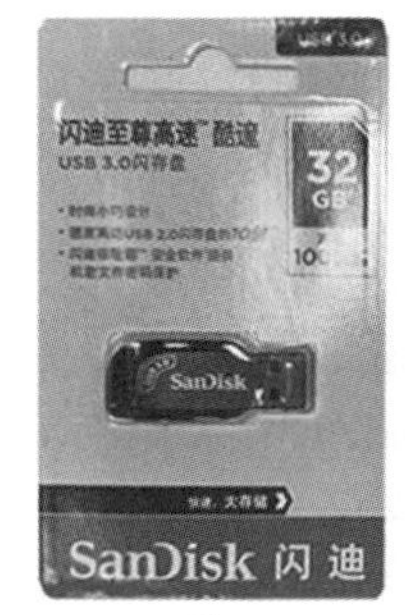

图 2.11　U 盘和机械硬盘接口

（2）存储器的层次结构。

存储器的层次结构主要体现在缓存—主存和主存—辅存这两个存储层次上。主存通常指内存储器，辅存通常指外存储器，主存速度高于外存储器。缓存通常指 CPU 内部存储器，分为一级缓存、二级缓存和三级缓存，速度最快。缓存—主存层次主要解决 CPU 和主存速度不匹配的问题。主存—辅存层次主要解决存储系统的容量问题。主存和缓存之间的数据调动是由硬件自动完成的，主存和辅存之间的数据调动是由硬件和操作系统共同完成的。存储器的层次结构如图 2.12 所示。

知识点 10　输入输出设备

（1）输入设备。

输入设备（Input Device）是向计算机输入数据和信息的设备，是计算机与用户或其他设备

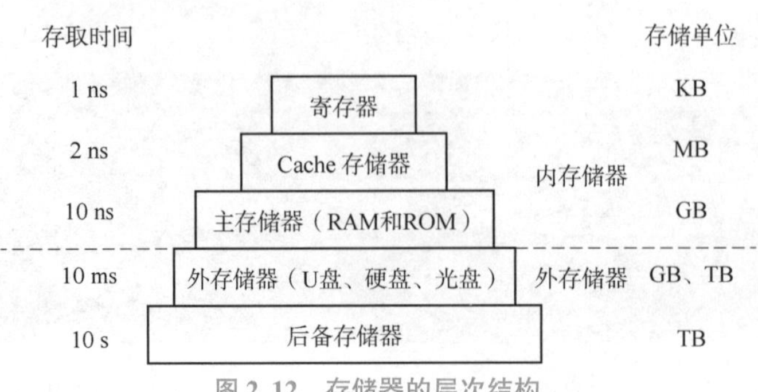

图 2.12　存储器的层次结构

通信的桥梁，其任务是把数据、指令及某些信息输送到计算机中。键盘、鼠标、摄像头、扫描仪、手写输入板、语音输入装置等都属于输入设备。

(2) 输出设备。

输出设备（Output Device）是把计算或处理的结果或中间结果以人能识别的各种形式，如数字、符号和字母等表示出来，因此输出设备起到了人与机器之间进行联系的作用。常见输出设备有显示器、打印机、绘图仪、影像输出系统、语音输出系统等。

任务五　计算机软件

☑**任务目标：**了解软件的定义，掌握操作系统的作用，了解常见的操作系统。

软件是一系列按照特定顺序组织的计算机数据和指令的集合。软件并不只是包括可以在计算机上运行的程序，与这些程序相关的文档一般也被认为是软件的一部分，简单地说，软件就是程序加文档的集合体。软件按照功能分为系统软件和应用软件。

知识点 11　系统软件简介

系统软件是指控制和协调计算机硬件设备，支持应用软件开发和运行的系统，主要功能是调度、监控和维护计算机系统，负责管理计算机系统中各种独立的硬件，使它们可以协调工作。常用的系统软件有：操作系统、语言处理程序、数据库管理系统和系统服务程序等。

① 操作系统是计算机系统的指挥调度中心，它可以为各种程序提供运行环境。常见的计算机 PC 操作系统有 Windows、UNIX 和 Linux 等，手机操作系统有 Android 和 IOS。

② 语言处理程序是为用户设计的编程服务软件，用来编译、解释和处理各种程序所使用的计算机语言，是人与计算机相互交流的一种工具，包括机器语言、汇编语言和高级语言。比如高级语言 C/C++、Java、Python 等。

③ 数据库管理系统是一种操作和管理数据库的大型软件，它是位于用户和操作系统之间的数据管理软件，也是用于建立、使用和维护数据库的管理软件。常用的数据库管理系统有 SQL Server、Oracle 和 MySQL 等。

④ 系统服务程序主要有编辑程序、调试程序、装备和连接程序等，这些程序的作用是维护

计算机的正常运行。比如美国赛门铁克公司旗下的硬盘备份还原工具 Ghost 软件。

知识点 12　应用软件简介

应用软件是用户可以使用的各种程序设计语言，以及用各种程序设计语言编制的应用程序的集合，是用于解决各种具体应用问题的专门软件。应用软件分为应用软件包和用户程序。应用软件包是利用计算机解决某类问题而设计的程序集合，供多用户使用。用户程序是为满足用户不同领域、不同问题的应用需求而开发的软件。应用软件种类繁多，除了系统软件和驱动程序之外，其他软件都属于应用软件，这里就不再一一介绍。

任务六

指令和指令系统

☑**任务目标**：了解指令和指令系统的定义，一般掌握计算机指令的执行过程。

知识点 13　指令及指令系统

程序由一连串的指令及与此相关的数据所组成，指令是构成程序的基本单位。指令（Instruction）是计算机程序发给计算机处理器的命令，最低级的指令是一串 0 和 1，表示一项实体作业操作要运行。

指令系统是计算机硬件的语言系统，一般也叫机器语言，是机器所具有的全部指令的集合。指令系统表征了计算机的基本功能，决定了机器所要求的能力，也决定了指令的格式。

知识点 14　指令的执行过程

指令的执行过程分为取指令、分析指令和执行指令。指令的执行过程如下：

（1）在程序执行之前，会将程序的起始地址送入程序计数器中，该地址在程序加载到内存时才确定，所以程序计数器中首先存的是程序第一条指令的地址。将该地址送往地址总线，完成取指令操作。

（2）取来的指令暂存到指令寄存器中。

（3）指令译码器从指令寄存器中得到指令，分析指令的操作码和地址码。然后 CPU 根据分析的操作码知道该条指令要进行的操作，根据地址码找到需要的数据，完成指令的执行。

（4）程序计数器加 1 或根据转移指令得到下一条指令的地址，接下来再进行下一条指令的执行，直到整个程序执行完成。指令的执行过程如图 2.13 所示。

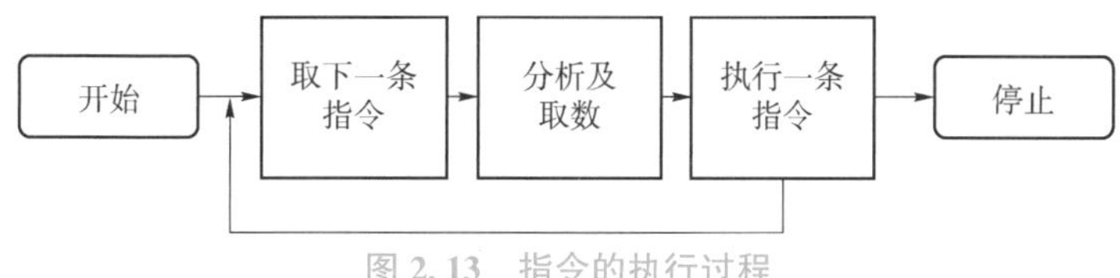

图 2.13　指令的执行过程

★★ 任务实操

计算机组装

(1) 实验环境。

实验物品：台式机、十字螺丝刀、导热硅脂。

(2) 注意事项。

①在计算机组装之前了解各个插槽和接口的正确安装、使用、连接方法及注意事项。现在主流主板基本都是 ATX 架构，主板上各接口和连接处会用不同颜色标识，并有文字缩写或图标，更有明显的物理防误插设计，基本不需用力插拔。

②组装前要消除人体静电，可以用手摸金属物体清除静电，组装计算机时，要注意保持清洁，防止灰尘进入计算机内部，影响计算机的正常运行。

(3) 实训内容。

①安装 Intel CPU。

主流 Intel 都是触点式，引脚在主板上，这样可以提高散热效果，最大程度避免引脚损坏，当前 AMD 的引脚还在 CPU 上，AMD 主板插槽对应 CPU 引脚，用此方法也可以识别 Intel CPU 和 AMD CPU。把 Intel 主板放在桌面上，将 CPU 插座旁的拉杆向上扳到垂直的位置，将 CPU 有三角形定位标记的那个角对准插座上呈扁三角形的角，这样就能确定 CPU 安装方向。Intel LGA 架构的防误插设计还有 CPU 上有两个缺口，主板插座上会有两个凸起，安装时将两个缺口和凸起对准，这样也可按正确方向安装 CPU。将 CPU 轻轻放入插座，放下金属顶盖，然后将金属拉杆回位扣紧。CPU 安装如图 2. 14 所示。

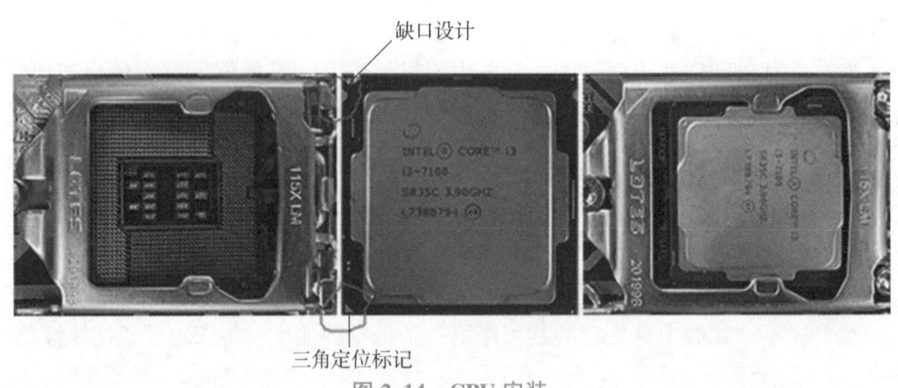

图 2. 14　CPU 安装

②安装 CPU 风扇。

在 CPU 表面均匀涂上导热硅脂，将散热器的卡扣对准孔位放入，为受力均匀要同时按下位于对角线位置的两个卡扣，接着按下另一条对角线上的两个卡扣，然后将卡扣旋转到位。最后连接散热器电源即可。安装时注意散热器电源接口的防误插设计，安装 CPU 风扇如图 2. 15 所示。

③内存条安装。

安装内存时，首先内存插槽两侧的卡具向外掰开，然后将内存条金手指的缺口对准内存插槽的凸起（内存缺口为不等距防误插设计）。两手拇指按压内存条两侧，当听到“咔”的一声时，表示内存条已安装好，内存插槽的卡具也会自动扣住内存条两侧的缺口。安装内存条如图 2. 16所示。

图 2.15　安装 CPU 风扇

图 2.16　安装内存条

④主板安装。

首先将机箱自带的主板垫脚螺母拧入机箱底板的对应位置，然后将主板放入机箱，主板接口要与接口挡板对应，主板定位孔与拧好的垫脚螺母位置对应。用螺丝刀将主板各螺母孔位拧入螺丝。注意大花螺丝用来固定硬盘、机箱和电源，小花螺丝固定主板和显卡，不要弄错。主板安装如图 2.17 所示。

图 2.17　安装主板

⑤安装电源和硬盘。

将电源带风扇的一面与机箱后面板对应的电源孔位对齐，然后用螺丝固定四角。将硬盘推入机箱内 3.5 英寸①硬盘仓，使硬盘安装孔与机箱硬盘支架上的定位孔相对应，然后在支架的两侧位置拧紧螺丝，牢固地固定硬盘。安装电源和硬盘如图 2.18 所示。

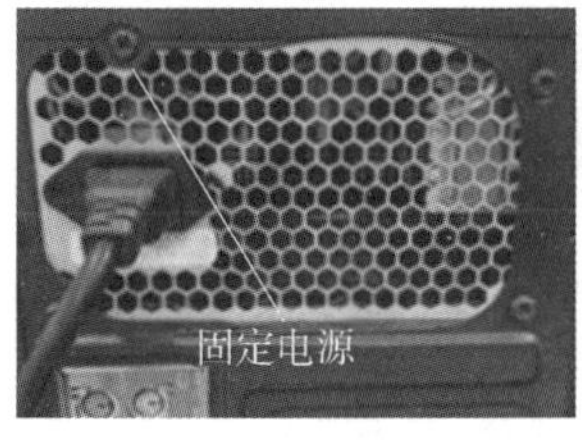

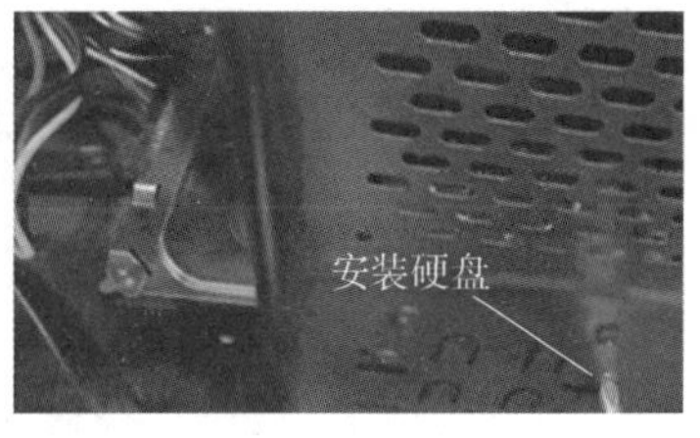

图 2.18　安装电源和硬盘

① 1 英寸=2.54 厘米。

⑥安装显卡。

卸掉 PCI Express 16x 显卡扩展槽对应的挡片，掰开显卡插槽上卡具，将显卡金手指缺口和显卡插槽的突起位置相对应，将显卡垂直插入，拧紧显卡螺丝（小花）。安装显卡如图 2. 19 所示。

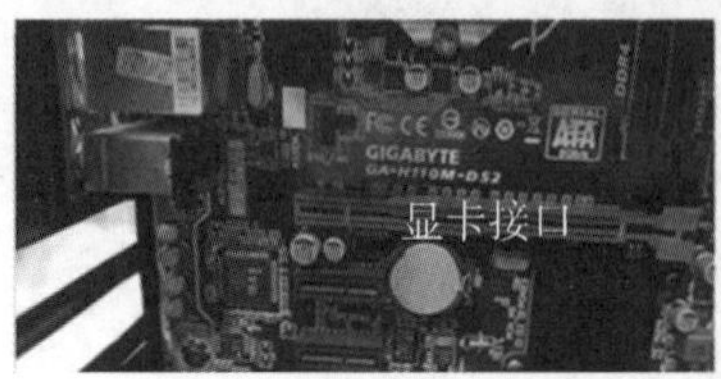

图 2. 19　安装显卡

⑦设备连线。

首先连接主板电源、显卡电源、硬盘电源和硬盘数据线（SATA 接口），这些接口都有防误插设计。安装主板和显卡电源如图 2. 20 所示，安装硬盘电源和硬盘数据线如图 2. 21 所示。然后连接主板硬盘数据线、前置 USB 线和音频线，如图 2. 22 所示。最后安装前面板信号控制线，包括电源按钮控制线、重启控制线、硬盘指示灯和电源指示灯。主板连接信号控制线的附近会有连接示意图，可以按照示意图无差错连接。开关控制线不分正负极，指示灯控制线注意按正负极连接。信号控制线安装如图 2. 23 所示。

图 2. 20　安装主板和显卡电源

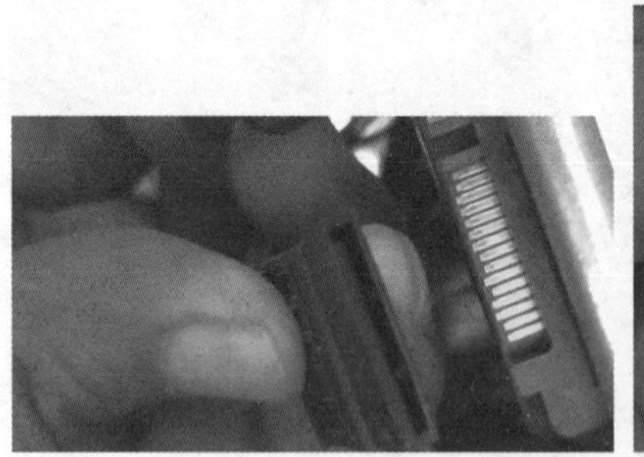
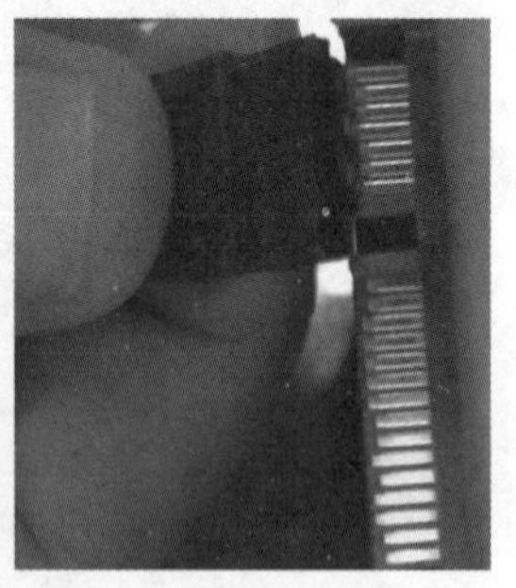

图 2. 21　安装硬盘电源和硬盘数据线

图 2. 22　安装主板硬盘数据线、前置 USB 线和音频线

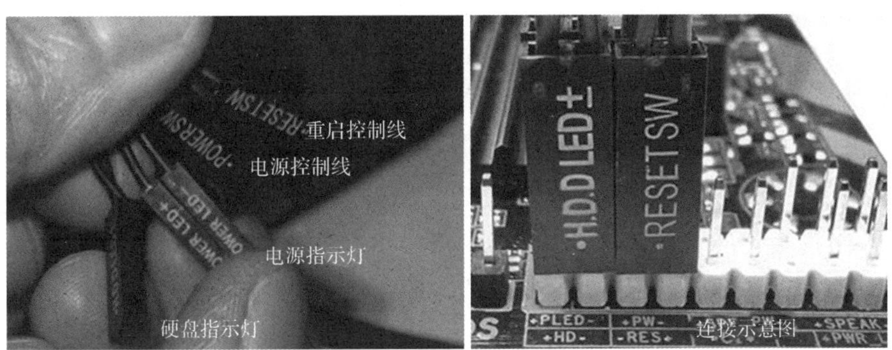

图 2.23　信号控制线安装

⑧连接外部设备。

首先安装机箱侧面板，用机箱侧面板上的螺丝（大花）拧紧。然后开始连接外部设备，包括键盘、鼠标、音箱、麦克和显示器等，音频接口中绿色连接音箱，粉色连接麦克。连接 USB 键盘、鼠标、音箱和麦克如图 2.24 所示，连接显示器如图 2.25 所示。

图 2.24　连接 USB 键盘、鼠标、音箱和麦克

图 2.25　连接显示器

到此计算机组装工作完成，连接主机、显示器和音箱电源，开机进行调试。

创新实践训练

【实践题——电脑配置单】

（1）打开中关村在线网站，找到模拟攒机链接，如图 2.26 所示。

ZOL 中关村在线 引领科技 指导消费
综合 产品 资讯 论坛 下载 问答 图片 视频 口碑
请输入您要查找的产品名称　搜索
下载APP　有料评测　模拟攒机
新闻 评测 行情 图赏 直播 视频　查报价 新品 排行榜　经销商 企业购 渠道商情　论坛 问答 试用 活动　下载 驱动 壁纸
手机：游戏手机 iPhone 性能排行 5G 智能穿戴 拆解图赏
笔记本：游戏本 平板电脑 台式机 一体电脑 轻薄本 智能生活
游戏硬件：CPU 显卡 显示器 键鼠 主板 SSD 存储 一体机 机电 游戏 电竞 芯研所
数码影音：音频 耳机 激光电视 旅游摄影 商用显示 OLED HiFi VR
家电 健康家电：电视 冰箱 厨卫 个护 洗衣机 空调 智能家居 净化器 净水 生活家电
企业 办公：打印机 投影 网络设备 数字影院 服务器 学习机 工作站
汽车 极客：新能源 人工智能 电动车 3D打印 汽车电子 智能物
商城：渠道商情 经销商 生态共享

图 2.26　中关村在线

（2）在模拟攒机中练习填写配置单，如图 2.27 所示。

（3）试论述自己配置的电脑的可行性。

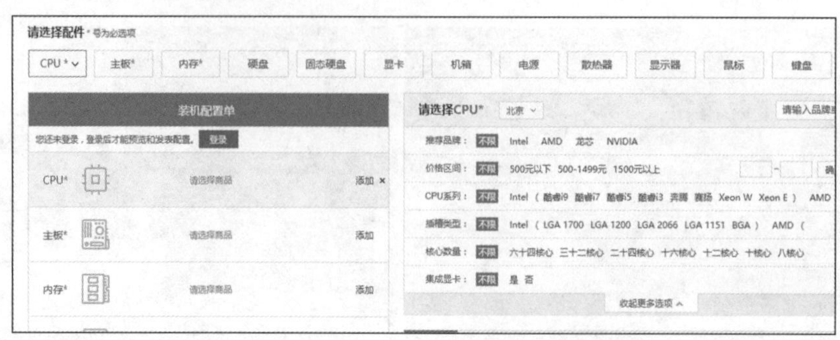

图 2.27　装机配置单

巩固训练

1. 单选题

(1) 计算机的开机自检是在（　　）里完成的。

A. CMOS　　B. CPU　　C. BIOS　　D. 内存

(2) 硬盘的数据传输率是衡量硬盘速度的一个重要参数。它是指计算机从硬盘中准确找到相应数据并传送到内存的速率，它分为内部和外部传输率，其内部传输率是指（　　）。

A. 硬盘的高速缓存到内存　　B. CPU 到 Cache

C. 内存到 CPU　　D. 硬盘的磁头到硬盘的高速缓存

(3) 完整的计算机系统同时包括（　　）。

A. 硬件和软件　　B. 主机与外设　　C. 输入/输出设备　　D. 内存与外存

(4) 在微机系统中（　　）的存储容量最大。

A. 内存　　B. 缓存　　C. 硬盘　　D. 光盘

(5) 对于微型计算机来说，（　　）的工作速度基本上决定了计算机的运算速度。

A. 控制器　　B. 运算器　　C. 输入/输出设备　　D. 存储器

(6) 现在（　　）显卡已经成为个人计算机的基本配置和市场主流。

A. AGP　　B. PCI　　C. PCI-E　　D. 以上都不对

(7) I/O 设备的含义是（　　）。

A. 通信设备　　B. 网络设备　　C. 后备设备　　D. 输入输出设备

(8) 下列系统软件中，属于操作系统的软件是（　　）。

A. WPS　　B. Word　　C. Windows 10　　D. Excel

(9) 下列厂商中是酷睿 i7 CPU 的生产厂商的是（　　）。

A. AMD　　B. INTEL　　C. Nvidia　　D. VIA

(10) 以下哪一项不可以做微机的输入设备（　　）。

A. 鼠标器　　B. 键盘　　C. 显示器　　D. 扫描仪

2. 填空题

(1) 计算机系统是由（　　）系统和（　　）系统两大部分组成。

(2) 中央处理器包括两部分，分别为（　　）和（　　）。

(3) 计算机硬件由五个基本部分组成：运算器、控制器、存储器、（　　）和（　　）。

(4)（　　）是存放在主板上只读存储器芯片（）中的一组机器语言程序，功能是启动计算机工作，诊断计算机故障及控制低级输入输出操作。(填写英文)

(5)(　　)是向计算机输入数据和信息的设备，是计算机与用户或其他设备通信的桥梁，其任务是把数据、指令及某些信息输送到计算机中。

(6)(　　)就是程序加文档的集合体。

(7)在计算机系统中，CPU起着主要作用，而在主板系统中，起重要作用的则是主板上的(　　)。

(8)系统总线是CPU与其他部件之间传送数据、地址等信息的公共通道。根据传送内容的不同，可分为(　　)总线、(　　)总线和(　　)总线。

(9)(　　)既能管理计算机硬件，还同时能为所有其他软件提供正常运行环境。

(10)(　　)就是计算机程序发给计算机处理器的命令，英文名称是Instruction。

3. 简答题

(1)论述计算机系统的组成有哪些。

(2)简述主板芯片组的作用。

(3)简述计算机的工作原理。

(4)从台式机和笔记本两方面，论述如何选购微型计算机。

职业素养拓展

【一定要了解的职业资格认证——“软考”】

职业资格认证是对从事某一职业所必备的学识、技术和能力的基本要求。计算机技术与软件专业技术资格（水平）考试（以下简称计算机软件资格考试，即“软考”），是由国家人力资源和社会保障部、工业和信息化部领导下的国家级考试，其目的是科学、公正地对全国计算机与软件专业技术人员进行职业资格、专业技术资格认定和专业技术水平测试。计算机软件资格考试设置了27个专业资格，涵盖5个专业领域、3个级别层次（初级、中级、高级）。计算机软件资格考试纳入全国专业技术人员职业资格证书制度的统一规划，实行统一大纲、统一试题、统一标准、统一证书的考试办法，每年举行两次。

通过考试获得证书的人员，表明其已具备从事相应专业岗位工作的水平和能力，用人单位可根据工作需要从获得证书的人员中择优聘任相应专业技术职务（技术员、助理工程师、工程师、高级工程师）。计算机软件资格考试全国统一实施后，不再进行计算机技术与软件相应专业和级别的专业技术职务任职资格评审工作。计算机软件资格考试既是职业资格考试，又是职称资格考试。同时，该考试还具有水平考试性质，报考任何级别不需要学历、资历条件，只要达到相应的专业技术水平就可以报考相应的级别。

计算机软件资格考试部分专业岗位的考试标准与日本、韩国相关考试标准实现了互认，中国信息技术人员在这些国家还可以享受相应的待遇。考试合格者将颁发由中华人民共和国人力资源和社会保障部、工业和信息化部用印的计算机技术与软件专业技术资格（水平）证书。该证书在全国范围内有效。

思政引导

【强国有“芯”：“星光中国芯工程”】

“星光中国芯工程”是以数字多媒体芯片为突破口、实现核心技术产业化、将具有自主知识产权的“中国芯”作为打入国际市场的战略目标。历经10年的自主创新，“星光中国芯工程”

先后取得了 8 大核心技术的突破和大规模产业化的一系列重要成果，申请超过 1 500 多项国内外技术专利，取得了全球过亿枚的销售量，产品覆盖 16 个国家和地区，是我国集成电路芯片第一次在全球市场份额领先，标志着中国已经在某些重要芯片领域处于世界领先水平，中国集成电路设计产业已经实现了历史性的突破！

“星光”系列数字多媒体芯片的成功推出打破了国外芯片产品的垄断地位，大大缓解了国内数字多媒体芯片由国外产品控制的局面，降低了国内成本，同时又可以大量出口创汇，促进和带动了我国数字 3C 产业的发展，为科技兴贸做出了突出的贡献，标志着我国电子信息产业正由“中国制造”迈向“中国创造”！

在创建中星微电子的过程中，“星光中国芯工程”总指挥、中星微电子公司董事局主席、首席专家邓中翰博士发挥了核心作用，他是“星光中国芯工程”获得成功的关键人物。2022 年 3 月 4 日，全国政协委员邓中翰院士观察分析了当下国际芯片领域的机遇及变化，尤其是包括美国、欧盟、日本、韩国等发达国家在 2022 年 1—2 月里密集出台了新举措，纷纷加大在芯片领域的资金投入。为抓住历史机遇期，加快缩小与技术先进国家的差距，抢占技术制高点，邓中翰在提案中表示，比照美、欧、日、韩近期超常规政策举措，尽快研究出台更有支持力度的政策措施，始终“抓住不放、实现跨越”。同时，继续发挥新型举国体制优势，建议进一步强化国家科技重大专项对核心芯片研发创新的支持力度，进一步扩大国家集成电路产业投资基金投资规模，进一步加快“科创板”对“后摩尔时代”核心芯片及垂直域创新企业上市融资步伐。

【摘自 https：//baike. baidu. com/和两会“芯”声：强化扶持引导突破“卡脖子”技术　作者秦枭　中国经营网 2022-03-12】

总结与自我评价

总结与自我评价				
本模块知识点	自我评价			
计算机的基本组成	□完全掌握	□基本掌握	□有疑问	□完全没掌握
计算机的工作原理	□完全掌握	□基本掌握	□有疑问	□完全没掌握
冯·诺依曼架构	□完全掌握	□基本掌握	□有疑问	□完全没掌握
微型计算机的主机系统	□完全掌握	□基本掌握	□有疑问	□完全没掌握
外部存储器的层次结构	□完全掌握	□基本掌握	□有疑问	□完全没掌握
输入和输出设备	□完全掌握	□基本掌握	□有疑问	□完全没掌握
操作系统的功能	□完全掌握	□基本掌握	□有疑问	□完全没掌握
指令和指令系统	□完全掌握	□基本掌握	□有疑问	□完全没掌握
计算机组装	□完全掌握	□基本掌握	□有疑问	□完全没掌握
计算机选购知识	□完全掌握	□基本掌握	□有疑问	□完全没掌握
需要老师解答的疑问				
自己想要扩展学习的问题				

项目模块三

计算机操作系统

没有安装任何软件的计算机通常称为“裸机”，裸机是无法工作的。计算机只有在安装操作系统以后才能正常使用，只有熟练掌握计算机操作系统的功能、设置和操作方法，才能把计算机作用发挥到极致。

【项目目标】

本项目模块通过 2 个任务介绍计算机软件系统的功能，并介绍了 Windows 10 操作系统的功能和使用方法；通过任务实操掌握 Windows 10 系统的安装与配置，了解计算机拷机软件的工作原理和使用方法。

任务一

操作系统概述

☑**任务目标：**了解操作系统的定义、作用和分类，了解操作系统的发展过程。

知识点 1　操作系统的定义

操作系统是用于管理和协调计算机的全部软硬件资源的系统软件。硬件资源指组成计算机的物理设备，如中央处理机、主存储器、硬盘、打印机、显示器、键盘、鼠标等。软件资源主要指存储于计算机中的各种数据和程序。计算机系统的硬件资源和软件资源都由操作系统根据用户需求按一定的策略分配和调度。操作系统的地位如图 3.1 所示。

知识点 2　操作系统的作用

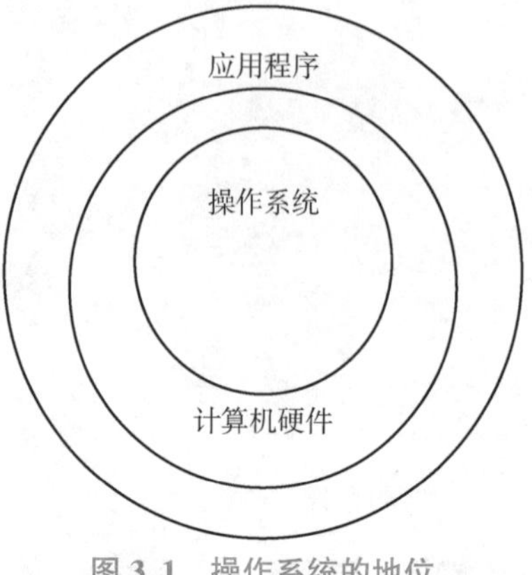

图 3.1　操作系统的地位

操作系统具有庞大的管理控制功能，大致包括以下五个方面的管理功能。

（1）进程管理。

进程管理的工作主要是进程调度，在单用户单任务的情况下，处理器仅为一个用户的一个任务所独占，进程管理的工作十分简单。但在多道程序或多用户的情况下，组织多个作业或任务时，就要解决处理器的调度、分配和回收等问题。

（2）内存管理。

内存管理主要是指针对内存储器的管理，分配内存空间，保证各作业占用的存储空间不发生矛盾，并使各作业在自己所属存储区中不互相干扰。

（3）设备管理。

设备管理主要是指对各类外围设备的管理，包括分配、启动和故障处理等。当用户使用外部设备时，必须提出要求，待操作系统进行统一分配后方可使用。当用户的程序运行到要使用某外设时，由操作系统负责驱动外设，操作系统还具有处理外设中断请求的能力。

（4）文件管理。

文件管理是指操作系统对信息资源的管理。操作系统中负责存取的管理信息的部分称为文件系统。文件管理支持文件的存储、检索和修改等操作以及文件的保护功能。

（5）作业管理。

每个用户请求计算机系统完成的一个独立的操作称为作业。作业管理包括作业的输入和输出、作业的调度与控制。

知识点 3　操作系统的发展过程和分类

操作系统的发展大致分为以下 4 个阶段。

（1）第一代的电子管计算机诞生于 20 世纪 40 年代，当时操作系统尚未出现，程序员直接与硬件打交道。

（2）第二代的晶体管计算机始于 20 世纪 50 年代，为了提高计算资源的使用效率，减少空闲时间，提出了单道批处理系统。

（3）20 世纪 60 年代，随着小规模集成电路的发展，出现了多道批操作系统，以进一步提高资源的使用效率。

（4）20 世纪 70 年代，大规模集成电路飞速发展，操作系统随之升级，涌现出 UNIX、DOS、Windows、Mac OS 和 Linux 等著名的操作系统。可以从不同的角度对操作系统进行分类。

①按照用户界面的不同，可以分为字符界面的操作系统和图形界面的操作系统；

②按照任务处理方式的不同，可以分为单任务操作系统、多任务操作系统、单用户操作系统和多用户操作系统；

③按照运行的环境不同可以分为桌面操作系统、服务器操作系统、嵌入式操作系统等，下面只对人们常用的桌面操作系统进行简单介绍。

- Windows 操作系统是由微软公司开发，大多数用于台式机和笔记本电脑。Windows 操作系统有着良好的用户界面和简单的操作。现在的版本有 Windows 7、windows 10 和最新的 Windows 11。微软还开发了适合服务器的操作系统，像 Windows server 2008、windows server 2022 等。一般的台式机不会去装此类的操作系统，因为最初的设计是为服务器安装的，对硬件配置要求较高。

- UNIX 是 20 世纪 70 年代初出现的一个操作系统，除了作为网络操作系统之外，还可以作为单机操作系统使用。UNIX 作为一种开发平台和台式操作系统获得了广泛使用，主要用于工程应用和科学计算等领域。

- Linux 全称 GNU/Linux，是一种免费使用和自由传播的操作系统，是一个多用户、多任务、支持多线程和多 CPU 的操作系统。Linux 继承了 UNIX 以网络为核心的设计思想，是一个性能稳定的多用户网络操作系统。

- 苹果操作系统一般指 Mac OS，是一套由苹果开发的运行于 Macintosh 系列电脑上的操作系统。Mac OS 是首个在商用领域成功的图形用户界面操作系统，它有着良好的用户体验、华丽的用户界面和简单的操作。

任务二

Windows 10 操作系统

☑**任务目标**：了解 Windows 10 操作系统的最新功能，掌握 Windows 10 的基本操作和设置，掌握 Windows 10 系统的备份与还原。

知识点 4　Windows 10 简介

Windows 10 是微软公司研发的跨平台操作系统，应用于计算机和平板电脑等设备，于 2015 年 7 月 29 日发行。Windows 10 在易用性和安全性方面有了极大的提升，除了针对云服务、智能移动设备、自然人机交互等新技术进行融合外，还对固态硬盘、生物识别、高分辨率屏幕等硬件进行了优化与支持。Windows 10 新特性如下：

（1）生物识别技术：Windows 10 所新增的 Windows Hello 功能将带来一系列对于生物识别技术的支持。除了常见的指纹扫描之外，系统还能通过面部或虹膜扫描进行登录。

（2）Cortana 搜索功能：Cortana 可以用它来搜索硬盘内的文件、系统设置和安装的应用。作为一款私人助手服务，Cortana 还能像在移动平台那样帮用户设置基于时间和地点的备忘。

（3）平板模式：微软在照顾老用户的同时，也没有忘记随着触控屏幕成长的新一代用户。Windows 10 提供了针对触控屏设备优化的功能，同时还提供了专门的平板电脑模式，开始菜单和应用都将以全屏模式运行。

（4）桌面应用：微软放弃激进的 Metro 风格，回归传统风格，用户可以调整应用窗口大小了，标题栏重回窗口上方，最大化与最小化按钮也给了用户更多的选择和自由度。

（5）多桌面：如果用户没有多显示器配置，但依然需要对大量的窗口进行重新排列，那么 Windows 10 的虚拟桌面应该可以帮到用户。在该功能的帮助下，用户可以将窗口放进不同的虚拟桌面当中，并在其中进行轻松切换，使原本杂乱无章的桌面也就变得整洁起来。

（6）开始菜单进化：微软在 Windows 10 当中带回了用户期盼已久的开始菜单功能，并将其与 Windows 8 开始屏幕的特色相结合。点击屏幕左下角的 Windows 键打开开始菜单之后，不仅会在左侧看到包含系统关键设置和应用列表，标志性的动态磁贴也会出现在右侧。

(7) 任务切换器：Windows 10 的任务切换器不再仅显示应用图标，而是通过大尺寸缩略图的方式内容进行预览。

(8) 任务栏的微调：在 Windows 10 的任务栏当中，新增了 Cortana 和任务视图按钮，与此同时，系统托盘内的标准工具也匹配上了 Windows 10 的设计风格。可以查看到可用的 Wi-Fi 网络，或是对系统音量和显示器亮度进行调节。

(9) 贴靠辅助：Windows 10 不仅可以让窗口占据屏幕左右两侧的区域，还能将窗口拖拽到屏幕的四个角落使其自动拓展并填充 1/4 的屏幕空间。在贴靠一个窗口时，屏幕的剩余空间内还会显示出其他开启应用的缩略图，点击之后可将其快速填充到这块剩余的空间当中。

(10) 通知中心：Windows Phone 8.1 的通知中心功能也被加入了 Windows 10 当中，让用户可以方便地查看来自不同应用的通知。此外，通知中心底部还提供了一些系统功能的快捷开关，比如平板模式、便签和定位等。

(11) 命令提示符窗口升级：在 Windows 10 中，用户不仅可以对 CMD 窗口的大小进行调整，还能使用复制粘贴等熟悉的快捷键。

(12) 文件资源管理器升级：Windows 10 的文件资源管理器会在主页面上显示出用户常用的文件和文件夹。

(13) 兼容性增强：只要能运行 Windows 7 操作系统，就能更加流畅地运行 Windows 10 操作系统。针对固态硬盘、生物识别、高分辨率屏幕等硬件都进行了优化支持与完善。

(14) 安全性增强：除了继承旧版 Windows 操作系统的安全功能之外，还引入了 Windows Hello、Microsoft Passport、Device Guard 等安全功能。

(15) 新技术融合：在易用性、安全性等方面进行了深入的改进与优化。针对云服务、智能移动设备、自然人机交互等新技术进行融合。

知识点 5　Windows 10 基本操作

5.1　Windows 10 桌面

进入 Windows 10 操作系统后，用户首先看到的是桌面，桌面的组成元素主要包括桌面图标、任务栏和通知区域等。Windows 10 桌面如图 3.2 所示。

图 3.2　Windows 10 桌面

Windows 10 桌面启动后，只有“回收站”图标，如果想把其他系统图标也放到桌面上，可以右击鼠标选择“个性化”，单击“主题”，选择“桌面图标设置”，勾选自己想要放到桌面上的图标。桌面图标设置如图 3.3 所示。

图 3.3　桌面图标设置

在“个性化”设置中，还可以更改桌面背景，把桌面壁纸换成自己喜欢的图片。更改桌面背景如图 3.4 所示。

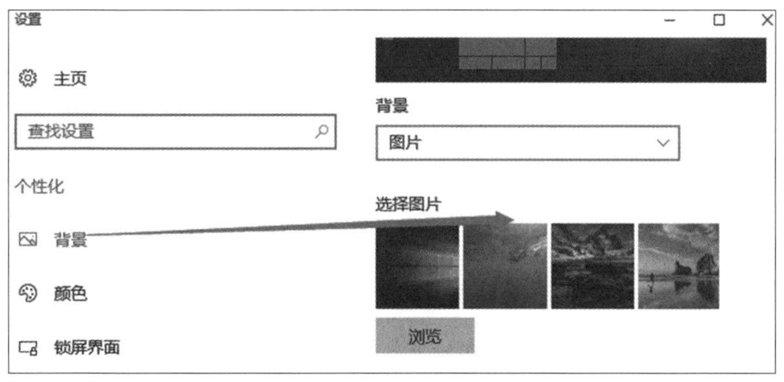

图 3.4　更改桌面背景

Windows 10 可以创建多个虚拟桌面，各个桌面之间操作互不干扰，这个功能深受用户好评。使用快捷键［WIN+Ctrl+D］创建新桌面，使用快捷键［WIN+Tab］切换不同桌面。多桌面创建如图 3.5 所示。

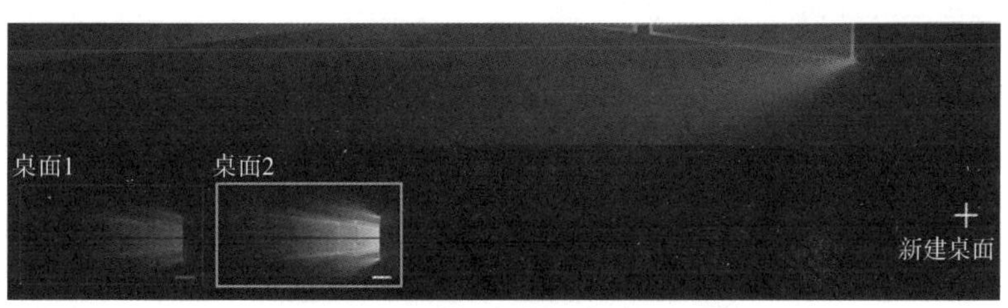

图 3.5　多桌面创建

在 Windows 10 桌面右击“此电脑”，单击“属性”，打开“系统”窗口，可以查看计算机 CPU 型号、内存容量和 Windows 激活状态等信息。Windows 系统窗口如图 3.6 所示。

图 3.6 Windows 10 系统窗口

5.2 资源管理器

资源管理器是 Windows 系统提供的资源管理工具，可以用它查看计算机的所有资源，能够更清楚、更直观地操作文件和文件夹或进行查看和配置硬件。Windows 10 资源管理器如图 3.7 所示。

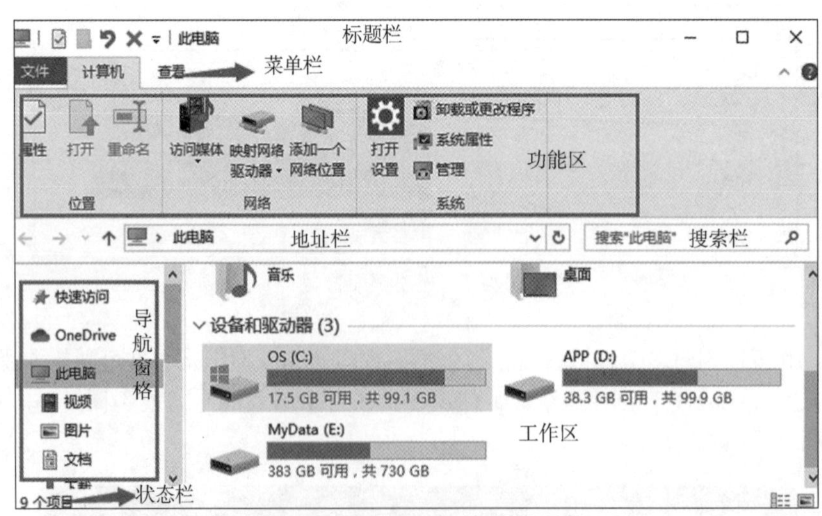

图 3.7 Windows 10 资源管理器

资源管理器的日常操作就是管理系统或个人的文件和文件夹，在计算机系统中，文件管理采用树形结构，用户根据某方面的特征或属性把文件归类存放，因而文件和文件夹就有一个隶属关系，从而构成有一定规律的组织结构。Windows 10 在文件和文件夹的操作上与早先的

Windows 系统相比变化不大。单击工作区“设备和驱动器”中任何一个硬盘分区，就可以在本分区内进行文件和文件夹操作。

5.3　文件

计算机中的文件是指一组相关信息的集合，它们一般存放在外存储介质上，工作需要时被调入内存进行处理。文件包括源程序代码、文本文档、声音、图像和视频等。

（1）文件名。

主文件名是文件的主要标记，扩展名用于表示文件的类型。扩展名通常由 3~4 个字符构成，主文件名要遵守以下规则：

①主文件名总长不能超过 255 个字符。

②文件命名时可以使用：字母、数字、下画线、汉字、圆点、空格等；但不能使用:?、＊、"、<、>、|、:、/、\ 等字符，因为它们有特殊含义。

③如果文件名有两个以上圆点，如：LWX . abc. docx，则最后一个圆点是主文件名与扩展名的分隔符。

④文件名不区分大小写。

（2）文件类型。

文件有多种类型，不同类型的文件扩展名不同，且图标形状也不相同。常见的文件扩展名如表 3. 1 所示。

表 3. 1　常见的文件扩展名

扩展名	类型	扩展名	类型	扩展名	类型
. com	命令文件	. exe	可执行文件	. bat	批处理文件
. txt	文本文件	. dat	数据文件	. zip	压缩文件
. docx	Word 文件	. xlsx	Excel 文件	. pptx	PowerPoint 文件
. sys	系统文件	. html	网页文件	. mp4	视频文件
. jpg	图像文件	. wav	声音文件	. dbf	数据库文件

5.4　文件夹

Windows 采用树型目录结构来管理文件，磁盘的驱动器符号通常称为根目录，用户可以在一个磁盘中建立若干个文件夹，每一个文件夹可以包含若干文件，也可以包含若干子文件夹，文件都存放于某个文件夹中。文件夹结构如图 3. 8 所示。

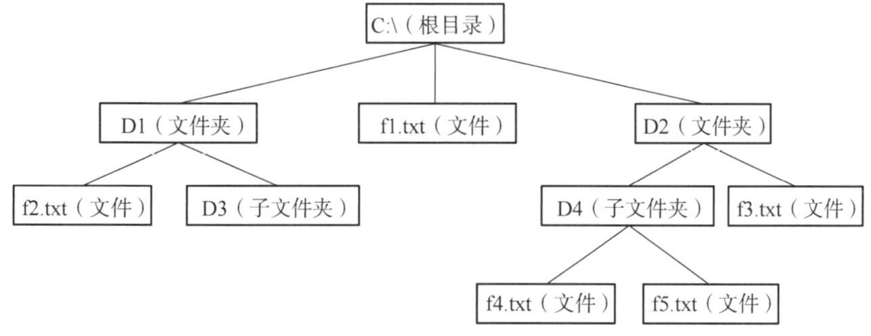

图 3. 8　文件夹结构

5.5 创建文件或文件夹

(1) 创建文件夹。

在 Windows 10 中，可以在任意磁盘或它的文件夹下建立新的文件夹，而且创建文件夹的数目是没有限制的。

(2) 创建文件。

当用户要建立一个新文件，如文本文件、图像文件等，只要在桌面空白处或其他磁盘和文件夹中右击鼠标，就会弹出“新建”选项，选择文件类型，输入文件名，完成所需文件的建立。文件创建如图 3.9 所示。

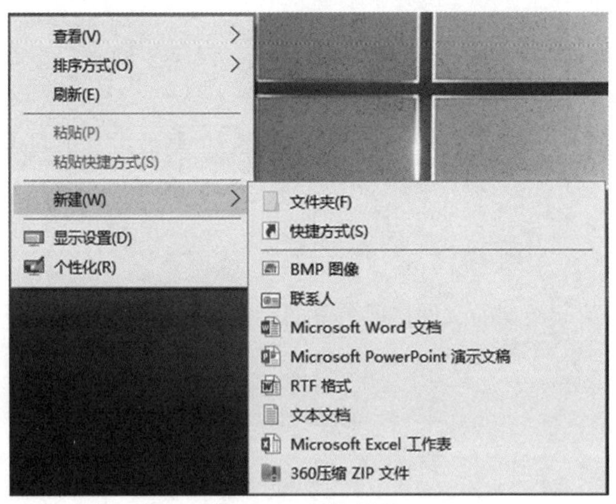

图 3.9 文件创建

5.6 选取文件或文件夹

选取文件或文件夹是常见的操作，具体操作如表 3.2 所示。

表 3.2 选取文件或文件夹的操作方法

选取文件或文件夹	操作方法
选取单个文件或文件夹	移动鼠标到目标文件或文件夹名上单击
选取多个相邻的文件或文件夹	单击选中一个文件或文件夹，按住［Shift］键不放，单击选中这组文件或文件夹中的最后一个
选取多个不相邻的文件或文件夹	单击选中一个文件或文件夹，按住［Ctrl］键不放，单击选中这组文件或文件夹中的另一个或多个
选取所有的文件和文件夹	方法 1：可以用鼠标框选 方法 2：单击一个文件或文件夹后，按下［Ctrl+A］键
反向选取	选中一个或若干个文件或文件夹，移动鼠标到菜单栏单击“主页”，选择并单击“反向选择”

5.7 移动文件或文件夹

把选定的文件或文件夹从某个磁盘或文件夹中移到另一个磁盘或文件夹中，在移动文件夹时，连同文件夹包含的所有内容一起移动。

使用菜单实现，具体操作如下：

(1) 选定要移动的文件或文件夹。

(2) 单击“主页”下拉菜单中的“剪切”命令。

(3) 打开目标盘或文件夹。

(4) 单击“主页”下拉菜单中的“粘贴”命令。

使用组合键实现，具体步骤如下：

(1) 选定要移动的文件或文件夹。

(2) 按下键盘上的［Ctrl+X］组合键，剪切文件或文件夹。

(3) 打开目标盘或文件夹。

(4) 按下键盘上的［Ctrl+V］组合键，粘贴文件或文件夹，完成移动文件或文件夹的操作。

5.8　复制文件或文件夹

复制的目的是在指定的磁盘或文件夹中产生一个与选定的文件或文件夹完全相同的副本。复制操作完成后，源文件或文件夹仍保留在原位置，在目标磁盘或目标文件夹中多了一个副本。

使用菜单实现，具体操作如下：

(1) 选定要复制的文件或文件夹。

(2) 单击“主页”下拉菜单中的“复制”命令。

(3) 打开目标盘或文件夹。

(4) 单击“主页”下拉菜单中的“粘贴”命令。

使用组合键实现，具体步骤如下：

(1) 选定要复制的文件或文件夹。

(2) 按下键盘上的［Ctrl+C］组合键，复制文件或文件夹。

(3) 打开目标盘或文件夹。

(4) 按下键盘上的［Ctrl+V］组合键，粘贴文件或文件夹，完成复制文件或文件夹的操作。

5.9　删除文件或文件夹

如果用户不再需要某个文件或文件夹，可以将它删除。但需要注意的是，当用户删除一个文件夹时，该文件夹中的所有文件和子文件夹都将被删除。具体操作如下：

(1) 选定要删除的文件或文件夹。

(2) 单击“主页”下拉菜单中的“删除”命令。

(3) 选定要删除的文件或文件夹，按键盘上的“Delete”或“DEL”键可以实现删除操作。

执行删除操作后，打开确认删除操作的对话框。如果确认要删除，单击“是”按钮，文件或文件夹被删除；否则单击“否”按钮，放弃删除操作。

5.10　恢复被删除的文件或文件夹——“回收站”操作

“回收站”图标是一个纸篓，被删除的文件、文件夹等均放在回收站中。“回收站”的初始状态为空，图标形状为一个空纸篓；一旦“回收站”中放置了对象，图标变为装满东西的纸篓。回收站功能如下：

(1) 恢复被删除的文件或文件夹。

(2) 清空回收站。

(3) 设置“回收站”的属性。

删除文件或文件夹操作时，若同时按住 Shift 键，文件或文件夹将被彻底删除，不再保存到回收站。

5.11　重命名文件或文件夹

要对一个文件或文件夹重新命名，有以下两种方法：

（1）鼠标右击要重命名的文件或文件夹，在弹出的快捷菜单中选择“重命名”命令，则文件名切换到重命名状态，这时输入新的文件名即可。

（2）单击要重命名的文件或文件夹，再单击文件名框，则文件名被选定，这时输入新的文件名即可。

5.12　查找文件或文件夹

查找文件或文件夹的具体操作如下：

（1）双击桌面“此电脑”图标，打开资源管理器。

（2）在导航窗口中选择要查找的路径，在右侧输入想要搜索的文件名称，然后在计算机中查找对应的文件。

（3）显示“搜索结果”窗口，可根据单一条件或组合条件搜索文件或文件夹。查找文件或文件夹如图 3.10 所示。

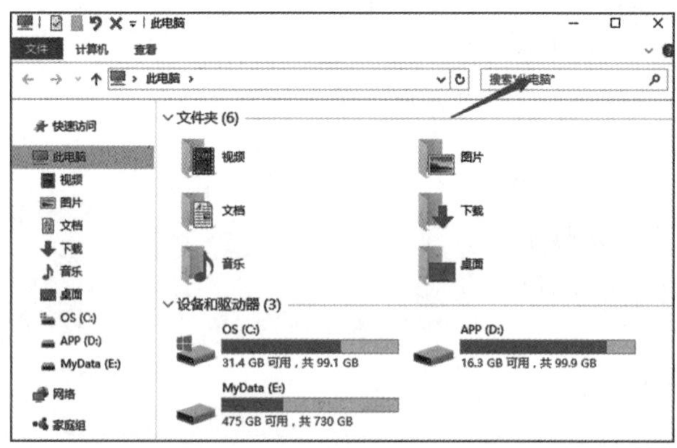

图 3.10　查找文件或文件夹

5.13　设置文件或文件夹属性

在 Windows 10 中，文件或文件夹的常用属性有只读和隐藏两种。

（1）只读：只能进行读操作，不能修改，删除时还需要确认。

（2）隐藏：隐藏文件或文件夹，被隐藏的文件或文件夹通常是看不到的。

如果想查看和更改文件或文件夹的属性，只要在这个文件或文件夹上右击，就可以打开文件或文件夹“属性”对话框，文件或文件夹属性对话框如图 3.11 所示。

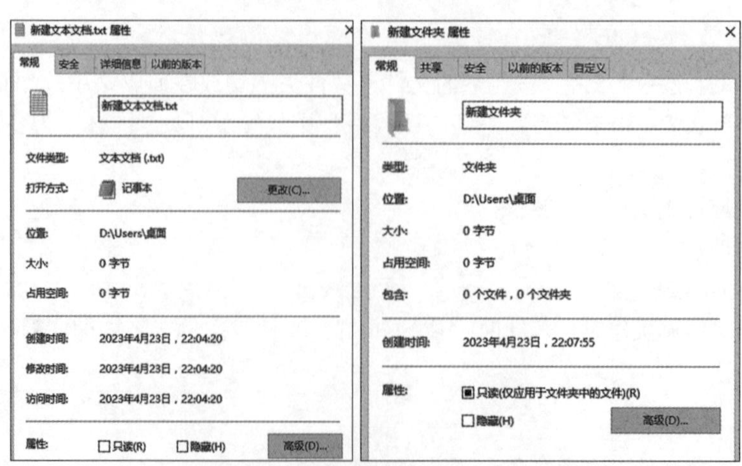

图 3.11　文件或文件夹属性对话框

知识点 6　Windows10 磁盘操作

6.1　查看磁盘空间

使用计算机过程中，掌握计算机的磁盘空间信息是非常必要的。如在安装比较大的软件时，首先就要检查各磁盘空间的使用情况。一般是将系统软件安装在 C 盘上，其他软件安装在 D 盘、E 盘或 F 盘上。查看磁盘如图 3.12 所示。

6.2　格式化磁盘

新磁盘在使用之前一定要进行格式化（除非出厂时已经格式化了），而用过的磁盘也可以格式化，格式化的过程就是对磁盘划分磁道、扇区和创建文件系统的过程。如果对旧磁盘进行格式化，将删除磁盘上原有的信息。格式化磁盘如图 3.13 所示。

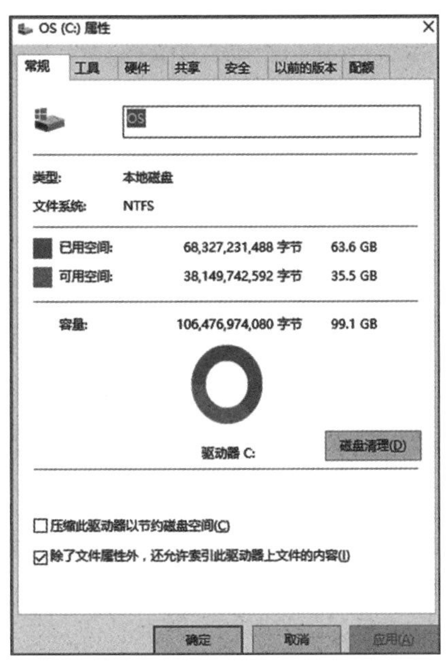

图 3.12　查看磁盘

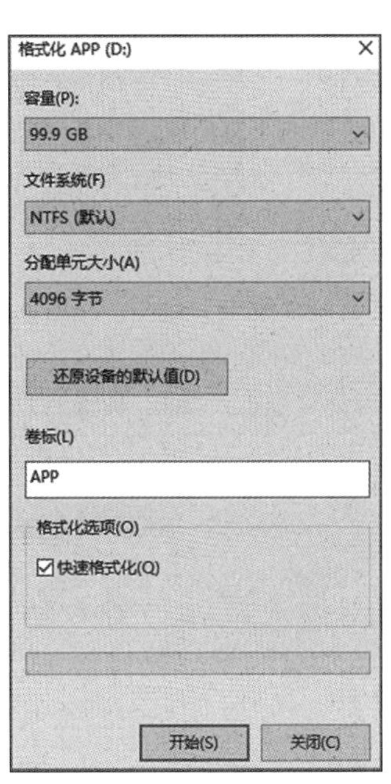

图 3.13　格式化磁盘

讲到磁盘分区，就要了解 MBR 和 GPT 两种分区表的区别和 FAT32 和 NTFS 两种文件系统的区别，无论在 Windows 系统分区和第三方分区软件中都会出现。硬盘分区时需要选择 MBR 或 GPT，硬盘格式化时需要选择 FAT32 或 NTFS。

MBR（主引导扇区（Master Boot Record））分区表是 Windows 比较早的分区系统，使用 32 位字长进行分区，因此每个分区最大是 2TB，所以这种分区在新版本系统中已经被淘汰。GPT 分区表［全局唯一标识分区表（GUID Partition Table）］是磁盘分区的最新系统，MBR 分区在磁盘上只能拥有 4 个主分区，但 GPT 分区没有这样的限制。GPT 每个分区可以达到 9.44ZB（Zettabyte），如今磁盘分区在选择分区表时，GPT 分区已经成为主流。

FAT 是文件分配表（File Allocation Table）的缩写。FAT32 指的是文件分配表，是采用 32 位二进制数管理的磁盘文件系统。FAT32 缺点是安全性差，单个文件也只能支持最大 4 GB。NTFS（New Technology File System）是 Windows NT 内核操作系统的文件系统，支持磁盘配额、文件加密、数据保护和恢复。NTFS 彻底解决了存储容量限制，最大可支持 16EB，是现在文件系统中的默认选项。

6.3 新建磁盘分区

新购买的笔记本厂家往往只设置一个磁盘分区，就是安装了 Windows 10 的 C 区，使用压缩卷功能可把 C 区的多余的空间分出 D 盘或更多盘符。右击“开始菜单”，单击“磁盘管理”，在 C 区上右击，选择“压缩卷”，在“输入压缩空间量”中输入想要的空间大小。这里以 5 000 M 为例。压缩卷操作界面如图 3.14 所示。

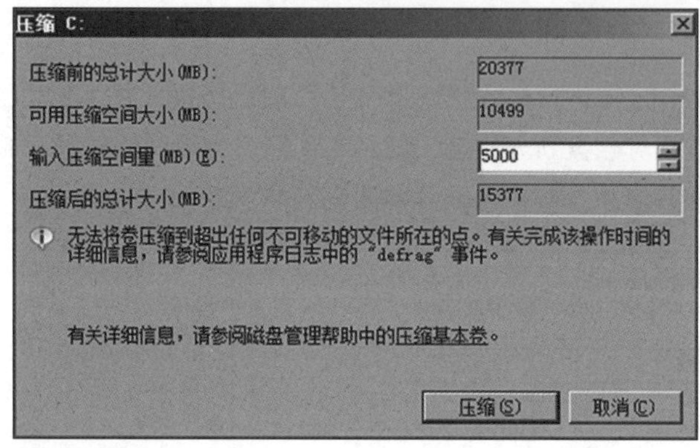

图 3.14　压缩卷操作界面

单击“压缩”后，可以看到 C 盘右侧多出一个未分配的空间。这个空间还不是分区，如果要往里面存储读写数据，就必须将它新建成一个分区。在未分配空间上点击右键，选择“新建简单卷”，输入新分区的大小，就可以创建 D 盘。新建简单卷如图 3.15 所示。

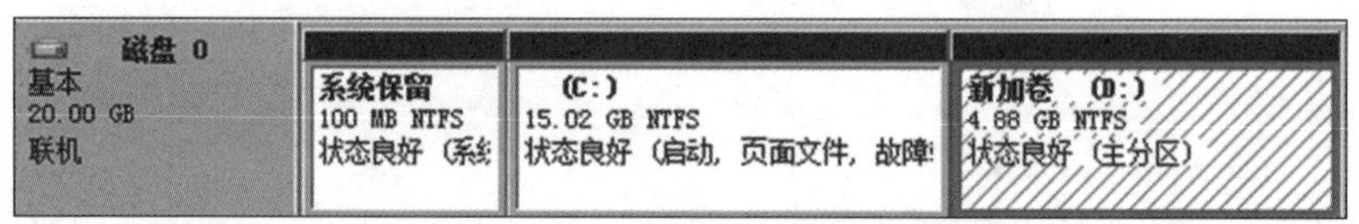

图 3.15　新建简单卷

知识点 7　Windows 10 系统备份与还原

7.1 Windows 10 系统保护

Windows 10 系统保护功能是基于 NTFS 文件系统的卷影复制，可以实现对系统的保护。开启系统保护之后，系统会定期保存 Windows 10 系统文件、配置文件、数据文件等相关信息。操作系统以时间点为参考自动存储系统的重要文件，也叫作系统还原点。当操作系统配置或应用程序出现问题时，就可以利用时间还原点文件恢复到正常时间点的状态。“系统还原”同时提供了一个空间管理功能，可以用来清除较早的还原点，以便为新的还原点留出空间。默认情况下，超过 90 天的还原点将会被自动清除。通常情况下，系统盘 C 盘开启系统保护功能。鼠标右击“此电脑”，单击“属性”，打开“系统保护”。系统保护界面如图 3.16 所示。

“保护设置”中选中系统 C 盘，单击“创建”生成一个还原点。如果系统需要还原，单击“系统还原”即可。“配置”功能可以管理配置还原，调整用于系统保护的磁盘空间和删除还原点。

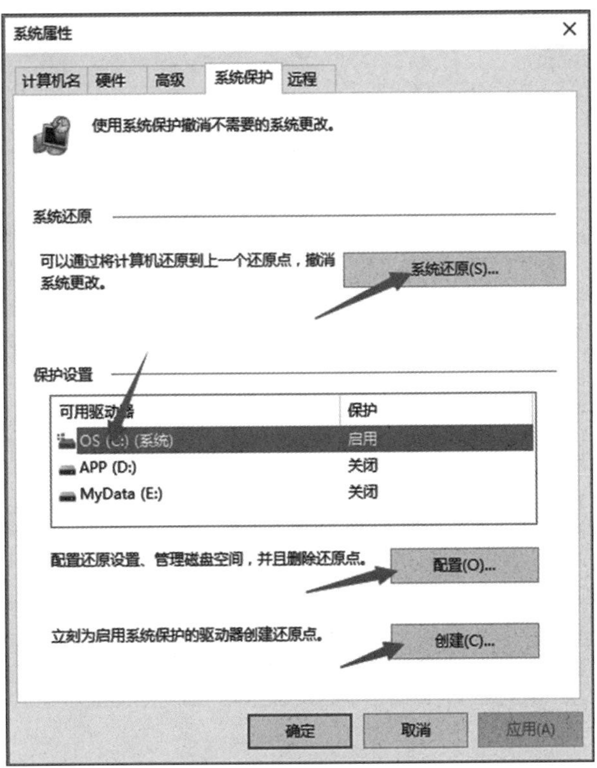

图 3.16　系统保护界面

7.2　备份与恢复

在使用 Windows 10 系统的计算机时，如果要备份和还原，需要进入“设置”进行操作。“备份”功能可以给当前计算机硬盘制作镜像备份到外部存储器，比如移动硬盘或 U 盘。备份内容可以自己选择。“恢复”功能可以恢复已经备份的镜像文件，也可以恢复到计算机 Windows 出厂设置。

（1）备份。

单击“开始”菜单按钮，单击“设置”按钮，打开“设置”对话框，选择“更新和安全”，选择“备份”。备份功能界面如图 3.17 所示。

- “添加驱动器”功能可以把镜像文件备份到外部存储器。
- “转到备份和还原”（Windows 7）功能，可以使用 Windows 7 备份还原工具进行备份。

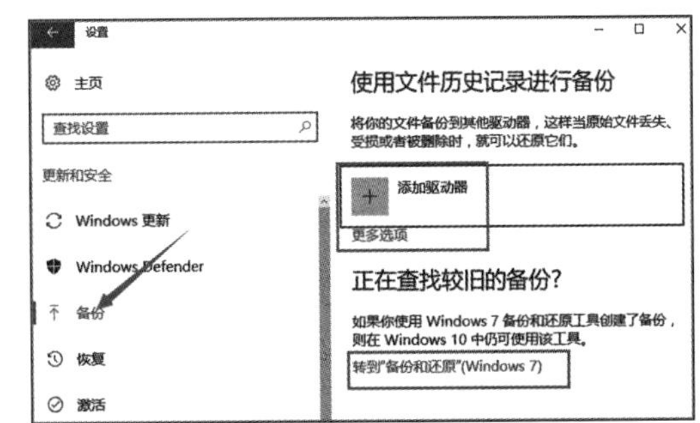

图 3.17　备份功能界面

（2）恢复。

单击“开始”菜单按钮，单击“设置”按钮，打开“设置”对话框，选择“更新和安全”，选择“恢复”。“恢复”功能界面如图 3.18所示。

“重置此电脑”可以分两种：“保留我的文件”只对应用程序和配置恢复到出厂值，用户个人文件不会丢失，这项功能是用户系统出现问题时的通常选项；“删除所有内容”是指个人文件不再保留，操作时要提前做好个人文件的备份。“重置此电脑”如图 3.19 所示。

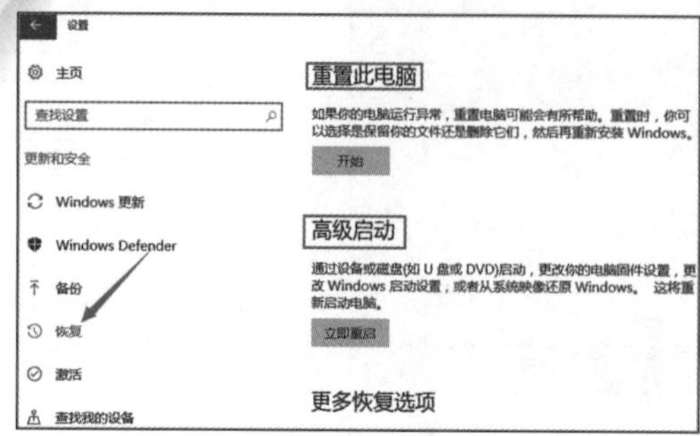

图 3.18 恢复功能界面

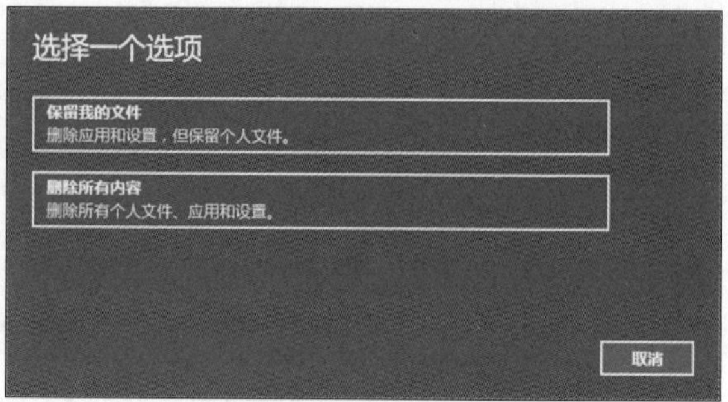

图 3.19 重置此电脑

“高级启动”会重启电脑，进入“选择一个选项”，单击“疑难解答”；在疑难解答界面，单击“高级选项”；选择“系统映像恢复”即可。系统映像恢复如图 3.20 所示。

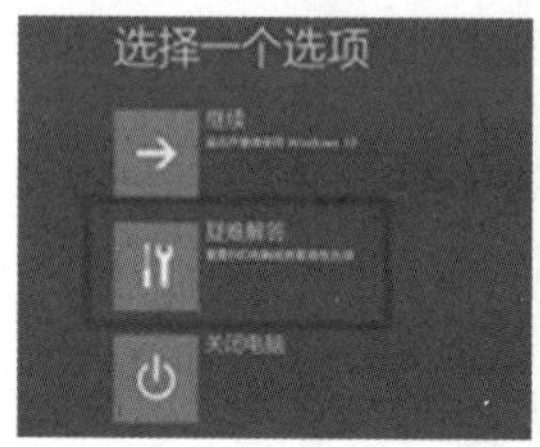

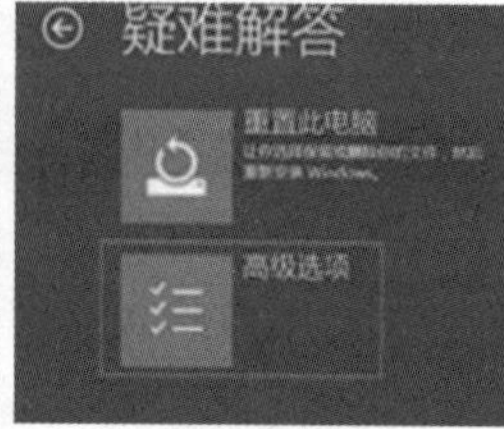

图 3.20 系统映像恢复

★★ 任务实操

Windows 10 安装与配置

（1）实验环境。

实验器材：笔记本、U 盘、Windows 10 ISO 镜像文件。

（2）注意事项。

①由于是全新安装，电脑 C 盘个人文件要事先备份。

②将 U 盘提前做成可引导启动的系统盘，拷贝 Windows 镜像文件到 U 盘中。U 启动系统可以使用微软自带程序，也可以使用第三方程序制作，Windows 10 ISO 镜像文件尽量从微软官方下载。

③不同笔记本进入设置系统启动项的方法不同，通常用“F12”进入设置，如果不是就要进入 BIOS 进行设置。

（3）实验内容。

①BIOS 中将启动顺序设置为由 U 盘启动，启动电脑进入 PE 系统，把镜像文件加载到虚拟光驱中，在程序中打开 WinNT Setup 软件，在“选择 Windows 安装源”中，选择虚拟光驱 Sources 中的 Install. wim 文件，在“选择安装驱动器”中选择 C 盘，单击“开始”，系统文件开始复制到 C 盘。WinNT Setup 操作界面如图 3.21 所示，复制结束后从 C 盘启动电脑，进入安装过程。

图 3.21 WinNT Setup 操作界面

②Windows 10 安装过程会提示语言、键盘

布局和用户类型设置，可以根据自己喜好进行选择。在微软账户界面，输入微软账户，并设置 PIN。PIN 设置如图 3.22 所示。在隐私设置中可以根据自己的喜好设置，或者选择默认，以后再设置。隐私设置界面如图 3.23 所示。

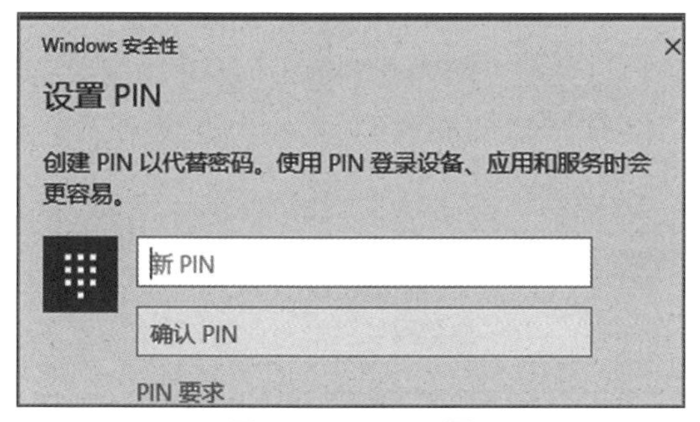

图 3.22　PIN 设置

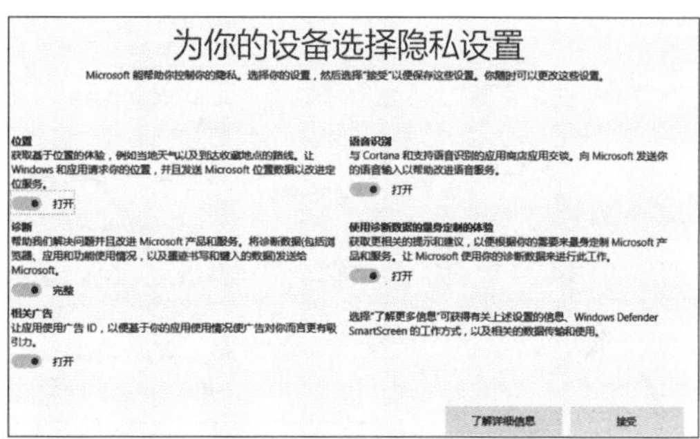

图 3.23　隐私设置界面

③改变桌面位置。

人们习惯把文件放在桌面，Windows 10 默认桌面在 C 盘用户文件夹中，由于 C 盘是系统盘，以后重装系统会将 C 盘格式化，因此要把桌面移动到其他分区。在 C 盘用户文件夹中，右击“桌面”，单击“位置”，确定后把桌面移动到 D 盘。用相同方法，可以把“文档”或其他文件夹移动到其他分区。桌面位置移动如图 3.24 所示。

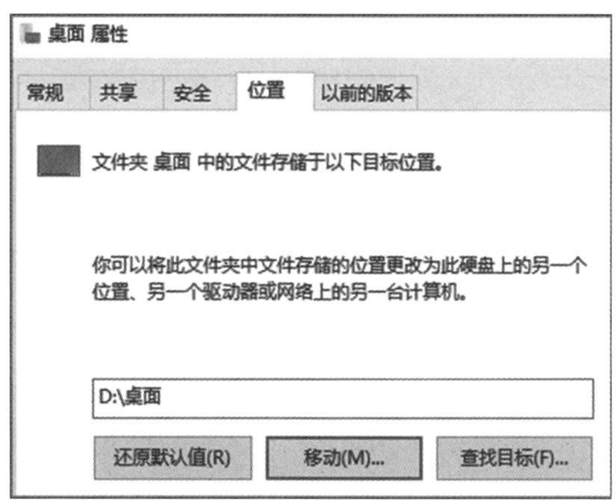

图 3.24　桌面位置移动

④开始菜单。

Windows 10 的开始菜单是和搜索功能集合在一起的。Windows 10 开始菜单如图 3.25 所示：左边的程序可以拖到右边的磁贴中，磁贴高度、颜色和图标大小等可以更改。如果想把开始菜单改为 Windows 7 传统模式，可以使用第三方软件，比如使用 StartIsBack 就可以将开始菜单还原成传统风格，同时还支持任务栏样式美化菜单样式等功能。StartIsBack 设置开始菜单如图 3.26 所示。

图 3.25　Windows 10 开始菜单

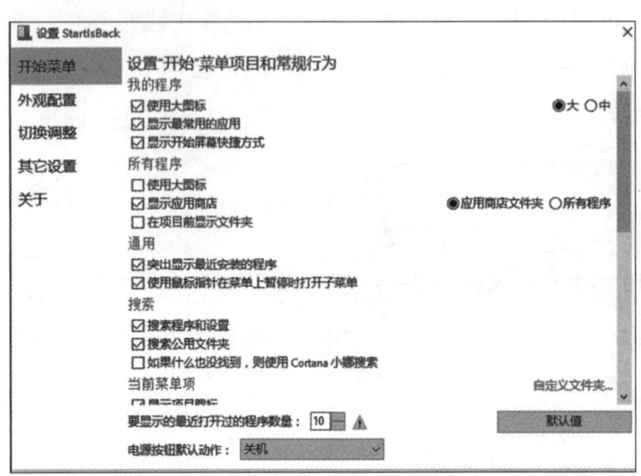

图 3.26　StartIsBack 设置开始菜单

⑤系统优化加速。

Windows 10 的功能庞大，为了节省系统资源，经常会把系统进行优化，可以手动设置，也可以使用第三方软件，比如 360 安全卫士中的“优化加速”如图 3.27 所示。

图 3.27　360 安全卫士优化加速

Windows 10 的配置很多，这里不再一一介绍，大家可以根据自己喜好进行设置。建议设置前要用“系统保护”功能建立还原点，如果系统在设置过程中出错，可以及时还原，新计算机在使用前，建议同学们练习前面讲到的“重置此电脑”功能，丰富自己的装机经验。

创新实践训练

【实践题——拷机软件的使用】

一般拷机是指让新买的计算机或新更换硬件的计算机连续全速运行一定时间来测试硬件的兼容性与稳定性的一个测试过程。为了检测硬件是否有问题，新计算机长时间运行一些大型拷机程序，计算机硬件的问题就会暴露，通过拷机测试可以提早发现计算机或某些特定配件存在的问题并及时解决。计算机一般都是由多个不同功能部件组装而成，各硬件只有相互协同才能正常工作，所以每个部件必须保证自身没有问题才不会影响到整台计算机的稳定性。拷机软件可以轻松让硬件实现全负载工作，这样只需打开很少的程序即可对整台计算机或某个配件进行稳定性测试。由于计算机的模块化特性，拷机软件也存在针对不同部件设计的软件，例如：CPU

稳定性测试软件、显卡稳定性测试软件、内存稳定性测试软件等。

请同学们按照以下软件进行笔记本测试，测试结果可以发布到网上和网友们共同研究学习。

（1）CPU-Z。

CPU-Z 是一款家喻户晓的 CPU 检测软件，是检测 CPU 使用程度极高的一款软件。它支持的 CPU 种类相当全面，软件的启动速度及检测速度都很快。另外，它还能检测主板和内存的相关信息。CPU-Z 测试如图 3.28 所示。

（2）AIDA64。

AIDA64 是最常用的一款计算机硬件监测软件之一，监测范围涵盖了 CPU、主板、内存、显卡、显示器等多个计算机零部件，此外还具备硬件性能测试、系统稳定性测试等功能，可以对计算机处理器、系统内存及硬盘驱动器等性能进行全方位的评估，并且支持微软所有的 32 位与 64 位的操作系统。AIDA64 测试如图 3.29 所示。

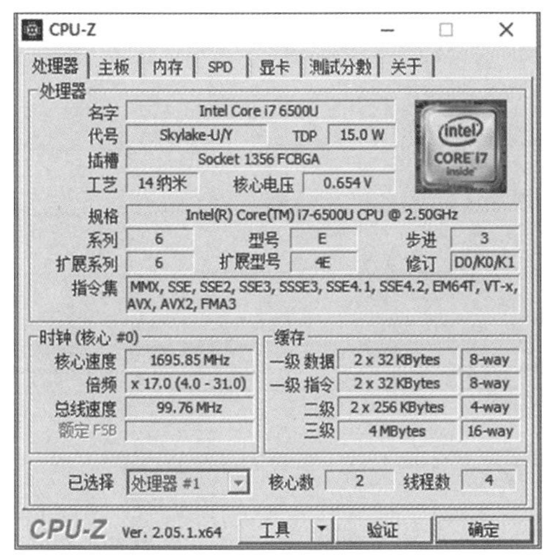

图 3.28　CPU-Z 测试

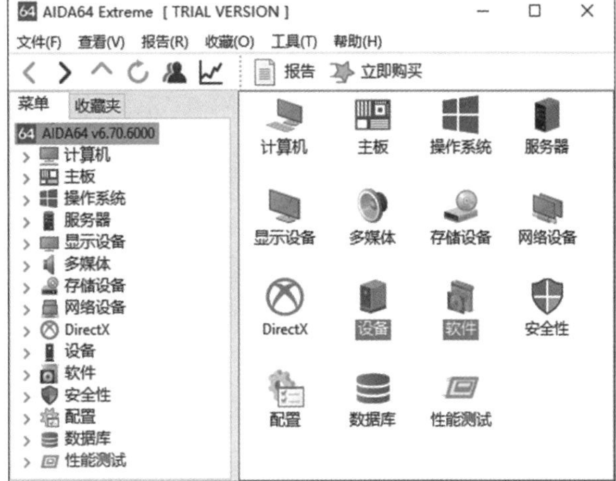

图 3.29　AIDA64 测试

（3）鲁大师。

鲁大师作为个人计算机系统的工具，它可以为一般用户检查和修复硬件，还能轻松辨别计算机的真伪，测试计算机稳定性，保护计算机正常运行不受损坏；另外，还可以优化内存，提高系统运行速度等。鲁大师测试如图 3.30 所示。

图 3.30　鲁大师测试

(4) FurMark。

FurMark 作为一款拷机软件，可以让显卡跑出前所未有的温度，以此来辨别显卡的优劣，在稳定测试模式下能够为多个 GPU 显示各自的温度曲线。FurMark 测试如图 3.31 所示。

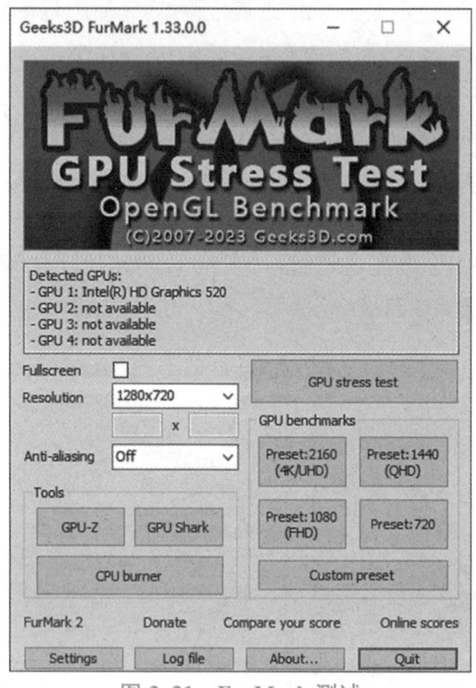

图 3.31 FurMark 测试

(5) Prime 95。

Prime 95 是一款测试计算机系统稳定性的软件，是拷机软件中最残酷的一款。它通过不断计算函数来达到测试系统稳定性的目的，是一款运行在微软 Windows 系统的开源软件。由于此软件进行暴力测试，不建议新手或低配置计算机使用。

巩固训练

1. 单选题

(1) 在 Windows 中，用鼠标左键单击某应用程序窗口的最小化按钮后，该应用程序处于(　　)的状态。

A. 不确定　　B. 被强制关闭

C. 被暂时挂起　　D. 在后台继续运行

(2) 在 Windows 默认环境下，要打开一个文件，不正确的操作是(　　)。

A. 选择该文件，鼠标右键单击，然后选择“打开”

B. 用鼠标左键双击该文件

C. 选择该文件，然后按 [Enter] 键

D. 选择该文件，鼠标左键单击该文件

(3) 在 Windows 资源管理器的右窗格中，若已单击了第一个文件，又在按住 [Ctrl] 键的同时单击了下面的第四个文件，则有(　　)。

A. 有 4 个文件被选定　　B. 有 5 个文件被选定
C. 有 1 个文件被选定　　D. 有 2 个文件被选定

(4) 操作系统是一种（　　）。
A. 通用软件　　B. 系统软件
C. 应用软件　　D. 软件包

(5) 下面不属于操作系统作用的是（　　）。
A. 数据库管理　　B. 进程和内存管理
C. 设备管理　　D. 文件和作业管理

(6) 下列流行软件中，属于办公软件的是（　　）。
A. Office 2019　　B. 360 安全卫士
C. 金山词霸　　D. 微信

(7) 在 Windows 10 环境下，文件夹指的是（　　）。
A. 磁盘　　B. 目录
C. 程序　　D. 文档

(8) 在 Windows 10 中，下列正确的文件名是（　　）。
A. System123. bat　　B. sys? tem. bat
C. sys<>tem. bat　　D. sys1 | tem123

(9) 任务栏的基本作用是（　　）。
A. 显示当前的活动窗口　　B. 仅显示系统的开始菜单
C. 实现窗口之间的切换　　D. 显示正在后台工作的窗口

(10) 关于剪切和删除的叙述中，（　　）是正确的。
A. 剪切和删除的本质相同
B. 不管是剪切，还是删除，Windows XP 都会把选定的内容删除掉
C. 剪切的时候，Windows 只是把文字存在了文件名为“剪贴板”的硬盘里
D. 删除了的文件不能恢复

2. 填空题

(1) 桌面上的图标实际就是某个应用程序的快捷方式，如果要启动该程序，只需用鼠标（　　）该图标即可。

(2) Windows 10 下可以给文件设置两种属性，即（　　）和（　　）。

(3) 在 Windows 10 中，任务栏通常处于屏幕的（　　）。

(4) 在 Windows 10 中可以用（　　）恢复硬盘上被误删除的文件。

(5) Windows 10 中，一般窗口的最上方是（　　）栏，最下方是（　　）栏。

(6) Windows 10 中（　　）组合键的功能是在不同的任务或窗口之间进行切换。

(7) Windows 10 中，关闭某一窗口的快捷键是（　　）。

(8) 硬盘格式化时，文件系统需要选择 FAT32 或（　　）。

(9) Windows 10 是（　　）任务操作系统。

(10) 在 Windows 系统中，按（　　）键可得到帮助信息。

3. 简答题

(1) 举例说明操作系统的作用。

(2) Windows 10 系统如何快速安装。

(3) Windows 10 有哪些优化设置。

（4）新计算机如何拷机。

职业素养拓展

【全国大学生的盛会：中国国际“互联网+”大学生创新创业大赛】

中国国际“互联网+”大学生创新创业大赛，简称“互联网+”大赛，由教育部与政府、各高校共同主办的一项技能大赛。中国国际“互联网+”大学生创新创业大赛是国内最大的综合性赛事，是覆盖所有高校、面向全体高校学生、影响力最大的赛事之一，在大学生竞赛排行榜中排名第一。大赛代表了大学生创业的最高水平。大赛旨在深化高等教育综合改革，激发大学生的创造力，培养造就“大众创业、万众创新”的主力军；推动赛事成果转化，促进“互联网+”新业态形成，服务经济提质增效升级；以创新引领创业、创业带动就业，推动高校毕业生更高质量创业就业。

大赛主题：我敢闯，我会创。从2015年开始每年一届，2023年为第八届，由教育部与重庆市政府、重庆大学共同主办，总体目标：更中国、更国际、更教育、更全面、更创新，传承和弘扬红色基因，聚焦“五育”融合创新创业教育实践，激发青年学生创新创造热情，线上线下相融合，打造共建共享、融通中外的国际创新创业盛会，开启创新创业教育改革新征程。

（1）大赛内容。

大赛内容包括：主体赛事包括高教主赛道、青年红色筑梦之旅赛道、职教赛道、萌芽赛道和产业命题赛道。青年红色筑梦之旅活动和其他同期活动：“创撷硕果”——国际大学生创新创业成果展、“创联虹桥”——大赛优秀项目资源对接会、“创享未来”——“新工科、新医科、新农科、新文科”世界高等教育发展校长论坛。

（2）比赛赛制。

大赛主要采用校级初赛、省级复赛、总决赛三级赛制（不含萌芽赛道以及国际参赛项目）。校级初赛由各院校负责组织，省级复赛由各地负责组织，总决赛由各地按照大赛组委会确定的配额择优遴选推荐项目。大赛组委会将综合考虑各地报名团队数（含邀请国际参赛项目数）、参赛院校数和创新创业教育工作情况等因素分配总决赛名额。大赛共产生3 500个项目入围总决赛（中国港澳台地区参赛名额单列），其中高教主赛道2 000个（国内项目1 500个、国际项目500个）、青年红色筑梦之旅赛道500个、职教赛道500个、萌芽赛道200个、产业命题赛道300个。

（3）赛程安排。

每年赛程安排会略有不同。2022年的安排是4—7月参赛报名，6—8月初赛复赛，10月总决赛。各类学校特别重视该项赛事，会有各自的培育、选拔、培训和比赛方案，所以校赛时间会提前很多，请及早动手准备参加。

【摘自于 https：//baike. baidu. com/和《教育部关于举办第八届中国国际“互联网+”大学生创新创业大赛的通知》】

思政引导

【华为鸿蒙系统】

华为鸿蒙系统（HUAWEI Harmony OS），是一款全新的面向全场景的分布式操作系统，创造一个超级虚拟终端互联的世界，将人、设备、场景有机地联系在一起，将消费者在全场景生活中接触的多种智能终端实现极速发现、极速连接、硬件互助、资源共享，用合适的设备提供场景体验。在2019年8月9日正式发布，搭载鸿蒙2.0的华为终端设备已经突破了3亿，鸿蒙智联（Harmony OS Connect）产品发货量突破1.7亿。

- 2012年，华为开始规划自有操作系统“鸿蒙”。
- 2019年5月17日，由任正非领导的华为操作系统团队开发自主产权操作系统——鸿蒙。
- 2019年5月24日，国家知识产权局商标局网站显示，华为已申请“华为鸿蒙”商标，申请日期是2018年8月24日，注册公告日期是2019年5月14日，专用权限期是从2019年5月14日到2029年5月13日。2019年8月9日，华为正式发布鸿蒙系统。同时余承东也表示，鸿蒙OS实行开源。

鸿蒙OS是华为公司开发的一款基于微内核、耗时10年、4 000多名研发人员投入开发、面向5G物联网、面向全场景的分布式操作系统。鸿蒙的英文名是Harmony OS，意为和谐。

鸿蒙OS不是安卓系统的分支或修改而来的，与安卓、iOS是不一样的操作系统。性能上不弱于安卓系统。而且华为还为基于安卓生态开发的应用能够平稳迁移到鸿蒙OS上做好衔接——将相关系统及应用迁移到鸿蒙OS上，差不多两天就可以完成迁移及部署。这个新的操作系统将打通手机、电脑、平板、电视、工业自动化控制、无人驾驶、车机设备、智能穿戴统一成一个操作系统，并且该系统是面向下一代技术而设计的，能兼容全部安卓应用的所有Web应用。若安卓应用重新编译，在鸿蒙OS上，运行性能提升超过60%。鸿蒙OS架构中的内核会把之前的Linux内核、鸿蒙OS微内核与LiteOS合并为一个鸿蒙OS微内核，创造一个超级虚拟终端互联的世界，将人、设备、场景有机联系在一起。同时，由于鸿蒙系统微内核的代码量只有Linux内核的千分之一，其受攻击概率也大幅降低。

【摘自 https://baike.baidu.com/】

总结与自我评价

总结与自我评价				
本模块知识点	自我评价			
操作系统的定义	□完全掌握	□基本掌握	□有疑问	□完全没掌握
操作系统的作用	□完全掌握	□基本掌握	□有疑问	□完全没掌握
操作系统的分类	□完全掌握	□基本掌握	□有疑问	□完全没掌握
Windows 10 的新特性	□完全掌握	□基本掌握	□有疑问	□完全没掌握
Windows 10 文件和文件夹操作	□完全掌握	□基本掌握	□有疑问	□完全没掌握
Windows 10 的磁盘操作	□完全掌握	□基本掌握	□有疑问	□完全没掌握
Windows 10 的备份与还原	□完全掌握	□基本掌握	□有疑问	□完全没掌握
Windows 10 的安装与配置	□完全掌握	□基本掌握	□有疑问	□完全没掌握
Windows 10 的拷机软件使用	□完全掌握	□基本掌握	□有疑问	□完全没掌握
需要老师解答的疑问				
自己想要扩展学习的问题				

项目模块四

办公软件——WPS 文字

WPS 文字是北京金山办公软件股份公司推出的 WPS Office 2019 办公软件的核心组件之一，具有强大的文字处理功能。使用 WPS 文字可以进行文字处理、表格设计、图文混排，并且提供了各种文档输出格式及打印功能。

【项目目标】

本项目模块将通过 5 个任务来介绍 WPS 文字的基本操作，包括编辑文字、设置文本格式、图文混排、制作表格和页面布局及文档打印；通过 4 个任务实操，让学生掌握使用 WPS 文字对文档进行排版的能力。

任务一 编辑文字

☑**任务目标**：了解 WPS 文字的工作界面和基本功能；掌握文本的输入、选择、删除、复制与移动、查找与替换等方法，可以在实践操作中灵活运用。

知识点 1 WPS 文字基础

1.1 启动 WPS Office 2019

单击“开始”按钮，在菜单中选择“WPS Office”命令，进入如图 4.1 所示的 WPS Office

2019 首页，包括标签列表、功能列表、最近和常用列表区等。在“功能列表”的“新建”选项中，选择 WPS 文字、WPS 表格、WPS 演示和 PDF 等。

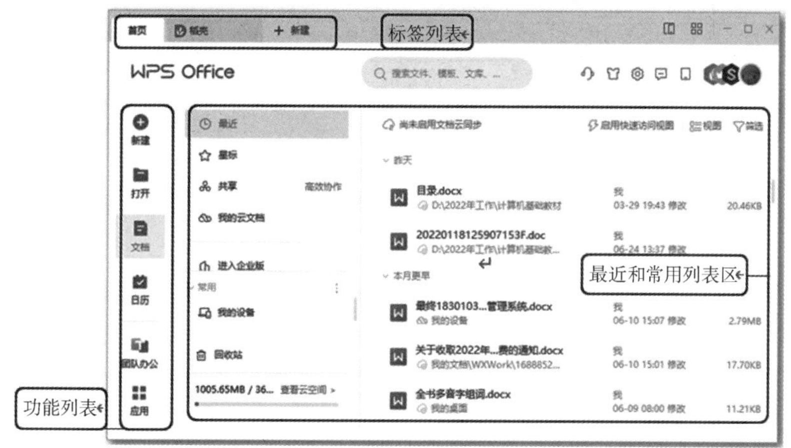

图 4.1 WPS Office 2019 首页

（1）标签列表位于 WPS Office 2019 首页的顶端，包括“稻壳模板”（提供 Office 模板）和“✚新建”按钮（新建文字、表格、演示文稿和 PDF 等）。

（2）功能列表区位于 WPS Office 2019 首页的最左侧，包括“新建”按钮、“打开”按钮（打开当前计算机中保存的 Office 文档）和“文档”按钮（显示最近打开的文档信息）。

（3）最近和常用列表区位于 WPS Office 2019 首页的中间，包括用户最近访问文档列表（可以同步显示多设备最近访问的文档内容）和常用文档的存放位置等。

1.2 启动和退出 WPS 文字

（1）启动 WPS 文字。

启动 WPS 文字有以下三种方法。

①通过“开始”菜单，选择“WPS Office”，启动 WPS Office 2019，在首页上，单击“✚新建”按钮，或按［Ctrl+N］组合键，在“新建”标签列表中单击“新建文字”按钮。

②双击桌面上的 WPS Office 2019 图标，进入 WPS Office 2019 首页，在“功能列表”中选择“打开”按钮，在“打开”对话框中选择 WPS 文档，单击“打开”按钮。

③将 WPS Office 2019 锁定在任务栏的“快速启动区”（即任务区）中，单击 WPS Office 图标，进入 WPS Office 首页后，在“最近”列表区中双击最近打开过的 WPS 文档。

（2）退出 WPS 文字。

退出 WPS 文字主要有以下四种方法。

①单击 WPS Office 2019 窗口右上角的“关闭”按钮。

②按［Alt+F4］组合键。

③在标签列表区中选择要关闭的 WPS 文档，在文档名称上右击，在弹出的快捷菜单中选择“关闭”命令。

④单击标签列表区中文档名称右侧的“关闭”按钮。

1.3 WPS 文字的工作界面

启动 WPS 文字后，进入其工作界面，如图 4.2 所示。下面详细介绍 WPS 文字工作界面中的主要组成部分。

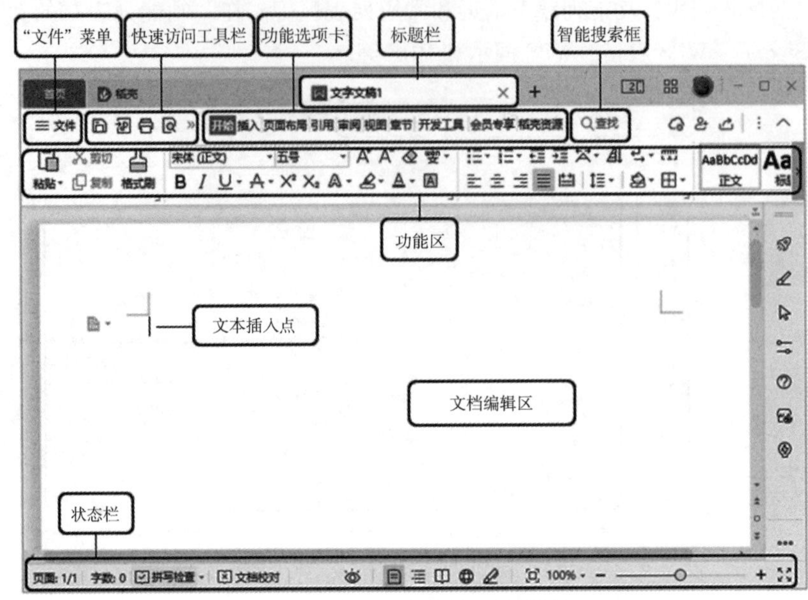

图 4.2 WPS 文字的工作界面

(1) 标题栏。

标题栏位于 WPS 文字工作界面的顶端，主要用于显示文档名称。单击其右侧的“关闭”按钮便可关闭当前文档。

(2) 快速访问工具栏。

快速访问工具栏中提供了一些常用的工具按钮，默认有“保存”按钮、“输出为 PDF”按钮、“打印”按钮、“打印预览”按钮、“撤销”按钮和“恢复”按钮。用户还可自定义快速访问工具栏中的按钮，只需单击该工具栏右侧的“自定义快速访问工具栏”按钮，在打开的下拉列表中选择相应选项。

(3) “文件”菜单。

“文件”菜单中的内容与其他版本 WPS Office 中的“文件”菜单中的内容相似，主要用于执行与该组件相关的文档的新建、打开、保存、加密、分享等基本操作。选择菜单最下方的“选项”命令，打开“选项”对话框，其中还有视图、编辑、常规与保存、修订、自定义功能区等多项设置。

(4) 功能选项卡。

WPS 文字默认包含 10 个功能选项卡，每个选项卡中又分别包含相应的功能。单击某一选项卡可打开对应的功能区，再单击其他选项卡可切换到相应的功能区。

(5) 功能区。

功能区位于功能选项卡的下方，其作用是对文档进行快速编辑。功能区主要集中显示了对应选项卡的功能集合，包括一些常用按钮或下拉列表框等。

(6) 智能搜索框。

智能搜索框包括查找命令和搜索模板两种功能，通过该搜索框，用户可以轻松找到相关的操作说明。例如，需在文档中插入目录时，便可以直接在搜索框中输入“目录”，此时会显示一些关于目录的信息，将鼠标指针放在“目录”命令上，打开“智能目录”子菜单，此时可以快速选择自己想要插入的目录形式。

(7) 文档编辑区。

文档编辑区是输入和编辑文本的区域，对文本进行各种操作和结果都将显示在该区域中。

（8）文本插入点。

新建一篇空白文档后，文档编辑区的左上角会显示一个闪烁的光标（称为文本插入点），该光标所在位置便是文本的起始输入位置。

（9）状态栏。

状态栏位于工作界面的底端，它主要用于显示当前文档的工作状态（包括当前页数、字数、拼写检查、校对等），右侧依次为视图切换按钮和显示比例调节滑块等。

1.4　自定义 WPS 文字工作界面

WPS 文字工作界面中会默认显示的一些功能和选项。用户可以根据操作习惯和实际需求来自定义 WPS 文字的工作界面，包括自定义快速访问工具栏、自定义功能区、显示或隐藏文档中的元素等。

（1）自定义快速访问工具栏。

用户可以在快速访问工具栏中添加自己常用的命令按钮，或删除不需要的命令按钮，也可以改变快速访问工具栏的位置。

①添加常用命令按钮。

在快速访问工具栏右侧单击▼按钮，在下拉列表中选择常用的选项，可将该命令按钮添加到快速访问工具栏中。

②删除不需要的命令按钮。

在快速访问工具栏的命令按钮上右击，在弹出的快捷菜单中选择“从快速访问工具栏删除”命令，即可将该按钮从快速访问工具栏中删除。

③改变快速访问工具栏的位置。

在快速访问工具栏右侧单击▼按钮，在下拉列表中选择“放置在功能区之下”选项，即可将快速访问工具栏放置到功能区下方；若在下拉列表中再选择“放置在顶端”选项，即可将快速访问工具栏还原到默认位置。

（2）自定义功能区。

在 WPS 文字工作界面中，选择［文件］/［选项］命令，在“选项”对话框中选择“自定义功能区”选项，在自定义功能区中，显示或隐藏主选项卡、创建新的选项卡、在选项卡中创建组、在组中添加命令及删除自定义的选项卡等，如图 4.3 所示。

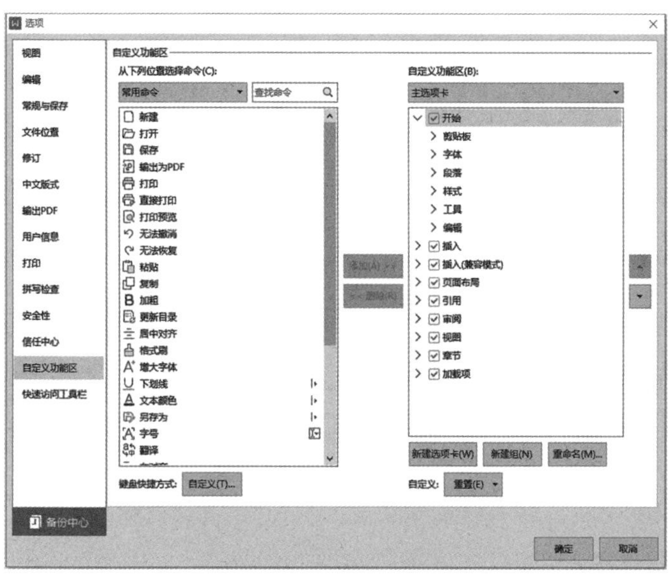

图 4.3　自定义功能区

①显示或隐藏主选项卡。

在“自定义功能区”下拉列表框中选中或取消选中主选项卡所对应的复选框，即可在功能区中显示或隐藏该主选项卡。

②创建新的选项卡。

在“自定义功能区”的下方单击新建选项卡(W)按钮，然后选择创建的复选框，单击重命名(M)...按钮，在“重命名”对话框的“显示名称”文本框中输入名称，单击“确定”按钮，将新建的选项卡进行重命名。

③在选项卡中创建组。

选择新建的选项卡，在“自定义功能区”下方单击新建组(N)按钮，在选项卡下创建组。选择创建的组，单击重命名(M)...按钮，在“显示名称”文本框中输入名称，单击“确定”按钮，重命名新建的组。

④在组中添加命令。

选择新建的组，在“从下列位置选择命令”中选择需要的命令选项，单击添加(A) >>按钮，即可将命令添加到组中。

⑤删除自定义的选项卡。

在“自定义功能区”中选中相应的主选项卡复选框，单击<< 删除(R)按钮，即可将自定义的选项卡或组删除。若要一次删除所有自定义的选项卡，单击重置(E)按钮，选择“重置所有自定义项”选项，在提示对话框中单击是(Y)按钮，即可恢复WPS文字默认的选项卡效果。

(3) 显示或隐藏文档中的元素。

WPS文字的文本编辑区中包含多个文本编辑的辅助元素，如表格虚框、标记、任务窗格和滚动条等，编辑文本时可以根据需要隐藏元素或将隐藏的元素显示出来。显示或隐藏文档中的元素的方法主要包括如下两种。

①在“视图”选项卡中选中或取消选中“标尺”“网络线”“标记”“表格虚框”“任务窗格”对应的复选框，即可在文档中显示或隐藏相应的元素。

②在“选项”对话框中选择“视图”选项，在“格式标记”栏中选中或取消选中“空格”“制表符”“段落标记”“隐藏文字”“对象位置”复选框，也可在文档中显示或隐藏相应的元素。

知识点2　新建和保存文档

2.1　新建WPS文字

(1) 创建空白文字。

创建空白文字有两种方法：

①启动WPS文字，选择[文件]→[新建]，选择“新建空白文字”。

②启动WPS文字，按[Ctrl+N]组合键，可以新建空白文字文稿。

(2) 使用模板新建WPS文字。

启动WPS文字，单击[文件]→[新建]，在“新建”窗口中，在从稻壳模板新建中，选择合适的模板。

2.2　保存文档

(1) 创建后首次保存文档。

完成文档的编辑操作后，必须将其保存在计算机中，保存文档有以下三种方法：

①选择［文件］→［保存］命令。

②按［Ctrl+S］组合键。

③单击“快速访问工具栏”中的保存按钮。

打开“另存文件”对话框，在“位置”下拉列表框中选择文档的保存路径，在“文件名”文本框中设置文件的保存名称，完成设置后，单击“保存”按钮，如图 4.4 所示。

图 4.4　保存文档图

（2）对原有文档进行保存。

对原有文档进行编辑后，需要重新保存，可以选择［文件］→［保存］命令；或按［Ctrl+S］组合键；或单击“快速访问工具栏”中的保存按钮，可以保存到原有文档中。若需要更改原有文档的文件名或存储位置，需要选择［文件］→［另存为］命令，打开“另存文件”对话框。

（3）设置文档自动保存。

在 WPS Office 2019 中，可以对文档设置自动保存，选择［文件］→［备份与恢复］命令，在打开的列表中选择“备份中心”选项，打开备份中心界面，单击“本地备份设置”，打开如图 4.5 所示的“本地备份配置”窗口，选择“定时备份”，时间间隔设置为“10 分钟”，WPS Office 2019 每隔 10 分钟为用户自动保存文档一次，用户可以根据需要自行修改时间间隔。

图 4.5　本地备份设置

提示：在［文件］→［备份与恢复］菜单中，还提供了［数据恢复］和［文档修复］功能。［数据恢复］可以帮助用户找回因磁盘损坏或误删除丢失的文件；［文档修复］可以快速修复乱码或无法打开等疑难杂症文档。

（4）保护文档。

为防止他人随意查看文档内容，可以对 WPS 文档进行加密保护，具体操作如下：

①选择［文件］→［文档加密］命令，在打开的列表中选择“密码加密”选项，打开“密码加密”对话框，如图 4.6 所示。在“打开权限”栏中输入打开文件密码；在“编辑权限”栏中输入修改文件密码，单击“应用”按钮。

图 4.6　“密码加密”对话框

②设置“密码加密”后的文件，再次打开文档时，将打开“文档已加密”对话框，如图 4.7（a）所示，输入正确的“打开文件密码”后，单击“确定”按钮；弹出“文档已设置编辑密码”对话框，如图 4.7（b）所示，输入正确的修改文件密码，单击“解锁编辑”按钮后，可打开文档并编辑文档；选择“只读打开”按钮，可以打开文档的只读模式。

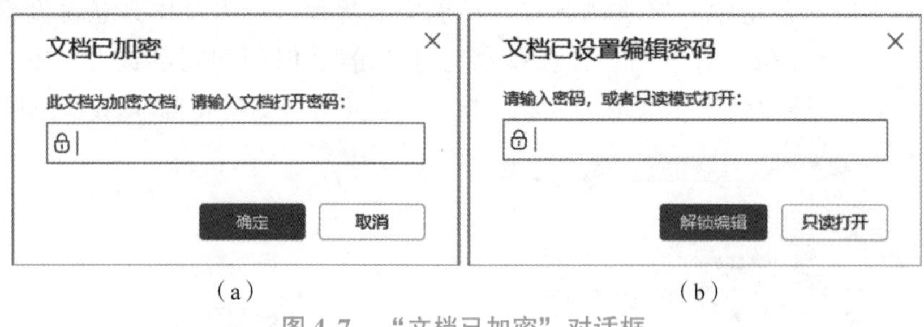

（a）　　（b）

图 4.7　“文档已加密”对话框

知识点 3　输入文本

3.1　输入文本

新建文档后在文档中输入文本。在 WPS Office 2019 窗口的编辑区有一个闪烁的插入点（即光标），该位置就是待输入内容在文档中的位置。用户可以通过鼠标或键盘来移动光标，来调整待输入内容在文档中的位置。

通过鼠标来调整插入位置的方法：将鼠标指针移至文档目标位置，单击鼠标即可。

3.2　选择输入法

在输入文本时，需要根据用户需求来选择输入法，使用［Ctrl+Shift］组合键进行不同输入法之间的切换。

3.3　输入内容

在文档中输入的内容分为输入普通字符、输入标点符号、输入特殊字符、输入公式、输入日期和时间及插入其他文件中的文字。

（1）输入普通字符。

在 WPS Office 2019 中，输入文本到一行的末尾时，自动进行换行；当一个段落结束，可以通过按［Enter］键进行换行。

（2）输入标点符号。

常见的标点符号可以通过键盘直接输入。需要注意：一些标点符号在中文状态和英文状态下呈现不同的样式。

例如，书名号《》是中文状态下的符号，英文状态下呈现<>；顿号“、”是中文状态下按［\］键实现的；省略号“……”是在中文状态下按［Shift+6］组合键实现的；破折号“——”是在中文状态下按［shift+ -］组合键来实现的。

（3）输入特殊字符。

在“插入”选项卡上，单击“符号”下拉按钮，在弹出的下拉列表中的“近期使用的符号”和“自定义符号”中，选择所需的符号插入文本中；若需要其他符号，选择“其他符号”选项，打开“符号对话框”，如图 4.8 所示。选择所需的符号，单击“插入”按钮，即可插入特殊字符。

（4）输入公式。

在“插入”选项卡上，单击“公式”下拉按钮，在弹出的下拉列表中选择所需公式；需要输入自定义公式，在下拉列表中选择“插入新公式”；需要输入较复杂的公式时，在下拉列表中选择“公式编辑器”，打开公式编辑器，在编辑器中输入公式，如图 4.9 所示。

图 4.8　符号对话框

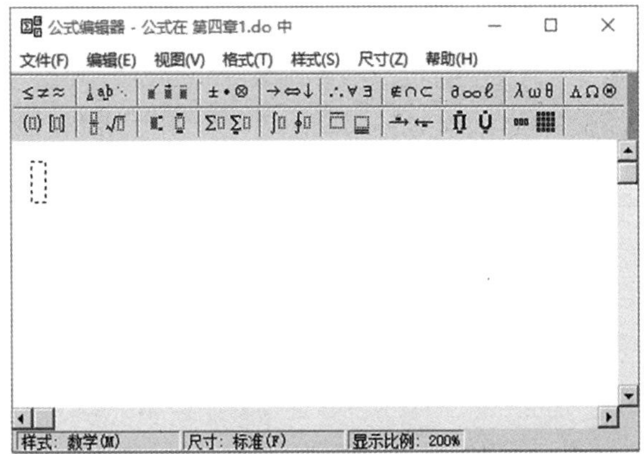

图 4.9　公式编辑器

（5）输入日期和时间。

在文档中需要输入系统的日期和时间时，除了可以手动输入外，还可以在“插入”选项卡上，单击“日期”按钮，打开“日期和时间”对话框，如图 4.10 所示；选择所需的日期和时间显示格式，“自动更新”复选框用来设置日期和时间是否需要随时间的变化而变化。

(6) 插入其他文件中的文字。

若需要将另一个文件中的文字插入当前文档中，可以在“插入”选项卡中选择“对象”按钮 对象▾，在弹出的下拉列表中选择“文件中的文字”命令，打开“插入文件”对话框，选择要插入的文件，如图 4.11 所示。

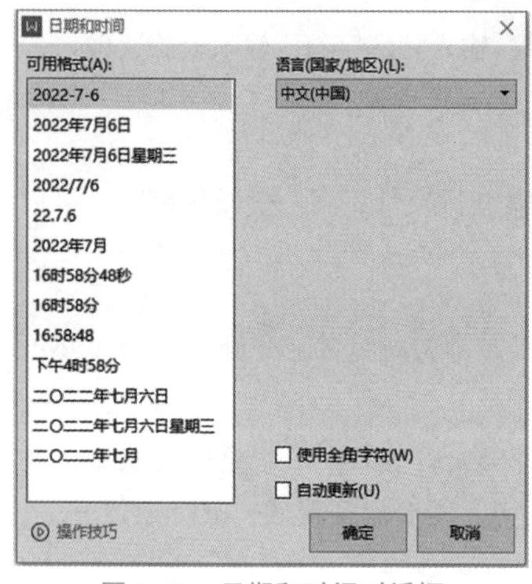

图 4.10　日期和时间对话框

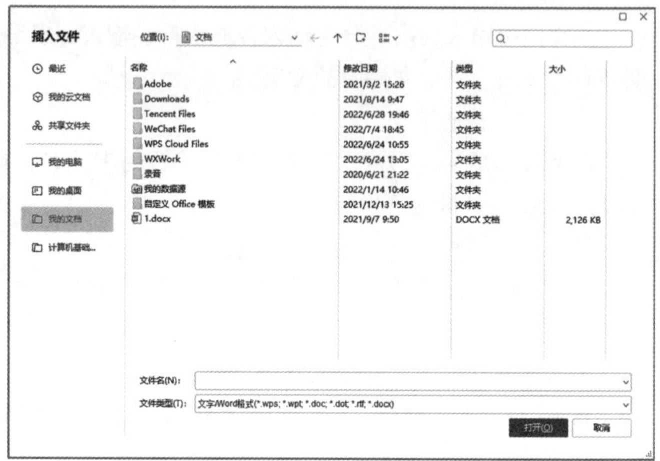

图 4.11　插入文件对话框

知识点 4　选择文本

对 WPS 文字中的文本进行编辑时，需要掌握“对谁操作选中谁”的规则，在编辑之前需要选定所需文本。选定的文本会呈现灰色底纹。

4.1　光标选定文本

光标选定文本是常见的选定文本操作方法，具体操作如表 4.1 所示。

表 4.1　光标选定文本的操作方法

选定文本区域	操作方法
连续文本	方法 1：按住鼠标左键向下拖动 方法 2：光标插到连续文本的开始处，按住［Shift］键，在文本的结尾单击
不连续文本	先选中一段文本，按住［Ctrl］键，再选中另一段文本
一个词语	在该词语处双击
一行文本	将鼠标指针移至该行左侧，当指针变成 时，单击即可
多行文本	将鼠标指针移至该行左侧，当指针变成 时，按下鼠标左键，向上或向下拖动
一个段落	方法 1：在该段落中的任意位置三连击左键 方法 2：按住［Ctrl］键，在该段落中单击 方法 3：将鼠标指针移至该行左侧，当指针变成 时，双击即可
整篇文本	将鼠标指针移至该行左侧，当指针变成 时，三连击左键

4.2　键盘选定文本

利用键盘选定文本，常见操作如表 4.2 所示。

表 4.2　键盘选定文本操作方法

键盘快捷方式	实现功能
Shift+→/←	向右/左选定一个字符
Shift+Ctrl+→/←	向右/左选定一个词语或英语单词
Shift+↑/↓	向上/下选定一个行
Shift+Ctrl+↑/↓	将选定内容扩展到插入点所在的段首/段尾
Shift+Home/End	将选定内容扩展到插入点所在的行首/行尾
Shift+PageUp/PageDown	向上/下移一屏
Ctrl+A	整篇文本

知识点 5　复制与移动文本

在文档中，输入的数据与文档内容相同时，可以使用“复制+粘贴”方法完成；需要将文档内容移动到其他位置，可以使用“剪切+粘贴”方法完成。

5.1　复制文本

复制文本是指在目标位置上创建一个原位置文本的副本，原位置和目标位置都有该文本，可以使用“复制+粘贴”方法。复制文本有以下 4 种方法：

（1）选择所需文本后，在“开始”选项卡中单击“复制”按钮 复制，复制文本；将光标定位到目标位置，单击“粘贴”按钮 粘贴，粘贴文本。

（2）选择所需文本后，在选中的文本上右击，在弹出的快捷菜单中选择“复制”命令；将光标定位到目标位置后右击，在弹出的快捷菜单中选择“粘贴”。

（3）选择所需文本后，按住［Ctrl］键，将文本拖放到目标位置后，释放［Ctrl］键。

（4）选择所需文本后，按［Ctrl+C］组合键复制文本；将光标定位到目标位置后，按［Ctrl+V］组合键粘贴文本。

5.2　移动文本

移动文本是指将文本从文档中原来位置移动到文档的其他位置，可以使用“剪切+粘贴”方法。移动文本有以下 3 种方法：

（1）选择所需文本后，在“开始”选项卡中单击“剪切”按钮 剪切或按［Ctrl+X］组合键，剪切文本；将光标定位到目标位置，单击“粘贴”按钮 粘贴或按［Ctrl+V］，粘贴文本。

（2）选择所需文本后，在选中的文本上右击，在弹出的快捷菜单中选择“剪切”命令；将光标定位到目标位置后右击，在弹出的快捷菜单中选择“粘贴”。

（3）选择所需文本后，将文本拖放到目标位置。

5.3　选择性粘贴

对文本进行复制或剪切后，用户可以选择对复制或剪切的内容进行选择性粘贴。例如，保留源格式、匹配当前格式、只粘贴文本等。具体操作如下：

（1）对文本执行了复制或剪切操作之后，将光标移动到目标位置，在“开始”选项卡中，单击“粘贴”下拉菜单按钮 粘贴，如图 4.12（a）所示。

（2）根据需要用户可以选择“保留源格式”“匹配当前格式”“只粘贴文本”命令。

（3）选择“选择性粘贴”命令或按［Ctrl+Alt+V］组合键，可以打开“选择性粘贴”对话框，选择合适的格式进行粘贴，如图 4.12（b）所示。

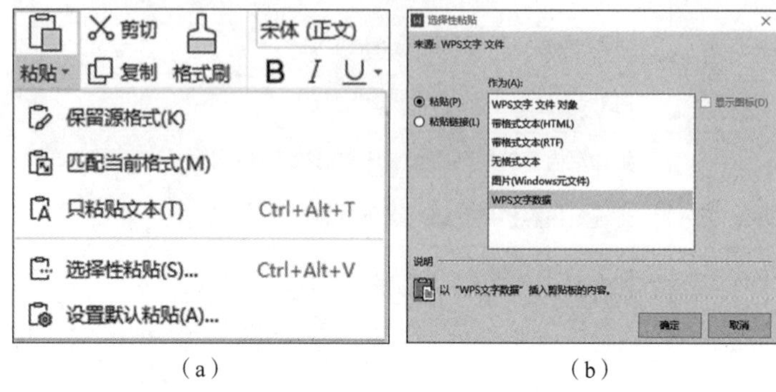

（a）　　　　（b）

图 4.12　粘贴

（a）粘贴文本；（b）选择性粘贴

知识点 6　查找与替换文本

对文档进行输入和编辑操作时，经常需要查找文本中的某些内容或将文本中的内容进行修改，WPS 文字为用户提供了“查找”和“替换”功能。

6.1　查找

对文档中内容的查找，可分为无格式文字查找和特定格式文字的查找。具体操作如下：

（1）将光标定位到文档的开始处，在“开始”选项卡中单击“查找替换”按钮，或按［Ctrl+F］组合键，打开“查找和替换”对话框，如图 4.13 所示。

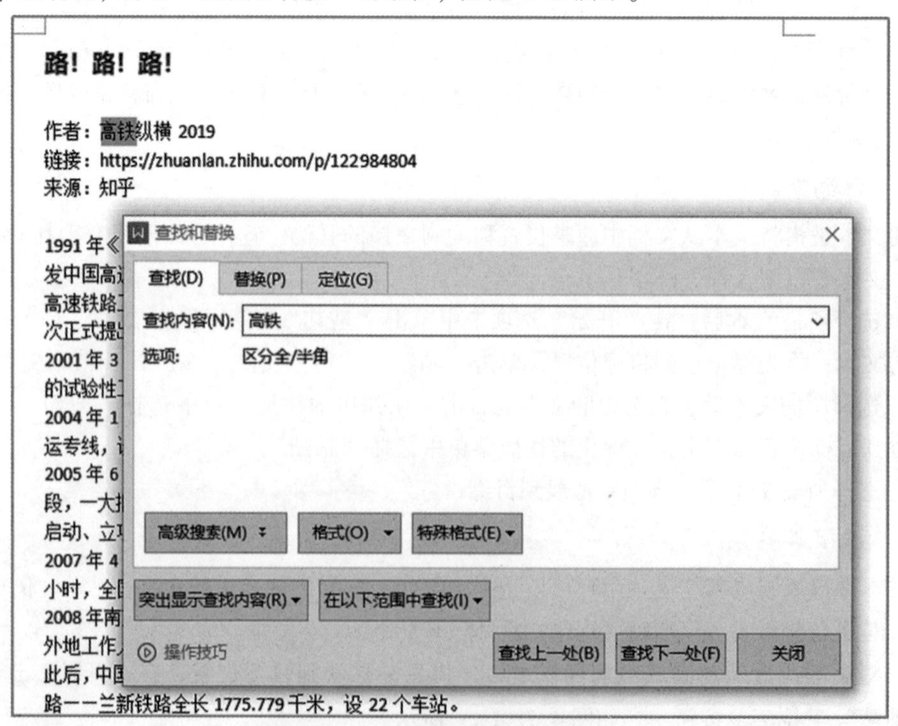

图 4.13　“查找和替换”对话框

(2) 在“查找内容”文本框中输入“高铁”，单击“查找下一处”按钮，可看到查找到的第一个“高铁”文本呈选中状态。

(3) 查找特定格式文字时，需要在“查找内容”中输入文字，在“格式”和“特殊格式”中设置所需查找的格式；单击“高级搜索”按钮，可以查找更多格式。

6.2　替换

替换功能是将文档中查找到的内容替换为新的内容或格式。具体操作如下：

(1) 在“开始”选项卡中单击“查找替换”按钮🔍下的下拉列表，选择“替换”选项，或者按［Ctrl+H］组合键，打开“查找和替换”对话框，如图4.14所示。

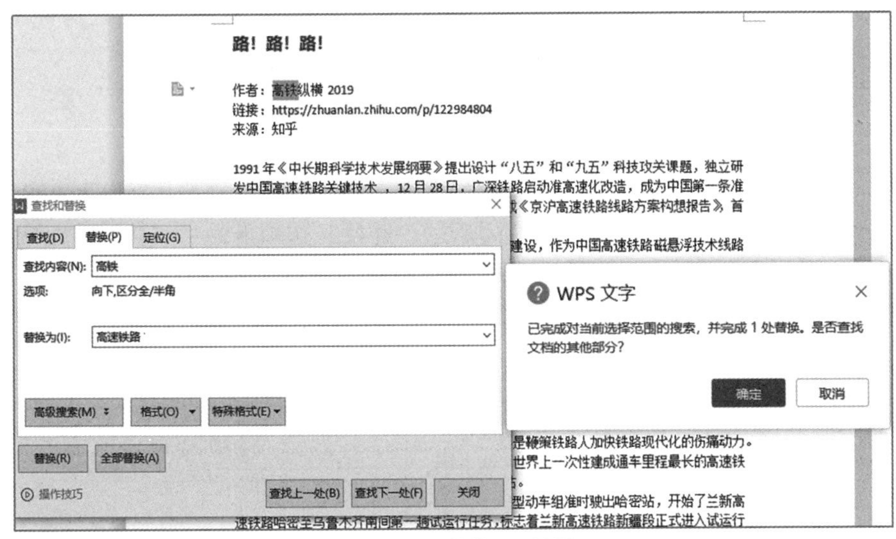

图4.14　“替换”对话框

(2) 在“查找内容”文本框中输入“高铁”，输入后，根据需要，单击“格式”按钮对“查找内容”进行格式设置；在“替换为”文本框中输入“高速铁路”，输入后，根据需要，单击“格式”按钮对“替换后内容”进行格式设置。

(3) 单击“替换”按钮，对文档中一处进行替换；单击“全部替换”，对文档中所有“查找内容”进行替换，单击“确定”按钮，完成替换。

知识点7　删除文本

文档中出现多余或错误的文本，可进行删除操作，删除文本有以下3种方法：

(1) 将光标移动到需要删除的内容之前，按［Delete］键向后删除一个字符。

(2) 将光标移动到需要删除的内容之后，按［Backspace］键向前删除一个字符。

(3) 删除多个内容时，先选定多个文本，按［Delete］键或［Backspace］键，可将文本一次性删除。

知识点8　撤销与恢复操作

WPS文字有自动记录功能，若在编辑文档时执行了错误操作，可以撤销操作；也可以恢复被撤销的操作。具体操作如下：

(1) 单击快速访问工具栏中的“撤销”按钮↶，或按［Ctrl+Z］组合键，可以撤销上一步操作。

（2）单击快速访问工具栏中的“恢复”按钮↻，或按［Ctrl+Y］组合键，可以恢复上一步操作。

任务二 设置文本格式

☑**任务目标**：了解设置文本格式的方法，掌握设置字符格式、段落格式、边框和底纹、项目符号和编号的具体操作方法，使文本更加突出、美观。

知识点9 字符格式设置

字符是文本的基本单位，数字、字母、汉字、标点符号和控制符都是字符。WPS文字为用户提供了强大的字符格式设置功能，用户主要通过“开始”选项卡的“字体”组对字符进行设置；或利用浮动工具栏设置；或利用“字体”对话框对字符格式进行设置。在设置格式时，注意“先选中，再设置”原则。

（1）“字体”组设置。

单击“开始”选项卡的第二列“字体”组中的按钮，可以快速对字符进行设置，如图4.15所示。

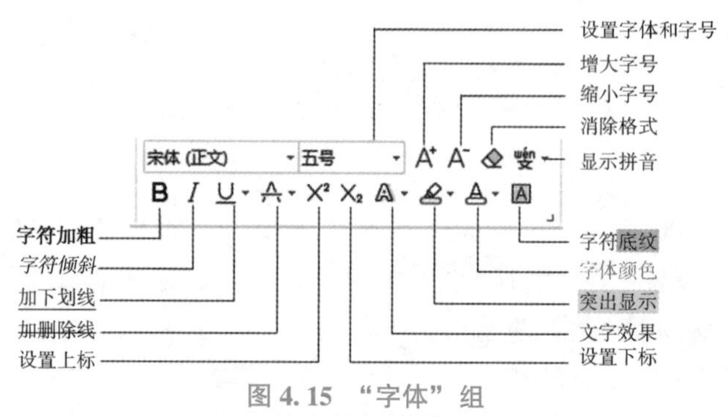

图4.15 “字体”组

- “显示拼音”下拉列表中还包含更改大小写、设置带圈字符效果和设置字符边框。
- “加删除线”下拉列表中还包含加着重号。
- “加下画线”下拉列表中可以设置下画线的线型和颜色。

（2）浮动工具栏设置。

在WPS文字中选择文本时，会出现一个半透明的工具栏，即浮动工具栏。在浮动工具栏中可以快速设置字体、字号、字形、对齐方式、文本颜色及行距等格式，如图4.16所示。

图4.16 浮动工具栏

(3)“字体”对话框设置。

在“开始”选项卡中，单击“字体”组的右下角的“对话框启动器”按钮 ，打开“字体”对话框，如图 4.17 所示。

在“字体”选项卡中，可以同时设置文档中的中文字体和英文字体。

在“字符间距”选项卡中，可以设置缩放字体大小、调节字符之间的间距（加宽或缩进），可以调整字符位置（上升或下降），如图 4.18 所示。

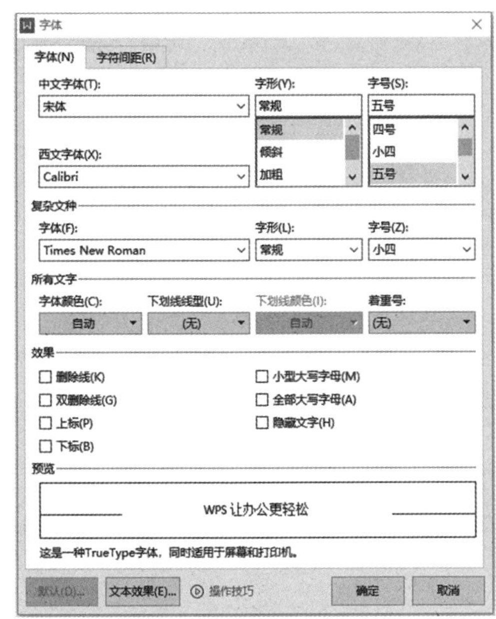

图 4.17　“字体”对话框

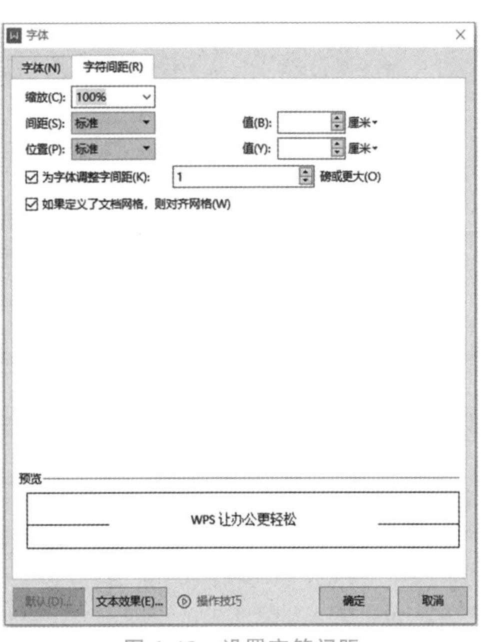

图 4.18　设置字符间距

知识点 10　段落格式设置

段落是字符、图形和其他对象的集合。回车符“↵”是段落的结束标记。WPS 文字的段落格式包括对齐方式、缩进、行间距和段间距等，设置段落格式可以使文档内容的结构更清晰、层次更分明。在“开始”选项卡第三列为“段落”组，如图 4.19 所示。在段落格式设置时，注意“先选中，再设置”原则。

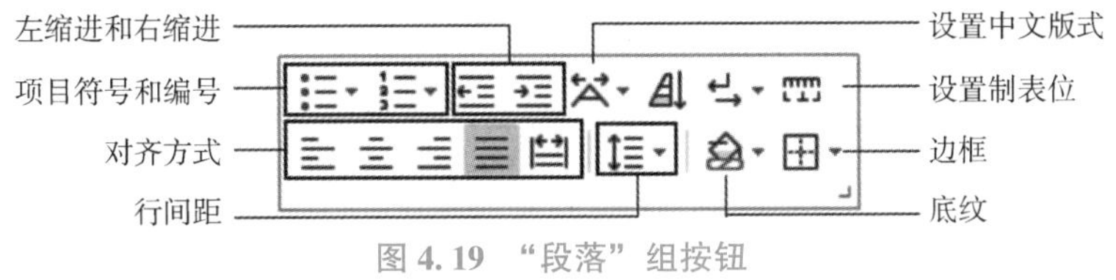

图 4.19　“段落”组按钮

10.1　设置段落对齐方式

WPS 文字中的段落对齐方式包括左对齐、居中对齐、右对齐、两端对齐（默认对齐方式）和分散对齐。设置段落对齐方式具体操作如下：

(1) 选择需要设置的段落文本。

(2) 在“开始”选项卡中单击“段落”组中“左对齐”按钮 ，段落内容左对齐显示。

设置段落对齐方式，还可以采用以下方法：

• 在选择段落文本后，弹出的“浮动工具栏”中，选择“对齐方式”下拉列表，单击所需的对齐方式。

• 在选择段落文本后，在“开始”选项卡中，单击第三列“段落”组右下角的“对话框启动器”按钮，打开“段落对话框”，在“缩进和间距”选项卡中，选择“对齐方式”的下拉列表进行设置，如图 4.20 所示。

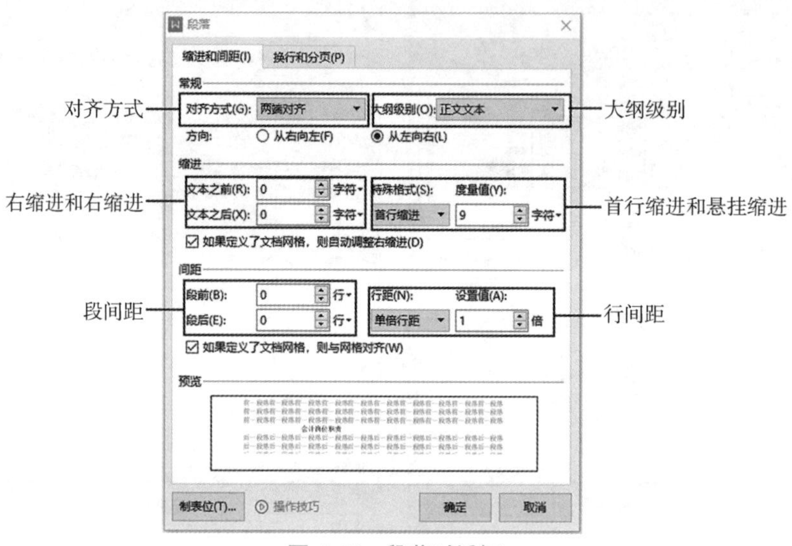

图 4.20　段落对话框

10.2　设置段落缩进

段落缩进是指调整段落左、右两边的文本与页边距之间的距离，包括左缩进、右缩进、首行缩进和悬挂缩进。设置段落缩进可以通过以下两种操作：

(1) 在“段落”对话框中详细地设置各种缩进的值。

• 选择“缩进和间距”选项卡，在“缩进”区域，“文本之前”为左缩进，在文本框中设置具体数值，表示本段左边界距离页面左侧的距离；

• “文本之后”为右缩进，在文本框中设置具体数值，表示本段右边界距离页面右侧的距离；

• 在“特殊格式”下拉列表中选择“首行缩进”，在“度量值”中输入具体数值，表示本段的第一行文本距离页面左侧的距离；

• 在“特殊格式”下拉列表中选择“悬挂缩进”，在“度量值”中输入具体数值，表示本段的除第一行外其他各行文本距离页面左侧的距离。

(2) WPS 文字中的“标尺”还提供了快速设置段落缩进的工具。

显示“标尺”的方法：在“视图”选项卡中，将第二列中的“标尺”复选框选中 ☑ 标尺，即可显示“标尺”，如图 4.21 所示。

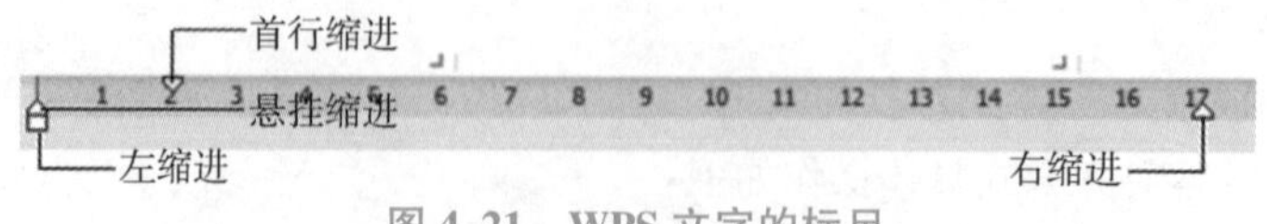

图 4.21　WPS 文字的标尺

通过拖动“首行缩进”滑块、“悬挂缩进”滑块、“左缩进”滑块和“右缩进”滑块来设置段落缩进。

10.3　设置行间距和段间距

(1) 行间距。

行间距是指段落中上一行文本底部到下一行文本顶部的距离。行间距跟字号有关，字号越大，行间距也越大。WPS 文字默认的行间距是单倍行距，用户可以设置为 1.5 倍行间距和固定值等。具体操作如下：

①选择需要调整行间距的段落。

②在“开始”选项卡上的“段落”组中，或在弹出的“浮动工具栏”上单击“行距”下拉列表，选择需要的行间距值；在“开始”选项卡上，单击第三列“段落”组右下角的“对话框启动器”按钮，打开“段落对话框”，在“行距”下拉列表中选择需要的行间距值，进行设置。

(2) 段间距。

段间距是指相邻两段文本之间的距离，包括段前和段后的距离。

10.4　设置换行和分页

“换行和分页”选项卡中可以设置段落中文本在分页时如何处理。选择段落文本后，在“开始”选项卡中，单击第三列“段落”组右下角的“对话框启动器”按钮，打开“段落对话框”，选择“换行和分页”选项卡，如图 4.22 所示。

(1) “分页”区域选项。

①孤行控制：若选择此项，可以避免一个段落在 WPS 文字中的页面中单独一行出现在页面的底部或者下一页的顶部，程序会将该段落调整到至少两行在同一页。

②与下段同页：若选择此项，可以将本段与下一段在同一页显示。

③段中不分页：若选择此项，可以使段落的全部内容显示在同一页上。

④段前分页：直接从当前页跳至下页，选择此项后，分段时按［Enter］键会跳到下页。

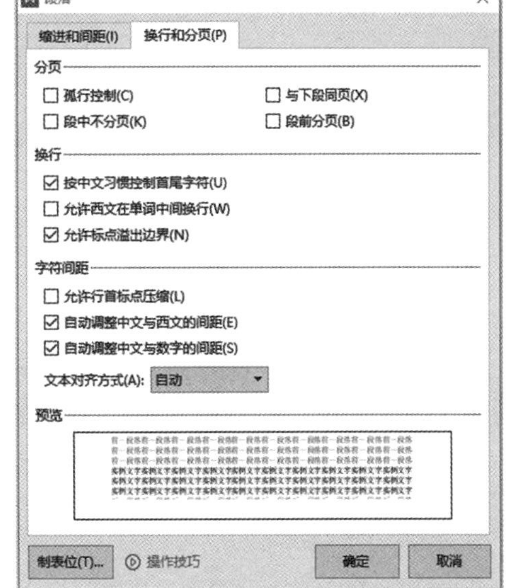

图 4.22　“换行和分页”选项卡

(2) “换行”区域选项。

①按中文习惯控制首尾字符：每行的首尾字符符合中文习惯。比如，中文习惯中，每行的第一个字符不允许是标点符号。

②允许西文在单词中间换行：若选择此项，则在输入英文内容需要换行时，允许在英文单词中间换行。

③允许标点溢出边界：允许标点符号比段落中其他行的边界超出一个字符。

知识点 11　设置项目符号和编号

WPS 文字中的项目符号和编号是放在文本前的符号或编号，起到强调作用。合理使用项目符号和编号，可以使文档的层次结构更清晰、更有条理。

11.1 插入项目符号和编号

（1）插入项目符号。

为段落插入项目符号具体操作如下：

①选择需要设置的段落文本。

②单击“段落”组中“插入项目符号”按钮右侧的下拉按钮，选择合适的符号；若需要选择其他符号，选择下拉列表中的“自定义项目符号”；或右击，在“快捷菜单”中选择“项目符号和编号”，打开如图 4.23 所示的“项目符号和编号”对话框。

（2）插入项目编号。

①选择需要设置的段落文本。

②单击“段落”组中“插入项目编号”按钮右侧的下拉按钮，选择合适的编号；若需要选择其他符号，选择下拉列表中的“自定义编号”；或右击，在“快捷菜单”中选择“项目符号和编号”，打开如图 4.24 所示的“项目符号和编号”对话框。

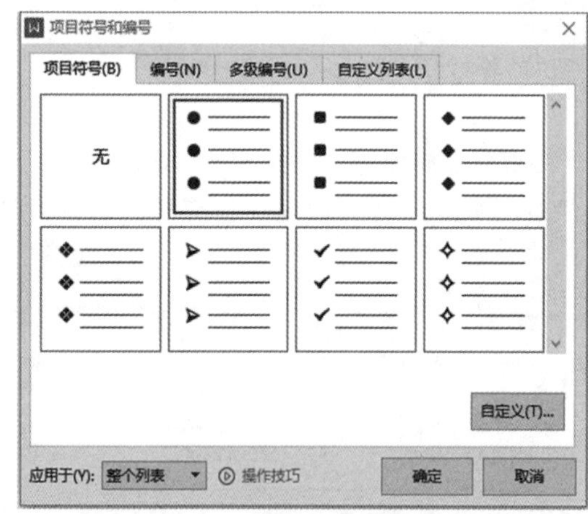

图 4.23　项目符号

图 4.24　项目编号

11.2 编辑项目符号和编号

（1）修改项目符号样式。

①WPS 文字为用户提供了一些项目符号样式，可以在“项目符号和编号”对话框中，选择“自定义”按钮，打开“自定义项目符号列表”，如图 4.25 所示。

②在“项目符号字符”中选择所需的符号样式，可以单击“字符”按钮，打开“符号”对话框，选择其他符号样式。

（2）自定义编号。

在使用段落编号的过程中，用户可以重新定义编号的起始值。具体操作如下：

①选择需要重新定义编号的段落。

②右击选定的段落，在“快捷菜单”中选择“项目符号和编号”，打开“项目符号和编号”对话框。

③选择“自定义”按钮，打开“自定义编号列表”对话框，在“编号样式”下拉列表中选择编号样式，在“起始编号”微调控件中设置起始编号，如图 4.26 所示。

知识点 12　设置边框与底纹

在 WPS 文字中可以为字符设置边框和底纹，还可以为段落设置边框和底纹。

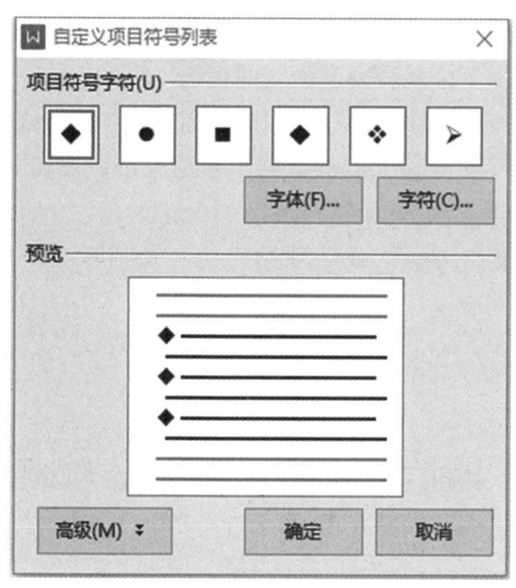

图 4.25　自定义项目符号列表

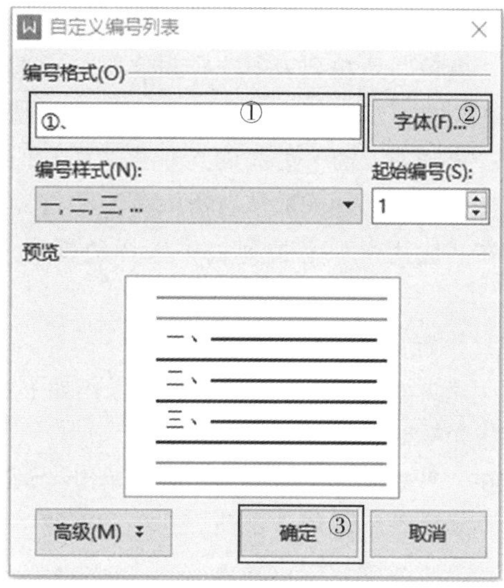

图 4.26　自定义编号列表

12.1　为字符设置边框和底纹

为字符设置边框和底纹的具体操作如下：

(1) 选择需要设置边框和底纹的文本。

(2) 在“开始”选项卡的第二列中单击“字符边框”按钮(在“拼音”按钮右侧下拉列表中)或“字符底纹”按钮，可以为字符设置边框和底纹。

12.2　为段落设置边框和底纹

WPS 文字中的边框包括边框和页面边框。边框可以为文字和段落四周添加边框；页面边框可以为文档页面的四周添加边框。

(1) 设置段落边框。

为文字和段落四周添加边框具体操作如下：

①选择需要设置边框的段落。

②在“开始”选项卡的第三列中单击“边框”按钮右侧的下拉按钮，在下拉列表中选择“边框和底纹”选项，打开“边框和底纹”对话框，如图 4.27 所示。

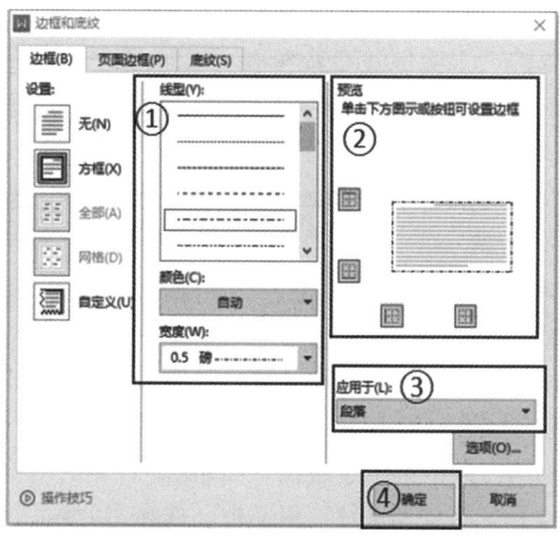

图 4.27　设置边框

③选择“边框和底纹”对话框中的“边框”选项卡，在“线型”列表框中选择边框线的样式，在“颜色”下拉列表中选择颜色，在“宽度”下拉列表中选择线的粗细。

④在“预览”区域，单击“上边框线”按钮，添加或取消上边框线；单击“下边框线”按钮，添加或取消下边框线；单击“左边框线”按钮，添加或取消左边框线；单击“右边框线”按钮，添加或取消右边框线。

⑤在“应用于”下拉列表中选择边框应用在“文字”或“段落”上，最后单击“确定”按钮。

（2）设置页面边框。

为文档页面四周添加边框的具体操作如下：

①将光标插入文档中任意位置。

②在“开始”选项卡的第三列中单击“边框”按钮右侧的下拉按钮，在下拉列表中选择“边框和底纹”选项，打开“边框和底纹”对话框，如图 4. 28 所示。

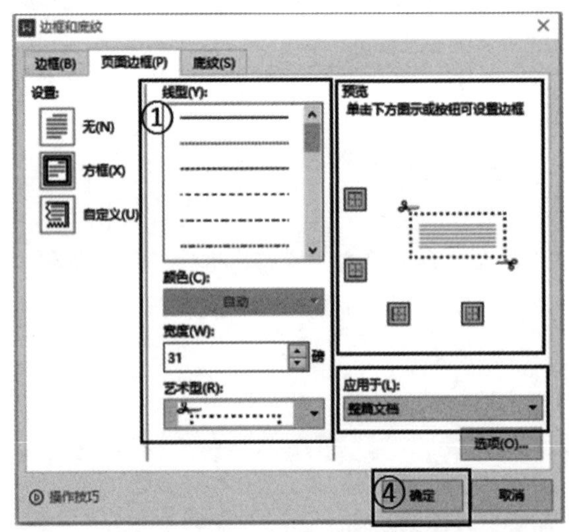

图 4. 28　设置页面边框

③选择“边框和底纹”对话框中的“页面边框”选项卡，在“线型”列表框中选择边框线的样式，在“颜色”下拉列表中选择颜色，在“宽度”下拉列表中选择线的粗细，在“艺术型”下拉列表中可以选择 WPS 文字提供的特殊线型。

④在“预览”区域，单击“上边框线”按钮，添加或取消上边框线；单击“下边框线”按钮；添加或取消下边框线；单击“左边框线”按钮，添加或取消左边框线；单击“右边框线”按钮，添加或取消右边框线。

⑤在“应用于”下拉列表中选择边框应用在“整篇文档”或“节”上，最后单击“确定”按钮。

（3）设置段落底纹。

为段落设置底纹的具体操作如下：

①选择需要设置底纹的段落。

②在“开始”选项卡的第三列中单击“底纹颜色”按钮右侧的下拉按钮，在下拉列表中选择底纹颜色。

③在“开始”选项卡的第三列中单击“边框”按钮右侧的下拉按钮，在下拉列表中选择“边框和底纹”选项，打开“边框和底纹”对话框，选择“底纹”选项卡，如图 4. 29 所示。

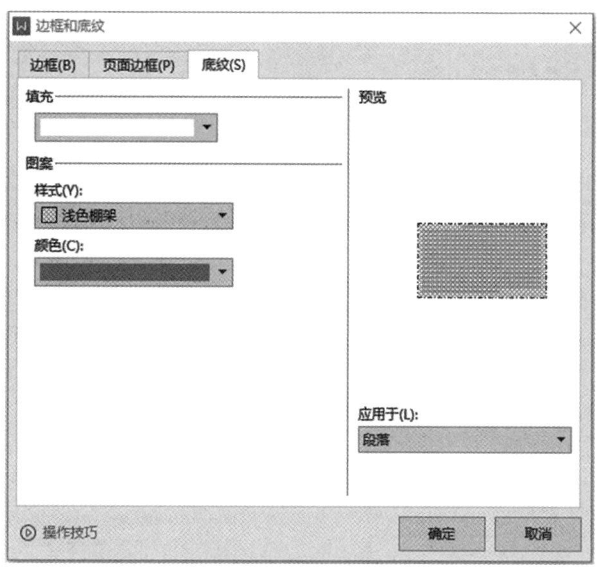

图 4.29　设置底纹

④在“填充”下拉列表中选择底纹颜色。

⑤用户还可以在 WPS 文字中为文字或段落设置底纹图案，在“底纹”选项卡上，“图案”区域，“样式”下拉列表中选择所需的图案，在“颜色”下拉列表中选择合适的颜色。

知识点 13　应用格式刷

WPS 文字中的格式刷具有非常强大的功能，使用格式刷可以更加便捷地编辑文档。格式刷可以快速将指定段落或文本的格式沿用到其他段落或文本上。

在“开始”选项卡的第一列中，选择“格式刷”按钮，其使用方法有两种：

（1）选中具有特定格式的文本，单击“格式刷”按钮，此时光标变成刷子样式，将光标移动到需要此格式的文本上，按住左键拖动鼠标，格式被复制到新的文本上，光标形状恢复原来状态。

（2）若要将特定格式复制到多处不连续文本上，首先选中具有特定格式的文本，双击“格式刷”按钮，此时光标变成刷子样式，将光标移动到需要此格式的文本上，按住左键拖动鼠标，格式被复制到新的文本上；再将光标移动到下一处文本，按住左键拖动，直到将格式复制到所有文本上。最后，单击“格式刷”按钮或按下键盘［Esc］键，退出格式复制状态，将光标形状恢复原来状态。

★★ 任务实操

将“实验室安全条例 . docx”进行格式化设置。制作如图 4.30 所示的效果。

完成以下操作：

（1）打开“实验室安全管理条例 . docx”文档，标题“实验室安全管理条例”，字体设置：“微软雅黑”“二号”“加粗”；字符间距加宽“0.15 厘米”，段落对齐方式设置为“居中”。

（2）设置“消防安全”“人身安全”“信息安全”三个段落的项目符号“❖”，字体设置：“微软雅黑”“四号”；段落设置：行间距段前“0.5 行”、段后“0.5 行”。

（3）第一条到第九条内容，字体设置：“微软雅黑”“五号”；段落设置：悬挂缩进“3.5 个字符”，为段落设置“双线形边框”。

（4）第十条到第十六条内容和第十七条到第二十二条内容，字体设置：“微软雅黑”“五号”，段落设置：悬挂缩进“4.5 个字符”，为段落设置“双线形边框”。

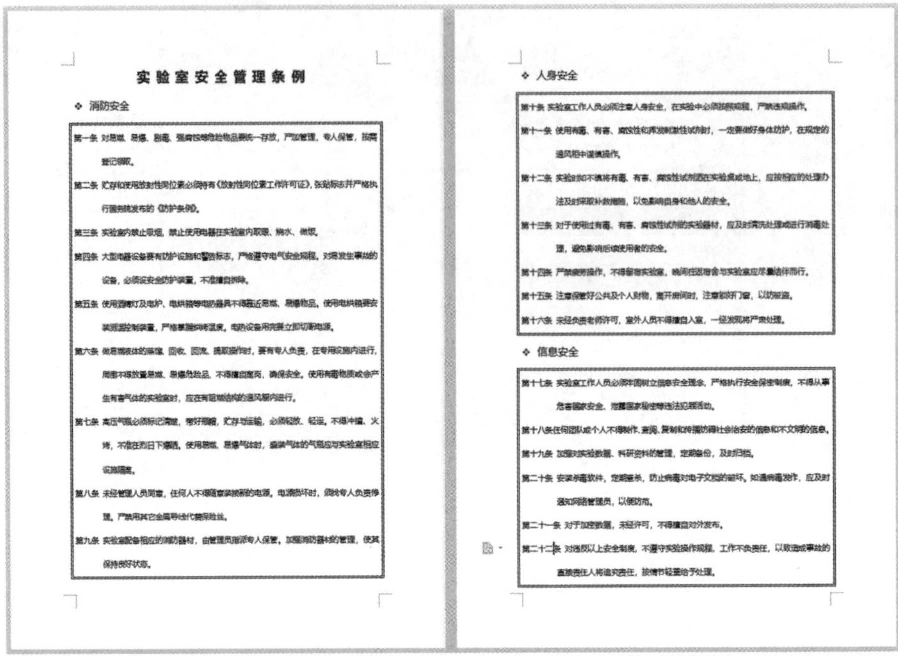

图 4.30　最终效果

具体操作

(1) 字体设置与段落设置。

字体设置与段落设置，具体操作如下：

①选中“实验室安全管理条例”文本，在“开始”选项卡的“字体”组右下角的“对话框启动器”按钮 ，打开“字体”对话框，选择“字体”选项卡，“中文字体”选择“微软雅黑”，“字形”选择“加粗”，“字号”选择“二号”，如图 4.31 所示。

②选择“字符间距”选项卡，“间距”选择“加宽”，“值”设置为“0.15”，如图 4.32 所示。

③在“开始”选项卡的“段落”组中，单击“居中对齐”按钮 。

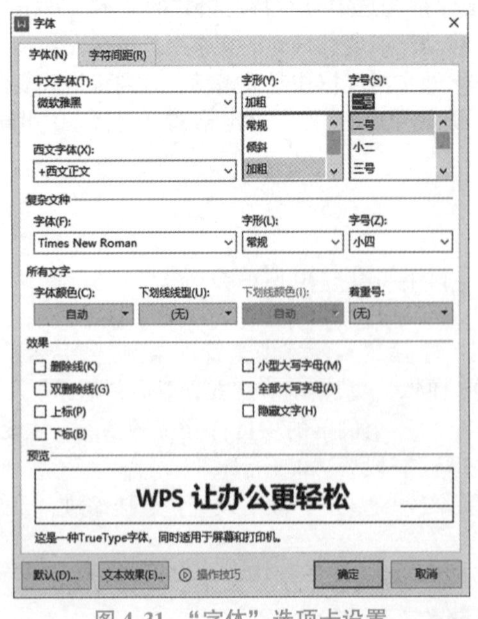

图 4.31　“字体”选项卡设置

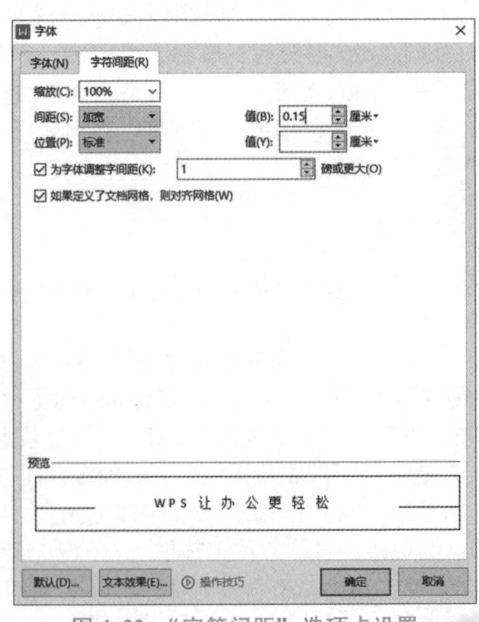

图 4.32　“字符间距”选项卡设置

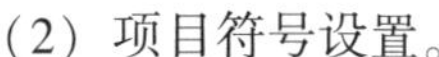

（2）项目符号设置。

具体操作如下：

①选择段落“消防安全”，在“开始”选项卡的“段落”组中，单击“项目符号”按钮的下拉按钮，在下拉列表中选择“第五个”符号。

②在“开始”选项卡的“字体”组右下角的“对话框启动器”按钮，打开“字体”对话框，选择“字体”选项卡，“中文字体”选择“微软雅黑”，“字号”选择“四号”，如图 4.33 所示。

③在“开始”选项卡的“段落”组右下角的“对话框启动器”按钮，打开“段落”对话框，选择“缩进和间距”选项卡，间距的段前输入“0.5”，段后输入“0.5”，如图 4.34 所示。

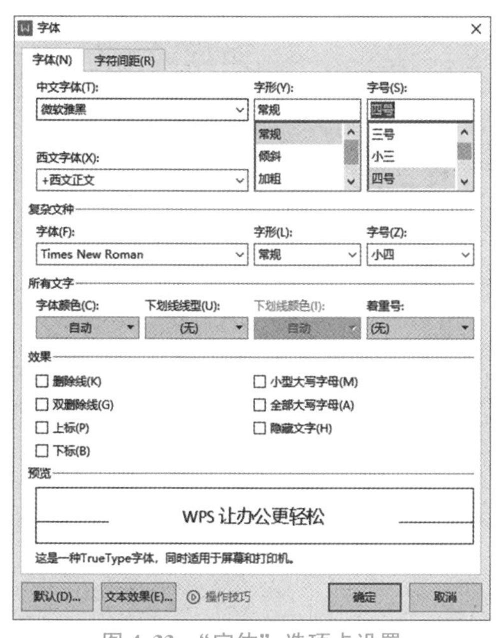

图 4.33　“字体”选项卡设置

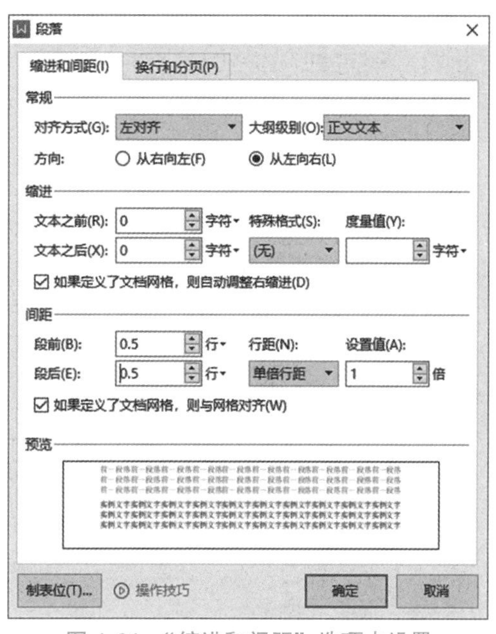

图 4.34　“缩进和间距”选项卡设置

④在“开始”选项卡中双击“格式刷”，按住左键不放拖动选择“人身安全”后，再次按住左键不放拖动选择“信息安全”，将格式复制到“人身安全”和“信息安全”的段落中。

（3）边框设置。

具体操作如下：

①选择“第一条到第九条”段落。

②在“开始”选项卡的“字体”组右下角的“对话框启动器”按钮，打开“字体”对话框，选择“字体”选项卡，“中文字体”选择“微软雅黑”，“字号”选择“五号”。

③在“开始”选项卡的“段落”组右下角的“对话框启动器”按钮，打开“段落”对话框，选择“缩进和间距”选项卡，“特殊格式”选择“悬挂缩进”，“度量值”设置为“3.5”，如图 4.35 所示。

④在“开始”选项卡的第三列中单击“边框”按钮右侧的下拉按钮，在下拉列表中选择“边框和底纹”选项，打开“边框和底纹”对话框，如图 4.36 所示。选择“边框和底纹”对话框中的“边框”选项卡，在“线型”列表框中选择“双线”，在“应用于”下拉列表中选择“段落”上，最后单击“确定”按钮。

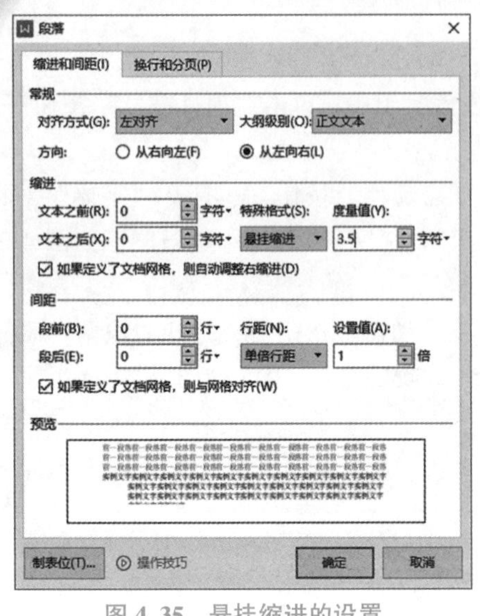

图 4.35　悬挂缩进的设置

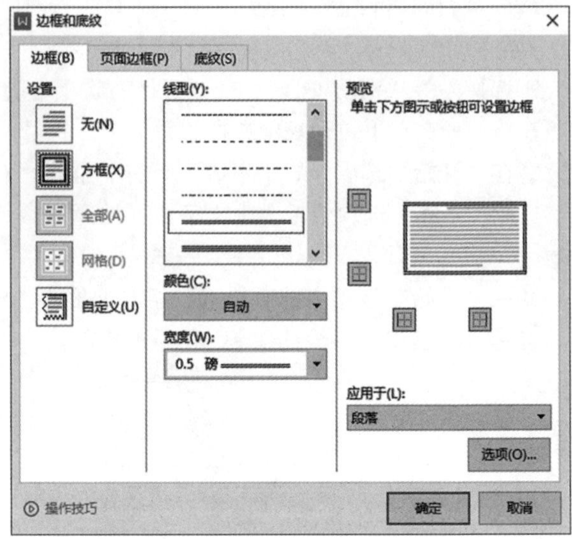

图 4.36　双线型边框的设置

（4）格式刷复制格式。

具体操作如下：

①选择“第十条到第十六条”段落。参照上一题操作，在段落设置中，将悬挂缩进设置为“4.5”，其余设置相同。

②在“开始”选项卡中双击“格式刷”，按住左键不放，拖动选择“第十七条到第二十二条”，将格式复制到“第十七条到第二十二条”段落中。

任务三　图文混排

☑**任务目标**：了解 WPS 文字中可插入图片的类型；了解各种图片的特点；掌握插入和编辑图片、形状、智能图形、流程图、思维导图、水印、文本框和艺术字的操作方法。

知识点 14　图片的插入和编辑

在 WPS 文字中，用户可以根据需要将来自文件、扫描仪或手机中的图片插入文档中，使文档美观大方。

14.1　插入图片

插入图片的具体操作：将文本插入点定位到需要插入图片的位置，在“插入”选项卡的第三列中单击“图片”按钮，打开“插入图片”对话框，在“位置”下拉列表中选择图片所在的位置，单击“打开”按钮，如图 4.37 所示。

删除图像的具体操作：选择图片，按下键盘上的［Delete］键或［Backspace］键即可。

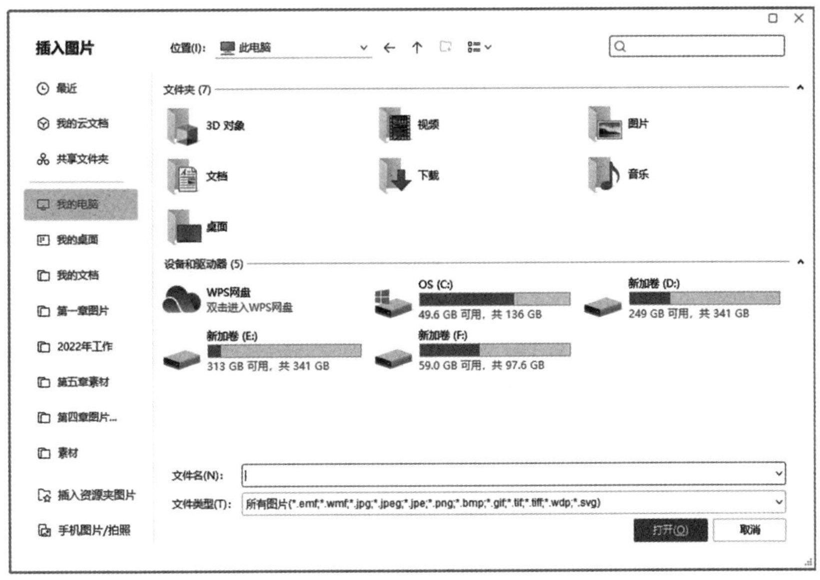

图 4.37　插入图片对话框

14.2　编辑图片

当图片插入 WPS 文字后，图片的环绕方式默认是“嵌入型”。用户可以根据个人需要，对图片进行编辑。编辑图片包括压缩图片、裁剪图片、修改图片大小、修改图像效果、调整图片排列方式等。具体操作如下：单击需要编辑的图片，在选项卡区域内会出现“图片工具”选项卡，如图 4.38 所示。

图 4.38　“图片工具”选项卡

（1）调整组。

“图片工具”选项卡的第一列为“调整组”，可以继续添加图片，可以替换图片，也可以在文档中插入图形。

（2）压缩图片。

“图片工具”选项卡的第二列为压缩图片工具，可以对图片进行压缩，单击后，出现如图 4.39 所示的对话框。用户可以更改图片的分辨率，在选项中设置图片的压缩设置，单击“确定”按钮完成压缩图片。

（3）布局组。

“图片工具”选项卡的第三列为布局组设置工具，可以裁剪图片、设置图片尺寸等。

①裁剪图片。

选择需要裁剪的图片，如图 4.40 所示；在“图片工具”选项卡中，单击“裁剪”按钮，图片进入裁剪状态，用户可以拖动图片四周的编辑框，对图片进行裁剪，如图 4.41 所示。裁剪后如图 4.42 所示。

WPS 文字还为用户提供了“按形状裁剪”和“按比例裁剪”两种特殊裁剪方式。

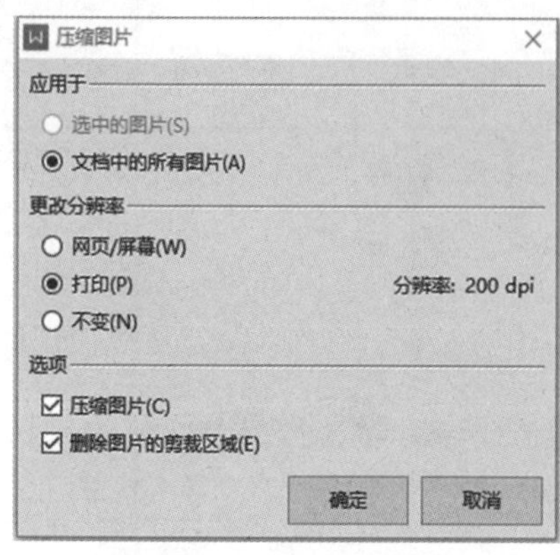

图 4.39　压缩图片对话框

图 4.40　原图

图 4.41　裁剪

图 4.42　裁剪后

- 按形状裁剪。

选择需要裁剪的图片，在“图片工具”选项卡中，单击“裁剪”按钮右侧下拉键▼，在下拉列表中，选择“按形状裁剪”，如图 4.43 所示；在下方选择“圆形”，圆形裁剪如图 4.44 所示；用户可以拖动图片四周的编辑框，调整裁剪形状，裁剪结果如图 4.45 所示。

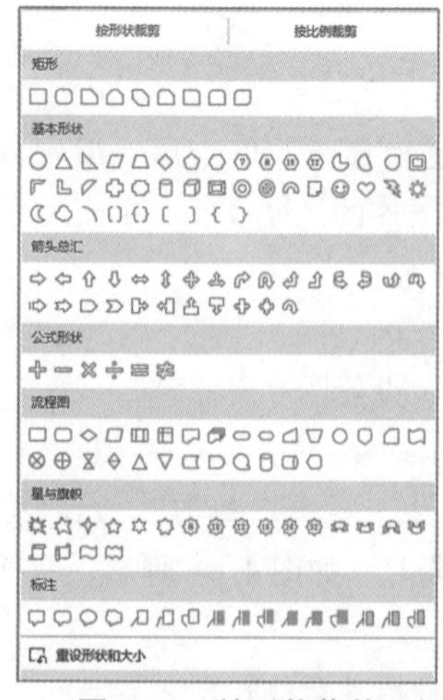

图 4.43　按形状裁剪

图 4.44　圆形裁剪

图 4.45　圆形裁剪结果

• 按比例裁剪。

选择需要裁剪的图片，在“图片工具”选项卡中，单击“裁剪”按钮下方下拉键▼，在下拉列表中，选择“按比例裁剪”，如图 4.46 所示；在下方选择“16∶9”，16∶9 裁剪如图 4.47 所示；用户可以拖动图片四周的编辑框，调整裁剪形状；裁剪结果如图 4.48 所示。

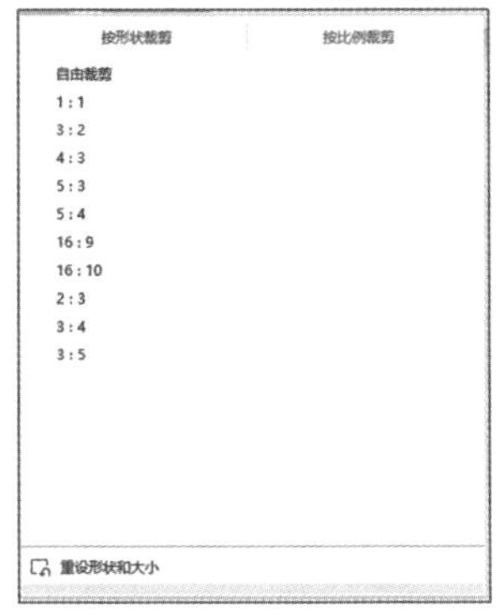

图 4.46　按比例裁剪

图 4.47　16∶9 裁剪

图 4.48　16∶9 裁剪结果

②设置图像尺寸。

选择图片后，在“图片工具”选项卡中选择“布局”组，输入数值，设置图像高度和宽度，如图 4.49 所示。

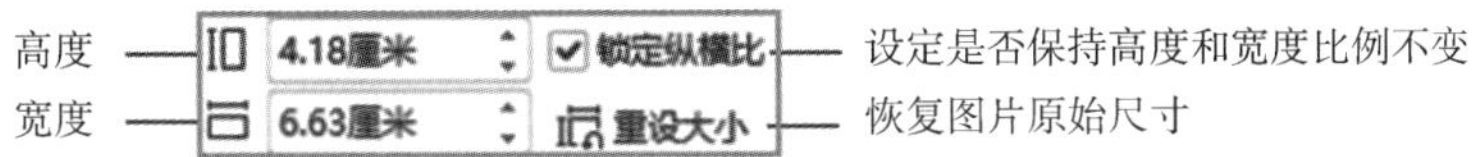

图 4.49　设置图像尺寸工具

用户还可以单击“布局”组右下角的“对话框启动器”按钮 ，打开“布局”对话框，选择“大小”选项卡，输入数值，设置图片尺寸，如图 4.50 所示。

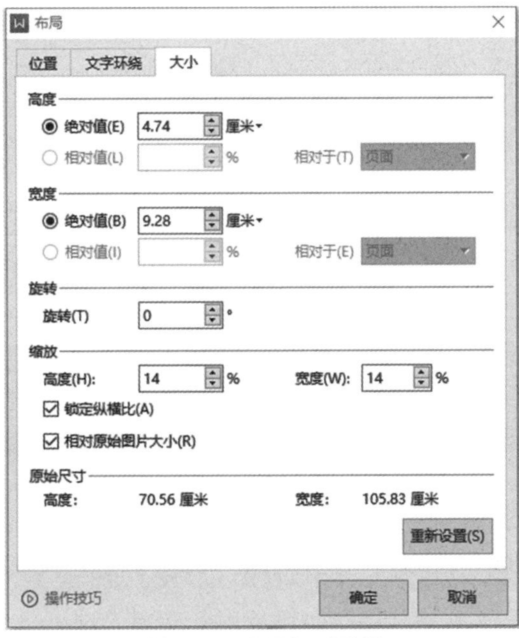

图 4.50　布局组对话框

(4) 设置图形效果。

“图片工具”选项卡的第四列为图像效果组，可以将图像中指定颜色设置为透明、调整图像色彩效果、增加和降低亮度、设置图像阴影和立体效果、为图片添加边框等，如图 4. 51 所示。

图 4. 51 图像效果组

用户还可以单击“图像效果”组右下角的“对话框启动器”按钮，在窗口右侧打开“属性窗口”，可以设置填充和线条样式、阴影等效果，如图 4. 52 所示。

(5) 其他设置。

“图片工具”选项卡的第五列为用户提供了图片旋转、组合、对齐、图片环绕方式和图片的叠放次序的设置，如图 4. 53 所示。

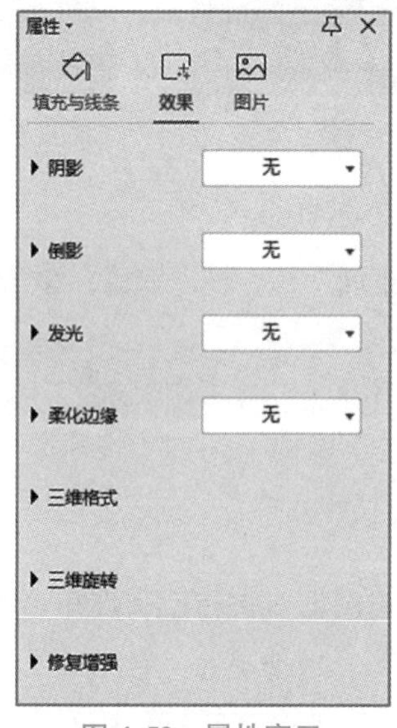

图 4. 52 属性窗口

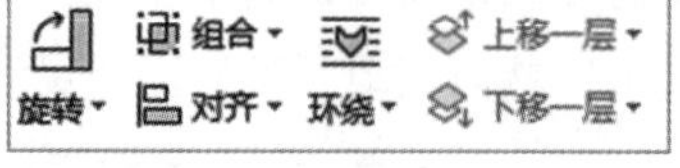

图 4. 53 其他图片设置

①旋转图片。

选择需要旋转的图片，在“图片工具”选项卡中，单击“旋转”按钮，在下拉列表中选择，向左旋转 90°、向右旋转 90°、水平旋转或垂直旋转。

②组合。

组合是将多个对象组合到一起，以便将其作为单个对象处理。在使用“组合”时，首先选择多个对象，在“图片工具”选项卡中，单击“组合”按钮 组合，选择“组合”。

选择多个对象的操作步骤为：首先选择一个对象，按下［Ctrl］键，将光标移动到下一个需要选择的对象上，当鼠标光标变为时，单击鼠标，可以选择多个对象。

注意：若图片的文字环绕方式为“嵌入式”，不能与其他图形进行组合。

③对齐。

对齐是将所选多个对象的边缘对齐。可以设置左对齐、居中对齐、右对齐等。

设置对齐操作为：选择多个对象后，在“图片工具”选项卡中，单击“对齐”按钮 对齐，在下拉列表中选择对象对齐方式。

④文字环绕方式。

环绕方式是 WPS 文字的一种排版方式，主要用于设置文档中的图片、文本框、自选图形、艺术字等对象与文字之间的位置关系。

WPS 文字提供了四周型、紧密型、穿越型、上下型、衬于文字下方、浮于文字上方、上下型和嵌入型七种类型。

设置文字环绕方式操作为：选择图片，在“图片工具”选项卡中，单击“环绕”按钮，在下拉列表中选择文字环绕方式；或选择图片后，右键打开快捷菜单，选择“其他布局选项”，打开“布局”对话框，如图 4.54 所示，选择“文字环绕”选项卡，可查看各种文字环绕方式，并对各种环绕方式进行设置。

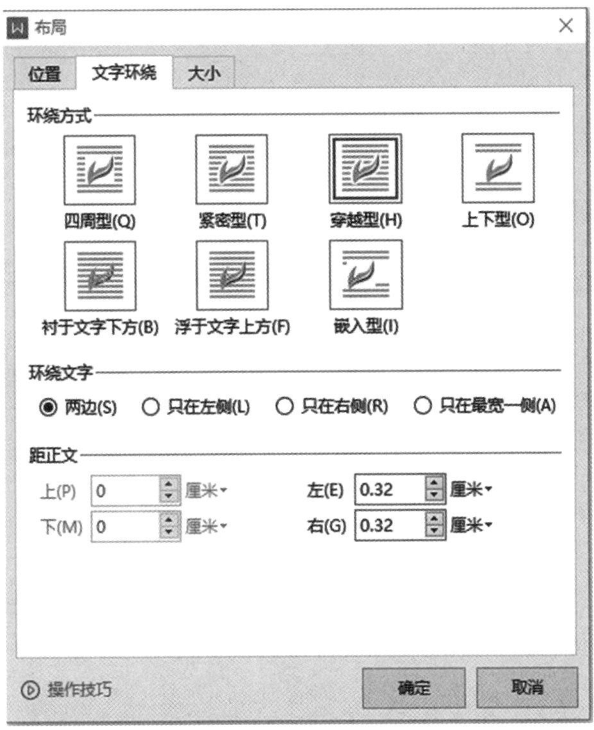

图 4.54　“布局”对话框

⑤图片叠放次序。

上移一层：将所选对象上移，使其不被前面的对象遮盖。

下移一层：将所选对象下移，使其被前面的对象遮盖。

知识点 15　形状的插入和编辑

15.1　插入形状

在 WPS 文字中，插入形状的操作如下：将光标移动到待插入形状的位置，在“插入”选项卡的第二列，单击“形状”按钮，在打开的下拉列表中，选择所需的形状，拖动鼠标绘制形状。

15.2　编辑形状

对于插入的形状，可以修改形状、修改形状填充样式、修改形状轮廓样式、添加形状效果，设置对齐方式、组合、旋转、环绕方式和尺寸大小等。用户单击插入后的形状，在选项卡中会出现“绘图工具”选项卡，如图 4.55 所示。

图 4.55 “绘图工具”选项卡

（1）“插入形状”组。

“绘图工具”选项卡的第一列为“插入形状”组。

①：插入其他形状。

②文本框：在文档中插入文本框。

③编辑形状：对已插入的形状进行修改，用户可以更改形状和编辑顶点。单击编辑形状后，选择更改形状(N)，可以将已插入的形状修改为其他现成的形状；选择编辑顶点(E)，已插入的形状中会显示所有的顶点，用户可以拖动对顶点进行修改。

（2）“形状样式”组。

“绘图工具”选项卡的第二列为“形状样式”组。

①填充：形状的填充，使用纯色、渐变、图片或图案填充选定的形状。

②轮廓：形状的轮廓，设置选定形状轮廓的颜色、宽度和线型。

③格式刷：将当前选定形状的格式，复制到其他形状上。

④形状效果：对选定形状应用外观效果，如阴影、发光、映像或三维旋转。

知识点 16 图表的插入和编辑

WPS 文字提供了多种数据图表，如柱形图、折线图、饼图、条形图、面积图和雷达图等。

16.1 插入图表

在“插入”选项卡的第三列“插图”组中，单击“图表”按钮，打开“图表”对话框，如图 4.56 所示。用户根据需要选择图表类型，选择“柱形图”→“簇状柱形图”，选择“静态柱形图”，在 WPS 文字中插入了如图 4.57 所示的图表。

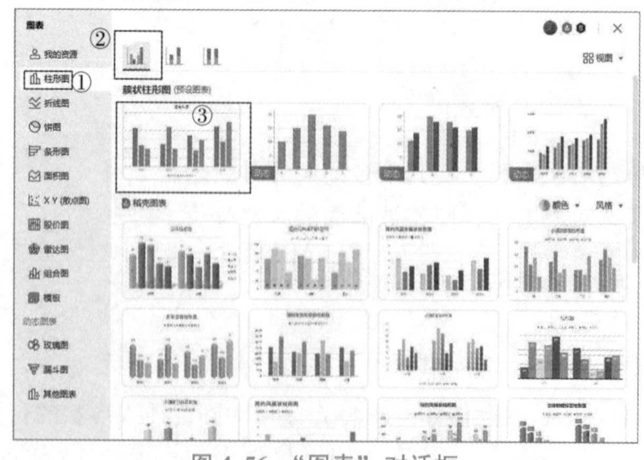

图 4.56 “图表”对话框

16.2 编辑图表

单击选中已插入的图表，在选项卡中会出现“图表工具”选项卡，如图 4.58 所示。

(1) 添加元素 可以修改图表中的坐标轴、轴标题、图表标题、数据标签、数据表、误差线、网格线、图例和趋势线等。

(2) 快速布局 修改图表的布局方式。

(3) 更改颜色 修改图表的搭配色彩。

(4) 修改图表的样式。

(5) 在线图表 联网设置图表样式。

(6) 更改类型 更改图表的类型。

(7) 选择数据 打开 WPS 表格，输入或修改图表的数据。

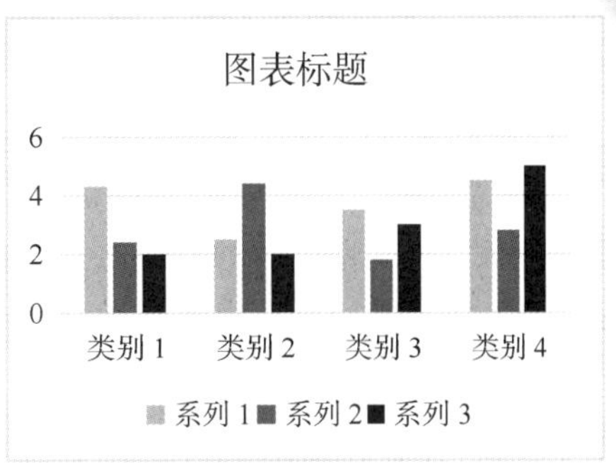

图 4.57　图表

图 4.58　“图表工具”选项卡

(8) 编辑数据 打开 WPS 表格，修改图表的数据。

(9) 图表区 设置格式 重置样式 单击下拉列表中的选项，可以快速选择图表中的元素，单击“设置样式”快速设置元素样式，“重置样式”可以恢复初始样式。

知识点 17　智能图形的插入和编辑

WPS 文字提供了两种图表，一种是数据图表，另一种是逻辑图表。数据图表用于数据分析，表现各种数据的关系，如柱形图、折线图、饼图、条形图、面积图和雷达图等；逻辑图表用于表现信息之间的关系，如并列、循环、组织结构、流程图等。智能图形属于逻辑图表，它能快速将信息之间的关系通过可视化的图形形象清晰地表达出来。

17.1　插入智能图形

在“插入”选项卡的第三列“插图”组中，单击“智能图形”按钮，打开“智能图形”对话框，如图 4.59 所示。用户根据需要选择智能图形类型，选择“关系”图，选择“射线维恩图”，在 WPS 文字中插入了如图 4.60 所示的关系图。

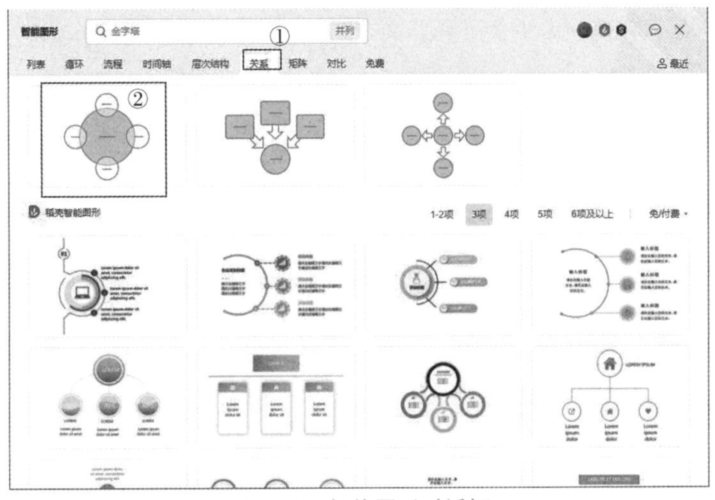

图 4.59　智能图形对话框

17.2 编辑智能图形

单击选中已插入的智能形状，在选项卡中会出现“设计”选项卡和“格式”选项卡，“设计”选项卡如图 4.61 所示。

(1) 添加项目、添加项目符号 为选中的图形的上方、下方、前面或后面添加形状，可以为项目添加项目符号。

(2) 升级、降级 对选中的图形升级或降级。

(3) 前移、后移 对选中的图形上移或下移。

(4) 从右至左将图形左右颠倒顺序。

(5) 布局 修改智能图形的布局。

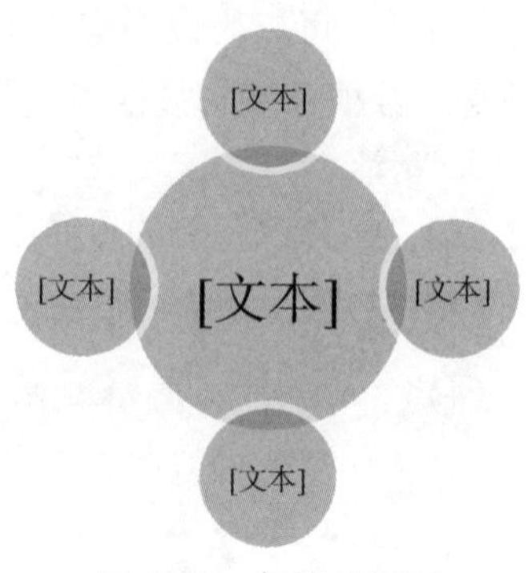

图 4.60 射线维恩图

图 4.61 “设计”选项卡

(6) 更改颜色 修改智能图形的色彩搭配。

(7) 设置智能图形的样式。

WPS 文字是基于网络办公和网络共享的理念，为用户提供了许多“在线”功能，用户在使用智能图形时，可以使用 WPS 文字提供的在线素材。

知识点 18 文本框和艺术字

18.1 文本框

利用文本框可以制作出特殊的文档版式。在文本框中既可以输入文本，也可以插入图片。WPS 文字提供三种文本框：横向、竖向和多行文字。具体操作如下：

(1) 将光标定位到需要插入文本框的位置，在“插入”选项卡中，单击“文本框”按钮 文本框，可以选择“横向”“竖向”和“多行文字”。

(2) 在文档中，按住鼠标拖动后释放，即插入一个文本框。在文本框中输入文字或插入图片。

(3) 选择文本框，在选项卡中会出现“文本工具”选项卡，如图 4.62 所示。

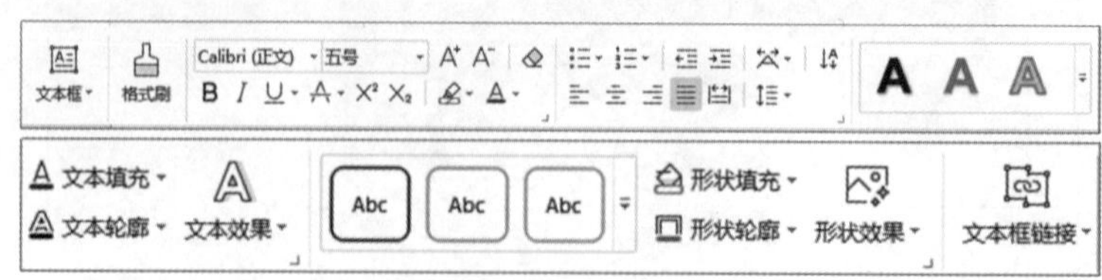
图 4.62 文本工具选项卡

① 文本框 修改文本框类型。

② 使用 WPS 文字预设，设置文本框中文字的格式。

③ 文本填充 用户通过文本填充，对文本框中文字填充样式进行修改。

④ 文本轮廓 用户通过文本轮廓，对文本框中文字边框样式进行修改。

⑤ 文本效果 对文本框中文字添加阴影、倒影、发光等效果。

⑥ Abc Abc Abc 使用 WPS 文字预设，设置文本框的边框和底纹格式。

⑦ 形状填充 用户通过形状填充，对文本框的底纹进行修改。

⑧ 形状轮廓 用户通过形状轮廓，对文本框的边框进行修改。

⑨ 形状效果 对文本框的边框添加阴影、倒影、发光等效果。

⑩ 文本框链接 将两个文本框进行“文本框链接”，第一个文本框中显示不下的内容会出现在第二个文本框中。

18.2 艺术字

WPS 文字的艺术字为文档中的文字增加特殊、美观的效果。具体操作如下：

(1) 将光标定位到需要插入艺术字的位置，在“插入”选项卡中，单击“艺术字”按钮 艺术字，选择所需的样式，在“请在此放置您的文字”处，输入文字，艺术字编辑完成。

(2) 单击选择插入的艺术字，在选项卡中会出现“文本工具”选项卡，可以对艺术字进行编辑。

知识点 19 截图的插入和编辑

WPS 文字为用户提供了矩形区域截图、椭圆区域截图、圆角矩形区域截图和自定义区域截图。

在 WPS 文字中插入截图可以使用截屏工具，具体操作如下：

(1) 将光标定位到需要插入截图的位置，在“插入”选项卡中，单击“截屏”按钮 截屏，在桌面上方出现截屏快捷菜单，如图 4.63 所示。

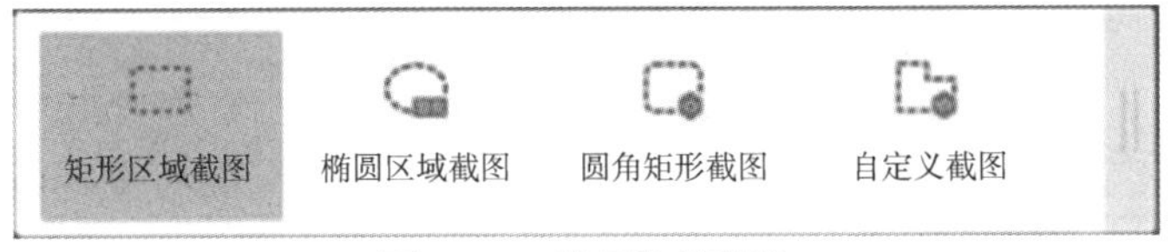

图 4.63 截屏快捷菜单

(2) 在截屏快捷菜单中选择“矩形区域截图”，按住鼠标左键拖动，释放鼠标后，弹出如图 4.64所示的快捷键；用户可以选择“输出长图”“存为 PDF”“提取文字”“图片编辑”“保存图片”“取消截图”等操作，完成后，单击“完成”按钮，截取屏幕的图片会插入光标定位的位置，如图 4.65 所示。

图 4.64 编辑截图快捷键

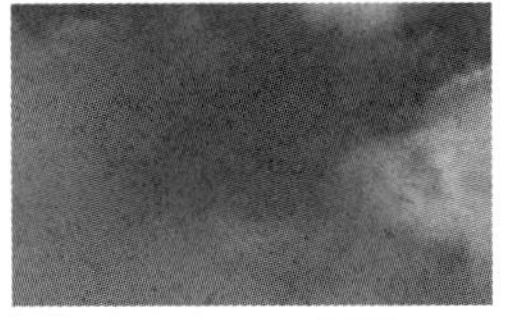

图 4.65 截图

(3) 对插入后的截图进行编辑，可以参考图片的编辑。

知识点 20 其他图形

20.1 插入封面

WPS 文字为用户提供了丰富的封面资源，具体操作如下：

(1) 在“插入”选项卡中，选择第一列中的“封面页”按钮 封面页，在打开的下拉列表中选择合适的样式。

（2）在封皮中的文本框中输入所需要的文本，不需要的文本框可以按下［Delete］键删除。

20.2 插入水印

水印是位于文本和图片后面的文本或图片，通常淡出或冲淡，以便它不会干扰页面上的内容。与页眉和页脚一样，水印通常显示在文档的所有页面上，封面除外。WPS 文字添加水印的具体操作如下：

（1）在“插入”选项卡中，单击“水印”按钮 水印，打开“水印”下拉列表，如图 4.66 所示。在列表中可以选择 WPS 文字预设的水印效果，如“保密”等。

图 4.66 “水印”列表

（2）单击“点击添加”选项，添加自定义水印，打开“水印”对话框，如图 4.67 所示。选择“文字水印”，内容处输入“港珠澳大桥”，设置字体为“微软雅黑”，字号“自动”，颜色“自动”，版式“倾斜”，单击“确定”按钮，文档中出现如图 4.68所示的水印效果。

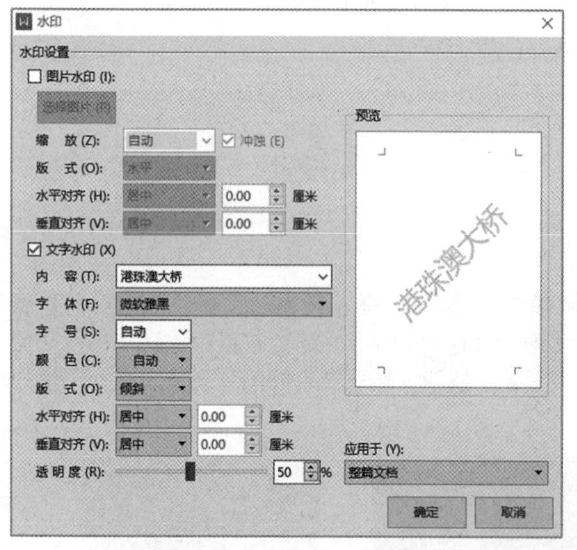

图 4.67 “水印”对话框

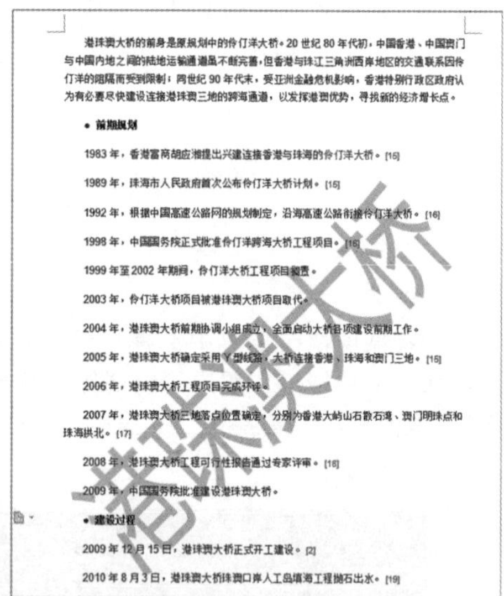

港珠澳大桥的前身是原规划中的伶仃洋大桥。20 世纪 80 年代初，中国香港、中国澳门与中国内地之间的陆地运输通道虽不断完善，但香港与珠江三角洲西岸地区的交通联系因伶仃洋的阻隔而受到限制；同世纪 90 年代末，受亚洲金融危机影响，香港特别行政区政府认为有必要尽快建设连接港珠澳三地的跨海通道，以发挥港澳优势，寻找新的经济增长点。

- 前期规划

1983 年，香港富商胡应湘提出兴建连接香港与珠海的伶仃洋大桥。[16]

1989 年，珠海市人民政府首次公布伶仃洋大桥计划。[16]

1992 年，根据中国高速公路网的规划制定，沿海高速公路衔接伶仃洋大桥。[16]

1998 年，中国国务院正式批准伶仃洋跨海大桥工程项目。[16]

1999 年至 2002 年期间，伶仃洋大桥工程项目搁置。

2003 年，伶仃洋大桥项目被港珠澳大桥项目取代。

2004 年，港珠澳大桥前期协调小组成立，全面启动大桥各项建设前期工作。

2005 年，港珠澳大桥确定采用 Y 型线路，大桥连接香港、珠海和澳门三地。[15]

2006 年，港珠澳大桥工程项目完成环评。

2007 年，港珠澳大桥三地落点位置确定，分别为香港大屿山石散石湾、澳门明珠点和珠海拱北。[17]

2008 年，港珠澳大桥工程可行性报告通过专家评审。[18]

2009 年，中国国务院批准建设港珠澳大桥。

- 建设过程

2009 年 12 月 15 日，港珠澳大桥正式开工建设。[2]

2010 年 8 月 3 日，港珠澳大桥珠澳口岸人工岛填海工程抛石出水。[19]

图 4.68 添加水印效果

★★ 任务实操

绘制流程图，判断一个数是否为素数，如图 4.69 所示。

具体操作

（1）将光标插入要插入流程图的位置。

（2）在“插入”选项卡中，单击“流程图”按钮 流程图，打开“流程图”对话框，如图 4.70 所示。

（3）选择“新建空白”选项，打开“流程图”编辑界面，如图 4.71 所示。

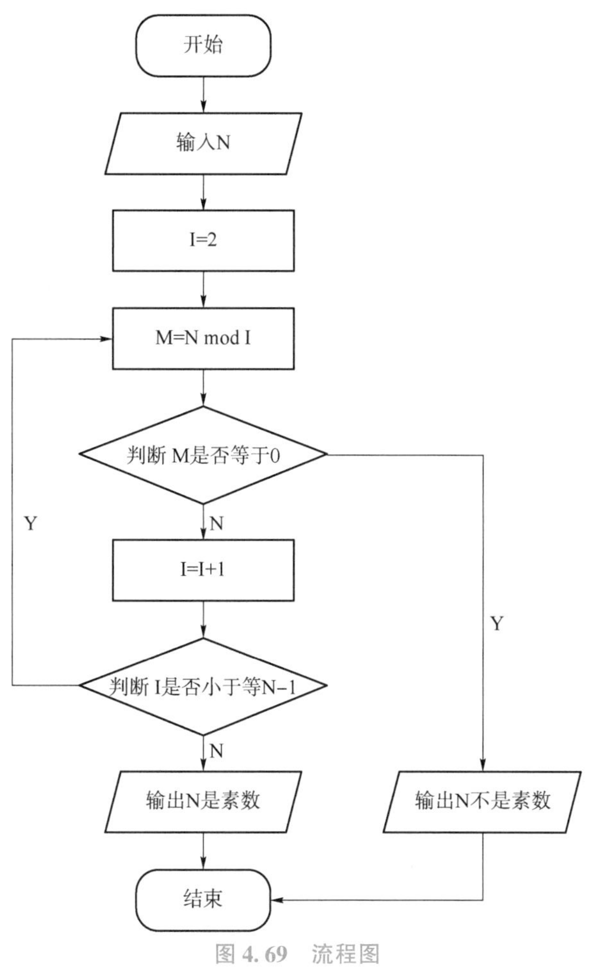

图 4.69　流程图

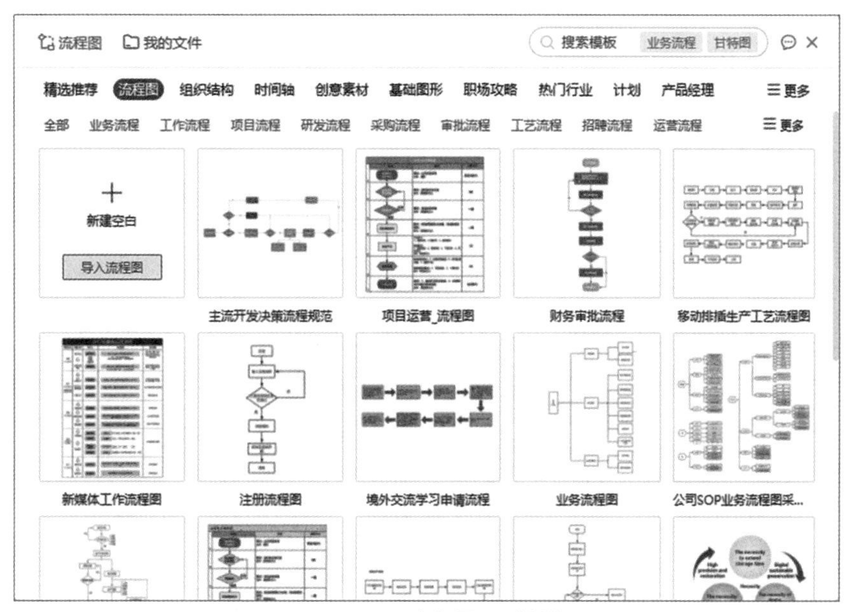

图 4.70　“流程图”对话框

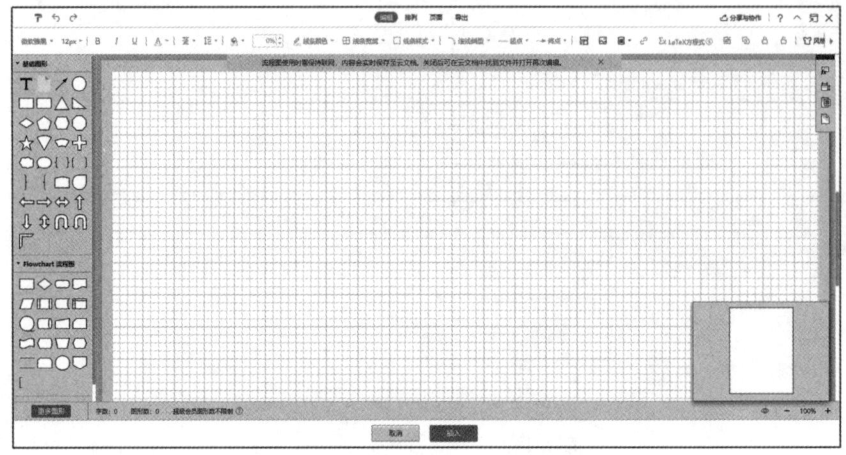

图 4.71 “流程图”编辑界面

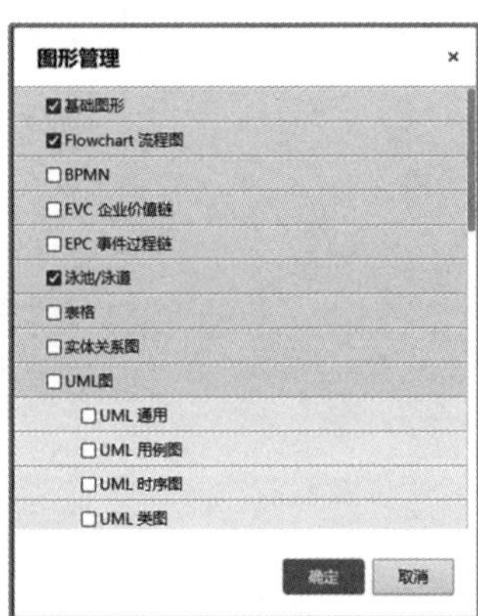

图 4.72 “图形管理”对话框

(4) 在左侧“图形”栏中，单击“更多图形”按钮，可以打开“图形管理”对话框，添加更多图形，如图 4.72 所示。

(5) 在左侧“图形”栏中，选择“开始/结束”图形，按住左键不放拖放到右侧页面中，在图形内输入“开始”；光标置于图形四个顶点处，当光标变成“双向箭头”时可以调整图形的大小；光标变成“黑色十字”时，按住左键拖动，拖出“箭头”图形，后弹出“图形”快捷菜单，继续选择图形，如图 4.73 所示。绘制结束后，单击“插入”按钮，绘制的流程图插入光标处，完成流程图的绘制。

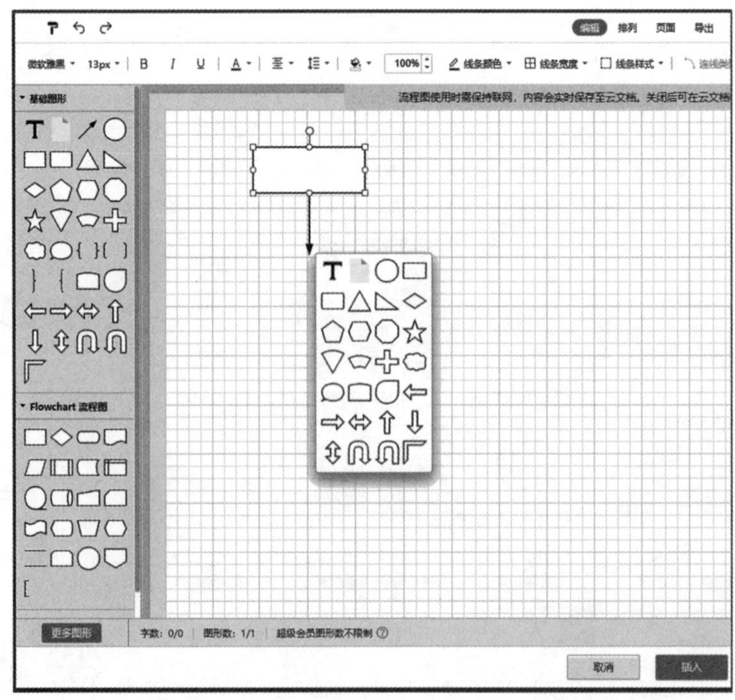

图 4.73 绘制图形

任务四

制作表格

☑任务目标：了解表格的功能；掌握绘制和编辑表格的方法；掌握表格中数据的计算方法。

知识点 21　创建表格

在 WPS 文字中创建表格主要有自动表格、指定行列表格、手动绘制表格和在线表格 4 类，下面进行具体介绍。

21.1　插入自动表格

插入自动表格的具体操作如下：

（1）将光标定位到需要插入表格的位置，在“插入”选项卡的第二列中单击“表格”按钮 表格，打开下拉列表。

（2）鼠标在“表格”栏的单元格上拖动，此时呈黄色填充色的单元格为将要插入的单元格，如图 4.74 所示。

（3）单击鼠标完成插入操作。

21.2　插入指定行列表格

插入指定行列表格的具体操作如下：

（1）将光标定位到需要插入表格的位置，在“插入”选项卡的第二列中单击“表格”按钮 表格，打开下拉列表，选择“插入表格”选项，打开“插入表格”对话框，如图 4.75 所示。

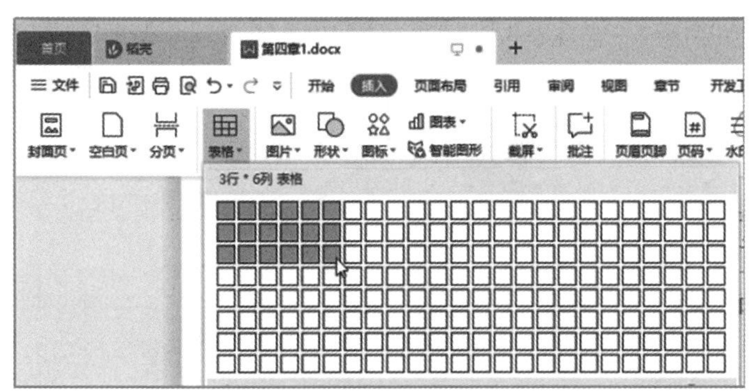

图 4.74　插入自动表格

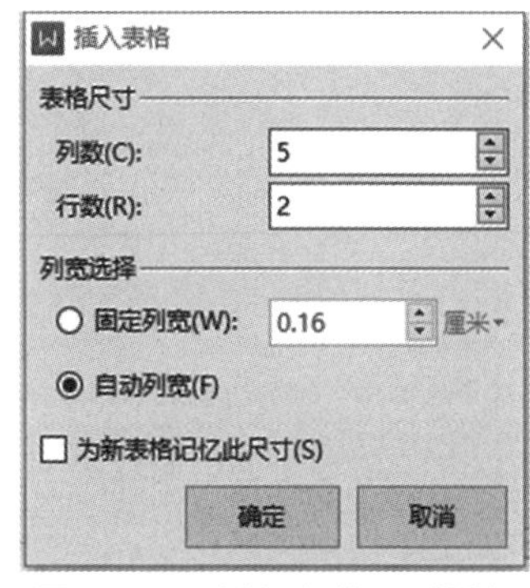

图 4.75　“插入表格”对话框

（2）在“插入表格”对话框中设置表格的列数和行数，单击“确定”按钮，即可创建表格。

21.3　手动绘制表格

通过上面的方法插入表格只能插入比较规则的表格。对于一些较复杂的表格可以使用手动绘制，具体操作如下：

(1) 在“插入”选项卡的第二列中单击“表格”按钮 表格，打开下拉列表，选择“绘制表格”选项，此时鼠标指针呈✏形状。

(2) 在需要插入表格的位置上按住鼠标左键不放并拖动，拖动过程中出现的虚线框右下角显示所绘制表格的行数和列数，拖动鼠标调整虚线框到适当大小后释放鼠标，即可绘制出表格，如图 4.76 所示。

(3) 在绘制的表格中，适当位置，按住鼠标左键不放并拖动，在表格中画出横线、竖线和斜线，可以增加表格的行、列或斜线表头，绘制完成后，按［Esc］键退出绘制状态。

(4) 退出绘制状态后，表格四周出现如图 4.77 所示的四个按钮。

①“全选”按钮：选择整个表格，按住“全选”按钮拖动，可以移动表格；选择表格后，按下［Delete］键，清除表格内容，保留表格边框；按下［Backspace］键，删除表格。

②“添加行”按钮：单击此按钮，在表格的下方添加一个空白行。

③“添加列”按钮：单击此按钮，在表格的右侧添加一个空白列。

④“调整表格尺寸”按钮：按下并拖动此按钮，可以调整表格的尺寸。

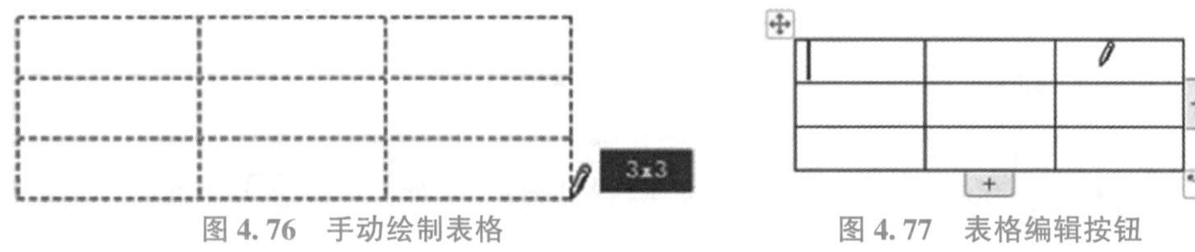

图 4.76　手动绘制表格　　　图 4.77　表格编辑按钮

21.4　插入在线表格

在 WPS 文字中除可以插入空白表格外，用户还可以插入内容型表格，包括汇报表、统计表、物资表及简历等，具体操作如下：

(1) 在“插入”选项卡的第 2 列中单击“表格”按钮 表格，在打开的下拉列表的“插入内容型表格”栏中提供了多种类型表格，选择其任意一种表格，如图 4.78 所示。

(2) 系统将自动下载用户选择的内容表格，并将表格插入 WPS 文字中。将简历表格插入文档中，如图 4.79 所示。

(3) 用户可以使用此模板，修改表格中的内容。

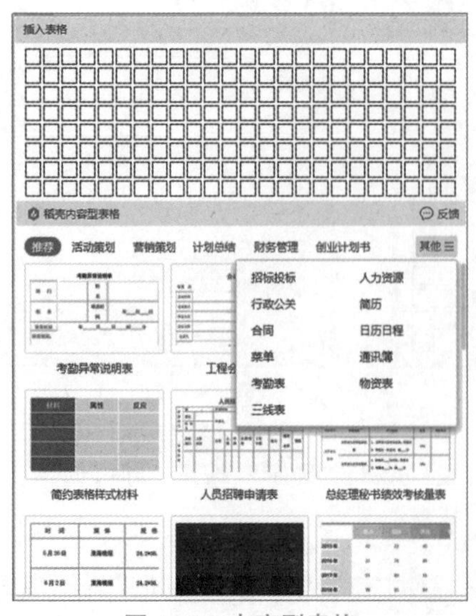

图 4.78　内容型表格

基本资料

	姓名：森林木	求职意向：媒体公关
	地址：广东广州	联系电话：12345678910
	出生日期：1995.1.1	电子邮箱：123456789@qq.com

校园经历

2014-2016	华南理工大学	企业管理	硕士
2010-2014	广州大学	人力资源管理	本科

实践经历

2015 年 6-9 月	科技有限公司　人事行政实习生 协助招聘，筛选简历，对候选人进行初次面试；撰写候选人报告，跟踪反馈候选人后续情况；完成前台工作，并协助上级盘点和管理办公室固定资产、移动资产；负责对各项规章制度监督与执行
2014 年 6-9 月	电器有限公司　人事助理 在人力资源部实习，调查学习国有企业转型后的人力资源管理
2013 年 6-9 月	食品有限公司　实习生 参加为期三个月的专业实习，主要在档案室搞人事代理方面的工作，以及参与私营企业的人力资源管理

图 4.79　“简历”内容表格

知识点 22 编辑表格

在 WPS 文字中，对于创建好的表格，用户可以根据需要进行行和列的设置、合并、单元格大小设置、对齐方式等处理。具体操作如下：

单击表格的任意单元格，在选项卡中会出现“表格工具”选项卡，如图 4.80 所示。

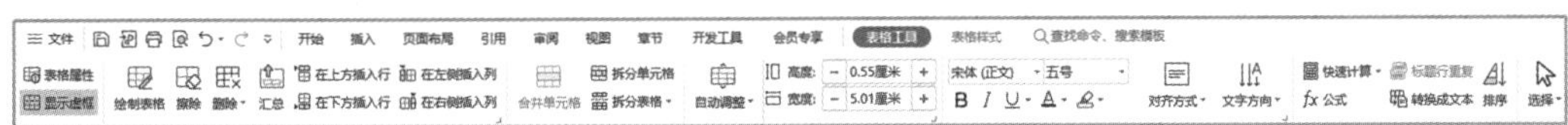

图 4.80 “表格工具”选项卡

22.1 选择表格

在文档中对表格进行编辑之前，需要先选择表格。在 WPS 文字中选择表格主要包括以下四种情况。

（1）选择整个表格。

选择整个表格主要有以下三个方法：

①将鼠标指针移动到表格上方，单击表格左上角的“全选”按钮，可选择整个表格。

②从表格左上角第一个单元格，按住鼠标拖动到右下角最后一个单元格，选择整个表格。

③在表格内单击任意单元格，在“表格工具”选项栏中单击“选择”按钮，在下拉列表中选择“选择表格”选项即可选择整个表格。

（2）选择整行。

选择表格中的整行有以下两个方法：

①将鼠标指针移至表格左侧，当鼠标指针呈形状时，单击可以选择整行；如果按住鼠标左键不放向下或向上拖动，可以选择连续的多行；选择一行后，如果按住［Ctrl］键，在其他行前单击，可以选择不连续的多行。

②在需要选择的行上单击任意单元格，在“表格工具”选项栏中单击“选择”按钮，在下拉列表中选择“行”选项即可选择该行。

（3）选择整列。

选择表格中的整列有以下两个方法：

①将鼠标指针移至表格外框线上方，当鼠标指针呈形状时，单击可以选择整列；如果按住鼠标左键不放向左或向右拖动，可以选择连续的多列；选择一列后，如果按住［Ctrl］键，在其他列上单击，可以选择不连续的多列。

②在需要选择的列上单击任意单元格，在“表格工具”选项栏中单击“选择”按钮，在下拉列表中选择“列”选项即可选择该列。

（4）选择单元格。

选择表格中的单元格有以下两个方法：

①将光标移至所需选择单元格内左侧边线处，当鼠标指针呈形状时，单击可以选择一个单元格；如果按住鼠标左键不放向左、向右、向上或向下可以选择连续的多个单元格；选择一个单元格后，按住［Ctrl］键，在其他单元格内左侧单击，可以选择多个不连续的单元格。

②单击所需选择的单元格，在“表格工具”选项栏中单击“选择”按钮，在下拉列表中选择“单元格”选项即可选择该单元格。

22.2　表格与文本相互转换

（1）表格转换为文本。

将表格转换为文本的具体操作如下：

①选择表格。单击表格左上角的“全选”按钮。

②转换为文本。在“表格工具”选项卡中单击“转换成文本”按钮转换成文本，打开“表格转换成文本”对话框，如图 4.81 所示。选择合适的文本分隔符，单击“确定”按钮，即可将表格转换为文本。

（2）将文本转换为表格。

按照一定规律进行分割（如空格、英文状态下逗号等），此时可以使用 WPS 文字提供的“文本转换为表格”功能，快速实现生成表格。

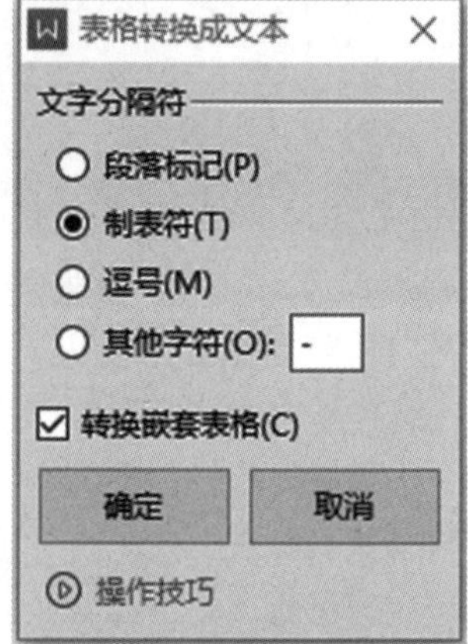

图 4.81　“表格转换成文本”对话框

如用户输入如下学生信息：

姓名，性别，年龄，籍贯
李兰，女，18，山东威海
张强，男，18，广西桂林
赵丹，女，19，吉林长春

将上面文本信息转换为表格的操作如下：

①选择所有文本。

②文本转换为表格。选择“插入”选项卡中的表格按钮表格，打开下拉列表，选择“文本转换为表格”选项，打开“将文本转换为表格”对话框，如图 4.82 所示。

③设置表格的列数为 4，文字分割位置选择“逗号”，单击确定按钮后，可以转换为表格，如图表 4.83 所示。

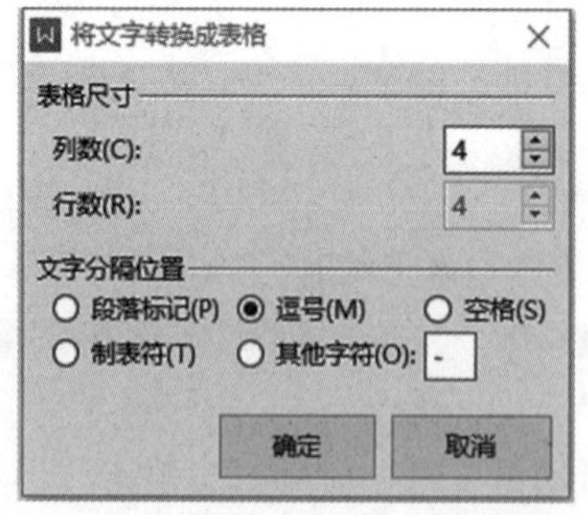

图 4.82　“将文字转换为表格”对话框

姓名	性别	年龄	籍贯
李兰	女	18	山东威海
张强	男	18	广西桂林
赵丹	女	19	吉林长春

图 4.83　转换后的表格

22.3　合并与拆分单元格

用户可以在 WPS 文字中对表格的单元格进行合并、拆分，还可以拆分表格。

（1）合并单元格。

合并单元格的操作如下：

①选择所需合并的单元格。按住鼠标左键不放，拖动选择多个需要合并的单元格。

②合并单元格。选择“表格工具”选项卡中的“合并单元格”按钮合并单元格；或右键打开快捷

菜单，选择“合并单元格”选项，将单元格进行合并。

（2）拆分单元格。

拆分单元格的操作如下：

①选择单元格。单击所需拆分的单元格。

②拆分单元格。选择“表格工具”选项卡中的“拆分单元格”按钮 拆分单元格；或右键打开快捷菜单，选择“拆分单元格”选项，打开如图 4.84 所示的“拆分单元格”对话框，设置所需的拆分列数和行数，单击确定按钮，即可拆分单元格。

（3）拆分表格。

可以将表格拆分为两个表格，选中的行将成为新表格的首行，选中的列将成为新表格的首列。具体操作如下：

①确定拆分位置。将鼠标移至需要拆分的单元格中。

②拆分表格。选择“表格工具”选项卡中的“拆分表格”下拉列表 拆分单元格，选择“按行拆分”，光标所在行将成为新表格的首行，选择“按列拆分”，光标所在列将成为新表格的首列；或右键打开快捷菜单，选择“拆分表格”选项，选择“按行拆分”或“按列拆分”选项。

图 4.84　“拆分单元格”对话框

22.4　单元格大小设置

表格行/列大小的设置可以有以下三种方法：

（1）将光标移至需要调整大小的单元格中，选择“表格工具”选项卡上的“自动调整”按钮 自动调整，“自动调整”下拉列表中包括：适应窗口大小、根据内容调整表格、行列互换、平均分布各行和平均分布各列。

- 适应窗口大小：根据窗口大小设置表格的宽度。
- 根据内容调整表格：根据列中文字的大小自动调整列宽。
- 行列互换：将表格中的行转换为列，列转换为行。
- 平均分布各行：分布行，在所选行之间平均分布高度。
- 平均分布各列：分布列，在所选列之间平均分布宽度。

（2）光标移至需要调整大小的单元格中，在“表格工具”选项卡上的“行高/列宽” 高度: 0.60厘米 宽度: 5.01厘米 中，输入数值，设置所选单元格的高度/宽度。

（3）光标移至需要调整大小的单元格中，选择“表格工具”选项卡上的“表格属性”按钮 表格属性；或在单元格中右键打开快捷菜单，选择“表格属性”，打开“表格属性”对话框，如图 4.85 所示。

在“表格”选项卡中可以设置表格的宽度，表格内容的对齐方式和文字环绕方式；在“行”选项卡中可以设置行高；在“列”选项卡中可以设置列宽；在“单元格”选项卡中设置单元格的列宽和垂直对齐方式。

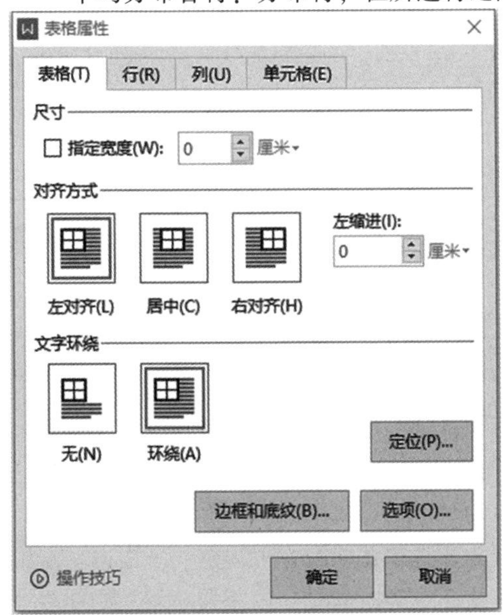

图 4.85　表格属性

22.5 对齐方式和文字方向

(1) 对齐方式。

选择需要设置对齐方式的单元格，在“表格工具”选项卡中，选择“对齐方式”按钮 对齐方式，在下拉列表中选择所需的对齐方式。

(2) 文字方向。

选择需要设置文字方向的单元格，在“表格工具”选项卡中，选择“文字方向”按钮 文字方向，在下拉列表中选择所需的文字方向。

知识点 23 设计表格样式

在 WPS 文字中，用户可以根据需要对表格的样式进行设计，包括表格边框、底纹等。具体操作如下：

单击表格的任意单元格，在选项卡中会出现“表格样式”选项卡，如图 4.86 所示。

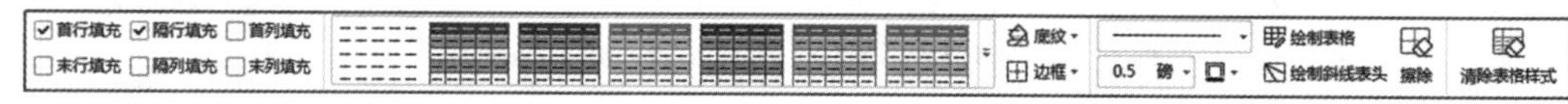

图 4.86 “表格样式”选项卡

23.1 表格样式选项

“表格样式”选项卡的“表格样式选项”组内有 6 个复选框，通过勾选不同的复选框，设计表格显示的样式。

- 首行填充：选中该复选框，使表格的第一行显示特殊格式。
- 隔行填充：选中该复选框，使表格的相邻行显示不同的格式。
- 首列填充：选中该复选框，使表格的第一列显示特殊格式。
- 末行填充：选中该复选框，使表格的最后一行显示特殊格式。
- 隔列填充：选中该复选框，使表格的相邻列显示不同的格式。
- 末列填充：选中该复选框，使表格的最后一列显示特殊格式。

23.2 表格样式

“表格样式”选项卡中的第二列为“表格样式”选项，具体如下：

(1) “表格样式”下拉列表：用来选择表格的外观样式。

(2) “底纹”底纹：设置所选单元格的背景色。

(3) “边框”边框：设置表格或单元格的上框线、下框线、左框线、右框线、内部横框线和外框线。在“边框”的下拉列表中选择“边框和底纹”选项，打开“边框和底纹”对话框。

设置表格边框的具体操作如下：

(1) 选择需要设置边框的表格或单元格，选择“表格样式”选项卡上的“边框”按钮 边框的下拉列表，选择“边框和底纹”选项，打开如图 4.87 所示的对话框。

(2) 在设置中选择边框的样式，选择“全部”，表示表格边框包括内边框和外边框。

(3) 选择所需要的线型、颜色和宽度。

(4) 在预览区，四个按钮分别代表是否为所选单元格设置上边框、下边框、左边框和右边框；两个按钮分别代表是否为所选单元格设置内部横框线和内部竖框线；两个按钮分别代表是否为所选单元格设置斜线。

（5）在“应用于”下拉列表中选择所设置的边框应用在表格、单元格、文字或段落上。

（6）设置结束后，单击“确定”按钮。

23.3　绘图边框

“表格样式”选项卡中的第三列为“绘制边框”选项，具体如下：

（1）线型 ————：用于更改表格或单元格边框的线型。

（2）线型粗细 0.5 磅：用于更改表格或单元格边框的线条宽度。

（3）边框颜色：用于更改表格或单元格边框的颜色。

（4）绘制表格 绘制表格：用于绘制表格边框。

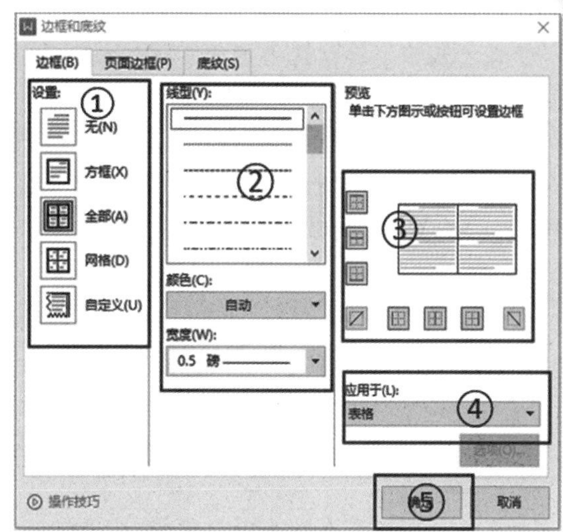

图 4.87　“边框和底纹”对话框

（5）绘制斜线表头 绘制斜线表头：在下拉列表中选择所需要的斜线表头。

（6）表格擦除器 擦除：用于擦除表格边框。

（7）清除表格样式 清除表格样式：清除表格中所设置的样式。

知识点 24　表格计算

使用 WPS 文字制作的表格可以对数据进行简单的计算和数据的排序，计算包括求和、平均值、最小值、最大值和计数等。

24.1　数据计算

WPS 文字中表格不但可以制作各种类型的表格，还提供了公式用于表格中数据的计算。

在使用 WPS 文字的表格进行计算时，表格中每个单元格都可以通过对应的列标和行号进行命名和引用，命名方式为“列标+行号”。表格中的列标从左到右依次为“A，B，C，D……”，行号从上到下依次为“1，2，3……”。

表示一个单元格，用单元格名称即可，比如，C2；若表示连续单元格，可以用 C2：E2，表示从 C2 到 E2 的单元格区域。

（1）利用公式进行数值计算。

利用公式进行单元格数据计算的具体操作为：

①将光标移至存放结果的单元格中。

②在“表格工具”选项卡中，单击“公式”按钮 fx 公式，打开“公式”对话框，如图 4.88 所示。

③在“公式”框中，输入需要进行计算的公式，单击“确定”按钮。

图 4.88　“公式”对话框

（2）利用快速计算进行数值计算。

WPS 文字还提供了快速计算的方法，具体操作如下：

①选择表格中需要进行计算的单元格，如 C2：E2 的单

元格区域。

②在“表格工具”选项卡中单击“快速计算”按钮 快速计算，选择下拉列表中的“求和”，即可将计算结果显示在F2单元格中。

③使用快速计算，可以快速计算求和、平均值、最小值和最大值。

WPS文字提供的常用函数有：平均值函数AVERAGE（）、求和函数SUM（）、计数函数COUNT（）、最小值函数MIN（）和最大值函数MAX（）。

★★ 操作训练

打开“学生成绩表”，如图4.89所示，计算表格中每位同学的总分。

学号	姓名	高等数学	英语	计算机基础	总分
20220101	张强	86	85	90	
20220102	刘勇	79	80	86	
20220103	王丽	90	76	84	
20220104	孙巧	69	77	91	
20220105	邓飞	85	68	78	
20220106	丁玲	73	83	86	

图4.89　学生成绩图

具体操作

（1）将光标移至“总分”单元格的下方单元格中，在“表格工具”选项卡中单击“公式”按钮 *fx* 公式，打开“公式”对话框，如图4.90所示。

（2）在“公式”文本框中输入“=C2+D2+E2”或“=SUM（C2，D2，E2）”或“=SUM（C2：E2）”，在“辅助”栏中的“数字格式”下拉列表框中选择合适的格式，按“确定”按钮，完成计算。

（3）使用相同的方法计算其他单元格的数值，计算结果如图4.91所示。

图4.90　“公式”对话框

学号	姓名	高等数学	英语	计算机基础	总分
20220101	张强	86	85	90	261
20220102	刘勇	79	80	86	245
20220103	王丽	90	76	84	250
20220104	孙巧	69	77	91	237
20220105	邓飞	85	68	78	231
20220106	丁玲	73	83	86	242

图4.91　计算结果

24.2　表格排序

WPS文字除了可以对表格进行简单的计算外，还可以对数据根据“指定列”进行按照从大到小（降序）或从小到大（升序）进行排列。这个“指定列”就是排序的“关键字”。具体操作如下：

（1）单击单元格中的任意位置。

（2）在“表格工具”选项卡中单击“排序”按钮，打开“排序”对话框，如图4.92所示。

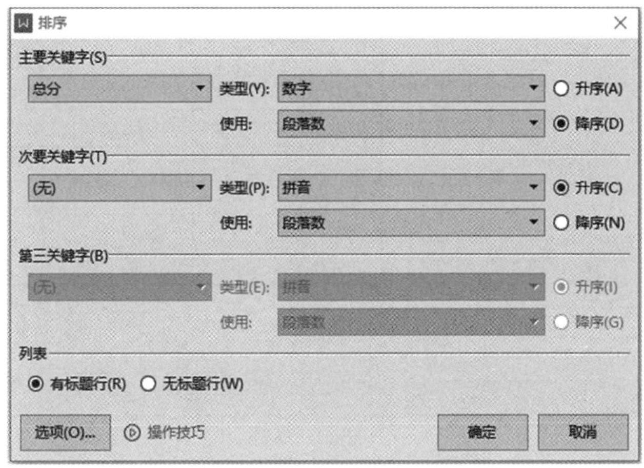

图4.92　“排序”对话框

（3）根据表格中的数据是否包含标题（学号、姓名所在的行），在“列表”区域选择“有标题行”或“无标题行”。

（4）在“主要关键字”区域，选择根据哪一列数据进行排序。

（5）排序类型选择“数字”，根据实际情况可以选择“笔划”“日期”“拼音”等类型。

（6）如果排序结果为从大到小，则选择“降序”；如果排序结果为从小到大，则选择“升序”。

（7）根据实际情况设置“次要关键字”或“第三关键字”。

（8）设置完成后，单击“确定”按钮。

★★ 操作训练

打开“学生成绩表.docx”，根据学生的总分，进行降序排序，如图4.93所示。

学号	姓名	高等数学	英语	计算机基础	总分
20220101	张强	86	85	90	261
20220102	刘勇	79	80	86	245
20220103	王丽	90	76	84	250
20220104	孙巧	69	77	91	237
20220105	邓飞	85	68	78	231
20220106	丁玲	73	83	86	242

图4.93　学生成绩表

具体操作

（1）单击“学生成绩表”的任意位置。

（2）在“表格工具”选项卡中单击“排序”按钮，打开“排序”对话框。

（3）在“列表”区域中，选择“有标题行”；在“主要关键字”的下拉列表中选择“总分”；“类型”中选择“数字”，选择“降序”，如图4.94所示。

（4）设置完成后，单击“确定”按钮。排序后的结果如图4.95所示。

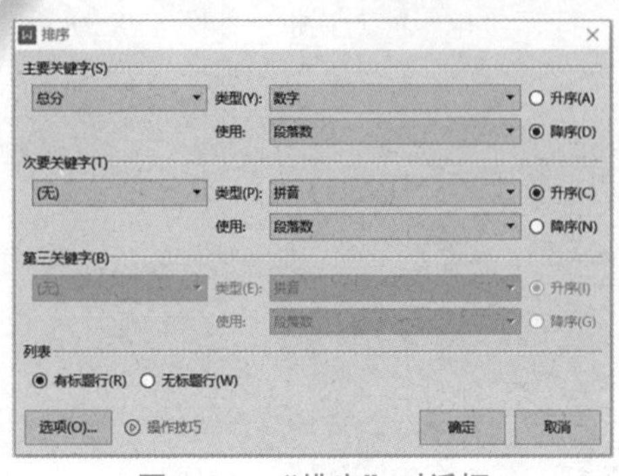

图 4.94 “排序”对话框

学号	姓名	高等数学	英语	计算机基础	总分
20220101	张强	86	85	90	261
20220103	王丽	90	76	84	250
20220102	刘勇	79	80	86	245
20220106	丁玲	73	83	86	242
20220104	孙巧	69	77	91	237
20220105	邓飞	85	68	78	231

图 4.95 排序结果

★★ 任务实操

使用 WPS 文字，绘制如下课程表，如图 4.96 所示。

星期 课节		星期一	星期二	星期三	星期四	星期五
上午	第一节	数学	数学	语文	数学	数学
	第二节	机器人	轮滑	人与社会	语文	语文
	第三节	语文	人与自我	语文	音乐	人与自然
	第四节	语文	语文	道德与法治	道德与法治	英语
下午	第五节	舞蹈	班会	数字	阅读	语文
	第六节	体育	体育	英语	写字	美术

图 4.96 课程表

具体要求如下：

(1) 创建如图 4.96 所示的表格结构。

(2) 表格外框线设置为 1.5 磅宽度、黑色、单实线；表格的内框线设置为 0.5 磅宽度、绿色、虚线。

(3) 为第二行和第三行设置底纹颜色为“浅蓝色”；第四行设置底纹颜色为“浅黄色”。

(4) 设置斜线表头。

(5) 输入课程表内容，“星期”行和“上下午”列字体设置为“华文中宋”“三号”；“课节”列设置为“华文中宋”“四号”；课程表内容字体设置为“微软雅黑”“四号”。

具体操作

(1) 创建表格。

观察需要创建的表格，可以一次创建好所有的行或列，对现有行、列进行合并单元格操作；如果建立的单元格不足，可以添加单元格，或将单元格进行拆分。具体操作如下：

①将光标置于需要插入表格的位置，在“插入”选项卡中单击“表格”按钮，在打开的下拉列表中“插入表格”里拖动“7 行×7 列”表格，释放鼠标，在文档插入 7×7 的表格，如图 4.97所示。

②选择表格第一行中前两个单元格，在“表格工具”选项卡中单击“合并单元格”按钮

合并单元格，合并这两个单元格；用同样的方法，将第一列中的第二行到第五行单元格进行合并单元格操作；将第一列中的第六行和第七行单元格进行合并单元格操作；拖动表格边线调整表格的尺寸，如图 4.98 所示。

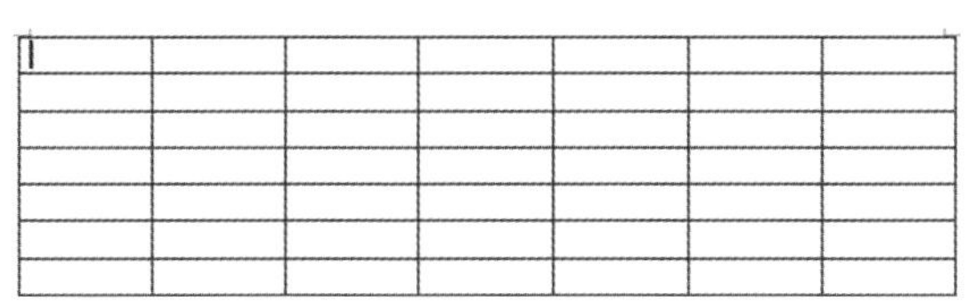

图 4.97 7×7 表格

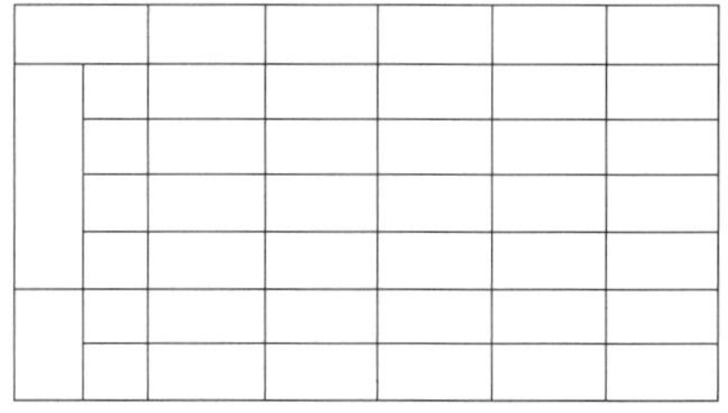

图 4.98 调整单元格结构

（2）表格边框线设置。

为表格设置不同的外框线和内框线，具体操作如下：

①单击表格左上角“全选”按钮，选择整个表格，在“开始”选项卡中，单击“段落”组中的“边框”按钮的下拉按钮，在下拉列表中选择“边框和底纹”，打开“边框和底纹”对话框。

②选择“边框”选项卡，选择“实线”，颜色为“黑色”，宽度为“1.5 磅”，在预览区，按下四个按钮，设置表格的外框线格式，应用于选择“表格”，如图 4.99 所示。

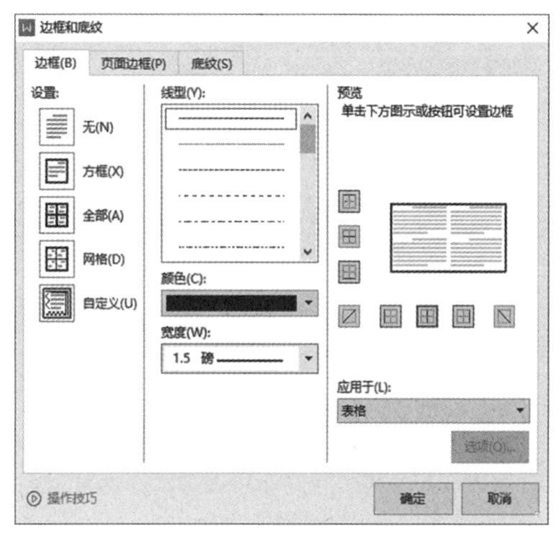

图 4.99 外框线的设置

③在“边框”选项卡中，选择“虚线”，颜色为“绿色”，宽度为“0.5 磅”，在预览区，按下两个按钮，设置表格的内框线格式，应用于选择“表格”，如图 4.100 所示。

④设置完成后，按下“确定”按钮，边框线效果如图 4.101 所示。

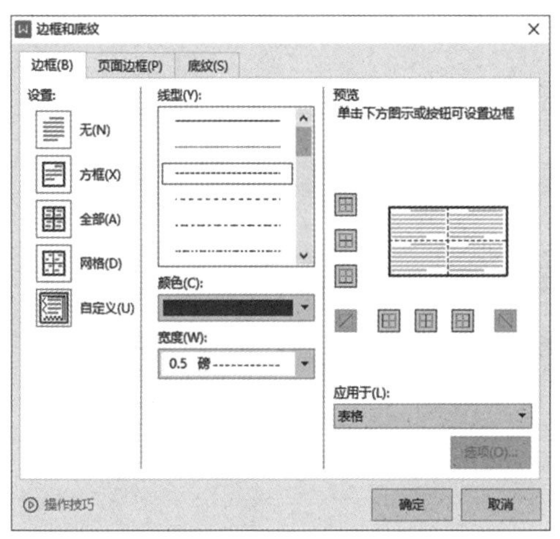

图 4.100 内框线的设置

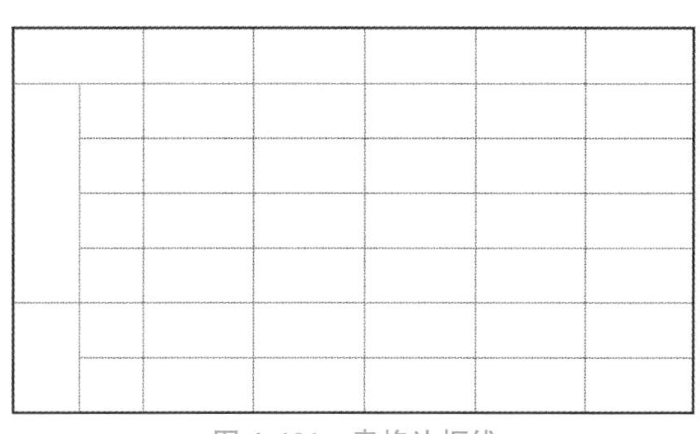

图 4.101 表格边框线

（3）为表格设置底纹。

为不同单元格设置不同底纹颜色的具体操作如下：

①选择表格的第二行中第二列到第七列的单元格，按住［Ctrl］键，按住左键拖动选择第四行中的第二列到第七列的单元格，选择不连续的单元格区域。

②在“开始”选项卡中，单击“段落”组中的“边框”按钮的下拉按钮，在下拉列表中选择“边框和底纹”，打开“边框和底纹”对话框。

③选择“底纹”选项卡，在“填充”下拉列表中，选择“浅蓝色”，单击“确定”按钮，如图 4.102 所示。

④选择第四行中的第二列到第七列单元格，用上述方法，为单元格设置底纹颜色为“淡黄色”，设置底纹颜色后，表格如图 4.103 所示。

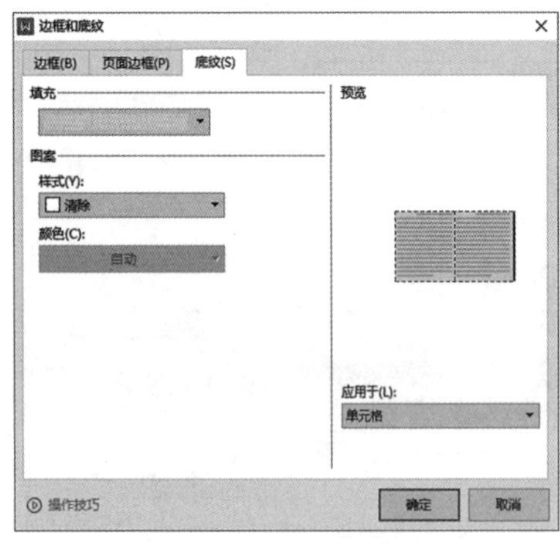

图 4.102　设置底纹颜色

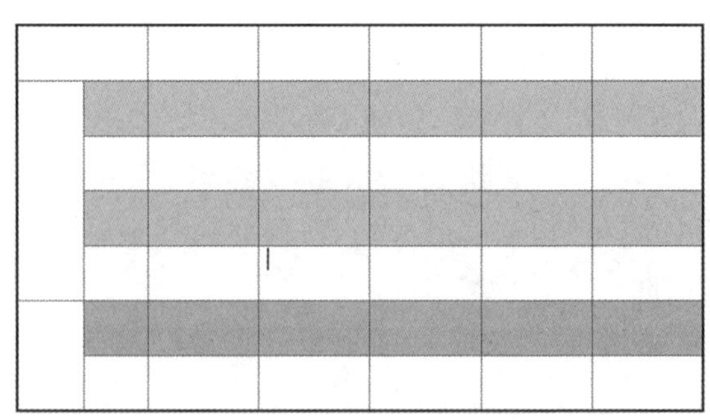

图 4.103　设置底纹颜色效果

（4）设置斜线表头。

设置斜线表格的具体操作如下：

①将光标移至第一行第一列单元格中。

②在“表格样式”选项卡中，单击“绘制斜线表头”按钮 绘制斜线表头，打开“斜线单元格类型”对话框，如图 4.104 所示；选择“第二个”类型，单击“确定”按钮，为单元格插入了斜线表头，如图 4.105 所示。

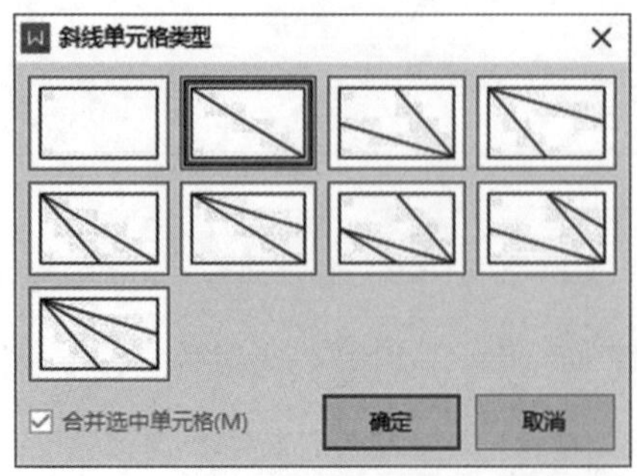

图 4.104　“斜线单元格类型”对话框

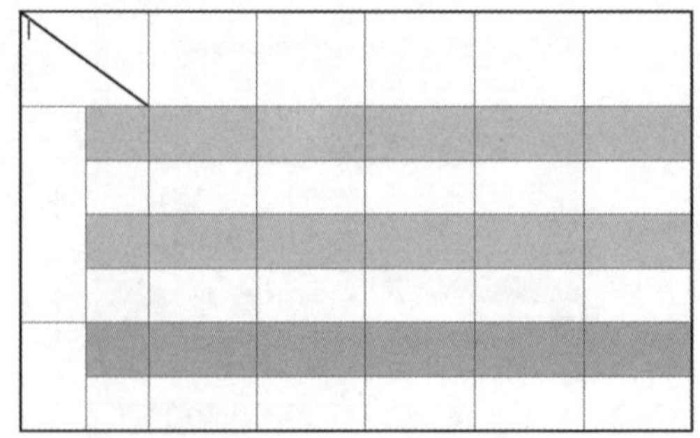

图 4.105　插入斜线表头

（5）输入和设置字体格式。

根据课程表内容，将表格中内容输入。输入完成后，设置字体格式，具体操作为：

①选择表格的第一行，在“开始”选项卡中的“字体”组中，设置字体为“华文中宋”“三号”。

②用相同方法设置其他单元格中字体。

任务五

页面布局及文档打印

☑**任务目标**：了解 WPS 文字的排版功能；掌握设置页面布局的方法；掌握 4 种分隔符的作用和区别，能灵活运用每种分隔符；掌握页眉和页脚的编辑方法；掌握创建目录和编辑目录的操作方法；掌握使用邮件合并功能解决实际问题的能力；具有综合编辑长文档的能力。

知识点 25　文字排版

使用 WPS 文字可以快速将文字进行排版或编辑，而通过 WPS 文字编辑后的文档一般是需要打印出来的，比如，学生的论文、公司的合同、项目书、书籍等。这些文档内容非常多，为了能让文档中内容清晰、容易查看，就需要对文档进行统一的样式设置、添加清晰的目录、对每个页面设置页码等；而打印之前，还需要设置纸张的大小、打印方向等。

WPS 文字为用户提供了重新排版的功能。在“开始”选项卡中，单击“文字排版”按钮 文字排版，在下拉列表中提供了文字排版的工具，如图 4.106 所示。

图 4.106　文字排版

（1）段落重排：自动删除文档中的所有段落符号，合并成一段，重新分段。

（2）智能格式整理：自动排版，能够自动删除空行、删除软回车、删除段落开头的空格，自动进行首行缩进等操作。

（3）转为空段分割风格：为每段段后增加空段。

（4）删除：可以删除空段、删除段前空格、删除空格、删除换行符和删除空白页。

（5）批量删除工具：打开“批量删除”面板，可以选择批量删除的空白内容、分隔符、文字格式和对象等。

（6）批量汇总表格：批量将格式相同的表格汇总。

（7）转换符转为回车：将换行符转换为回车。

（8）段落首行缩进 2 字符：将文档中所有段落进行首行缩进 2 字符。

（9）段落首行缩进转为空格：将首行缩进的 2 字符转为 2 个空格。

（10）增加空段：在段后增加空段。

知识点 26　模板

WPS 文字的模板是一种固定样式的框架，包含相应的文字和样式。WPS 为用户提供了非常丰富的模板。

在 WPS 首页中，单击左侧导航栏上的“新建”按钮，在“新建”选项卡上显示各种类型的模板，如图 4. 107 所示。用户根据实际需要进行选择。

用户也可以将指定文档设置为模板，具体操作为：打开文档，选择［文件］→［另存为］，文件类型选择“WPS 文字模板文件（ * . wpt）”，单击“保存”按钮。

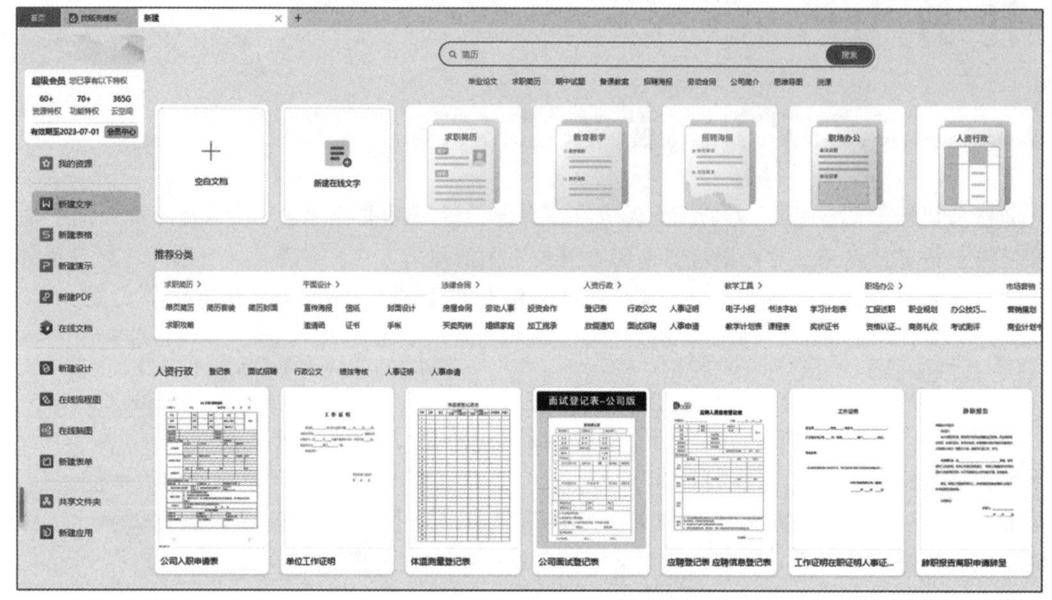

图 4. 107　WPS 文字模板

知识点 27　样式

样式是指一组已经命名的字符和段落格式，它设定了文档中标题、题注及正文等各个文档元素的格式。用户可以将一种样式应用于某个段落或段落中选定的字符上，所选的段落或字符便能具有相同的格式。

样式主要应用在长文档中，需要将许多字符或段落设置为相同格式时。使用样式可以减少许多重复性操作，短时间编排出高质量的文档。主要作用：文档格式统一和便于生成目录。

（1）套用内置样式。

内置样式是指 WPS 文字自带的样式。设置样式的具体操作：在“开始”选项卡上选择“样式”列表，如图 4. 108 所示；再单击需要添加的样式即可，效果如图 4. 109 所示。

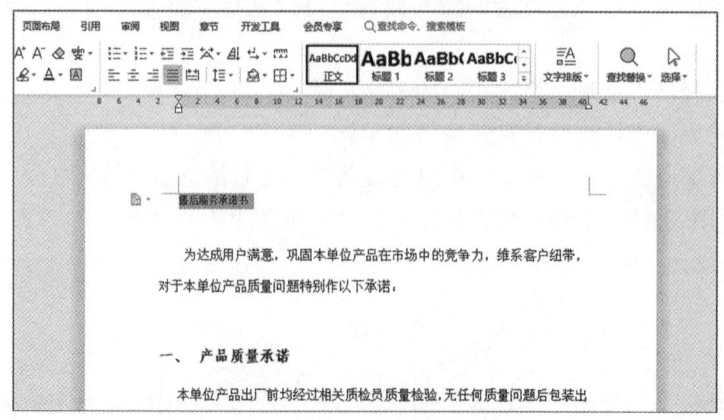

图 4. 108　选择样式

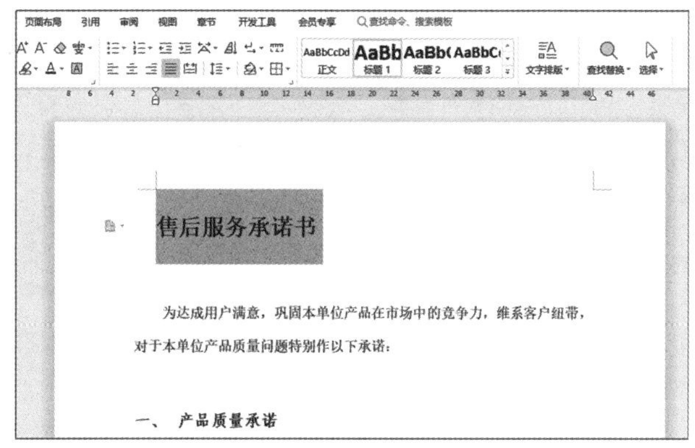

图 4.109　样式效果

在“样式”列表中，默认显示的是“有效样式”，用户可以使用 WPS 文字中的所有样式。具体操作如下：

①在“开始”选项卡中，单击“样式”列表后的下拉列表按钮，在列表中选择“选择更多样式”，打开“样式和格式”任务窗格，如图 4.110 所示。

②在“样式和格式”任务窗格中的“显示”下拉列表中，选择“所有样式”，会将 WPS 文字中所有的样式显示出来，如图 4.111 所示。

图 4.110　“样式和格式”面板

图 4.111　所有样式

③将光标移至需要添加样式的段落中，单击“样式和格式”列表中的样式，即可添加样式。

（2）创建样式。

WPS 文字的内置样式是有限的，当内置样式不能满足实际需要时，用户可以自行创建样式，具体操作如下：

①将光标移至文档中需要添加自创样式的段落中，在“开始”选项卡上，单击“样式”框后的下拉按钮，在列表中选择“新建样式”选项，打开如图 4.112 所示的“新建样式”对话框。

②在“新建样式”对话框中，在“名称”文本框中输入“自定义 1 级”，“样式类型”选择

“段落”，“后续段落样式”选择“自定义1级”。

③在“样式”区域，设置字符字体为“仿宋”“三号”字体；设置左对齐。

④单击“格式”按钮，可以选择详细设置“字体”“段落”“制表符”“边框”“编码”等。选择“段落”选项，打开“段落”对话框，设置段前间距0.5行、段后间距0.5行，单击“确定”按钮，关闭“段落”对话框，如图4.113所示。

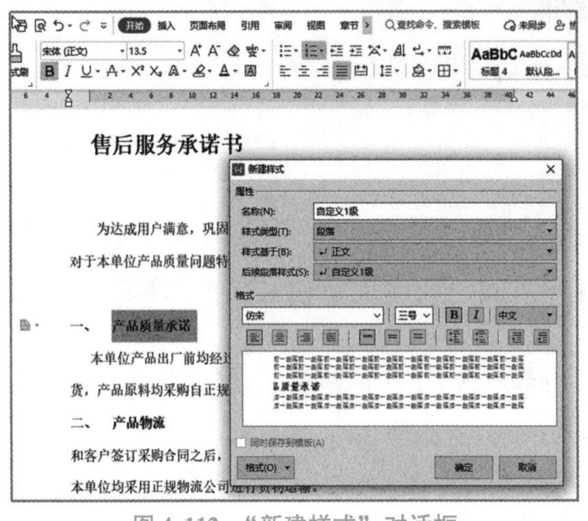

图4.112 “新建样式”对话框

图4.113 “段落”对话框

⑤单击“确定”按钮，关闭“新建样式”对话框。在“样式”列表和“样式和格式”任务窗格中，均会出现“自定义1级”样式，如图4.114所示。

⑥单击“自定义1级”样式，光标所在的段落已添加上“自定义1级”样式，如图4.115所示。

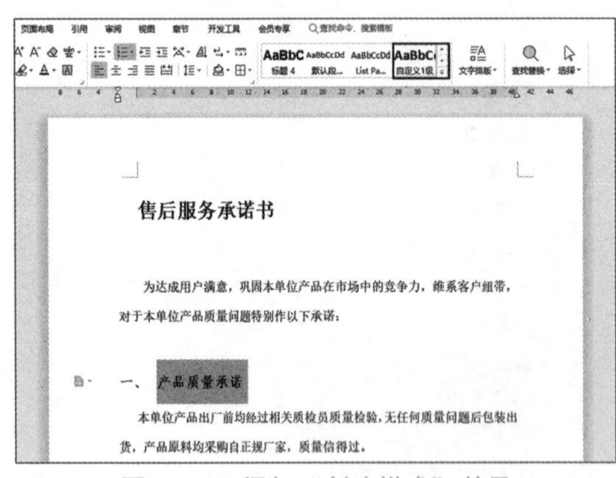

图4.114 添加“创建样式”效果

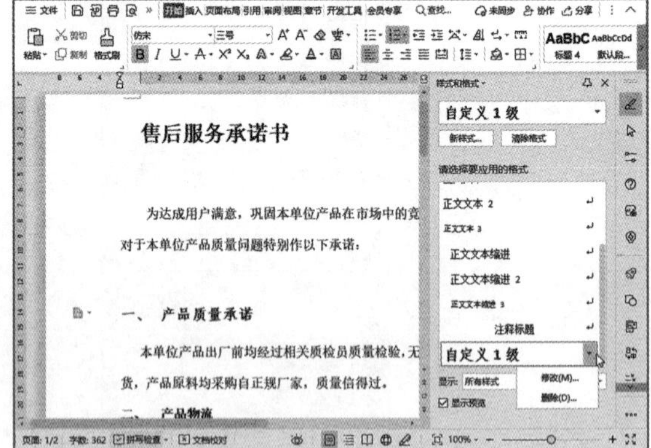

图4.115 修改样式

（3）修改样式。

修改样式的具体操作如下：

①在“开始”选项卡中，单击“样式”列表后的下拉列表按钮，在列表中选择“选择更多样式”，打开“样式和格式”任务窗格。

②选择“自定义1级”样式，单击右侧的按钮，在打开的下拉列表中选择“修改”选项，如图4.115所示。打开“修改样式”对话框，如图4.116所示。

③在“修改样式”对话框中进行字符、段落、制表符等设置。设置完成后，单击“确定”

按钮。

（4）删除样式。

删除样式的具体操作如下：

①将光标移至需要删除样式的段落中。

②在“开始”选项卡中，单击“样式”列表后的下拉列表按钮，在列表中选择“清除格式”选项，段落中的样式就被清除。

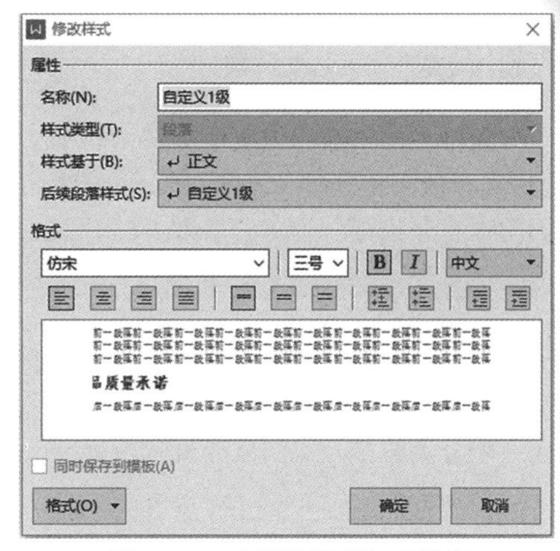

图 4.116　“修改样式”对话框

知识点 28　页面布局

文档内容编辑完成后，可根据文档内容设置页面大小。在“页面布局”选项卡中提供了设置页面大小的功能，如图 4.117 所示。

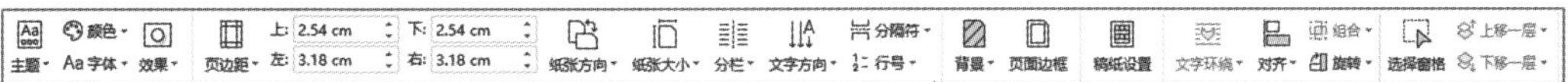

图 4.117　“页面布局”选项卡

（1）设置主题。

通过应用主题可以快速更改文档的整体效果，统一文档风格。设置主题的方法是在“页面布局”选项卡中单击“主题”按钮，在打开的下拉列表中选择一种主题样式，文档的颜色和字体等效果将发生变化。

（2）设置页面大小。

①页边距的设置：通过改变文本框中的数值，来改变文档距上页边距、下页边距、左页边距和右页边距的距离。

②纸张方向：设置纸张是横向或纵向。

③纸张大小：设置文档打印时的纸张大小，常用为 A4 或 B5 等。

④分栏：将选中的段落进行分栏。

⑤文字方向：调整文档中文字的方向。

在设置页面大小时，还可以在“页面布局”选项卡中，单击“页边距”按钮，在打开的下拉列表中选择“自定义页边距”选项，打开“页面设置”对话框，如图 4.118所示。在“页面设置”中，可以对页边距、纸张、版式、文档网格和分栏进行详细的设置。

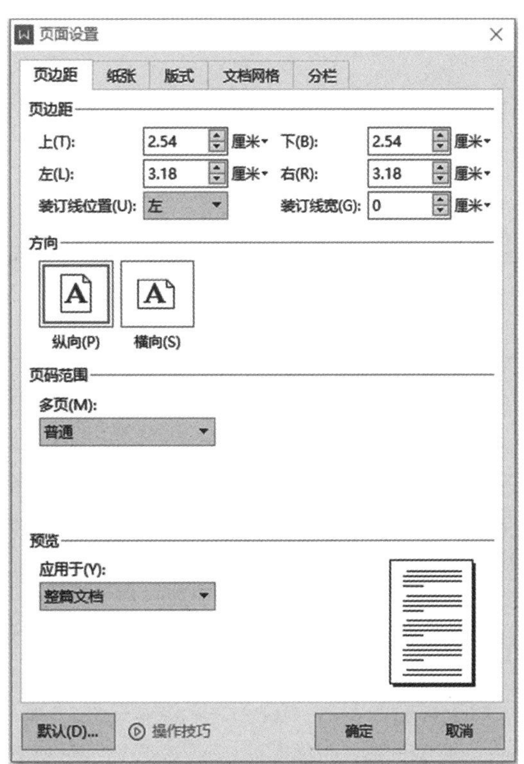

图 4.118　“页面设置”对话框

知识点 29　分隔符

分隔符主要用于标识文本分隔的位置。WPS 文字默认分隔符标记为隐藏状态，用户可以在“开始”选项卡中单击“显示/隐藏编辑标记”按钮，选择“显示/隐藏段落标记”，可以在文档中查看分隔符。

WPS 文字中提供了四种分隔符：分页符、分栏符、换行符和分节符。

（1）分页符。

标记一页终止并开始下一页的点。具体操作如下：将光标移至需要分页的位置，在“页面布局”选项卡中，选择“分隔符”按钮 分隔符，在下拉列表中选择“分页符”，在光标位置插入一个分页符号，文档从分页符位置分为两页，如图 4.119 所示。

（2）分栏符。

一般情况下，用户不需要手动添加分栏符，单击“页面布局”选项卡中的“分栏”按钮 分栏，对文档进行分栏后，WPS 文字会自动添加分栏符。如果文档内容强调层次感，可以设置一些段落从新的一栏开始，可以在“页面布局”选项卡中，选择“分隔符”按钮 分隔符，在下拉列表中选择“分栏符”。

为段落分栏的具体操作如下：

①选择需要分栏的段落。

②单击“页面布局”选项卡中的“分栏”按钮 分栏，在下拉列表中选择“一栏”“两栏”或“三栏”，需要对分栏进行设置，可以选择“更多分栏”，打开“分栏”对话框，如图 4.120 所示。

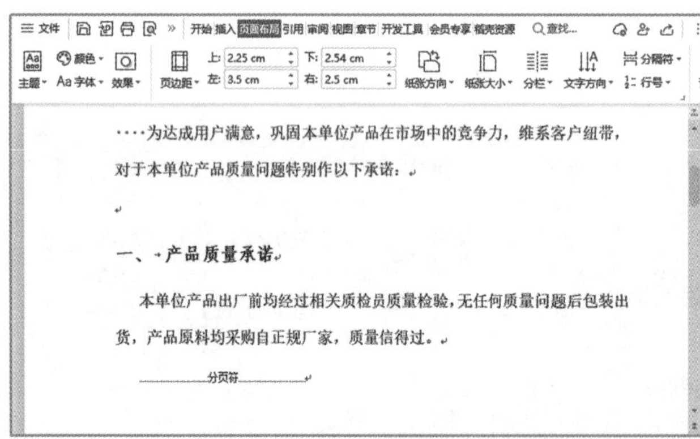

图 4.119　分页符

图 4.120　“分栏”对话框

③在“分栏”对话框中，选择“两栏”“栏宽相等”，增加“分隔线”，设置完成后，单击“确定”按钮，分栏结果如图 4.121 所示。

说明：文档最后一段参与分栏时，会遇到两侧栏高不相等或右侧出现大片空白的情况，这是由于系统在第一栏填满后，才会将段落内容排到第二栏、第三栏等。解决方法：在分栏时，最后一段后面的段落标记不要选中，再进行分栏。

（3）换行符。

换行符标记为↓，又称“软回车”，其作用是当前文字强制换行，但是不分段。

（4）分节符。

对于新建的文档，WPS 文字将整篇文档视为一节，整篇文档具有相同的页眉、页脚、纸张方向、页边距等。如果在同一篇文档中，设置不同的页眉页脚、纸张方向、页边距时，需要将文档分为不同的节，然后为每个节设置不同的格式。

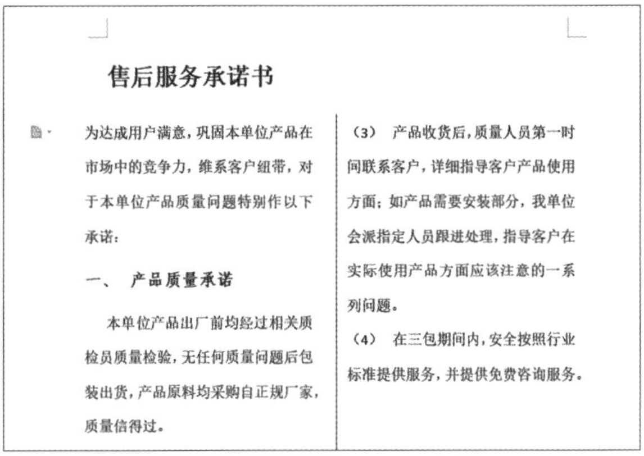

售后服务承诺书

为达成用户满意，巩固本单位产品在市场中的竞争力，维系客户纽带，对于本单位产品质量问题特别作以下承诺：

一、　产品质量承诺

本单位产品出厂前均经过相关质检员质量检验，无任何质量问题后包装出货，产品原料均采购自正规厂家，质量信得过。

（3）　产品收货后，质量人员第一时间联系客户，详细指导客户产品使用方面；如产品需要安装部分，我单位会派指定人员跟进处理，指导客户在实际使用产品方面应该注意的一系列问题。

（4）　在三包期间内，安全按照行业标准提供服务，并提供免费咨询服务。

图 4.121　分栏结果

在“页面布局”选项卡的“分隔符”中提供了四种不同的分节符：下一页分节符、连续分节符、奇数页分节符和偶数页分节符。

- 下一页分节符：插入分节符并在下一页上开始新节，插入点后面的内容将移到下一页面上。
- 连续分节符：插入分节符并在同一页上开始新节，新节从当前页开始。
- 奇数页分节符：自动在奇数页之间空出一页，插入分节符并在下一个奇数页上开始新节，插入点后面的内容移到下一个奇数页上。
- 偶数页分节符：自动在偶数页之间空出一页，插入分节符并在下一个偶数页上开始新节，插入点后面的内容移到下一个偶数页上。

插入分节符具体操作如下：

①将光标移至需要分页的位置。

②在“页面布局”选项卡中，选择“分隔符”按钮 分隔符，在下拉列表中选择“下一页分节符”。

③在光标位置插入一个分节符，文档从分节符位置分为两个节，如图 4.122 所示。

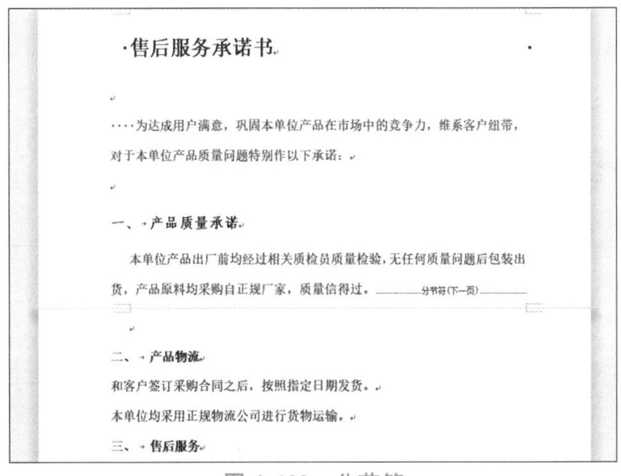

售后服务承诺书

····为达成用户满意，巩固本单位产品在市场中的竞争力，维系客户纽带，对于本单位产品质量问题特别作以下承诺：

一、产品质量承诺

本单位产品出厂前均经过相关质检员质量检验，无任何质量问题后包装出货，产品原料均采购自正规厂家，质量信得过。分节符(下一页)

二、产品物流

和客户签订采购合同之后，按照指定日期发货。

本单位均采用正规物流公司进行货物运输。

三、售后服务

图 4.122　分节符

知识点 30　设置页眉和页脚

在文档中，页面的顶部区域为页眉；页面的底部区域为页脚。

为了使页面更美观和便于查看，许多文档都添加了页眉和页脚。在页眉和页脚区域可以插入图形、文本、日期或页码。

在“插入”选项卡中单击“页眉页脚”按钮页眉页脚，会打开“页眉页脚”选项卡，如图 4.123 所示。

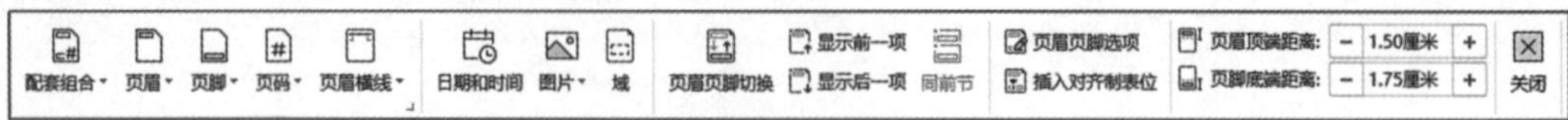

图 4.123 “页眉页脚”选项卡

（1）配套组合配套组合：WPS 文字为用户提供了色彩、风格统一的页眉页码的版式，用户单击选择即可使用。

（2）页眉页眉：为用户提供了页眉版式，用户单击选择即可使用。

（3）页脚页脚：为用户提供了页脚版式，用户单击选择即可使用。

（4）页码页码：为文档添加页码。

（5）页眉横线页眉横线：设置页眉横线的线型和颜色。

（6）日期和时间日期和时间：在页眉或页脚处插入日期和时间。

（7）图片图片：在页眉或页脚处插入图片。

（8）域域：在页眉或页脚处插入相关命令。

（9）页眉页脚切换页眉页脚切换：编辑页眉或页脚时，进行相互切换。

（10）页眉页脚选项页眉页脚选项：用来设置页眉页脚首页不同、奇偶页不同的相关参数。

（11）页眉页码位置页眉顶端距离: 1.50厘米 页脚底端距离: 1.75厘米：用来设置页眉距顶端的距离、页脚距底端的距离。

30.1 页眉的插入和编辑

为文档插入奇偶页不同的页眉，具体操作如下：

（1）在“插入”选项卡中单击“页眉页脚”按钮页眉页脚，会打开“页眉页脚”选项卡，选择“页眉页脚选项”按钮页眉页脚选项，打开“页眉/页脚设置”对话框，如图 4.124 所示。

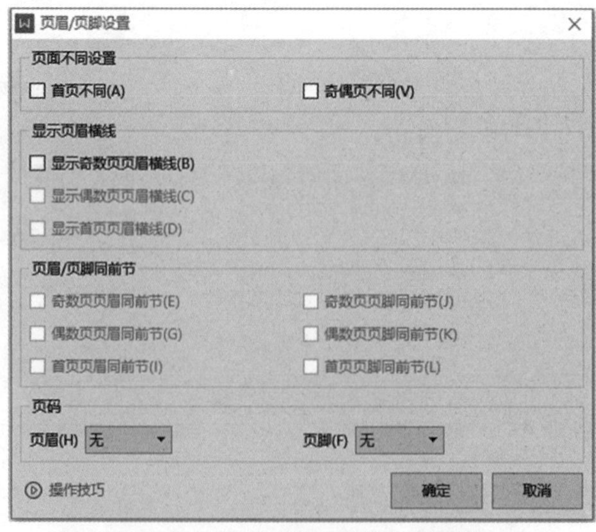

图 4.124 “页眉/页脚设置”对话框

（2）在奇数页中输入页眉文字，设置文字的格式；在偶数页中输入不同的文字，设置文字的格式。单击“关闭”按钮关闭，退出页眉编辑状态。插入奇偶页不同的页眉的效果如图 4.125 所示。

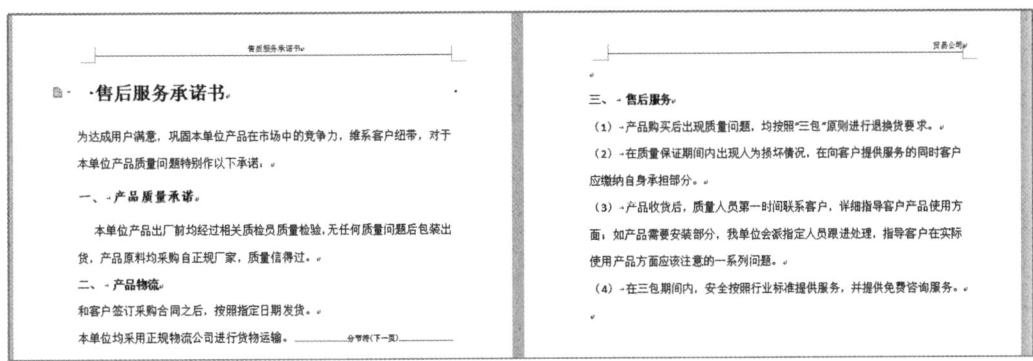
售后服务承诺书

售后服务承诺书

为达成用户满意，巩固本单位产品在市场中的竞争力，维系客户纽带，对于本单位产品质量问题特别作以下承诺：

一、产品质量承诺

本单位产品出厂前均经过相关质检员质量检验，无任何质量问题后包装出货，产品原料均采购自正规厂家，质量信得过。

二、产品物流

和客户签订采购合同之后，按照指定日期发货。

本单位均采用正规物流公司进行货物运输。 分节符(下一页)

贸易公司

三、售后服务

（1）产品购买后出现质量问题，均按照“三包”原则进行退换货要求。

（2）在质量保证期间内出现人为损坏情况，在向客户提供服务的同时客户应缴纳自身承担部分。

（3）产品收货后，质量人员第一时间联系客户，详细指导客户产品使用方面；如产品需要安装部分，我单位会派指定人员跟进处理，指导客户在实际使用产品方面应该注意的一系列问题。

（4）在三包期间内，安全按照行业标准提供服务，并提供免费咨询服务。

图 4.125　奇偶页不同的页眉

30.2　页码的插入和编辑

页码用于显示文档的页数。页码的插入和编辑具体操作如下：

（1）在“插入”选项卡中单击“页眉页脚”按钮页眉页脚，打开“页眉页脚”选项卡，选择“页码”按钮页码，在页脚居中位置便插入了页码，如图 4.126 所示。在页码上方有三个按钮，可以对插入的页码进行编辑。

图 4.126　插入页码

- 重新编号：可以对当前页面的页码重新编号，系统自动在当前页面之前插入分节符，分成两节。
- 页码设置：可以设置页码的格式、位置和应用范围。
- 删除页码：用于删除页码。

（2）在“插入”选项卡中单击“页眉页脚”按钮页眉页脚，打开“页眉页脚”选项卡，选择“页码”按钮页码的下拉列表，选择“页码”，打开“页码”对话框，如图 4.127 所示。设置页码的样式、位置、是否包含章节号、页码编号和应用范围。

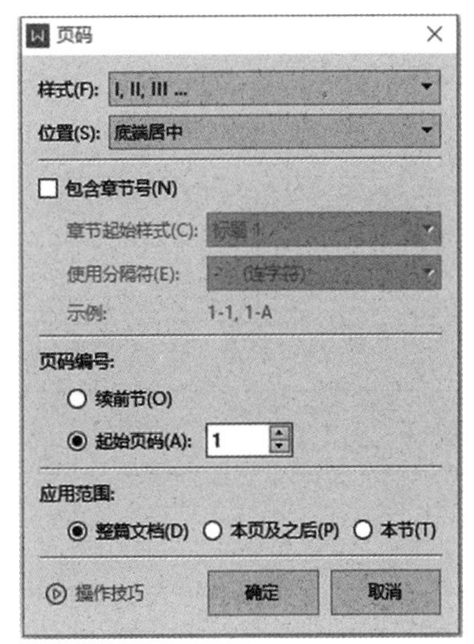

图 4.127　“页码”对话框

为文档设置不同的页眉和页码，具体操作如下：

（1）根据页眉或页码的不同，对文件进行分节，在文档中插入“下一页分节符”进行分节。

（2）在文档的第一节页眉处输入文字后，单击“页眉页脚”选项卡上的“显示后一项”按钮显示后一项，跳转到第二节页眉处，单击“同前节”按钮同前节，取消本节与前节相同的页眉，在第二节页眉处输入其他的文字，即可以设置不同内容的页眉。

（3）在文档中插入“页码”后，在不同节中，单击页脚处的“重新编号”按钮，重新设置起始页码，单击“页码设置”按钮，对页码进行格式设置，即可以设置不同的页码。

知识点 31　创建目录

对于长文档，创建目录可以方便用户对文档的查阅。WPS 文字的自动目录的创建需要两个条件：

- 文档中设置了多级标题样式。
- 文档中设置了页码。

创建自动目录的具体操作如下：

（1）为文档中设置了一级标题、二级标题等。

（2）为文档插入了页码。

（3）在“引用”选项卡中，单击“目录”按钮，选择“自定义目录”选项，打开“目录”对话框，如图 4. 128 所示。选择所需要的“制表符前导符”，设置目录显示的级别，是否显示页码、页码是否右对齐、是否使用超链接，设置后单击“确定”按钮。目录设置完成，如图 4. 129所示。

（4）目录创建后，如果文档内容有改动，需要更新目录，具体操作为：在创建的目录上，右键打开快捷菜单，选择“更新域”，在打开的对话框中选择“只更新页码”或“更新整个目录”，完成目录的更新。

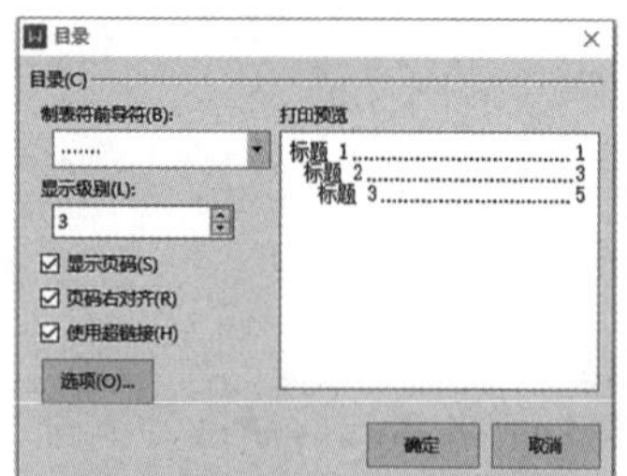

图 4. 128　“目录”对话框

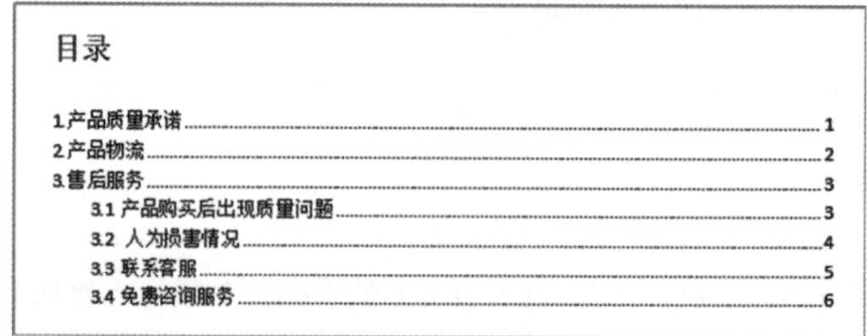

图 4. 129　目录设置完成

知识点 32　预览和打印文档

文档中的文本内容编辑完成后可以进行打印，即把文档内容输出到纸张上。在打印之前为了保证输出文档内容的准确性，可以在打印之前对文档进行打印预览。具体操作如下：

（1）在 WPS 文字的快速访问工具栏中单击“打印预览”按钮，在打开的窗口中预览打印效果。

（2）预览文档打印效果确定无误后，在“打印预览”选项卡中，设置合适的打印参数，如图 4. 130 所示。设置后，单击直接打印。

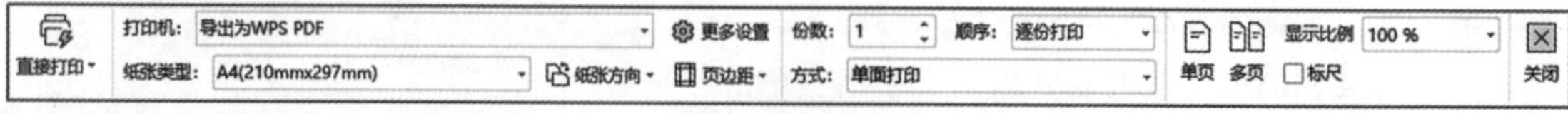

图 4. 130　“打印预览”选项卡

（3）打印文档也可以选择快速访问工具栏中的“打印”按钮，打开“打印”对话框，在对话框中设置打印参数，进行打印。

知识点 33 邮件合并

邮件合并功能是将内容有变化的部分制成数据源，把文档内容相同的部分制成一个主文档，然后将数据源中的信息合并到主文档中，批量生成多条数据。邮件合并功能可以实现批量制作名片卡、学生成绩单、信件封面及邀请函等。

★★ 操作训练

为实验小学三年二十四班学生批量创建单独的期末成绩单，如图 4.131 所示。

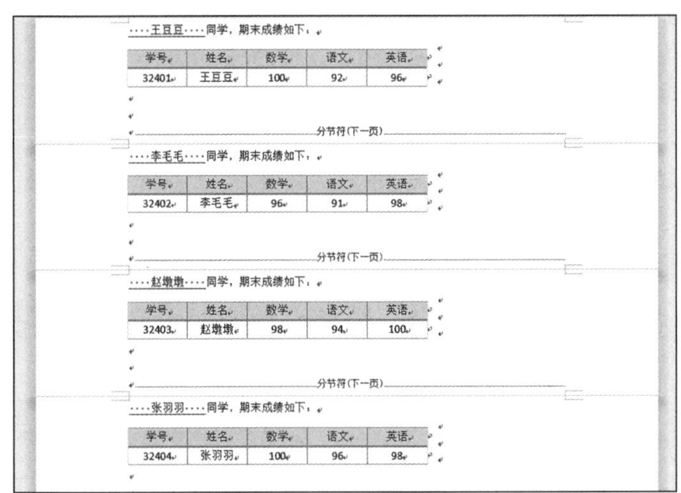

王豆豆同学，期末成绩如下：

学号	姓名	数学	语文	英语
32401	王豆豆	100	92	96

分节符(下一页)

李毛毛同学，期末成绩如下：

学号	姓名	数学	语文	英语
32402	李毛毛	96	91	98

分节符(下一页)

赵墩墩同学，期末成绩如下：

学号	姓名	数学	语文	英语
32403	赵墩墩	98	94	100

分节符(下一页)

张羽羽同学，期末成绩如下：

学号	姓名	数学	语文	英语
32404	张羽羽	100	96	98

图 4.131 期末成绩单

具体操作

(1) 创建主文档，新建一个空白 WPS 文字，具体格式如图 4.132 所示。

(2) 将学生的期末成绩（数据源）存放在 WPS 表格中，具体内容如图 4.133 所示。

______同学，期末成绩如下：

学号	姓名	数学	语文	英语

图 4.132 主文档格式

学号	姓名	数学	语文	英语
32401	王豆豆	100	92	96
32402	李毛毛	96	91	98
32403	赵墩墩	98	94	100
32404	张羽羽	100	96	98
32405	杜美美	100	97	98
32406	刘鹏鹏	98	93	96
32407	孙朵朵	96	89	93
32408	韦鑫鑫	98	92	94
32409	姚昔昔	98	92	98
32410	安莹莹	97	92	95

图 4.133 数据源

(3) 光标定位到主文件中，单击“引用”选项卡中的“邮件”按钮 邮件，打开“邮件合并”选项卡。

(4) 单击“打开数据源”按钮 打开数据源，打开“选取数据源”对话框，选择数据源文件，单击“打开”按钮。

(5) 光标定位到“同学”前的下画线上，单击“邮件合并”选项卡中的“插入合并域”按钮 插入合并域，打开“插入域”对话框，如图 4.134 所示。

（6）在“插入域”对话框中，在“插入”栏中选择“数据库域”，在“域”列表框中选择“姓名”选项，单击“插入”按钮。

（7）依次将光标定位到学号、姓名、数学、语文和英语下方的单元格中，以此打开“插入域”对话框，将学号、姓名、数学、语文和英语选项插入主文件中。插入后如图 4.135 所示。

（8）单击“查看合并数据”按钮 查看合并数据，可以查看插入后的数据，单击“上一条”“下一条”来切换显示数据。

（9）单击“合并到新文档”按钮 合并到新文档，选择“全部”，然后单击“确定”按钮，合并的内容会在一个新文档中显示出来，分为不同的页面，每个页面中有一条记录，如图 4.136 所示；若单击“合并到不同新文档”按钮 合并到不同新文档，选择“全部”，以“学号”命名，然后单击“确定”按钮，合并的内容会分别放在不同的以“学号”命名的 WPS 文字文件中。

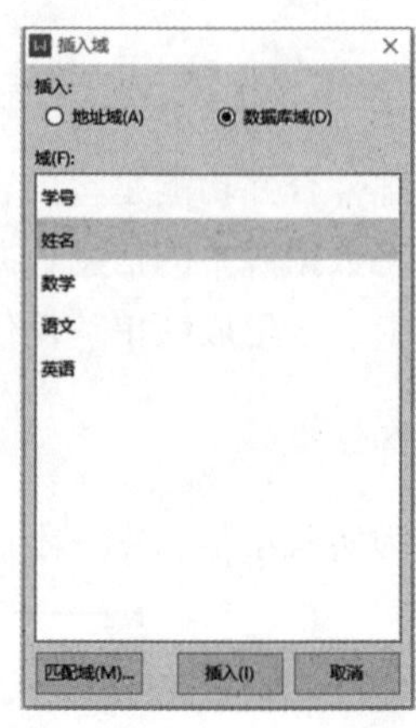

图 4.134 “插入域”对话框

«姓名» 同学，期末成绩如下：

学号	姓名	数学	语文	英语
«学号»	«姓名»	«数学»	«语文»	«英语»

图 4.135 插入选项到主文件中

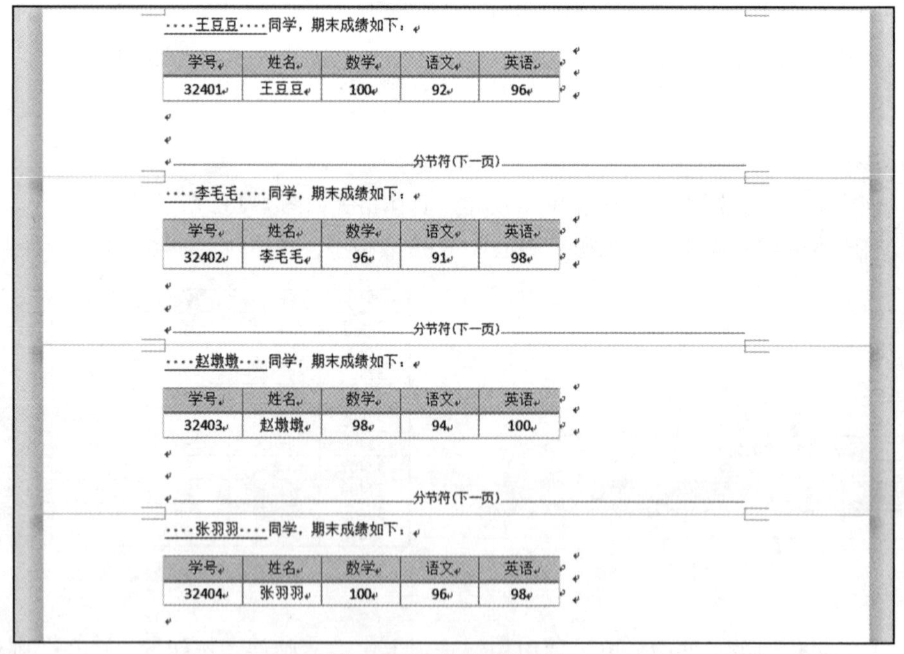
王豆豆 同学，期末成绩如下：

学号	姓名	数学	语文	英语
32401	王豆豆	100	92	96

分节符(下一页)

李毛毛 同学，期末成绩如下：

学号	姓名	数学	语文	英语
32402	李毛毛	96	91	98

分节符(下一页)

赵墩墩 同学，期末成绩如下：

学号	姓名	数学	语文	英语
32403	赵墩墩	98	94	100

分节符(下一页)

张羽羽 同学，期末成绩如下：

学号	姓名	数学	语文	英语
32404	张羽羽	100	96	98

图 4.136 合并到新文档

（10）单击快速访问工具栏中的“打印”按钮，即可打印每个同学的成绩单。

★★ 任务实操

为毕业论文设置格式，如图 4.137 所示。

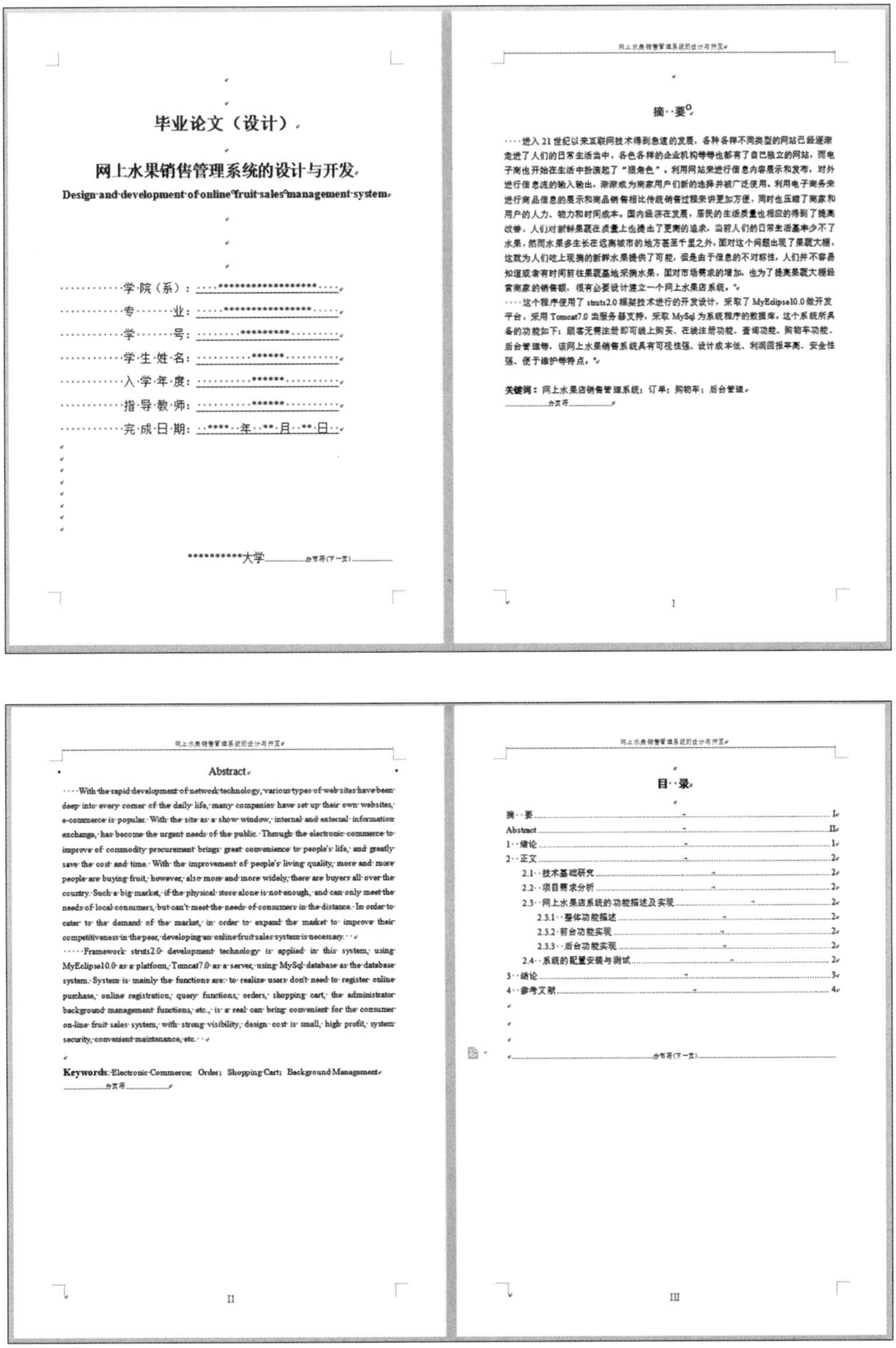

毕业论文（设计）

网上水果销售管理系统的设计与开发

Design and development of online fruit sales management system

学院（系）：********************

专　　业：******************

学　　号：**********

学生姓名：******

入学年度：******

指导教师：******

完成日期：****年**月**日

**********大学

分节符(下一页)

网上水果销售管理系统的设计与开发

摘　要

进入21世纪以来互联网技术得到急速的发展，各种各样不同类型的网站已经逐渐走进了人们的日常生活当中，各色各样的企业机构等等也都有了自己独立的网站，而电子商也开始在生活中扮演起了“狠角色”，利用网站来进行信息内容展示和发布，对外进行信息流的输入输出，渐渐成为商家用户们新的选择并被广泛使用。利用电子商务来进行商品信息的展示和商品销售相比传统销售过程来讲更加方便，同时也压缩了商家和用户的人力、物力和时间成本。国内经济在发展，居民的生活质量也相应的得到了提高改善，人们对新鲜果蔬在质量上也提出了更高的追求，当前人们的日常生活基本少不了水果，然而水果多生长在远离城市的地方甚至千里之外，面对这个问题出现了果蔬大棚，这就为人们吃上现摘的新鲜水果提供了可能，但是由于信息的不对称性，人们并不容易知道或者有时间前往果蔬基地采摘水果，面对市场需求的增加，也为了提高果蔬大棚经营商家的销售额，很有必要设计建立一个网上水果店系统。

这个程序使用了struts2.0框架技术进行的开发设计，采取了MyEclipse10.0做开发平台，采用Tomcat7.0当服务器支持，采取MySql为系统程序的数据库。这个系统所具备的功能如下：顾客无需注册即可线上购买、在线注册功能、查询功能、购物车功能、后台管理等，该网上水果销售系统具有可视性强、设计成本低、利润回报率高、安全性强、便于维护等特点。

关键词：网上水果店销售管理系统；订单；购物车；后台管理

分页符

I

网上水果销售管理系统的设计与开发

Abstract

With the rapid development of network technology, various types of web sites have been deep into every comer of the daily life, many companies have set up their own websites, e-commerce is popular. With the site as a show window, internal and external information exchange, has become the urgent needs of the public. Through the electronic commerce to improve of commodity procurement brings great convenience to people's life, and greatly save the cost and time. With the improvement of people's living quality, more and more people are buying fruit, however, also more and more widely, there are buyers all over the country. Such a big market, if the physical store alone is not enough, and can only meet the needs of local consumers, but can't meet the needs of consumers in the distance. In order to cater to the demand of the market, in order to expand the market to improve their competitiveness in the peer, developing an online fruit sales system is necessary.

Framework struts2.0 development technology is applied in this system, using MyEclipse10.0 as a platform, Tomcat7.0 as a server, using MySql database as the database system. System is mainly the functions are: to realize users don't need to register online purchase, online registration, query functions, orders, shopping cart, the administrator background management functions, etc., is a real can bring convenient for the consumer on-line fruit sales system, with strong visibility, design cost is small, high profit, system security, convenient maintenance, etc.

Keywords: Electronic Commerce; Order; Shopping Cart; Background Management

分页符

II

网上水果销售管理系统的设计与开发

目　录

分节符(下一页)

III

图 4.137　毕业论文

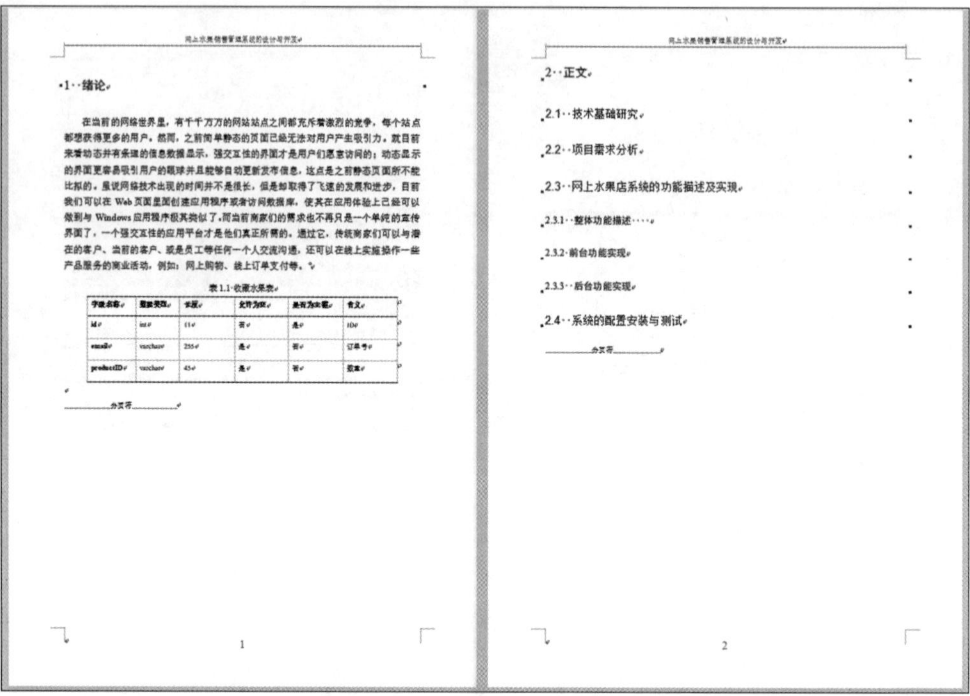

网上水果销售管理系统的设计与开发

1 绪论

在当前的网络世界里，有千千万万的网站站点之间都充斥着激烈的竞争，每个站点都想获得更多的用户。然而，之前简单静态的页面已经无法对用户产生吸引力。就目前来看动态并有条理的信息数据显示，强交互性的界面才是用户们愿意访问的；动态显示的界面更容易吸引用户的眼球并且能够自动更新发布信息，这点是之前静态页面所不能比拟的。虽说网络技术出现的时间并不是很长，但是却取得了飞速的发展和进步，目前我们可以在 Web 页面里面创建应用程序或者访问数据库，使其在应用体验上已经可以做到与 Windows 应用程序极其类似了。而当前商家们的需求也不再只是一个单纯的宣传界面了，一个强交互性的应用平台才是他们真正所需的。通过它，传统商家们可以与潜在的客户、当前的客户、或是员工等任何一个人交流沟通，还可以在线上实施操作一些产品服务的商业活动，例如：网上购物、线上订单支付等。

表 1.1 收藏水果表

字段名称	数据类型	长度	允许为空	是否为主键	含义
id	int	11	否	是	ID
email	varchar	255	是	否	订单号
productID	varchar	45	是	否	数量

分页符

1

网上水果销售管理系统的设计与开发

2 正文

2.1 技术基础研究

2.2 项目需求分析

2.3 网上水果店系统的功能描述及实现

2.3.1 整体功能描述

2.3.2 前台功能实现

2.3.3 后台功能实现

2.4 系统的配置安装与测试

分页符

2

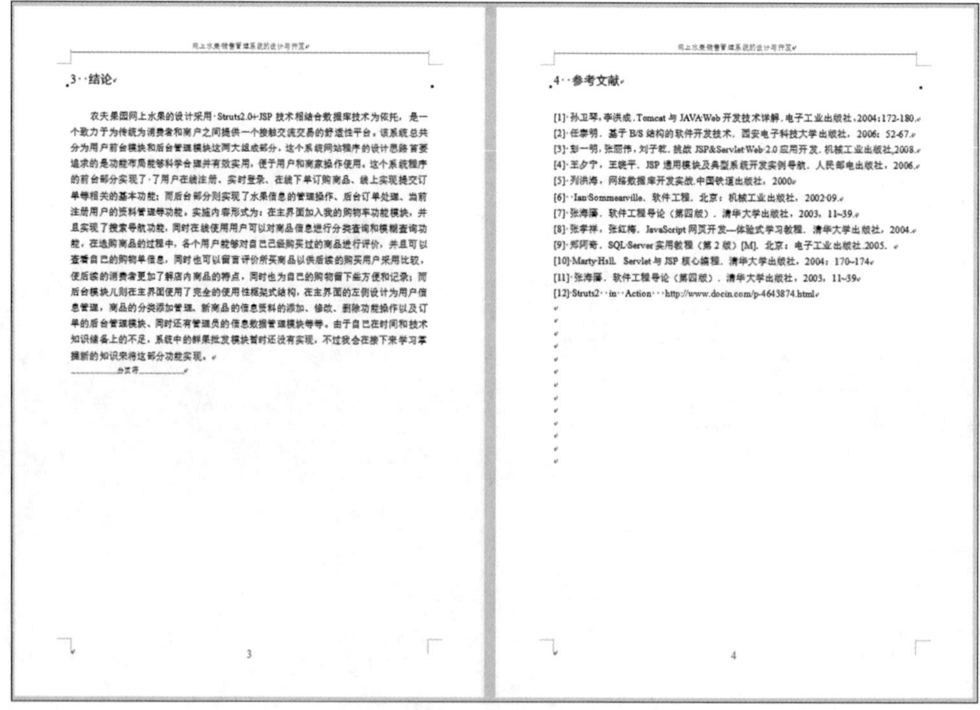

网上水果销售管理系统的设计与开发

3 结论

农夫果园网上水果的设计采用 Struts2.0+JSP 技术相结合数据库技术为依托，是一个致力于为传统为消费者和商户之间提供一个接触交流交易的舒适性平台。该系统总共分为用户前台模块和后台管理模块这两大组成部分，这个系统网站程序的设计思路首要追求的是功能布局能够科学合理并有效实用，便于用户和商家操作使用。这个系统程序的前台部分实现了 了用户在线注册、实时登录、在线下单订购商品、线上实现提交订单等相关的基本功能；而后台部分则实现了水果信息的管理操作、后台订单处理、当前注册用户的资料管理等功能。实施内容形式为：在主界面加入我的购物车功能模块，并且实现了搜索导航功能，同时在线使用用户可以对商品信息进行分类查询和模糊查询功能，在选购商品的过程中，各个用户能够对自己已经购买过的商品进行评价，并且可以查看自己的购物单信息，同时也可以留言评价所买商品以供后续的购买用户采用比较，使后续的消费者更加了解店内商品的特点，同时也为自己的购物留下些方便和记录；而后台模块儿则在主界面使用了完全的使用性框架式结构，在主界面的左侧设计为用户信息管理，商品的分类添加管理、新商品的信息资料的添加、修改、删除功能操作以及订单的后台管理模块、同时还有管理员的信息数据管理模块等等。由于自己在时间和技术知识储备上的不足，系统中的鲜果批发模块暂时还没有实现，不过我会在接下来学习掌握新的知识来将这部分功能实现。

分页符

3

网上水果销售管理系统的设计与开发

4 参考文献

[1] 孙卫琴，李洪成．Tomcat 与 JAVA Web 开发技术详解．电子工业出版社，2004:172-180.
[2] 任泰明．基于 B/S 结构的软件开发技术．西安电子科技大学出版社，2006：52-67.
[3] 彭一明，张丽伟，刘子乾．挑战 JSP&Servlet Web 2.0 应用开发．机械工业出版社，2008.
[4] 王夕宁，王晓平．JSP 通用模块及典型系统开发实例导航．人民邮电出版社，2006.
[5] 刘洪海，网络数据库开发实战．中国铁道出版社，2000
[6] Ian Sommearville．软件工程．北京：机械工业出版社，2002 09.
[7] 张海藩．软件工程导论（第四版）．清华大学出版社，2003，11~39.
[8] 张孝祥，张红梅．JavaScript 网页开发—体验式学习教程．清华大学出版社，2004.
[9] 郑阿奇．SQL Server 实用教程（第 2 版）[M]．北京：电子工业出版社.2005.
[10] Marty Hsll．Servlet 与 JSP 核心编程．清华大学出版社，2004：170~174
[11] 张海藩．软件工程导论（第四版）．清华大学出版社，2003，11~39
[12] Struts2 in Action http://www.docin.com/p-4643874.html

4

图 4.137 毕业论文（续）

具体要求如下：

（1）论文的纸型“A4 纸，单面打印”；页边距：上 2.54 cm、下 2.54 cm、左 3.0 cm、右 2.5 cm；页眉距正文 2.5 cm，页脚距正文 2 cm，左侧装订。

（2）设置正文字体，中文为“宋体”，西文为“Times New Roman”，字号为“五号”，首行缩进 2 字符，行间距 1.25 倍，段前间距 0，段后间距 0。

（3）设置论文中的一级标题（每章的章标题）的字体格式为“黑体、小三号”，段落格式为“居左对齐，1.5 倍行间距，段前间距 0 磅，段后间距 11 磅”，大纲级别为 1 级；设置论文的二级标题（每节的节标题）的字体格式为“黑体、四号”，段落格式为“居左对齐，1.5 倍行间距，段前间距 0.5 行，段后间距 0”，大纲级别为 2 级；设置论文的三级标题（节中的小节标题）的字体格式为“黑体、小四号”，段落格式为“居左对齐，1.5 倍行间距，段前间距 0.5 行，段后间距 0”，大纲级别为 3 级。

（4）页眉的设置：宋体，五号，居中，实线页眉线，填写内容是“毕业论文（设计）中文题目”。

（5）页码应由正文首页开始，作为第 1 页。封面不编入页码。将摘要、Abstract、目录等前置部分单独编排页码（Ⅰ、Ⅱ、Ⅲ）。页码必须标注在每页页脚底部居中位置，宋体，小五。

（6）在正文之前插入目录：显示级别为 3，页码右对齐。

具体操作

（1）页面设置。

具体设置如下：

①选择“页面布局”选项卡，在“页面设置”右下角的“对话框启动器”按钮，打开“页面设置”对话框。

②在“页边距”选项卡中设置：上 2.54 cm、下 2.54 cm、左 3.0 cm、右 2.5 cm。

③在“纸张”选项卡中设置：A4 纸。

④在“版式”选项卡中设置：页眉距正文 2.5 cm，页脚距正文 2 cm，如图 4.138 所示。

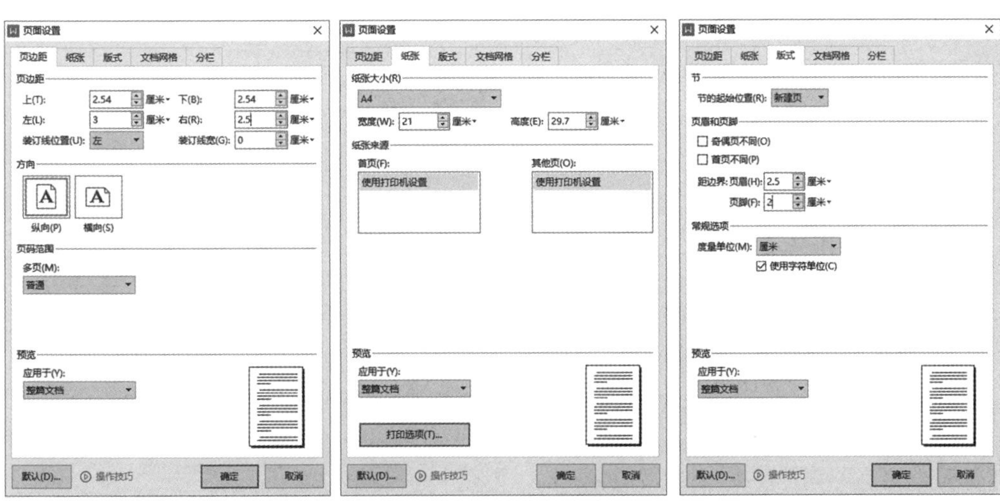

图 4.138　页面设置

（2）字体设置和段落设置。

具体设置如下：

①选择正文全部内容。在“开始”选项卡中的“字体”组右下角的“对话框启动器”按钮，打开“字体”对话框。

②在“字体”选项卡中，设置中文为“宋体”，西文为“Times New Roman”，字号为“五号”，如图 4.139 所示。

③在“开始”选项卡中的“段落”组右下角的“对话框启动器”按钮，打开“段落”对话框。

④在“缩进和间距”选项卡中，设置首行缩进 2 字符，行间距 1.25 倍，段前间距 0，段后间距 0，如图 4.140 所示。

图 4.139　字体设置

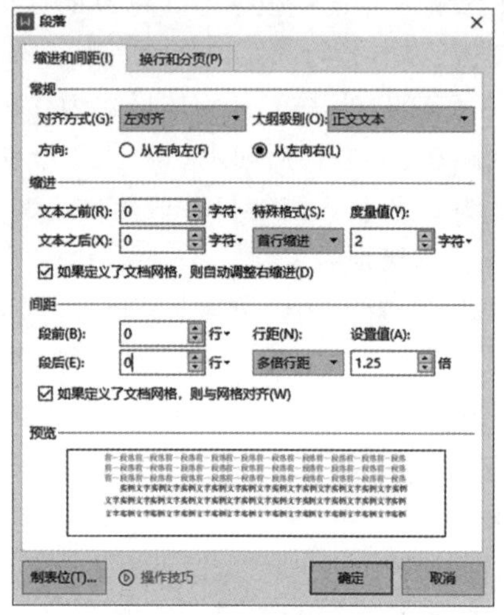

图 4.140　段落设置

（3）新建样式。

具体操作如下：

①在“开始”选项卡中，单击“样式”框后的下拉按钮，在列表中选择“新建样式”选项，打开“新建样式”对话框。

②新建样式名称为“一级标题”，后续段落样式为“一级标题”，格式中设置字体“黑体、小三号”，如图 4.141 所示。

③单击“格式”按钮，在下拉列表中选择“段落”，打开“段落对话框”，对齐方式为“左对齐”，大纲级别为“1 级”，段前间距 0 磅，段后间距 11 磅，行间距 1.5 倍，如图 4.142 所示。

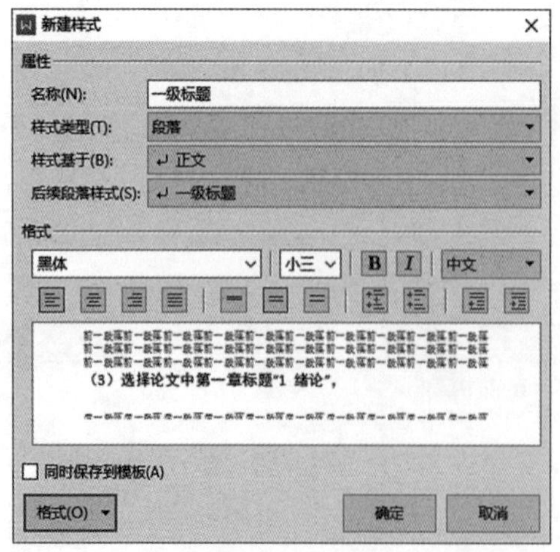

图 4.141　新建样式

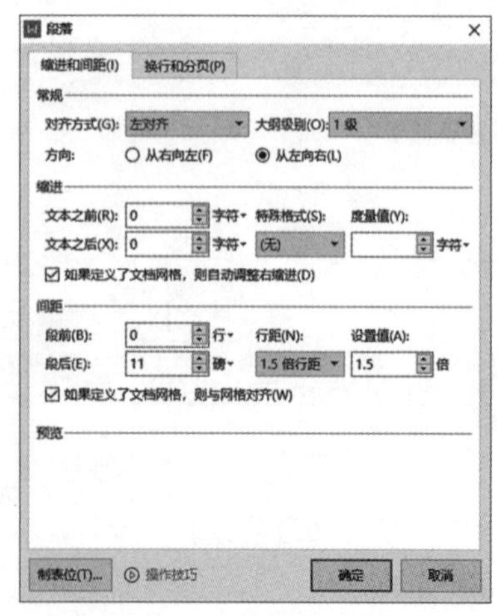

图 4.142　段落格式设置

④单击“段落”对话框的“确定”按钮，返回“新建样式”对话框，单击“确定”按钮。

⑤“开始”选项卡中，单击“样式”框后的下拉按钮▼，在列表中选择“显示更多样式”选项，打开“样式和格式”窗格，可以看到新建的“一级标题”。

⑥选择论文中每章的标题，单击“样式和格式”中的“一级标题”。

⑦用相同的方法，新建“二级标题”和“三级标题”样式，并将样式应用在论文中的节和小节上。

（4）设置页眉。

在设置页眉和页码之前，考虑到论文中有不同的页眉和页码，因此，先要将文章先分“节”，再设置页眉和页码。具体操作如下：

①分析论文结构。考虑到整篇论文中，页眉有两处不同：封皮没有页眉，其他页包含页眉；页码有三处不同：首页没有页码，摘要、Abstract、目录等前置部分用Ⅰ、Ⅱ、Ⅲ单独编排页码，正文页码从1开始编码。因此将整篇文章分为三节：

- 封皮为第一节。
- 摘要、Abstract、目录为第二节（目录还没有内容，可以预留空白页）。
- 正文为第三节。

②分节。光标移至封皮页的最后，在“页面布局”选项卡中，单击“分隔符”按钮 分隔符▾，在下拉列表中选择“下一页分节符”；光标移至“目录页”最后一行处，单击“分隔符”按钮 分隔符▾，在下拉列表中选择“下一页分节符”；在论文中插入了两个分节符，文章被分成了三节。

要查看“分节符”，可以单击“文件”菜单，选择“选项”，打开“选项”对话框，选择“视图”选项卡，在右侧“格式标记”栏中，选择“全部”，即可看到“分节符”，如图4.143所示。

图4.143 “选项”对话框

③设置页眉。由于封皮没有页眉，将光标定位在第二页的“摘要”中，在“插入”选项卡中，单击“页眉页码”按钮 页眉页脚，进入“页眉”编辑状态。

④在“页眉页码”选项卡中，单击“同前节”按钮，将第二节页眉设置为与第一节页眉不同。

⑤在页眉处输入“网上水果销售管理系统的设计与开发”，选择本段文本，将字体设置为宋体、五号、居中。

⑥在“页眉页码”选项卡中，单击“页眉线横线”按钮，在下拉列表中选择“第一个”选项。

⑦页眉设置完成，具体效果如图 4.144 所示。

图 4.144　页眉设置完成

(5) 插入页码。

插入不同的页码，具体操作如下：

①封皮没有页码，将光标定位在第二页的“摘要”中，在“插入”选项卡中，单击“页眉页码”按钮，进入“页眉”编辑状态。单击“页眉页码切换”按钮，切换到“页码”编辑状态。

②在“页眉页码”选项卡中，单击“同前节”按钮，将第二节页码设置为与第一节页码不同，如图 4.145 所示。

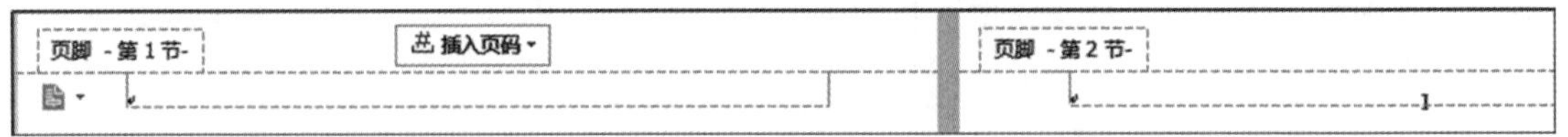

图 4.145　页码编辑区

③单击页码区中的“插入页码”按钮，弹出“页码设置”对话框，在“样式”列表中选择“Ⅰ、Ⅱ、Ⅲ”，“位置”选择“居中”，应用范围选择“本节”，如图 4.146 所示。

④设置完成后，单击“确定”按钮。页码已经插入页脚区，但是插入的页码是“Ⅱ”，需要将其修改为“Ⅰ”，如图 4.147 所示。

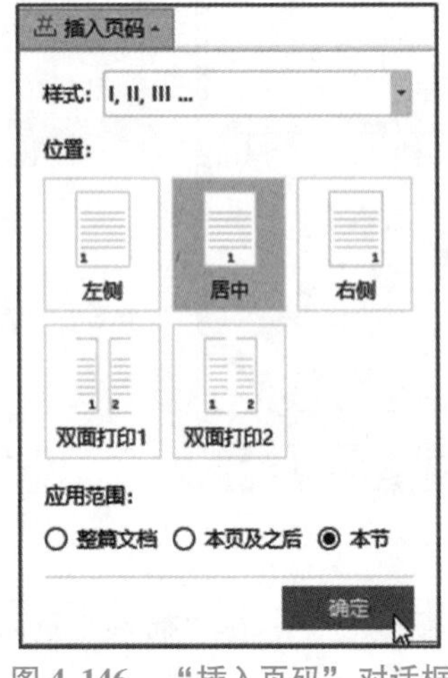

图 4.146　“插入页码”对话框

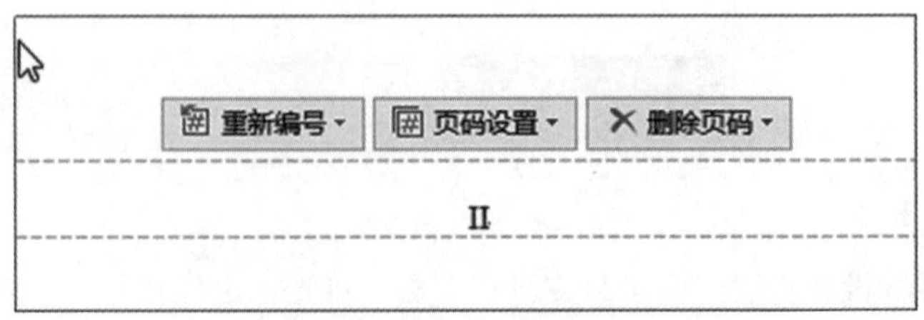

图 4.147　插入错误的页码

⑤插入页码后，会显示“重新编号”“页码设置”和“删除页码”三个按钮，单击“重新编号”按钮，在弹出的对话框中，单击“页码编号设为1”选项，页码就改为“1”，如图4.148、图4.149所示。

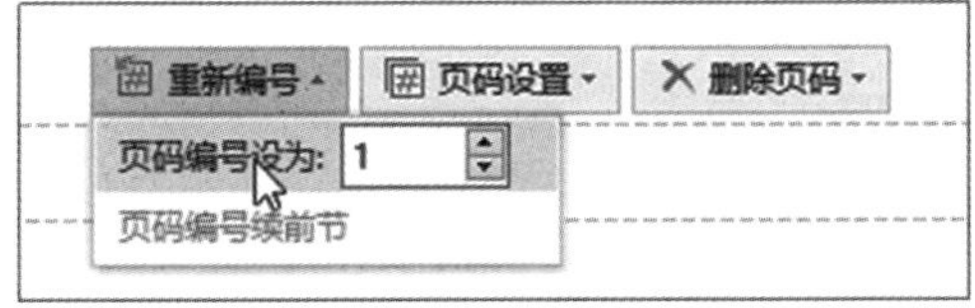

图4.148　选择“页码编号设为1”

图4.149　正确页码

⑥光标移至正文第一页，用上述的方法，给正文设置页码。

（6）插入目录。

在给文章中设置好完整的大纲级别和正确的页码后，就可以生成目录了。具体操作如下：

①光标移至目录所在页，在“引用”选项卡中，单击“目录”按钮的下拉按钮，在下拉列表中选择“自定义目录”，打开“目录”对话框。

②在“目录”对话框中，“显示级别”选择“3”，选择“显示页码”和“页码右对齐”，不选“使用超链接”，如图4.150所示。

③单击“确定”按钮，目录设置完成，在光标处插入目录，如图4.151所示。

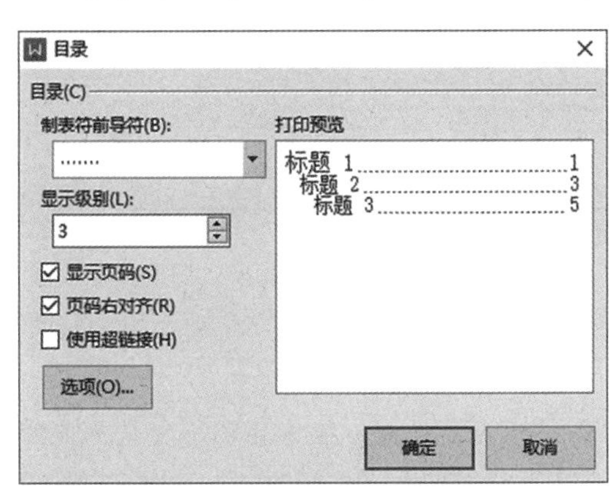

图4.150　“目录”对话框

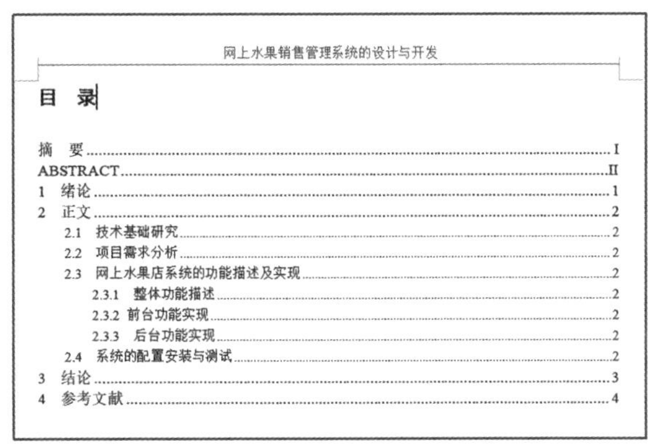

图4.151　插入目录

创新实践训练和巩固训练

操作题——排版期刊论文

启动WPS文字，按照下列要求对文档进行操作，参考效果如图4.152所示。

完成以下操作：

打开“创新实践训练——期刊论文排版.doc”。

（1）正文文字格式要求：“五号，宋体”，首行缩进2个字符，段前段后0，行间距1.25倍。

（2）标题：文章标题“三号，宋体，加粗”，居中对齐，段前段后0.5行。

（3）正文分两栏，无分栏线。

（4）文中图片居中对齐。图示字体设置“小五号，微软雅黑”，居中对齐。

（5）设置页眉。奇偶页页眉不同，奇数页页眉为“教育论坛计算机工程”；偶数页页眉为论文题目：虚拟现实技术在教育领域内的应用。文字格式“小五号，微软雅黑”，居中，有实线页眉底线。

（6）设置页码。奇偶页页码不同，奇数页页码右对齐，偶数页页码左对齐。

教育论坛　　计算机工程

虚拟现实技术在教育领域内的应用

***

摘要：文章对虚拟现实系统的结构及其重要特征进行了简要的介绍，主要对现行教育教学中存在的一些问题做了分析研究，并提出了在现行教育教学过程中引入虚拟现实技术的重要性。

关键词：虚拟现实技术；教育；虚拟实验

1.虚拟现实系统的结构及其重要特征

虚拟现实技术(Virtual Reality,简称VR)是一种模拟人在自然环境中的视觉、听觉、触觉等行为的高度逼真的人机交互技术，使利用人类感知能力和操作能力的新方法。

1.1虚拟现实系统的结构

虚拟现实系统的通用体系结构，如图1所示。主要是由虚拟现实引擎（VR Engine）和输出/输入处理子系统有机的结合起来，形成一个较为完整的VR系统[1]。

图1 VR系统的通用体系结构

1.2虚拟现实技术的重要特征

虚拟现实技术具有三个重要的特征：交互性（Interaction）、沉浸感（Immersion）和构想性（Imagination），如图2所示。

图2虚拟现实技术的"三个I"

虚拟现实技术由于其沉浸性、交互性和构想性等特点，已经被广泛应用于各行各业中。在教育领域内，虚拟现实技术对传统教育教学方法的变革起着十分重要的推动作用。

2.现行教育教学中存在的问题

2.1学生所处的地位不利于对学生能力的培养

在现行教育模式下，无论课堂教学还是试验教学往往都是以教师为中心，学生只能被动的接受。

2.2现行实验教学不利于提高学生的操作能力

在现行的教育模式下，对于操作性很强的课程，在实验教学时，往往先由教师进行演示，学生在教师的指导下自行进行操作，表面上看来学生的动手操作能力得到了锻炼，但是，由于实验时间有限，同时做同一实验的学生人数又比较多，指导教师往往只有一个或两个，教师不可能兼顾每一个学生的具体情况。

2.3学生难以有重复实验的机会

在现行的实验模式下，对于一些特殊的实验课程，由于受到时间、设备数量、场地、资金投入、人力资源、实验危险性等因素限制，学生经过一次实验后，很难再有重复实验的机会[2]。3.在教育领域内引入虚拟现实技术的必要性

在现代教学领域，虚拟现实技术能够为学生提供生动、逼真的学习环境，学生能够成为虚拟环境中的一名参与者，扮演一个角色，提高了学生的想象力、激发了学生的学习兴趣，这对调动学生的学习积极性，突破教学的重点难点、培养学生的技能都起到积极的作用，学习效果十分显著[3]。

3.1在课堂教学中增加"立体物体"的展示

在教学中经常要用到一些实物进行展示，但有些实验器材是可能搬上讲台的，还有些比较昂贵的也不可能给学生进行分解。在这种情况下，可以将实物做成"三维模型"，在进行展示的时候可以通过不同的视角，不同距离进行观看，还可以对虚拟的"实物"进行分解和拆分，以达到比较理想的效果。

1

虚拟现实技术在教育领域内的应用

3.2在实验教学中增加"虚拟试验室"

利用虚拟现实技术，可以建立各种虚拟实验室，如生物、物理、化学等实验室，这种虚拟实验室拥有传统实验室无法比拟的优势，不但可以节约成本，还可以打破时间与地域的限制，同样还可以避免真实实验和操作所带来的各种危险。

3.3虚拟现实技术应用于技能培训中

虚拟现实的沉浸性和交互性使学生能够在虚拟的环境中扮演角色，全身心投入到学习环境中去，这非常有利于学生的技能训练。例如军事作战技能、外科手术技能、教学技能、体育技能、汽车驾驶技能、果树栽培技能、电器维修技能等训练时利用虚拟的训练系统无任何的危险，学生可以不厌其烦地反复练习，直至掌握操作技能为止[4]。

3.4虚拟现实技术应用于远程教育中

虚拟远程教育是基于在互联网络上集成声音、图像及其他多媒体技术的三维空间的远程教育中心，生动、逼真的学习环境，高度的沉浸感和交互性，可是学习者更好的获取文化、科学、技术知识及基本技能的培养。

4.结语

将网络技术与虚拟现实技术的融合，开发实时性、交互性更强的计算机远程教育系统，将是VR技术在未来中的重要应用方向[5]。

参考文献

[1] 马小虎，潘志庚，石教英. 虚拟现实系统的体系结构和软件开发工具[J].计算机工程与应用. 1997, 8.

[2]陶贵林. 虚拟现实技术在《数字逻辑》实验教学中的应用探究[J]. 科技经济市场. 2007, 12.

[3]梁海. 基于虚拟现实技术的现代教育探索[J].内蒙古民族大学学报. 2008, 7.

[4]邢雪峰, 曹靖, 程超等. 虚拟现实技术及其在教学中的应用[J]. 重庆科技学院学报（自然科学版）. 2006, 6.

[5]叶慷, 王昊鹏. 教育中虚拟现实技术的应用研究[J]. 电脑知识与技术. 2008, 20.

2

图4.152　期刊论文排版

职业素养拓展

随着国家有关版权保护政策的实施及企业对版权保护意识的提升，接连涌现出大量优秀的国产软件，部分国产软件在功能体验上较国外的对标产品更好。以人为本、用户为王的国产软件为世界软件行业注入一股新的活力。下面是一些口碑很好的国产软件，请了解，并与同学讨论你还知道哪些优秀的国产软件。

（1）白描：当之无愧是文字识别、翻译与文件扫描神器，是国产软件的一股清流。

（2）亿图图示：一款一用就懂的专业级办公绘图软件，集思维导图、流程图、网络图、工业设计、图文混排等超过280种绘图于一身。

（3）MindMaster：一款操作简单但功能强大的思维导图工具。

（4）钉钉：阿里专为中国企业打造的免费沟通和协同的多端平台的办公协同。

（5）喵影工厂：简洁、简单、易用的国产视频剪辑软件，素材资源丰富。

思政引导

【国产金山办公】

金山办公作为一家源自中国的科技公司，过去三十多年始终致力于把最简单高效的办公体

验和服务带给每个人、每个家庭、每个组织，帮助个人更轻松快乐地创作和生活，帮助企业和组织更高效地运行与发展。未来，通过提供以“云服务为基础，多屏、内容为辅助，AI 赋能所有产品”为代表的未来办公新方式，金山办公希望不论是企业客户还是普通人，都能通过金山办公的产品实现简单创作与美好生活。

金山办公旗下主要产品和服务均由公司自主研发而形成，针对核心技术，如 WPS 新内核引擎技术、基于大数据分析的知识图谱技术、基于云端的移动共享技术、文档智能美化技术等关键技术，金山办公均已申请了发明专利，并对重要产品申请了软件著作权。截至 2018 年年底，金山办公及其子公司拥有专利和著作权总计分为 164 项和 282 项，其中中国境内登记的专利共 146 项，境外登记专利总计 18 项，中国境内登记的软件著作权总计 275 项，境外登记的软件著作权总计 7 项。

WPS Office 是由北京金山办公软件股份有限公司自主研发的一款办公软件套装，1989 年由求伯君正式推出 WPS1.0。可以实现办公软件最常用的文字、表格、演示及 PDF 阅读等多种功能。具有内存占用低、运行速度快、云功能多、强大插件平台支持、免费提供在线存储空间及文档模板的优点，已覆盖超 50 多个国家和地区。

【摘自 https：//baike.baidu.com/和金山办公官网】

总结与自我评价

总结与自我评价				
本模块知识点	自我评价			
文本的输入、选择、删除、复制与移动、查找与替换	□完全掌握	□基本掌握	□有疑问	□完全没掌握
设置字符格式、段落格式、边框和底纹、项目符号和编号	□完全掌握	□基本掌握	□有疑问	□完全没掌握
插入和编辑图片、形状、智能图形、流程图、水印、文本框和艺术字	□完全掌握	□基本掌握	□有疑问	□完全没掌握
绘制和编辑表格	□完全掌握	□基本掌握	□有疑问	□完全没掌握
表格中数据的计算和排序	□完全掌握	□基本掌握	□有疑问	□完全没掌握
设置页面布局	□完全掌握	□基本掌握	□有疑问	□完全没掌握
分页符、分节符、分栏符、换行符	□完全掌握	□基本掌握	□有疑问	□完全没掌握
页眉和页脚	□完全掌握	□基本掌握	□有疑问	□完全没掌握
创建和编辑目录	□完全掌握	□基本掌握	□有疑问	□完全没掌握
邮件合并	□完全掌握	□基本掌握	□有疑问	□完全没掌握
综合编辑长文档	□完全掌握	□基本掌握	□有疑问	□完全没掌握
需要老师解答的疑问				
自己解决的问题				

项目模块五

办公软件——WPS 表格

WPS 表格是一款功能强大的电子表格处理软件，主要用于数据统计和图形化数据，使数据更加直观。WPS 表格不仅用于个人日常办公事务处理，还被广泛应用于金融、经济、财会、审计和统计等领域。

【项目目标】

本项目模块将通过 4 个任务来介绍 WPS 表格的基本操作与数据分析功能，包括输入与编辑数据、数据计算、插入图表和数据管理与分析；通过 4 个任务实操，让学生掌握使用 WPS 表格进行数据输入、格式设置、数据计算和分析的技能。

任务一 输入与编辑数据

☑**任务目标**：了解 WPS 表格的工作界面和基本功能；了解表格中各种数据类型的特点和输入方法；掌握数据的填充方法和编辑方法；掌握数据格式的设置；了解数据保护的意义；掌握使用 WPS 表格进行数据保护的方法。

知识点 1　WPS 表格工作界面组成

1.1　启动和退出 WPS 表格

(1) 启动 WPS 表格。

启动 WPS 表格有以下三种方法：

①通过“开始”菜单，选择“WPS Office”，启动 WPS Office 2019；在首页上，单击“✚新建”按钮，或按［Ctrl+N］组合键，在“新建”标签列表中单击“新建表格”按钮。

②双击桌面上的 WPS Office 2019 图标，进入 WPS Office 2019 首页上，在“功能列表”中选择“打开”按钮，在“打开”对话框中选择 WPS 文档，单击“打开”按钮。

③将 WPS Office 2019 锁定在任务栏的“快速启动区”（即任务区）中，单击 WPS Office 图标，进入 WPS Office 首页后，在“最近”列表区中双击最近打开过的 WPS 文档。

(2) 退出 WPS 表格。

退出 WPS 表格主要有以下四种方法：

①单击 WPS Office 2019 窗口右上角的“关闭”按钮。

②按［Alt+F4］组合键。

③在标签列表区中选择要关闭的 WPS 文档，在文档名称上右击，在弹出的快捷菜单中选择“关闭”命令。

④单击标签列表区中文档名称右侧的“关闭”按钮。

1.2　WPS 表格的工作界面

启动 WPS 表格后，进入其工作界面，如图 5.1 所示。下面详细介绍 WPS 表格工作界面中的主要组成部分。

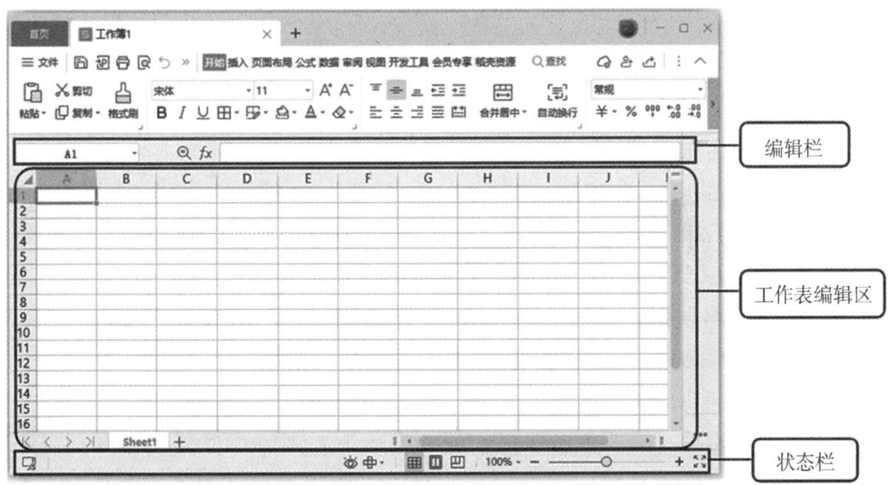

图 5.1　WPS 表格的工作界面

(1) 编辑栏。

编辑栏用来显示和编辑当前选择的单元格中数据或公式。

- 名称框 A1：名称框用来显示当前单元格的地址或函数的名称。
- 浏览公式结果按钮：单击此按钮，显示当前包含公式或函数的计算结果。
- 插入函数 fx：单击此按钮，打开“插入函数”对话框。

- 取消按钮×：单元格中输入数据后，显示在编辑栏中，用于取消输入的内容。
- 确认按钮✓：单元格中输入数据后，显示在编辑栏中，用于确认输入的内容。
- 编辑框：用于显示在单元格中输入或编辑的内容，也可在其中直接输入和编辑。

（2）工作表编辑区。

工作表编辑区是 WPS 表格编辑数据的主要区域，包括行号、列标、单元格地址和工作表标签。

- 行号、列标、单元格地址。WPS 表格中行号用“1，2，3”等数字标识，列标用“A，B，C”等字母标识。单元格地址用“列标+行号”表示，如第 2 列第 3 行的单元格，用“B3”表示。
- 工作表标签。工作表标签是工作表的名称，WPS 表格默认只包含一张名称为“Sheet1”的工作表。单击“新建工作表”按钮＋，可以新建一张工作表，默认名称为“Sheet2”，单击“Sheet1”标签或“Sheet2”标签，切换不同的工作表。

（3）状态栏。

状态栏位于 WPS 表格界面的底部，主要用于改变视图显示模式和调节表格的显示比例。

知识点 2　新建和保存 WPS 表格

2.1　新建 WPS 表格

（1）创建空白表格。

创建空白表格的方法如下：

- 启动 WPS 表格，选择［文件］→［新建］，选择“新建空白表格”。
- 启动 WPS 表格，按［Ctrl+N］组合键，新建一个工作簿。

（2）使用模板新建 WPS 表格。

启动 WPS 文字，单击［文件］→［新建］，在“新建”窗口中，在从稻壳模板新建中，选择合适的模板。

2.2　保存文档

（1）创建后首次保存文档。

完成文档的编辑操作后，必须将其保存在计算机中，保存方法如下：

- 选择［文件］→［保存］命令。
- 按［Ctrl+S］组合键。
- 单击“快速访问工具栏”中的保存按钮。

打开“另存文件”对话框，在“位置”下拉列表框中选择文档的保存路径，在“文件名”文本框中设置文件的保存名称，完成设置后，单击“保存”按钮。

（2）对原有文档进行保存。

对原有文档进行编辑后，需要重新保存，可以选择［文件］→［保存］命令；或按［Ctrl+S］组合键；或单击“快速访问工具栏”中的保存按钮，可以保存到原有文档中。若需要更改原有文档的文件名或存储位置，需要选择［文件］→［另存为］命令，打开“另存文件”对话框。

知识点 3　工作簿、工作表与单元格

工作簿、工作表与单元格是构成 WPS 表格的框架，三者之间的关系如下：

（1）工作簿是 WPS 表格文件，用来存储和处理数据的文档，又称电子表格。默认的情况下，新建的工作簿以“工作簿 1”命名，保存文档时，可重新命名。

工作表是用来编辑数据的区域，它存储在工作簿中。默认情况下，新建的工作簿中只包含一个工作表，以“Sheet1”命名。

（2）单元格是组成 WPS 表格的最基本单位，单元格地址是用“列标+行号”来表示的；多个连续的单元格称为单元格区域，其地址表示为“单元格：单元格”，如 A3 到 E6 的单元格区域可用 A3：E6 来表示。

（3）一个工作簿包含一张或多张工作表，一张工作表由若干个单元格组成。

3.1　工作表的相关操作

工作表主要用于组织和管理各种数据信息。在“开始”选项卡上，单击“工作表”按钮 工作表 的下拉列表，列表中列出了有关工作表的相关操作，如图 5.2 所示。

（1）插入工作表：选择此选项，可以在当前工作表之前或之后插入指定数量的工作表。

（2）删除工作表：选择此选项，将当前的工作表删除。

（3）创建副本：选择此选项，将为当前工作表建立副本。

（4）移动或复制工作表：选择此选项，可以选择将当前工作表移动到指定位置，或在指定位置建立副本。

（5）重命名：选择此选项，当前工作区的标签名称进入编辑状态，用户可以为工作表重新命名。

（6）工作表标签颜色：在此选项中，为工作表标签设置颜色。

以上对工作表的操作，用户也可以右键单击工作表底部的工作表标签，在快捷菜单中，选择对工作表的相关操作。

3.2　行和列的相关操作

在“开始”选项卡上，单击“行和列”按钮 行和列 的下拉列表，列表中列出了有关行和列的相关操作，如图 5.3 所示。

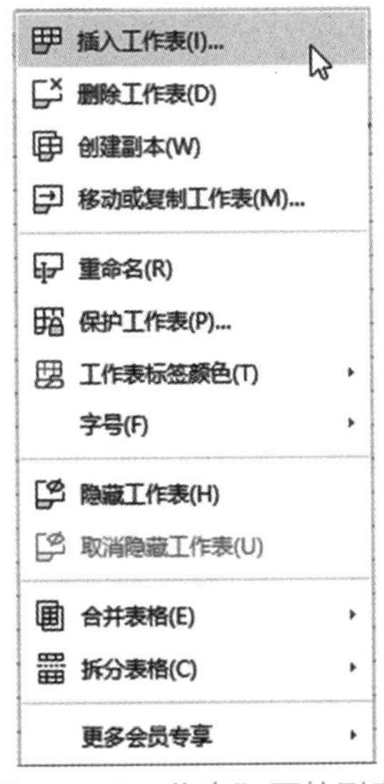

图 5.2　“工作表”下拉列表

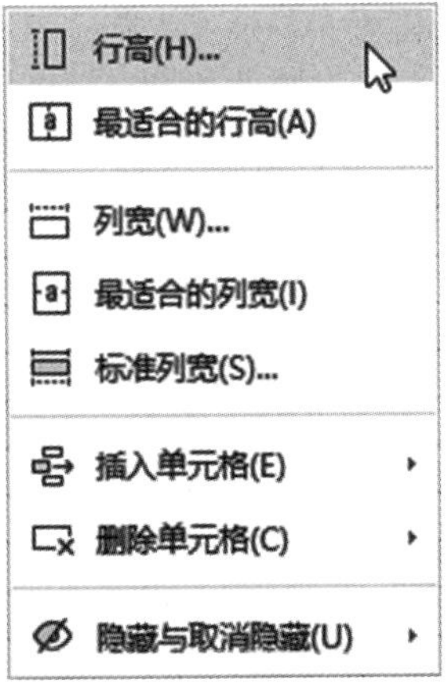

图 5.3　“行和列”下拉列表

（1）行高：设置当前单元格所在行的行高，需要设置多个行的行高，需要选择多行。选择连续多行，在行号上按下鼠标不放，向下拖动；选择不连续多行，按住［Ctrl］键不放，分别单击要选择的行号。

（2）最适合的行高：WPS 文字根据单元格中的内容自行设定的最佳行高。

（3）列宽：设置当前单元格所在列的列宽，需要设置多个列的列宽，参考行高的设置。

（4）最适合的列宽：WPS 文字根据单元格中的内容自行设定的最佳列宽。

（5）标准列宽：用户可以查看标准列宽的数值。

（6）插入单元格：用户可以选择在当前位置中插入一个空白单元格，原表格中数据下移或右移；可以在当前行的上方或下方插入一行或多行；可以在当前列的左侧或右侧插入一列或多列。

（7）删除单元格：用户可以将当前位置的单元格删除，后面的单元格可以左移或上移；可以选择删除当前行；可以选择删除当前列；可以选择空行。

（8）隐藏与取消隐藏：用户可以将选择的单元格区域所在的行或列进行隐藏。

3.3　单元格的相关操作

（1）选择单元格。

在对单元格进行操作之前，首先应该选择需要操作的单元格或单元格区域。具体选择方法如表 5.1 所示。

表 5.1　选择单元格或单元格区域操作方法

选择单元格或单元格区域	操作方法
选择一个单元格	单击要选择的单元格
选择单元格区域	选择单元格区域中的第一个单元格，按住左键不放并拖动鼠标到单元格区域中的最后一个单元格，释放鼠标
选择不连续的单元格	按住［Ctrl］键不放，分别单击要选择的单元格
选择整行	单击行号
选择整行	单击列标
选择工作表中的所有单元格	单击工作表编辑区左上角行号与列标交叉处的按钮 即可

（2）合并单元格。

在编辑表格时，需要对单元格或单元格区域进行合并操作。具体操作如下：

选择需要合并的单元格区域，在“开始”选项卡中单击“合并居中”按钮 合并居中，下拉列表中提供了合并居中、合并单元格和合并内容等选项。

- 合并居中：将单元格区域合并为一个单元格，合并后的单元格中仅保留第一个单元格的内容，单元格中的内容居中对齐。
- 合并单元格：将单元格区域合并为一个单元格，合并后的单元格中仅保留第一个单元格的内容，合并后的单元格的对齐方式与第一个单元格对齐方式一致。
- 合并内容：将单元格区域合并为一个单元格，合并后的单元格中的内容为单元格区域内的所有内容。单元格区域为一列的若干单元格。
- 跨列居中：将单元格区域中的第一个单元格内容，在单元格区域内居中显示，并不进行合并单元格。单元格区域为一行的若干单元格。
- 取消合并单元格的操作为：选择合并后的单元格，在“开始”选项卡中单击“合并居中”按钮 合并居中，下拉列表中选择“取消合并单元格”。

知识点 4　数据输入与填充

创建工作表后，需要在工作表中输入数据。WPS 表格支持各种类型数据的输入。

4.1　数据类型

（1）文本型数据。

文本是由字母、数字、符号和汉字等组成的字符串。输入的文本在默认情况下是左对齐的。

在输入数字时，WPS 表格会默认为数值型，比如：输入编号“001”时，单元格显示的是“1”，解决方法：

①可以在输入时，先输入英文状态下的单引号再输入数字，如“’001”，单元格会显示“001”；

②在单元格中输入“001”后，单元格前会出现“转换格式”按钮，单击此按钮，单元格显示“001”；

③在单元格输入数据之前，右键单击打开快捷菜单，选择“设置单元格格式”命令，打开“单元格格式”对话框，如图 5.4 所示；再选择“数字”选项卡，在“分类”栏中，选择“文本”，单击“确定”按钮后，直接输入“001”。

（2）数值型数据。

数值型数据在 WPS 表格中使用得最多，主要由 0~9 的数字和“.”“+”“-”“/”“%”“E”“e”“$”等组成，输入的数值在默认情况下是右对齐的。

输入的数值通常有一些要求，比如输入指定小数位数的数字、表示货币的数字、百分比数字、分数或科学记数法表示的数字。输入这些特殊的数字，需要在单元格上右键打开快捷菜单，选择“设置单元格格式”，打开“单元格格式”对话框，在“分类”栏中选择输入的数值类型，选择合适格式后，再进行输入数值。

以输入分数为例：

在单元格中直接输入分数，系统自动按照日期处理，比如，在单元格中输入“4/5”，确认后，单元格中显示“4 月 5 日”。

输入分数的方法：在单元格输入数据之前，右键单击打开快捷菜单，选择“设置单元格格式”命令，打开“单元格格式”对话框，选择“数字”选项卡，在“分类”栏中，选择“分数”，如图 5.5 所示；在“类型”栏中，选择“分母为一位数（1/2）”，单击“确定”按钮。在单元格中输入“4/5”，单元格显示“4/5”。

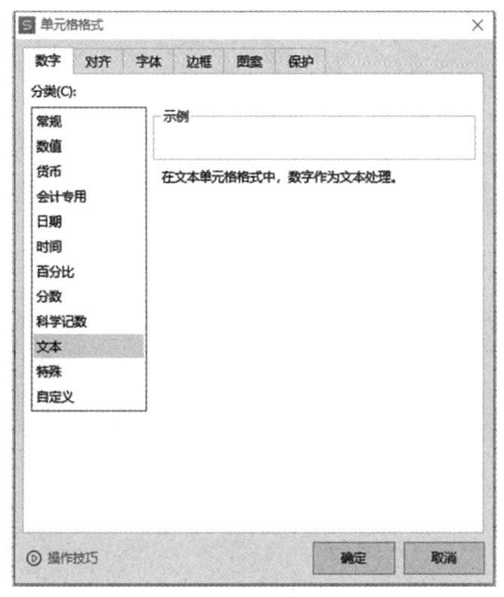

图 5.4　“单元格格式”对话框

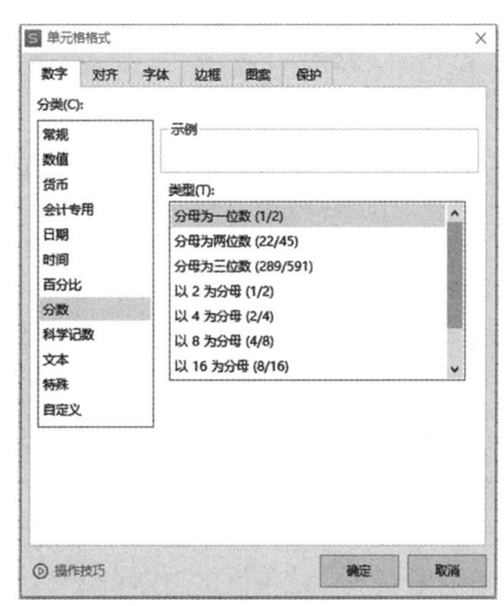

图 5.5　分数的输入

(3) 日期和时间型数据。

WPS 表格提供了多种日期和时间格式，输入日期和时间数据之前，需要在单元格上右键打开快捷菜单，选择“设置单元格格式”，打开“单元格格式”对话框，在“分类”栏中选择“日期”或“时间”，选择合适格式后，再根据设置的格式在单元格中输入日期或时间。

在单元格中显示当前系统日期，按［Ctrl+;］组合键；在单元格中显示当前系统时间，按［Ctrl+Shift+;］组合键。

(4) 逻辑型数据。

逻辑值包括逻辑真“TRUE”和逻辑假“FALSE”。在单元格中输入逻辑判断表达式后，系统自动判断逻辑值。

在单元格中输入表达式时，需要在表格中先输入“=”，然后再输入表达式。

比如，在单元格中输入“=8>7”后，按［Enter］键后，单元格显示“TRUE”；若输入“=8<7”后，按［Enter］键后，单元格显示“FALSE”。

4.2 输入数据

(1) 直接输入数据。

- 单击单元格，直接输入数据后按［Enter］键确认。
- 单击单元格后，在“编辑栏”中输入数据，后按✓确认。

(2) 利用填充柄输入数据。

WPS 表格中每个单元格右下角都有一个填充柄，如图 5.6 所示。用户通过拖动填充柄的方法在相邻单元格输入一组相同或具有等差规律的数据。利用填充柄输入数据的具体操作如下：

①光标移至“填充柄”处，按住鼠标左键不放，向下或向右拖动若干单元格后释放鼠标，这些单元格被自动填充上数据，如图 5.7 所示。

②在填充数据后，会在单元格右下角显示“自动填充选项”按钮，单击按钮，会出现“填充方式”，可以选择“复制单元格”“以序列方式填充”“仅填充格式”“不带格式填充”和“智能填充”，如图 5.8 所示。

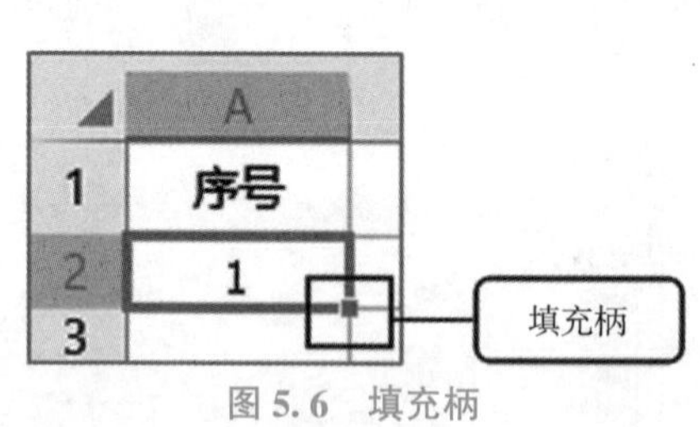

图 5.6 填充柄

图 5.7 填充数据

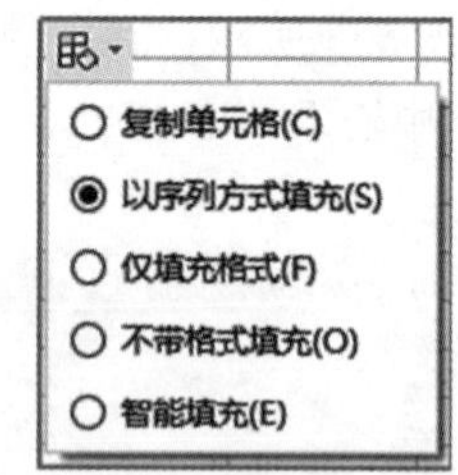

图 5.8 自动填充选项

(3) 利用自定义序列自动填充数据。

WPS 表格还允许用户自定义数据的序列，以便于更快速、有效地完成数据输入。具体操作如下：

①在“文件”菜单中，单击“选项”命令，打开“选项”对话框，选择“自定义序列”选项，如图 5.9 所示。

②“自定义序列”列表中列举了系统提供的序列，即只要在单元格中输入列表中的条目，拖动“自动填充柄”就可以按照序列顺序进行填充。

③需要用户自己定义新的序列时，在“输入序列”框中，输入新的序列，中间用英文“,”分隔，或用［Enter］分隔，比如输入“助教，讲师，副教授，教授”。

④单击“添加按钮”，在“自定义序列”列表框的最下方就会出现“助教，讲师，副教授，教授”，单击“确定”按钮退出。

⑤在单元格中输入“助教”，拖动“自动填充柄”，就会出现“助教，讲师，副教授，教授”序列，如图 5.10 所示。

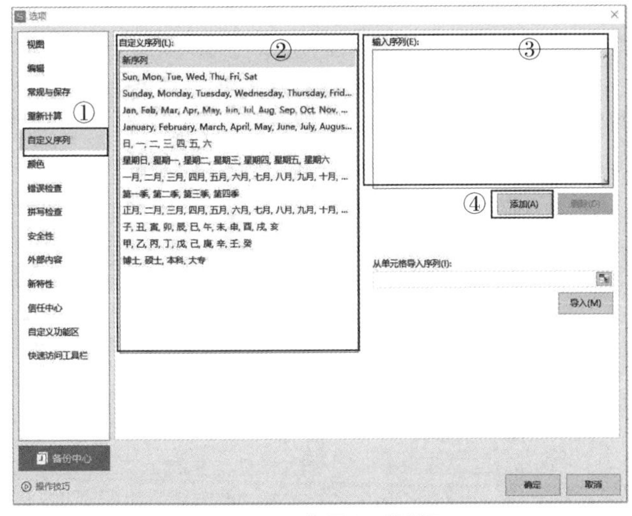

图 5.9　“选项”对话框

图 5.10　自定义填充

4.3　设置数据有效性

为避免用户在向工作表输入数据时输入不合要求的数据，可以通过设置“数据有效性”，预先设置某些单元格允许输入的数据类型、范围、数据输入信息提示和输入错误提示信息。

例如：输入职工年龄时，防止年龄输入错误，可以设置年龄的数值有效性范围在 18~60 之间，并且为整数，并设置输入信息提示和出错警告。具体操作如下：

(1) 选择需要设置有效性的单元格，在“数据”选项卡中，单击“有效性”按钮（有效性），在下拉列表中选择“有效性”选项，打开“数据有效性”对话框，如图 5.11 所示。

(2) 在“设置”选项卡中设置有效性条件，在“允许”下拉列表中选择“整数”。

(3)“数据”下拉列表选择“介于”，在“最小值”文本框中输入“18”，在“最大值”文本框中输入“60”。

(4) 在“输入信息”选项卡中设置数据输入时的提示信息，如图 5.12 所示。

图 5.11　“设置”选项卡

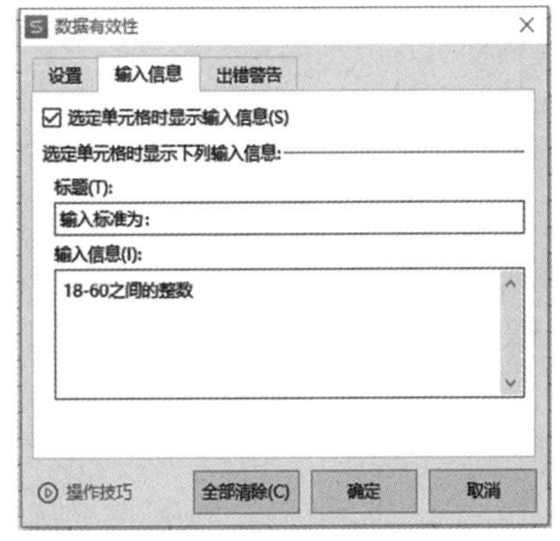

图 5.12　“输入信息”选项卡

(5) 勾选“选定单元格时显示输入信息”，在“标题”文本框中输入“输入标准为:”，在“输入信息”文本框中输入“18~60之间的整数”。

(6) 在“出错警告”选项卡中设置数据无效时显示的警告信息，如图5.13所示。勾选“输入无效数据时显示出错警告”，“样式”下拉列表中选择“停止”，“标题”文本框中输入“年龄在18~60之间，整数”。

(7) 设置完成后，单击“确定”。返回到表格中，选择设置有效性的单元格时，单元格中出现“提示信息”，如图5.14所示；当数据输入无效时，单元格中出现“出错警告”，需要用户重新输入正确信息，如图5.15所示。

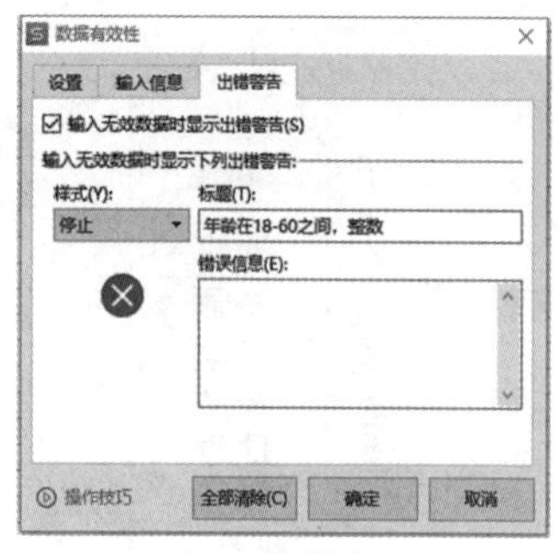

图5.13 “出错警告”对话框

图5.14 输入信息

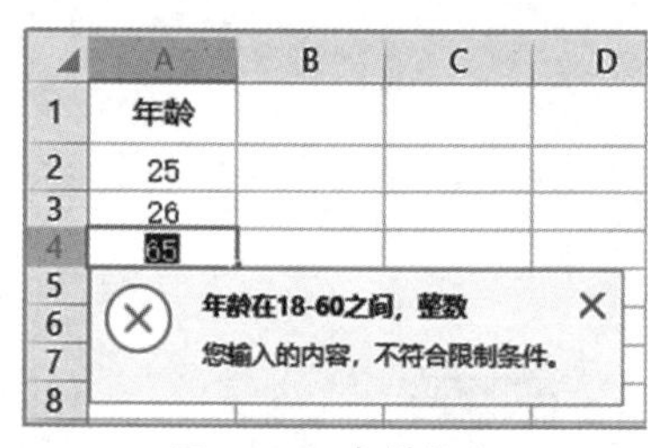

图5.15 出错信息

清除数据有效性的具体操作为：选择清除有效性的单元格，在“数据”选项卡中，单击“有效性”按钮 有效性，在下拉列表中选择“有效性”选项，打开“数据有效性”对话框，单击“全部清除”按钮，可以清除表格的数据有效性设置。

知识点5 数据的编辑

数据输入工作表后，可以对数据进行修改和删除、移动或复制、查找和替换等操作。

5.1 修改和删除数据

修改单元格中数据，可以选中该单元格，直接输入新的数据即可；也可以在选中该单元格后，在编辑栏中进行修改。

删除数据时，先选择单元格，按［Delete］键，删除该数据。

5.2 移动或复制单元格

(1) 移动数据。

选择需要移动数据的单元格，按下［Ctrl+X］组合键剪切源数据，选择目标单元格，按下［Ctrl+V］组合键粘贴数据。

选择单元格后，光标放到所选单元格区域的外框，当鼠标变为✥形状时，按住鼠标左键不放，拖动到目标单元格中，也可以实现数据移动。

(2) 复制单元格。

选择需要复制数据的单元格，按下［Ctrl+C］组合键复制源数据，选择目标单元格，按下［Ctrl+V］组合键粘贴数据。

(3) 选择性粘贴。

复制单元格中的数据后，粘贴时可以选择不同的粘贴方式。具体操作如下：

选择需要复制数据的单元格，按下［Ctrl+C］组合键复制源数据，选择目标单元格，在“开始”选项卡中，单击“粘贴”按钮，在下拉列表中选择“选择性粘贴”选项，打开“选择性粘贴”对话框，如图 5.16 所示。

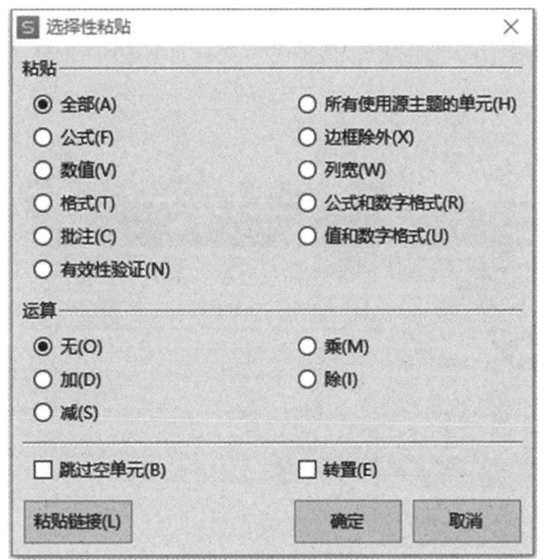

图 5.16　“选择性粘贴”对话框

选择性粘贴各项功能如表 5.2 所示。

表 5.2　选择性粘贴各项功能

基础功能	全部	粘贴所有单元格内容和格式
	公式	仅粘贴在编辑栏中键入的公式
	数值	仅粘贴在单元格中显示的值
	格式	仅粘贴单元格格式
	边框除外	粘贴应用到被复制单元格的所有内容和格式，边框除外
	列宽	将某个列宽或列的区域粘贴到另一个列或列的区域
	公式和数字格式	仅从选中的单元格粘贴公式和所有数字格式选项
	值和数字格式	仅从选中的单元格粘贴值和所有数字格式选项
运算		将已复制的数据与粘贴目标区域的数据进行“加”“减”“乘”“除”等运算
跳过空单元		将复制区域中有空单元格时，选中此项可避免替换粘贴区域中的值
行列转置		将行数据和列数据对换显示

5.3　查找和替换数据

在 WPS 表格中的数据量很大时，手动查找和替换的工作就非常麻烦，容易出错，可以通过查找和替换功能，快速准确地查找符合条件的单元格，还可以对查找的单元格内容进行统一替换。

（1）查找数据。

在“开始”选项卡中单击“查找”按钮，在下拉列表中选择“查找”，打开“查找”对话框，在“查找内容”文本框中输入要查找的内容，单击“查找全部”按钮，在“查找”对话框下方的列表框中显示所包含要查找数据的单元格位置；单击“查找下一个”按钮，自动选择工作表中包含要查找数据的单元格；单击“关闭”按钮，关闭该对话框。

注意：在查找数据时，如果需要在整篇文档中进行查找，只要将光标定位在任意一个单元格中即可，不要选择多个单元格。

（2）替换数据。

①在“开始”选项卡中单击“查找”按钮，在下拉列表中选择“替换”，打开“替换”对话框，如图 5.17 所示。

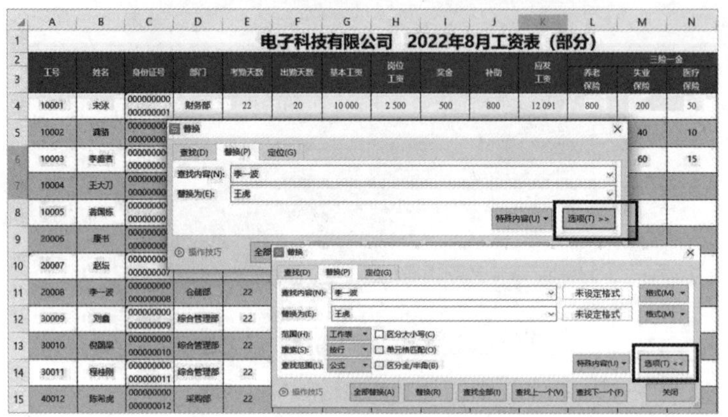

图 5.17 “替换”对话框

②在“查找内容”文本框中输入要查找的内容，在“替换为”文本框中输入替换的内容，如果查找内容和替换内容中包含格式，单击“选项”按钮，单击“格式”按钮，为查找或替换的内容设置格式。

③单击“查找下一个”按钮，查找符合条件的数据，单击“替换”按钮进行替换；单击“全部替换”，将所有查找到的数据进行一次性替换。单击“关闭”按钮，关闭该对话框。

知识点 6　数据格式设置

数据输入完成后，通常还需要对单元格的格式进行设置，以美化表格。设置单元格格式通常在“单元格格式”对话框中进行设置。

6.1　设置字体格式

对单元格中字体进行设置，具体操作如下：

（1）选择需要设置字体格式的单元格，在“开始”选项卡的第二列“字体设置”组中设置“字体”“字号”“字型”和颜色等；

（2）单击“字体设置”组下方的“对话框启动器”按钮，打开“单元格格式”对话框的“字体”选项卡，对字体进行设置，如图 5.18 所示。

6.2　设置对齐方式

在 WPS 表格中，数字和时间的默认对齐方式是右对齐，文本的默认方式是左对齐。用户可以根据需要进行对齐方式的设置。具体操作如下：

（1）选择需要设置字体格式的单元格，在“开始”选项卡的第三列“对齐方式”组中选择“顶端对齐”按钮、“垂直居中”按钮、“底端对齐”按钮、“左对齐”按钮、“居中对齐”按钮、“右对齐”按钮、“两端对齐”按钮、“分散对齐”按钮及“合并居中”按钮，设置数据在单元格中的对齐方式。

（2）用户可以单击“对齐方式”组下方的“对话框启动器”按钮，打开“单元格格式”对话框的“对齐”选项卡，如图 5.19 所示；设置单元格中数据的水平和垂直对齐方式、文本控制、文字方向等。

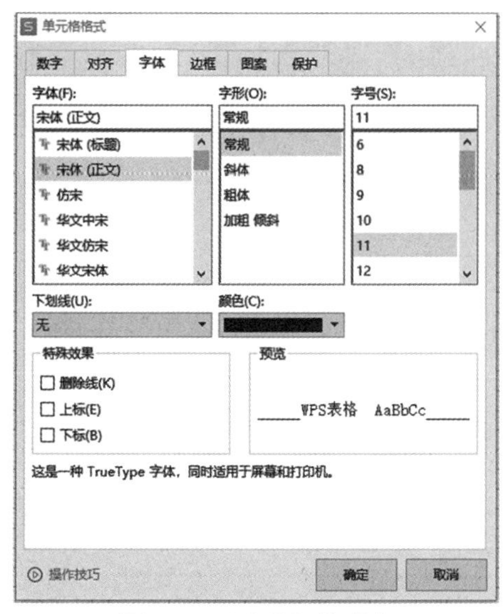

图 5.18　“字体”选项卡

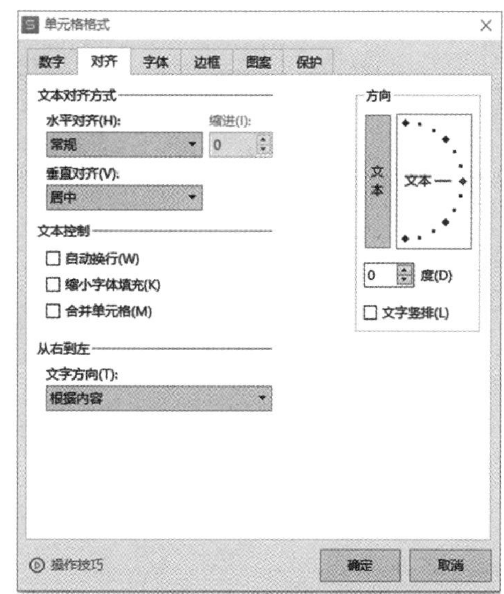

图 5.19　“对齐”选项卡

6.3　设置边框和底纹

（1）设置边框。

WPS 表格工作表中的网格线默认为灰色显示，在打印预览时不显示网格线，打印表格时也不打印网格线，如果需要打印网格线，需要对表格边框进行设置。具体操作如下：

①选择需要设置边框的单元格，在“开始”选项卡的第二列“字体设置”组中，单击“边框”按钮，在打开的下拉列表中选择添加的边框样式；若需要其他边框样式，选择“其他边框”选项，打开“单元格格式”对话框的“边框”选项卡，如图 5.20 所示。

②自定义外边框。在“边框”选项卡中，首先选择边框线的样式，再设置边框线的颜色，在“预设”栏中，选择“外边框”，在“边框”区域，单击“上边框线”按钮，添加或取消上边框线，单击“下边框线”按钮，添加或取消下边框线，单击“左边框线”按钮，添加或取消左边框线，单击“右边框线”按钮，添加或取消右边框线。

③自定义内边框。在“边框”选项卡中，首先选择边框线的样式，再设置边框线的颜色，在“预设”栏中，选择“内边框”，在“边框”区域，单击“水平内框线”按钮，添加或取消水平内框线，单击“垂直内框线”按钮，添加或取消垂直内框线。

④设置完成后，单击“确定”按钮。

（2）设置底纹。

为单元格添加背景颜色和底纹，可以突出显示其单元格，或对单元格进行美化。具体操作为：

①选择需要设置背景颜色的单元格，在“开始”选项卡的第二列“字体设置”组中，单击“边框”按钮，在打开的下拉列表中选择所需的颜色。

②单击“开始”选项卡的第二列“字体设置”组中的“对话框启动器”按钮，打开“单元格格式”对话框，选择“图案”选项卡，如图 5.21 所示。在“颜色”栏中选择颜色，在“图案样式”下拉列表中选择合适的样式，在图案颜色中选择图案的颜色。

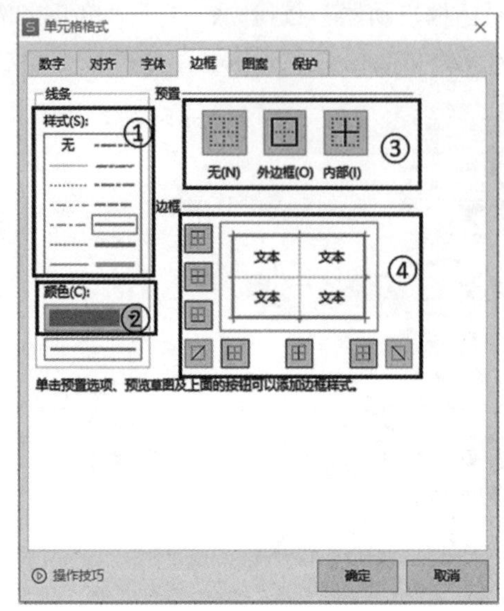

图 5.20 “边框”选项卡

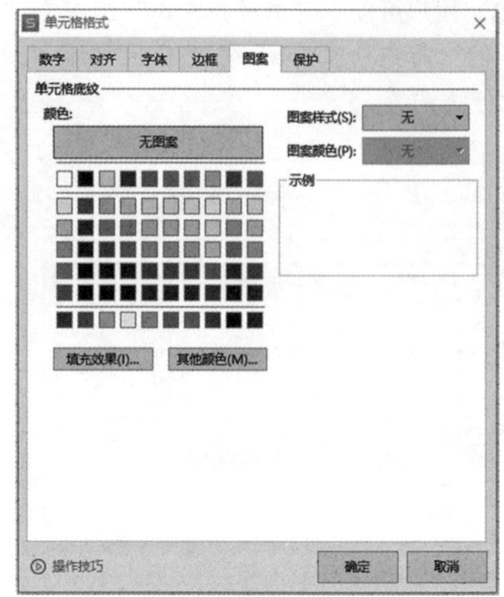

图 5.21 “图案”选项卡

6.4 条件格式

条件格式可以为工作表中满足条件的数据设置特殊的格式，以突出显示。条件格式的设置是利用“开始”选项卡的“样式组”中的“条件格式”按钮 条件格式 完成的。

（1）突出显示单元格规则。

突出显示单元格规则仅对包含文本、数字或日期/时间值的单元格设置条件格式，查找单元格区域中的特定单元格时，基于比较运算符设置这些特定单元格的格式。

（2）项目选取规则。

项目选取规则仅对排名靠前或靠后的值设置格式，可以根据指定的值查找单元格区域中的最高值、最低值，查找高于或低于平均值或标准偏差的值。

（3）数据条。

数据条是根据单元格中的值的大小添加相应颜色填充的数据条，数值越大，数据条越长。

（4）色阶。

色阶是根据单元格中的值的大小添加相应颜色渐变，颜色的深浅表示值的高低。内置的色阶最上面的颜色代表较高值，中间颜色代表中间值，最下面的颜色代表较低值。

（5）图标集。

在数据旁附注旗帜、灯号或箭头图标，来对数据进行注释，每个图标代表一个值的范围。

如果系统中提供的规则不能满足用户的需要，用户可以在“开始”选项卡上单击“条件格式”按钮 条件格式，在下拉列表中选择“新建规则”，进行设置。

删除条件格式，具体操作如下：选择需要删除条件格式的单元格，在“开始”选项卡上单击“条件格式”按钮 条件格式，在下拉列表中选择“清除规则”，选择“清除所选单元格规则”或“清除整个工作表的规则”。

6.5 表格样式

WPS 表格为用户提供了丰富的表格样式，设置表格样式的具体操作为：

（1）单击数据区的任意单元格，用户在“开始”选项卡中单击“表格样式”按钮 表格样式，

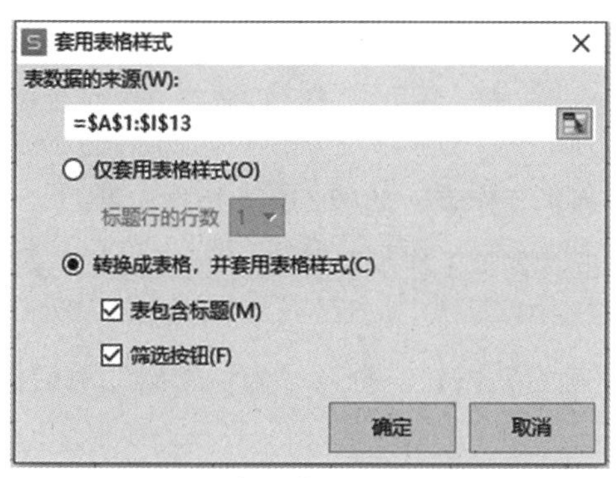

图 5.22　“套用表格样式”对话框

在下拉列表中选择需要的“样式”，弹出如图 5.22 所示的“套用表格样式”对话框；或按下[Ctrl+T]组合键，创建表。

(2) 在“表数据的来源”中自动选取数据区域，如果数据区域有问题，单击文本框后的按钮，重新拖动选择数据区域，再次按下返回“套用表格样式”对话框。

(3) 选择“转换成表格，并套用表格样式”单选按钮，并选择“表包含标题”和“筛选按钮”两个复选框，单击“确定”按钮。就将普通数据区域转换为表格，又称为“超级表格”。通过以上步骤将图 5.23 的普通表转换为如图 5.24 所示的超级表。

WPS 表格中使用“超级表”有下列优点：

- 样式美观，表格数据便于查看，不易错行；
- 自带筛选器，能够自动填充公式和格式；
- 可以自动识别数据区域范围；
- 能够形成动态数据源；
- 通过“超级表”中数据生成的数据透视图和数据透视表可以随时更新。

	A	B	C	D	E	F	G	H	I
1	月份	键盘	无线网卡	蓝牙适配器	鼠标	麦克风	DVD光驱	SD存储卡	手写板
2	1月	600	530	287	293	538	295	900	0
3	2月	351	600	198	222	121	402	880	0
4	3月	845	351	531	287	228	378	920	0
5	4月	1 423	1 050	916	596	558	391	1 050	324
6	5月	1 461	1 333	1 555	1 376	1 475	1 300	1 200	800
7	6月	1 250	899	1 350	845	558	503	374	500
8	7月	967	1 127	932	1 200	700	600	331	400
9	8月	1 190	1 088	1 100	1 125	1 120	750	0	577
10	9月	962	1 262	1 000	1 339	1 139	1 100	0	780
11	10月	1 232	1 000	1 000	880	1 000	1 200	0	455
12	11月	895	1 075	1 100	990	1 150	1 050	0	466
13	12月	947	981	1 200	1 149	1 350	1 000	0	500

图 5.23　普通表

	A	B	C	D	E	F	G	H	I
1	月份	键盘	无线网卡	蓝牙适配	鼠标	麦克风	DVD光	SD存储	手写板
2	1月	600	530	287	293	538	295	900	0
3	2月	351	600	198	222	121	402	880	0
4	3月	845	351	531	287	228	378	920	0
5	4月	1 423	1 050	916	596	558	391	1 050	324
6	5月	1 461	1 333	1 555	1 376	1 475	1 300	1 200	800
7	6月	1 250	899	1 350	845	558	503	374	500
8	7月	967	1 127	932	1 200	700	600	331	400
9	8月	1 190	1 088	1 100	1 125	1 120	750	0	577
10	9月	962	1 262	1 000	1 339	1 139	1 100	0	780
11	10月	1 232	1 000	1 000	880	1 000	1 200	0	455
12	11月	895	1 075	1 100	990	1 150	1 050	0	466
13	12月	947	981	1 200	1 149	1 350	1 000	0	500

图 5.24　超级表

知识点 7　保护表格数据

在表格文档中如果存放了一些重要的数据，可以利用 WPS 表格提供的保护单元格、保护工作表和保护工作簿来进行保护。

7.1　保护单元格

为防止他人修改单元格中的数据，可以将单元格进行“锁定”；防止其他人查看单元格中的公式，可以将单元格进行“隐藏”。具体操作如下：

(1) 选择需要保护的单元格，右键打开快捷菜单，选择“设置单元格格式”命令，打开“单元格格式”对话框，选择“保护”选项卡，如图 5.25 所示。

(2) 选择“锁定”，单元格中数据不会被他人修改；选择“隐藏”，单元格中的公式被隐藏起来。

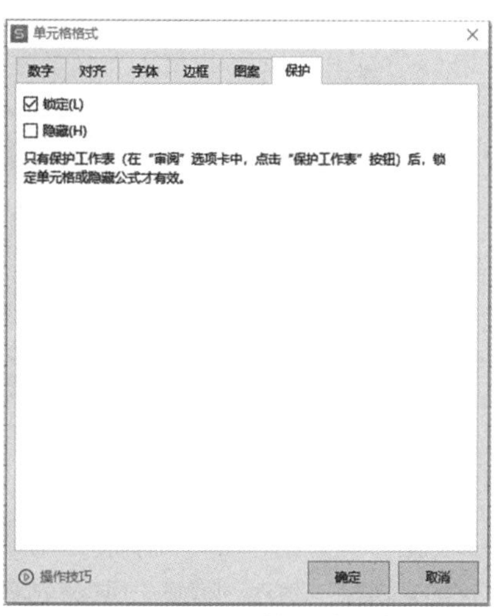

图 5.25　“保护”选项卡

注意：在“保护”选项卡中设置的“锁定”或“隐藏”，只有设置“保护工作表”功能后，才会发挥“锁定”或“隐藏”的效果。

7.2 保护工作表

要发挥“锁定”或“隐藏”的效果，必须设置“保护工作表”功能。具体操作如下：

（1）在当前工作表中，选择“审阅”选项卡，单击“保护工作表”按钮 保护工作表，打开“保护工作表”对话框，如图5.26所示。

（2）在“密码”文本框中输入密码，然后单击“确定”按钮，打开“确认密码”对话框，如图5.27所示。

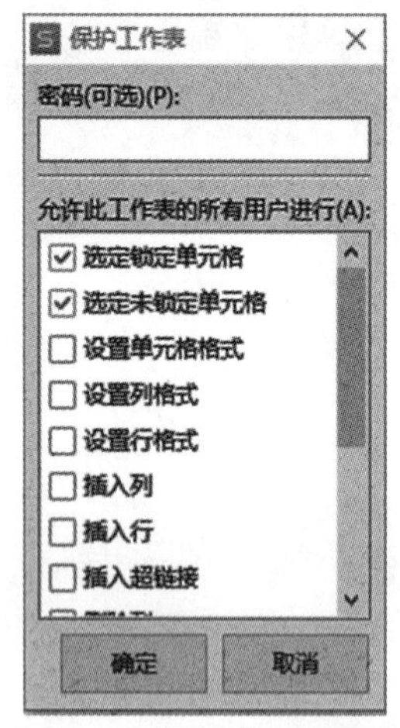

图5.26 “保护工作表”对话框

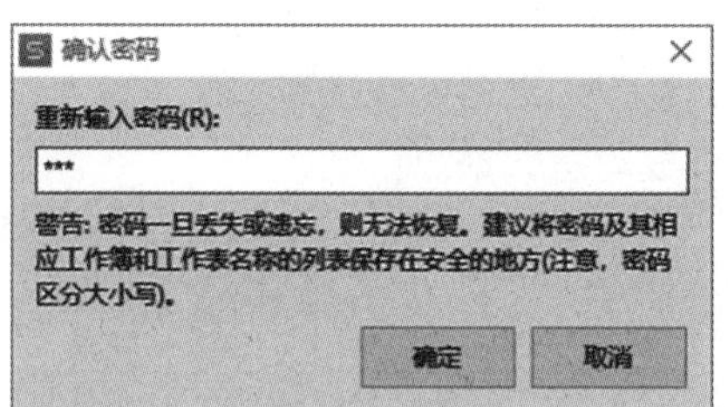

图5.27 “确认密码”对话框

（3）在“重新输入密码”文本框中再次输入相同密码，单击“确定”按钮。返回工作表中，在单元格中输入数据后，屏幕中出现“被保护单元格不支持此功能”的提示，选项卡中的部分按钮或命令呈灰色状态显示，如图5.28所示。

（4）在“审阅”选项卡，单击“撤销保护工作表”按钮 撤消工作表保护，撤销对工作表的保护。

电子科技有限公司　2022年8月工资表（部分）

工号	姓名	身份证号	部门	考勤天数	出勤天数	基本工资	岗位工资	奖金	补助	应发工资	三险一金 养老保险	失业保险	医疗保险	公积金	应缴个税	实发工资
10001	宋冰	000000000000000001	财务部	22	20	10000	2500	500	800	12091	800	200	50	500	150	10391
10002	[illegible]	000000000000000002	财务部	22	22	9000	2250	400	800	12450	160	40	10	300		11940
10003	[illegible]	000000000000000003	财务部	22	22	8500	1700	500	800	11500	240	60	15	200		10985
10004	王大刀	000000000000000004	财务部	22	22	7000	1400	350	500	9250						9250
10005	[illegible]	000000000000000005	财务部	22	22	5000	750	500	500	6750						6750

图5.28 设置保护工作表

7.3 保护工作簿

设置“保护工作簿”是保护工作簿的结构和窗口。可以防止更改工作簿的结构，这样工作表不会被删除、移动、隐藏、取消隐藏或重新命名，也不会插入新的工作表；还可以防止窗口被移动或调整大小。具体操作如下：

（1）选择“审阅”选项卡，单击“保护工作簿”按钮，打开“保护工作簿”对话框。

（2）在对话框中，输入密码后单击“确定”按钮，再次输入相同密码并单击“确定”按钮。

知识点 8　预览并打印表格数据

打印表格之前，需先预览打印效果，对表格内容和格式设置满意后再开始打印。根据打印内容的不同，可分为：打印整个工作表和打印区域数据。

8.1　打印整个工作表

打印整个工作表的具体操作如下：

（1）在 WPS 表格的快速访问工具栏中单击“打印预览”按钮，在打开的窗口中预览打印效果，如图 5.29 所示。

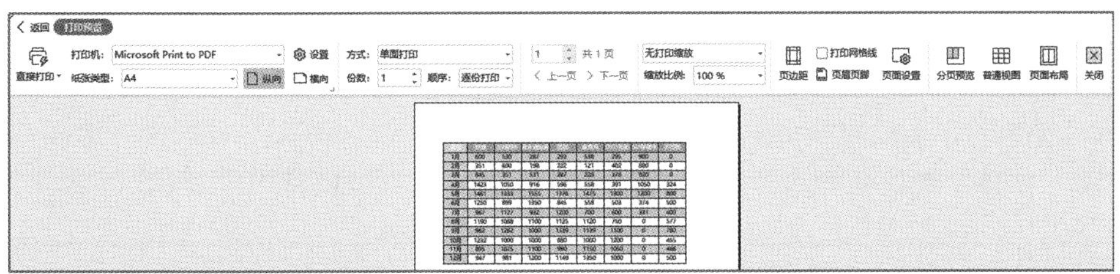

图 5.29　打印预览

（2）在“纸张类型”选择打印纸的尺寸，纸张的方向；“份数”数值框设置打印份数；在“页边距”中设置页边距、对齐方式、页眉页脚等。

（3）设置完成后，单击“直接打印”按钮，打印表格。

8.2　打印区域数据

当只需打印表格中的部分数据时，可设置工作表的打印区域。具体操作如下：

（1）在工作表中选择单元格区域，在“页面布局”选项卡中单击“打印区域”按钮，在下拉列表中选择“设置打印区域”，在工作表所选区域四周出现虚线框。

（2）在快速访问工具栏中单击“打印”按钮，即可打印所选区域。

★★ 任务实操

打开“各产品月度销量汇总统计表 . xlsx”，如图 5.30 所示。

	A	B	C	D	E	F	G	H	I
1	各产品月度销量汇总统计表								
2	月份	键盘	无线网卡	蓝牙适配器	鼠标	麦克风	DVD光驱	SD存储卡	手写板
3	1月	600	530	287	293	538	295	900	0
4	2月	351	600	198	222	121	402	880	0
5	3月	845	351	531	287	228	378	920	0
6	4月	1 423	1 050	916	596	558	391	1 050	324
7	5月	1 461	1 333	1 555	1 376	1 475	1 300	1 200	800
8	6月	1 250	899	1 350	845	558	503	374	500
9	7月	967	1 127	932	1 200	700	600	331	400
10	8月	1 190	1 088	1 100	1 125	1 120	750	0	577
11	9月	962	1 262	1 000	1 339	1 139	1 100	0	780
12	10月	1 232	1 000	1 000	880	1 000	1 200	0	455
13	11月	895	1 075	1 100	990	1 150	1 050	0	466
14	12月	947	981	1 200	1 149	1 350	1 000	0	500

图 5.30　各产品月度销量汇总统计表

完成以下操作：

（1）“键盘”销量高于600的数据设置红色，加粗。

（2）“无线网卡”销量最高的三个数据设置为黄色背景，倾斜。

（3）“蓝牙适配器”销量对比，采用“数据条”方式显示。

（4）“鼠标”的销量对比，采用“色阶”方式显示。

（5）“麦克风”的销售数据对比，采用“图标”方式显示。

具体操作

（1）突出显示单元格规则。

对“键盘”销量高于600的数据设置单元格格式，使用“突出显示单元格规则”选项。具体操作如下：

①选择B3—B14的单元格区域。

②在“开始”选项卡上单击“条件格式”按钮 条件格式，在下拉列表中选择“突出显示单元格规则”，再选择“大于”，打开“大于”对话框，如图5.31所示。

③在“为大于以下值的单元格设置格式：”文本框中输入“600”，“设置为”选择“自定义格式”，在“字体”选项卡中，字体颜色设置为“红色”，字型设置为“加粗”，单击“确定”按钮。

（2）项目选取规则。

对排名靠前的数据设置格式，使用“项目选取规则”选项。具体操作如下：

①选择C3—C14的单元格区域。

②在“开始”选项卡上单击“条件格式”按钮 条件格式，在下拉列表中选择“项目选取规则”，选择“其他规则”，打开“新建格式规则”对话框。

③在“编辑规则说明”栏中，在“为以下排名内的值设置格式”中选择“前”，文本框中输入“3”，单击“格式”按钮，设置字体字型为“斜体”，在“图案”选项卡中，设置颜色为“黄色”，单击“确定”按钮，如图5.32所示。

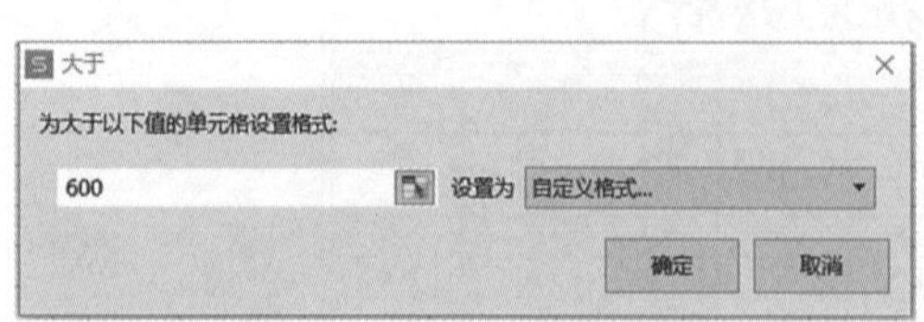

图5.31 “大于”对话框

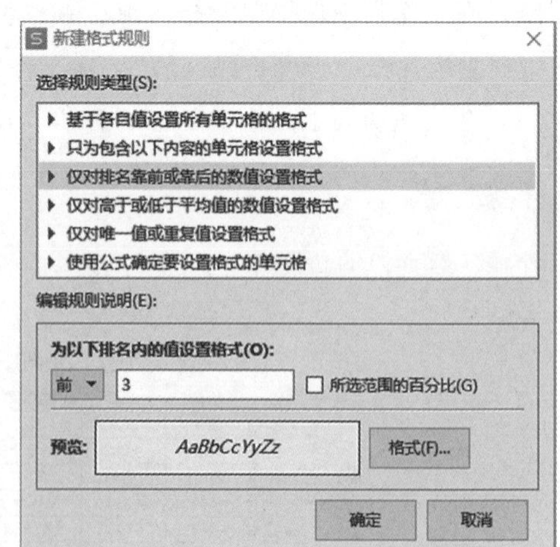

图5.32 “新建格式规则”对话框

（3）数据条。

使用数据条设置单元格格式，具体操作如下：

①选择D3—D14的单元格区域。

②在“开始”选项卡上单击“条件格式”按钮 条件格式，在下拉列表中选择“数据条”，选择“渐变填充”中的“蓝色”。

（4）色阶。

使用色阶设置单元格格式，具体操作如下：

①选择 E3—E4 的单元格区域。

②在“开始”选项卡上单击“条件格式”按钮 条件格式，在下拉列表中选择“色阶”，选择“绿-黄-红色阶”。

（5）图标集。

使用图标集设置单元格格式，具体操作如下：

①选择 F3—F4 的单元格区域。

②在“开始”选项卡上单击“条件格式”按钮 条件格式，在下拉列表中选择“图标集”，选择“标记”中的第二个。

对相同单元格区域设置条件格式，后设置的条件格式不会覆盖前一个设置的条件格式，所以如果要对单元格区域进行二次设置格式，需要删除之前设置的条件格式。本例的最终条件格式的效果如图 5.33 所示。

	A	B	C	D	E	F	G	H	I
1	各产品月度销量汇总统计表								
2	月份	键盘	无线网卡	蓝牙适配器	鼠标	麦克风	DVD光驱	SD存储卡	手写板
3	1月	600	530	287	293	✖ 538	295	900	0
4	2月	351	600	198	222	✖ 121	402	880	0
5	3月	845	351	531	287	✖ 228	378	920	0
6	4月	1423	1050	916	596	✖ 558	391	1050	324
7	5月	1461	*1333*	1555	1376	✔ 1475	1300	1200	800
8	6月	1250	899	1350	845	✖ 558	503	374	500
9	7月	967	*1127*	932	1200	! 700	600	331	400
10	8月	1190	1088	1100	1125	✔ 1120	750	0	577
11	9月	962	*1262*	1000	1339	✔ 1139	1100	0	780
12	10月	1232	1000	1000	880	! 1000	1200	0	455
13	11月	895	1075	1100	990	✔ 1150	1050	0	466
14	12月	947	981	1200	1149	✔ 1350	1000	0	500

图 5.33　条件格式的效果

任务二　数据计算

☑**任务目标**：了解 WPS 表格的单元格不同引用方法；掌握在 WPS 表格中利用公式进行简单计算的方法；掌握 WPS 表格中常用函数的功能，能够利用函数完成数据计算和分析。

知识点 9　单元格的引用

在 WPS 表格进行数据计算时，参与运算的并不是具体的数值，而是存放数值的单元格地址，这样工作表中的数据更新或单元格地址发生变化时，参与运算的数据可以及时更新。

单元格地址也称为“单元格引用”。WPS 表格中包括相对引用、绝对引用和混合引用三种，复制或移动公式来实现填充公式时，会涉及单元格引用，引用方式不同，计算结果也不相同。

（1）相对引用地址。

相对引用地址，是指被引用的单元格相对于公式单元格的位置，公式单元格移动时，被引用的单元格相对移动，保持一致。

相对引用地址格式为：“列标+行号”。如：“A3”单元格，当公式单元格向下移动一行，公式中的单元格地址变为“A4”；WPS 表格默认的引用方式为相对引用。

（2）绝对引用地址。

绝对引用地址，是指无论公式单元格的位置如何改变，被引用的单元格地址均不会发生变化。

绝对引用地址格式为“$列标+$行号”。如：“$A$3”，当公式单元格向下移动一行，公式中的单元格地址仍为“$A$3”。

（3）混合引用地址。

混合引用地址是指引用单元格时，列标和行号中一个是相对引用，一个是绝对引用。这种引用方式可以保证列地址或行地址中有一个保持不变。

混合引用地址格式为：“$列标+行号”或“列标+$行号”。如“$A3”，当公式单元格向下移动一行，公式中的单元格地址变为“$A4”；当公式单元格向右移动一列，公式中的单元格地址仍为“$A3”。

（4）跨工作表的单元格地址的引用。

WPS 表格在计算时，可以引用不同工作表中的内容，具体格式为：

[工作簿文件名] 工作表名！单元格地址

说明：如果引用同一工作簿中的不同工作表的内容，“[工作簿文件名]”可省略。

知识点 10　利用公式计算数据

在 WPS 表格中利用公式计算数据前，首先需要了解公式中的运算符及运算法则。

10.1　运算符

运算符即公式中的运算符号。运算符包括以下五种：

（1）算术运算符：用来完成基本的数学运算。算术运算符有：加（+）、减（-）、乘（*）、除（/）、百分比（%）、乘方（^）。

（2）比较运算符：用来对两个数值进行比较，产生的结果为逻辑值 FALSE（真）或 TRUE（假）。比较运算符有：等于（=）、不等于（<>）、大于（>）、小于（<）、大于等于（>=）、小于等于（<=）。

（3）文本运算符：文本运算符（&）用来将一个或多个文本连接成一个组合文本。

（4）引用运算符：用来将单元格区域合并运算。

①区域（:）。表示两个引用之间，如 B1：B3，表示 B1 单元格到 B3 单元格之间的单元格区域的引用。

②联合（,）。表示将多个引用合并为一个引用。如（B1，B2，B3）表示 B1，B2，B3 三个单元格。

③交叉（空格）。表示对两个单元格区域交叉区域的引用。

（5）括号运算符。

10.2　运算法则

WPS 表格所有公式必须以“=”开始，后面是运算元素与运算符。

公式中同时用到了多个运算符，则需按照运算符的优先级别进行运算；运算符优先级别相同时，先进行括号里的运算，再依次从左到右进行计算。

公式中运算符的优先级别从高到低依次为：

（冒号）>（逗号）>（空格）>（负号）>（百分比）>（乘方）>（乘、除）>（加、减）>（& 连接符）>（比较运算符）

10.3　编辑公式

（1）输入公式。

公式的输入格式以“=”开始，后接具体公式。

（2）编辑公式。

如果输入的公式需要修改，直接在单元格中或在编辑栏中进行修改，需要删除数据时，可以按下［Backspace］键向前删除；按下［Delete］键向后删除；按下［Enter］键确认。

（3）填充公式和复制公式。

在完成一条数据的计算后，可以通过填充公式的方式快速完成其他单元格的数值计算，WPS 表格会自动改变引用单元格的地址，不但避免重新输入公式的麻烦，还提高了工作效率。除了使用填充公式方法外，也可以复制公式，具体操作如下：

①选择公式所在的单元格，按下［Ctrl+C］组合键进行复制；

②将光标定位到需要复制到的单元格，按下［Ctrl+V］组合键进行粘贴。

（4）公式常见错误信息。

在计算公式时，会出现一些输入、类型等方面的错误，导致公式不能正确执行，系统会显示相应的错误信息。一些常见的错误信息如表 5.3 所示。

表 5.3　一些常见的错误信息

错误类型	出错原因
#####	列宽不足，或包含负的日期或时间
#DIV/0!	除数为 0
#N/A	数值不可用
#NAME?	无法识别公式中的文本或公式名称拼写错误
#NUL!	指定两个不相交的区域的交集
#NUM!	公式或函数中使用了无效数值
#REF!	单元格引用无效
#VALUE!	公式所包含的单元格具有不同的类型

★ 操作训练

为“成绩统计表”中计算每个学生的总分，如图 5.34 所示。

	A	B	C	D	E	F	G	H
1	计算机专业2022级期末考试成绩统计表							
2	学号	姓名	高等数学	计算机基础	科技英语	C语言	数据库	总分
3	1	钱梅宝	88	98	82	85	89	442
4	2	张平光	100	98	100	97	100	
5	3	郭建锋	97	94	89	90	90	
6	4	张宇	86	76	98	96	80	
7	5	徐飞	85	89	79	74	81	
8	6	王伟	95	68	93	87	86	
9	7	沈迪	87	75	78	96	68	
10	8	曾国芸	94	84	98	89	94	
11	9	罗劲松	78	77	69	80	78	
12	10	赵国辉	80	69	76	79	80	

图 5.34　成绩统计表

具体步骤

①选定要输入公式的单元格 H3。

②在单元格中或编辑栏中输入“=C3+D3+E3+F3+G3”，按下［Enter］键，总分显示“442”。

②将鼠标指针移至 H3 单元格右下角的自动填充柄上，当光标变成✚形状后，按住左键不放向下拖动到 H10 单元格后，释放鼠标，即可填充一列公式，填充后，如图 5.35 所示。

	A	B	C	D	E	F	G	H
1	计算机专业2022级期末考试成绩统计表							
2	学号	姓名	高等数学	计算机基础	科技英语	C语言	数据库	总分
3	1	钱梅宝	88	98	82	85	89	442
4	2	张平光	100	98	100	97	100	495
5	3	郭建锋	97	94	89	90	90	460
6	4	张宇	86	76	98	96	80	436
7	5	徐飞	85	89	79	74	81	408
8	6	王伟	95	68	93	87	86	429
9	7	沈迪	87	75	78	96	68	404
10	8	曾国芸	94	84	98	89	94	459
11	9	罗劲松	78	77	69	80	78	382
12	10	赵国辉	80	69	76	79	80	384

图 5.35　填充公式

知识点 11　利用函数计算数据

函数是一些预定义的公式，执行计算、分析等处理数据任务的特殊公式。WPS 表格提供了大量功能强大的函数，熟练地使用函数处理数据，可以大大提高工作效率。

函数一般包括等号、函数名和函数参数三部分。函数名表示函数的功能，每个函数都具有唯一的函数名称；参数是指函数运算对象，可以是数字、单元格地址、区域或区域名等，如果多个参数，则参数之间用逗号分隔。

11.1　函数分类

按照函数的功能或应用途径不同，函数可分为财务函数、日期与时间函数、数学与三角函数、统计函数等。

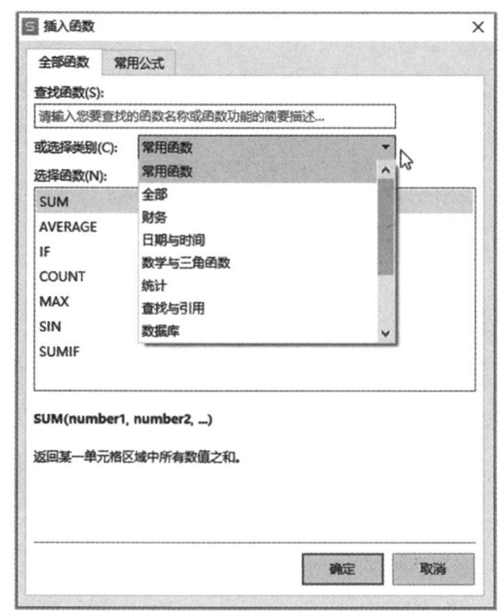

图 5.36 “插入函数”对话框

在“公式”选项卡上，单击“插入函数”按钮 fx插入函数，打开“插入函数”对话框，如图 5.36 所示。在“选择类别”下拉列表中列出了 WPS 提供的所有函数。

11.2 常用函数

在“公式”选项卡中的“常用函数”下拉列表中列举了常用的一些函数，下面进行简单的介绍：

(1) SUM 函数：求和函数。

格式：=SUM(数值 1,…)。

功能：返回被选择的单元格或单元格区域进行求和计算。

举例：=SUM(A1,C3) 返回 A1 和 C3 两个单元格的数据之和。

=SUM(A1:C3) 返回 A1 到 C3 单元格区域所有数据之和。

(2) AVERAGE 函数：求平均值函数。

格式：=AVERAGE(数值 1,…)。

功能：返回被选择的单元格或单元格区域的数值进行求平均值计算。

举例：=AVERAG(A1,C3) 返回 A1 和 C3 两个单元格数据的平均值。

=AVERAG(A1:C3) 返回 A1 到 C3 单元格区域所有数据的平均值。

(3) MAX/MIN 函数：最大值/最小值函数。

格式：=MAX(数值 1,…)，=MIN(数值 1,…)。

功能：返回被选择的单元格或单元格区域的数值中的最大值或最小值。

举例：=MAX(A1,C3) 返回 A1 和 C3 两个单元格数据中的最大值。

=MIN(A1:C3) 返回 A1 到 C3 单元格区域所有数据中的最小值。

(4) COUNT 函数：计数函数。

格式：=COUNT(值 1,…)。

功能：返回被选择的单元格或单元格区域的包含数字类型的数据的单元格个数。

举例：=AVERAG(A1,C3) 返回 A1 和 C3 两个单元格中包含数字类型数据的单元格个数。

=AVERAG(A1:C3) 返回 A1 到 C3 单元格区域包含数字类型数据的单元格个数。

(5) SUMIF 函数：条件求和函数。

格式：=SUMIF(区域,条件,[求和区域])。

功能：在给定的区域内，对满足条件并在数据求和区域中的数据求和。[求和区域] 可以省略，省略后对区域内数据求和。

举例：=SUMIF(A1:C3,">50") 在 A1 到 C3 单元格区域中，将数值大于 50 的数据求和。

(6) RANK 函数：排名函数。

格式：=RANK(数值,引用,[排位方式])。

功能：返回数值在一列数字列表中的排名。数值是进行排名的数值或所在单元格地址；引用是所有进行排名的数字或所在的单元格区域；[排位方式] 指定排名的方式，0 或忽略为降序，非零值为升序。

举例：=RANK(A1,A1:G1) 返回 A1 单元格中的数值在 A1～G1 单元格区域中的排名。

(7) IF 函数：条件函数。

格式：=IF(测试条件,真值,[假值])。

功能：如果测试条件的值为 TRUE，返回真值；值为 FALSE，返回假值。

举例：=IF(A1>=60,"及格","不及格") 若 A1 单元格的值大于等于 60，在当前单元格中返回“及格”。

(8) VLOOKUP 函数：跨表查询函数。

格式：=VLOOKUP(查找值,数据表,列序数,[匹配条件])。

功能：根据查找值，到数据表中找到目标数据，然后根据列序数返回数据表中指定列的值。匹配条件指是否进行精确匹配，0 为精确匹配，1 或忽略为大致匹配。

举例：=VLOOKUP(B4,客户档案! A1:G19,2,0)。根据 B4 单元中的数据，到客户档案表中 A1:G19 区域中，返回第 2 列中的数据内容。

11.3 输入函数

在 WPS 表中使用函数进行数值计算，可以有以下两种方式：

(1) 手动输入。

选择单元格后，在编辑栏中输入“=SUM(A1:C3)”，按下［Enter］键后完成输入。

(2) 自动输入。

使用系统提供的函数对话框进行函数的输入，具体操作如下：

①选择单元格后，在“公式”选项卡中，单击“插入函数”按钮 fx 插入函数，打开“插入函数”对话框。

②在对话框中选择所需要的函数，单击选择“SUM”，单击“确定”按钮，打开“函数参数”对话框，如图 5.37 所示。

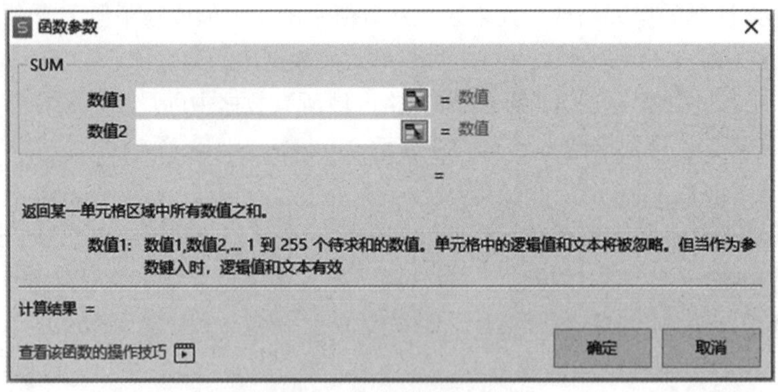

图 5.37 “函数参数”对话框

③单击“数值 1”文本框后面的“收缩”按钮，进入“单元格选择”状态，鼠标拖动选择所需求和的单元格，如图 5.38 所示。

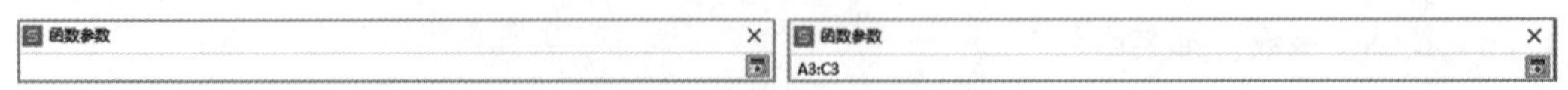

图 5.38 选择求和单元格区域

④单击“展开”按钮，恢复“函数参数”对话框，如图 5.39 所示。单击“确定”按钮，完成函数输入。

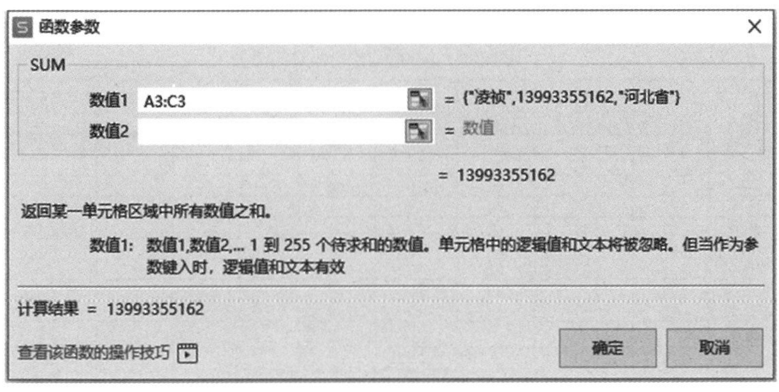

图 5.39　返回“函数参数”对话框

★★ 任务实操

打开“成绩统计表 . xlsx”，如图 5.40 所示。

	A	B	C	D	E	F	G	H	I	J	K	L
1	计算机专业2022级期末考试成绩统计表											
2	学号	姓名	高等数学	计算机基础	科技英语	C语言	数据库	总分	平均分	成绩排名	高等数学（等级）	籍贯
3	1	钱梅宝	88	98	82	85	89					
4	2	张平光	100	98	100	97	100					
5	3	郭建锋	97	94	89	90	90					
6	4	张宇	86	76	98	96	80					
7	5	徐飞	85	89	79	74	81					
8	6	王伟	95	68	93	87	86					
9	7	沈迪	87	75	78	96	68					
10	8	曾国芸	94	84	98	89	94					
11	9	罗劲松	78	77	69	80	78					
12	10	赵国辉	80	69	76	79	80					
13	各科最大值											
14	各科最小值											
15	各科优秀人数											

图 5.40　成绩统计表

完成以下操作：

(1) 计算每名学生的总分和平均分，平均分保留 1 位小数。

(2) 求出各科的最高分和最低分。

(3) 求出各科优秀的人数，优秀的标准为成绩大于或等于 90 分。

(4) 根据每名学生的总分，来给学生排名。

(5) 将“高等数学”成绩由“百分制”修改为“等级制”，等级制标准为：优（90~100 之间，包含 90）、良（80~90 之间，包含 80）、中（70~80 之间，包含 70）、及格（60~70 之间，包含 60）和不及格（0~60 之间，包含 0）。

(6) 根据“基本信息”工作表中数据，填写各个学生的籍贯。

具体操作

(1) 使用 SUM 函数和 AVERAGE 函数计算总分和平均分。

SUM 函数主要用于计算某一单元格区域中所有数据之和，具体操作如下：

①选择 H3 单元格，在“公式”选项卡中单击“自动求和”按钮 Σ 自动求和；系统自动在 H3 单元格中插入求和函数 SUM，自动识别函数参数为“C3:G3”；按下［Enter］键，完成求和计算，如图 5.41 所示。

	A	B	C	D	E	F	G	H	I	J	K	L
1	计算机专业2022级期末考试成绩统计表											
2	学号	姓名	高等数学	计算机基础	科技英语	C语言	数据库	总分	平均分	成绩排名	高等数学（等级）	籍贯
3	1	钱梅宝	88	98	82	85		=SUM(C3:G3)				
4	2	张平光	100	98	100	97	100					
5	3	郭建锋	97	94	89	90	90					
6	4	张宇	86	76	98	96	80					
7	5	徐飞	85	89	79	74	81					
8	6	王伟	95	68	93	87	86					
9	7	沈迪	87	75	78	96	68					
10	8	曾国芸	94	84	98	89	94					
11	9	罗劲松	78	77	69	80	78					
12	10	赵国辉	80	69	76	79	80					
13	各科最大值											
14	各科最小值											
15	各科优秀人数											

图 5.41　插入求和函数

②将鼠标指针移到 H3 单元格右下角，当其形状变为➕形状时，按住鼠标左键不放并向下拖动至 H12 单元格，释放鼠标，系统自动填充其他同学的总分，如图 5.42 所示。

	A	B	C	D	E	F	G	H	I	J	K	L
1	计算机专业2022级期末考试成绩统计表											
2	学号	姓名	高等数学	计算机基础	科技英语	C语言	数据库	总分	平均分	成绩排名	高等数学（等级）	籍贯
3	1	钱梅宝	88	98	82	85	89	442				
4	2	张平光	100	98	100	97	100	495				
5	3	郭建锋	97	94	89	90	90	460				
6	4	张宇	86	76	98	96	80	436				
7	5	徐飞	85	89	79	74	81	408				
8	6	王伟	95	68	93	87	86	429				
9	7	沈迪	87	75	78	96	68	404				
10	8	曾国芸	94	84	98	89	94	459				
11	9	罗劲松	78	77	69	80	78	382				
12	10	赵国辉	80	69	76	79	80	384				
13	各科最大值											
14	各科最小值											
15	各科优秀人数											

图 5.42　自动填充总分

③选择 I3 单元格，在“公式”选项卡中单击“自动求和”按钮 Σ 自动求和 下方的下拉按钮▼，在下拉列表中选择“平均值”选项；系统自动在 I3 单元格中插入求和函数 AVERAGE，自动识别函数参数为“C3：H3”，手动更改为“C3：G3”，按下［Enter］键，完成求平均值计算，如图 5.43 所示。

	A	B	C	D	E	F	G	H	I	J	K	L
1	计算机专业2022级期末考试成绩统计表											
2	学号	姓名	高等数学	计算机基础	科技英语	C语言	数据库	总分	平均分	成绩排名	高等数学（等级）	籍贯
3	1	钱梅宝	88	98	82	85	89	=AVERAGE(C3:G3)				
4	2	张平光	100	98	100	97	100	495				
5	3	郭建锋	97	94	89	90	90	460				
6	4	张宇	86	76	98	96	80	436				
7	5	徐飞	85	89	79	74	81	408				
8	6	王伟	95	68	93	87	86	429				
9	7	沈迪	87	75	78	96	68	404				
10	8	曾国芸	94	84	98	89	94	459				
11	9	罗劲松	78	77	69	80	78	382				
12	10	赵国辉	80	69	76	79	80	384				
13	各科最大值											
14	各科最小值											
15	各科优秀人数											

图 5.43　插入求平均值函数

④将鼠标指针移到 I3 单元格右下角，当其形状变为╋形状时，按住鼠标左键不放并向下拖动至 I12 单元格，释放鼠标，系统自动填充其他同学的平均分，如图 5.44 所示。

	A	B	C	D	E	F	G	H	I	J	K	L
1	计算机专业2022级期末考试成绩统计表											
2	学号	姓名	高等数学	计算机基础	科技英语	C语言	数据库	总分	平均分	成绩排名	高等数学（等级）	籍贯
3	1	钱梅宝	88	98	82	85	89	442	88.4			
4	2	张平光	100	98	100	97	100	495	99			
5	3	郭建锋	97	94	89	90	90	460	92			
6	4	张宇	86	76	98	96	80	436	87.2			
7	5	徐飞	85	89	79	74	81	408	81.6			
8	6	王伟	95	68	93	87	86	429	85.8			
9	7	沈迪	87	75	78	96	68	404	80.8			
10	8	曾国芸	94	84	98	89	94	459	91.8			
11	9	罗劲松	78	77	69	80	78	382	76.4			
12	10	赵国辉	80	69	76	79	80	384	76.8			
13	各科最大值											
14	各科最小值											
15	各科优秀人数											

图 5.44　自动填充平均值

⑤选择 I3 到 I10 单元格区域，右键打开快捷菜单，选择“设置单元格格式”选项，打开“单元格格式”对话框，如图 5.45 所示；在“数字”选项卡中，“分类”列表中选择“数值”，在“小数位数”文本框中输入“1”，单击“确定”按钮，最终效果如图 5.46 所示。

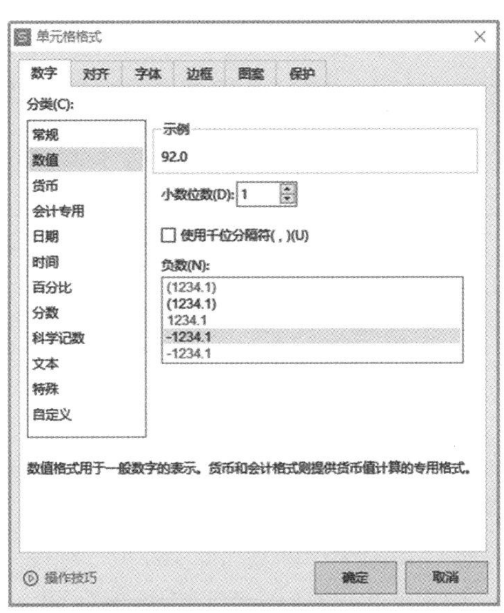

图 5.45　“数字”选项卡

	A	B	C	D	E	F	G	H	I	J	K	L
1	计算机专业2022级期末考试成绩统计表											
2	学号	姓名	高等数学	计算机基础	科技英语	C语言	数据库	总分	平均分	成绩排名	高等数学（等级）	籍贯
3	1	钱梅宝	88	98	82	85	89	442	88.4			
4	2	张平光	100	98	100	97	100	495	99.0			
5	3	郭建锋	97	94	89	90	90	460	92.0			
6	4	张宇	86	76	98	96	80	436	87.2			
7	5	徐飞	85	89	79	74	81	408	81.6			
8	6	王伟	95	68	93	87	86	429	85.8			
9	7	沈迪	87	75	78	96	68	404	80.8			
10	8	曾国芸	94	84	98	89	94	459	91.8			
11	9	罗劲松	78	77	69	80	78	382	76.4			
12	10	赵国辉	80	69	76	79	80	384	76.8			
13	各科最大值											
14	各科最小值											
15	各科优秀人数											

图 5.46　最终效果

（2）使用 MAX 函数和 MIN 函数计算最高分和最低分。

MAX 函数和 MIN 函数用于显示一组数据中的最大值和最小值。具体操作如下：

①选择 C13 单元格，在“公式”选项卡中单击“自动求和”按钮 Σ 自动求和 下方的下拉按钮▼，在下拉列表中选择“最大值”选项，系统自动在 C13 单元格中插入最大值函数 MAX，自动识别函数参数为“C3：C12”；按下［Enter］键，完成最大值计算，如图 5.47 所示。

	A	B	C	D	E	F	G	H	I	J	K	L
1	计算机专业2022级期末考试成绩统计表											
2	学号	姓名	高等数学	计算机基础	科技英语	C语言	数据库	总分	平均分	成绩排名	高等数学（等级）	籍贯
3	1	钱梅宝	88	98	82	85	89	442	88.4			
4	2	张平光	100	98	100	97	100	495	99.0			
5	3	郭建锋	97	94	89	90	90	460	92.0			
6	4	张宇	86	76	98	96	80	436	87.2			
7	5	徐飞	85	89	79	74	81	408	81.6			
8	6	王伟	95	68	93	87	86	429	85.8			
9	7	沈迪	87	75	78	96	68	404	80.8			
10	8	曾国芸	94	84	98	89	94	459	91.8			
11	9	罗劲松	78	77	69	80	78	382	76.4			
12	10	赵国辉	80	69	76	79	80	384	76.8			
13	各科	=MAX(C3:C12)										
14	各科最小值											
15	各科优秀人数											

图 5.47　插入最大值函数

②将鼠标指针移到 C13 单元格右下角，当其形状变为✚形状时，按住鼠标左键不放并向右拖动至 G13 单元格，释放鼠标，系统自动填充其他科目的最高分，如图 5.48 所示。

	A	B	C	D	E	F	G	H	I	J	K	L
1	计算机专业2022级期末考试成绩统计表											
2	学号	姓名	高等数学	计算机基础	科技英语	C语言	数据库	总分	平均分	成绩排名	高等数学（等级）	籍贯
3	1	钱梅宝	88	98	82	85	89	442	88.4			
4	2	张平光	100	98	100	97	100	495	99.0			
5	3	郭建锋	97	94	89	90	90	460	92.0			
6	4	张宇	86	76	98	96	80	436	87.2			
7	5	徐飞	85	89	79	74	81	408	81.6			
8	6	王伟	95	68	93	87	86	429	85.8			
9	7	沈迪	87	75	78	96	68	404	80.8			
10	8	曾国芸	94	84	98	89	94	459	91.8			
11	9	罗劲松	78	77	69	80	78	382	76.4			
12	10	赵国辉	80	69	76	79	80	384	76.8			
13	各科最大值		100	98	100	97	100					
14	各科最小值											
15	各科优秀人数											

图 5.48　自动填充最大值

③选择 C14 单元格，在“公式”选项卡中单击“自动求和”按钮 Σ 自动求和 下方的下拉按钮▼，在下拉列表中选择“最小值”选项；系统自动在 C14 单元格中插入最小值函数 MIN，自动识别函数参数为“C3：C13”，手动更改为“C3：C12”，按下［Enter］键，完成最小值计算，如图 5.49 所示。

	A	B	C	D	E	F	G	H	I	J	K	L
1	计算机专业2022级期末考试成绩统计表											
2	学号	姓名	高等数学	计算机基础	科技英语	C语言	数据库	总分	平均分	成绩排名	高等数学（等级）	籍贯
3	1	钱梅宝	88	98	82	85	89	442	88.4			
4	2	张平光	100	98	100	97	100	495	99.0			
5	3	郭建锋	97	94	89	90	90	460	92.0			
6	4	张宇	86	76	98	96	80	436	87.2			
7	5	徐飞	85	89	79	74	81	408	81.6			
8	6	王伟	95	68	93	87	86	429	85.8			
9	7	沈迪	87	75	78	96	68	404	80.8			
10	8	曾国芸	94	84	98	89	94	459	91.8			
11	9	罗劲松	78	77	69	80	78	382	76.4			
12	10	赵国辉	80	69	76	79	80	384	76.8			
13	各科最大值		100	98	100	97	100					
14	各科	=MIN(C3:C13)										
15	各科优秀人数											

图 5.49　插入最小值函数

④将鼠标指针移到 C14 单元格右下角，当其形状变为➕形状时，按住鼠标左键不放并向右拖动至 G14 单元格，释放鼠标，系统自动填充其他科目的最低分，如图 5. 50 所示。

	A	B	C	D	E	F	G	H	I	J	K	L
1	计算机专业2022级期末考试成绩统计表											
2	学号	姓名	高等数学	计算机基础	科技英语	C语言	数据库	总分	平均分	成绩排名	高等数学（等级）	籍贯
3	1	钱梅宝	88	98	82	85	89	442	88.4			
4	2	张平光	100	98	100	97	100	495	99.0			
5	3	郭建锋	97	94	89	90	90	460	92.0			
6	4	张宇	86	76	98	96	80	436	87.2			
7	5	徐飞	85	89	79	74	81	408	81.6			
8	6	王伟	95	68	93	87	86	429	85.8			
9	7	沈迪	87	75	78	96	68	404	80.8			
10	8	曾国芸	94	84	98	89	94	459	91.8			
11	9	罗劲松	78	77	69	80	78	382	76.4			
12	10	赵国辉	80	69	76	79	80	384	76.8			
13	各科最大值		100	98	100	97	100					
14	各科最小值		78	68	69	74	68					
15	各科优秀人数											

图 5. 50　自动填充最小值

（3）使用条件计数函数 COUNTIF 来统计个数。

格式：=COUNTIF(区域,条件)。

功能：在给定的区域内，对满足条件的数值型数据进行统计个数。

使用 COUNTIF 函数统计各科优秀的人数，具体操作如下：

①选择 C15 单元格，在“公式”选项卡中单击“插入函数”按钮 fx 插入函数，打开“插入函数”对话框，如图 5. 51 所示。在“查找函数”文本框中输入“COUNTIF”，单击“确定按钮”。

②打开“函数参数”对话框，如图 5. 52 所示。在“区域”文本框中，输入“C3：C12”；在“条件”文本框中，输入“>=90”，单击“确定”按钮。在 C15 单元格中插入“COUNTIF”函数，如图 5. 53 所示。

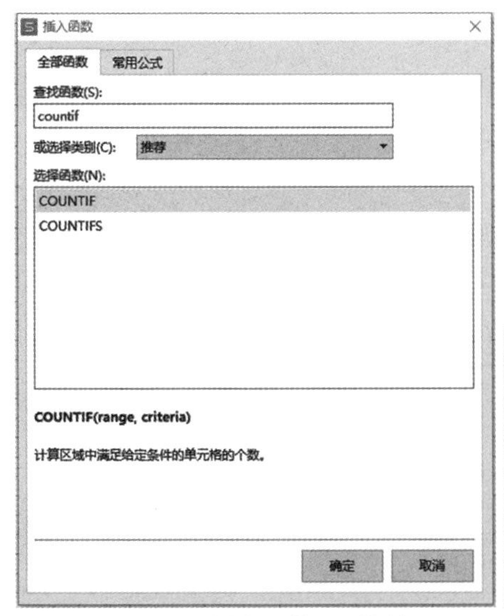

图 5. 51　“插入函数”对话框

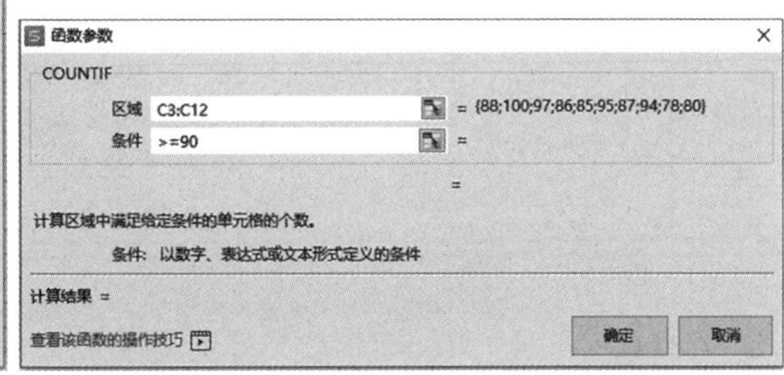

图 5. 52　“COUNTIF 函数”参数

③将鼠标指针移到 C15 单元格右下角，当其形状变为➕形状时，按住鼠标左键不放并向右拖动至 G15 单元格，释放鼠标，系统自动填充其他科目优秀的人数，如图 5. 54 所示。

（4）使用排名函数 RANK 计算总成绩排名。

RANK 函数用来显示某个数字在数字列表中的排位，具体操作如下：

C15　=COUNTIF(C3:C12,">=90")

计算机专业2022级期末考试成绩统计表											
学号	姓名	高等数学	计算机基础	科技英语	C语言	数据库	总分	平均分	成绩排名	高等数学（等级）	籍贯
1	钱梅宝	88	98	82	85	89	442	88.4			
2	张平光	100	98	100	97	100	495	99.0			
3	郭建锋	97	94	89	90	90	460	92.0			
4	张宇	86	76	98	96	80	436	87.2			
5	徐飞	85	89	79	74	81	408	81.6			
6	王伟	95	68	93	87	86	429	85.8			
7	沈迪	87	75	78	96	68	404	80.8			
8	曾国芸	94	84	98	89	94	459	91.8			
9	罗劲松	78	77	69	80	78	382	76.4			
10	赵国辉	80	69	76	79	80	384	76.8			
各科最大值		100	98	100	97	100					
各科最小值		78	68	69	74	68					
各科优秀人数		4									

图 5.53　插入 COUNTIF 函数

H20

计算机专业2022级期末考试成绩统计表											
学号	姓名	高等数学	计算机基础	科技英语	C语言	数据库	总分	平均分	成绩排名	高等数学（等级）	籍贯
1	钱梅宝	88	98	82	85	89	442	88.4			
2	张平光	100	98	100	97	100	495	99.0			
3	郭建锋	97	94	89	90	90	460	92.0			
4	张宇	86	76	98	96	80	436	87.2			
5	徐飞	85	89	79	74	81	408	81.6			
6	王伟	95	68	93	87	86	429	85.8			
7	沈迪	87	75	78	96	68	404	80.8			
8	曾国芸	94	84	98	89	94	459	91.8			
9	罗劲松	78	77	69	80	78	382	76.4			
10	赵国辉	80	69	76	79	80	384	76.8			
各科最大值		100	98	100	97	100					
各科最小值		78	68	69	74	68					
各科优秀人数		4	3	4	4	3					

图 5.54　自动填充 COUNTIF 函数

①选择 J3 单元格，在“公式”选项卡中单击“常用函数”按钮 常用函数 下方的下拉按钮，在下拉列表中选择“RANK”选项；RANK 函数参数对话框如图 5.55 所示。打开“函数参数”对话框，在“数值”文本框中输入“H3”，“引用”文本框中输入“$H$3:$H$12”，单击“确定”按钮。

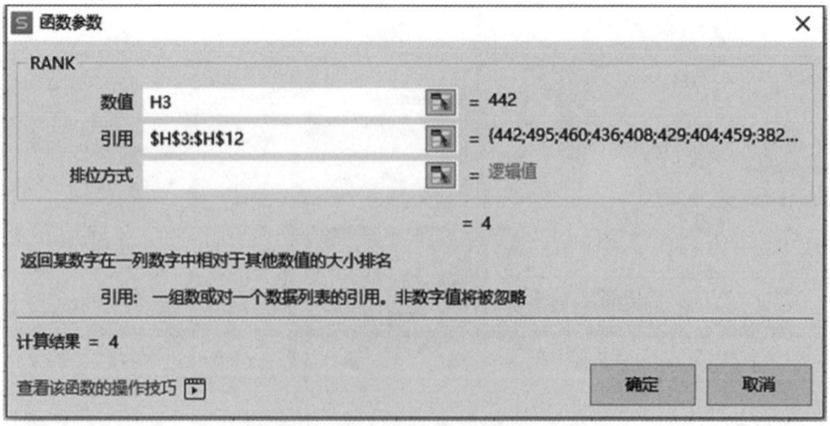

函数参数

RANK

数值　H3　= 442

引用　$H$3:$H$12　= {442;495;460;436;408;429;404;459;382...

排位方式　= 逻辑值

= 4

返回某数字在一列数字中相对于其他数值的大小排名

引用：一组数或对一个数据列表的引用。非数字值将被忽略

计算结果 = 4

查看该函数的操作技巧

确定　取消

图 5.55　RANK 函数参数对话框

②将鼠标指针移到 J3 单元格右下角，当其形状变为➕形状时，按住鼠标左键不放并向下拖动至 J12 单元格，释放鼠标，系统自动填充其他同学的排名，如图 5.56 所示。

	A	B	C	D	E	F	G	H	I	J	K	L
1	计算机专业2022级期末考试成绩统计表											
2	学号	姓名	高等数学	计算机基础	科技英语	C语言	数据库	总分	平均分	成绩排名	高等数学（等级）	籍贯
3	1	钱梅宝	88	98	82	85	89	442	88.4	4		
4	2	张平光	100	98	100	97	100	495	99.0	1		
5	3	郭建锋	97	94	89	90	90	460	92.0	2		
6	4	张宇	86	76	98	96	80	436	87.2	5		
7	5	徐飞	85	89	79	74	81	408	81.6	7		
8	6	王伟	95	68	93	87	86	429	85.8	6		
9	7	沈迪	87	75	78	96	68	404	80.8	8		
10	8	曾国芸	94	84	98	89	94	459	91.8	3		
11	9	罗劲松	78	77	69	80	78	382	76.4	10		
12	10	赵国辉	80	69	76	79	80	384	76.8	9		
13	各科最大值		100	98	100	97	100					
14	各科最小值		78	68	69	74	68					
15	各科优秀人数		4	3	4	4	3					

图 5.56　自动填充 RANK 函数

说明：此案例中，“引用”文本框中输入的地址必须是“绝对地址”，在使用 RANK 函数中，“引用”区域中的数据是不能改变的。在“引用”框中，按下［F4］键，让相对引用和绝对引用相互转换。

（5）使用条件函数 IF 计算等级。

IF 函数用于判断数据表中的某个数据是否满足指定条件，如果满足则返回特定值；如果不满足返回其他值。在本例中，由于根据成绩段将等级成绩分为 5 段，因此，需要进行函数的嵌套，才能实现。具体操作如下：

①选择 K3 单元格，在“编辑栏”中手动输入：

“=if(c3<60,"不及",if(c3<70,"及",if(c3<80,"中",if(c3<90,"良","优"))))”，按下［Enter］键，完成输入，如图 5.57 所示。

SUMIF　×　✓　fx　=IF(C3<60,"不及",IF(C3<70,"及",IF(C3<80,"中",IF(C3<90,"良","优"))))

	A	B	C	D	E	F	G	H	I	J	K	L	M	N
1	计算机专业2022级期末考试成绩统计表													
2	学号	姓名	高等数学	计算机基础	科技英语	C语言	数据库	总分	平均分	成绩排名	高等数学（等级）	籍贯		
3	1	钱梅宝	88	98	82	85	=IF(C3<60,"不及",IF(C3<70,"及",IF(C3<80,"中",IF(C3<90,"良","优"))))							
4	2	张平光	100	98	100	97	100	495	99.0	1				
5	3	郭建锋	97	94	89	90	90	460	92.0	2				
6	4	张宇	86	76	98	96	80	436	87.2	5				
7	5	徐飞	85	89	79	74	81	408	81.6	7				
8	6	王伟	95	68	93	87	86	429	85.8	6				
9	7	沈迪	87	75	78	96	68	404	80.8	8				
10	8	曾国芸	94	84	98	89	94	459	91.8	3				
11	9	罗劲松	78	77	69	80	78	382	76.4	10				
12	10	赵国辉	80	69	76	79	80	384	76.8	9				
13	各科最大值		100	98	100	97	100							

图 5.57　输入 IF 函数

②将鼠标指针移到 K3 单元格右下角，当其形状变为✚形状时，按住鼠标左键不放并向下拖动至 K12 单元格，释放鼠标，系统自动填充其他同学高等数学的等级成绩，如图 5.58 所示。

（6）使用跨表查询函数 VLOOKUP 插入其他表中数据。

VLOOKUP 函数能够根据两个表共有数据，查询到其他表中指定列的数据。在“成绩统计表”工作表中只包含了学生的成绩信息，而在“基本信息表”工作表中包含学生的籍贯信息，而两个表的共同字段为“姓名”。基本信息表内容如图 5.59 所示。具体操作如下：

①选择 L3 单元格，在“编辑栏”中手动输入：

“=VLOOKUP（B3，基本信息表！$A$2：$D$12，3，FALSE）”，按下［Enter］键，完成输入，如图 5.60 所示。

R28　fx

	A	B	C	D	E	F	G	H	I	J	K	L
1	计算机专业2022级期末考试成绩统计表											
2	学号	姓名	高等数学	计算机基础	科技英语	C语言	数据库	总分	平均分	成绩排名	高等数学（等级）	籍贯
3	1	钱梅宝	88	98	82	85	89	442	88.4	4	良	
4	2	张平光	100	98	100	97	100	495	99.0	1	优	
5	3	郭建锋	97	94	89	90	90	460	92.0	2	优	
6	4	张宇	86	76	98	96	80	436	87.2	5	良	
7	5	徐飞	85	89	79	74	81	408	81.6	7	良	
8	6	王伟	95	68	93	87	86	429	85.8	6	优	
9	7	沈迪	87	75	78	96	68	404	80.8	8	良	
10	8	曾国芸	94	84	98	89	94	459	91.8	3	优	
11	9	罗劲松	78	77	69	80	78	382	76.4	10	中	
12	10	赵国辉	80	69	76	79	80	384	76.8	9	良	
13	各科最大值		100	98	100	97	100					
14	各科最小值		78	68	69	74	68					
15	各科优秀人数		4	3	4	4	3					

图 5.58　自动填充 IF 函数

	A	B	C	D
1	基本信息表			
2	姓名	性别	籍贯	出生日期
3	钱梅宝	女	湖南长沙	1994/3/9
4	张平光	男	河北廊坊	1994/7/16
5	郭建锋	男	吉林长春	1993/8/28
6	张宇	男	辽宁锦州	1994/2/18
7	徐飞	男	辽宁沈阳	1993/12/13
8	王伟	男	河南洛阳	1994/6/6
9	沈迪	女	山东威海	1993/11/4
10	曾国芸	女	海南三亚	1994//4/28
11	罗劲松	男	广州东莞	1994/5/1
12	赵国辉	男	福建莆田	1993/9/15

图 5.59　基本信息表

L3　fx　=VLOOKUP(B3,基本信息表!A2:D12,3,FALSE)

	A	B	C	D	E	F	G	H	I	J	K	L
1	计算机专业2022级期末考试成绩统计表											
2	学号	姓名	高等数学	计算机基础	科技英语	C语言	数据库	总分	平均分	成绩排名	高等数学（等级）	籍贯
3	1	钱梅宝	88	98	82	85	89	442	88.4	4	良	湖南长沙
4	2	张平光	100	98	100	97	100	495	99.0	1	优	
5	3	郭建锋	97	94	89	90	90	460	92.0	2	优	
6	4	张宇	86	76	98	96	80	436	87.2	5	良	
7	5	徐飞	85	89	79	74	81	408	81.6	7	良	
8	6	王伟	95	68	93	87	86	429	85.8	6	优	
9	7	沈迪	87	75	78	96	68	404	80.8	8	良	
10	8	曾国芸	94	84	98	89	94	459	91.8	3	优	
11	9	罗劲松	78	77	69	80	78	382	76.4	10	中	
12	10	赵国辉	80	69	76	79	80	384	76.8	9	良	
13	各科最大值		100	98	100	97	100					
14	各科最小值		78	68	69	74	68					
15	各科优秀人数		4	3	4	4	3					

图 5.60　输入 VLOOKUP 函数

②将鼠标指针移到 K3 单元格右下角，当其形状变为➕形状时，按住鼠标左键不放并向下拖动至 K12 单元格，释放鼠标，系统自动填充其他同学的籍贯信息，如图 5.61 所示。

N11　fx

	A	B	C	D	E	F	G	H	I	J	K	L
1	计算机专业2022级期末考试成绩统计表											
2	学号	姓名	高等数学	计算机基础	科技英语	C语言	数据库	总分	平均分	成绩排名	高等数学（等级）	籍贯
3	1	钱梅宝	88	98	82	85	89	442	88.4	4	良	湖南长沙
4	2	张平光	100	98	100	97	100	495	99.0	1	优	河北廊坊
5	3	郭建锋	97	94	89	90	90	460	92.0	2	优	吉林长春
6	4	张宇	86	76	98	96	80	436	87.2	5	良	辽宁锦州
7	5	徐飞	85	89	79	74	81	408	81.6	7	良	辽宁沈阳
8	6	王伟	95	68	93	87	86	429	85.8	6	优	河南洛阳
9	7	沈迪	87	75	78	96	68	404	80.8	8	良	山东威海
10	8	曾国芸	94	84	98	89	94	459	91.8	3	优	海南三亚
11	9	罗劲松	78	77	69	80	78	382	76.4	10	中	广州东莞
12	10	赵国辉	80	69	76	79	80	384	76.8	9	良	福建福州
13	各科最大值		100	98	100	97	100					
14	各科最小值		78	68	69	74	68					
15	各科优秀人数		4	3	4	4	3					

图 5.61　自动填充 VLOOKUP 函数

说明：

● 数据区域的引用必须为“绝对引用”。VLOOKUP 函数的第二个参数是要查找的目标数据表，在引用时地址必须是“绝对地址”，查询时目标数据表不能改变。

● 查找值必须在数据区域的第一列。本例中，查找的是姓名，姓名列在“基本信息表”中必须为第一列。

任务三

插入图表

☑**任务目标**：了解 WPS 表格中的常用图表类型的功能；掌握创建图表和编辑图表的方法；能够学会分析数据，并将数据分析结果用图表形式展示出来。

知识点 12　图表的创建

数据图表是将单元格中的数据以统计图表的形式显示。WPS 表格为用户提供了多种图表类型，包括柱形图、条形图、折线图、饼图等。图表数据直观，方便用户查看数据差异、分布状况和预测趋势，也有利于用户直观地分析和比较数据。

12.1　图表的类型

WPS 表格提供了 9 种图表类型。当用户创建图表时，可以依据自己的需求来选择适当的图表。下面对常用图表类型进行介绍。

（1）柱形图：用于比较多个项目之间的差异。水平轴为类别项目，垂直轴为数值。

（2）条形图：与柱形图类似，用于比较多个项目之间的差异。水平轴为数值，垂直轴为类别项目。

（3）折线图：用于显示等时间间隔里的数据变化趋势，强调数据的时间性和变化程度。

（4）饼图：用于显示一个数据系列中各项的大小与各项总和的比例。

（5）面积图：用于显示数据随时间而变化的程度。

（6）散点图：显示若干数据序列中各数值之间的关系。

（7）雷达图：用于比较若干数据序列的聚合值，可以用来比较多个数列。

12.2　创建图表

图表是将数据以图表的方式展示出来。在创建图表之前，要完成创建和编辑 WPS 表格，然后根据表格内容创建图表。创建图标的具体操作如下：

（1）选择创建图表所需的单元格区域。

（2）在“插入”选项卡中的“图表”区域，选择所需要创建的图表类型。

★ 操作训练

在“电子设备月销售汇总表 . xlsx”中，通过图表清晰比对“键盘”各个月份的销售量，如图 5. 62 所示。

	A	B	C	D	E	F	G	H	I	J	K	L	M
1	电子设备月销售汇总表												
2	月份	1月	2月	3月	4月	5月	6月	7月	8月	9月	10月	11月	12月
3	键盘	600	351	845	1 414	1461	1 589	967	1 190	962	1 232	895	947
4	无线网卡	530	600	351	1 050	1 333	899	1 127	1 088	1 262	1 000	1 075	981
5	蓝牙适配器	269	198	531	916	1555	1 350	987	1 100	1 000	1 000	1 100	1 200
6	鼠标	293	222	287	596	1376	845	1 200	1 125	1 339	880	990	1 149
7	麦克风	538	121	228	558	1475	558	700	1 120	1 139	1 000	1 150	1 350
8	DVD光驱	295	402	378	391	1300	503	600	750	1 100	1 200	1 050	1 000
9	SD存储卡	900	880	920	1050	1200	374	331	600	451	285	687	785
10	手写板	865	687	213	324	800	500	400	577	780	455	466	500

图 5.62　电子设备月销售汇总表

具体步骤

(1) 打开“电子设备月销售汇总表.xlsx”。

(2) 需要对比“键盘”这种产品 1~12 月中，各个月份的销售量，考虑可以建立“柱形图”或“条形图”。

(3) 选择“A2：M2”单元格区域，在“插入”选项卡中单击“插入柱形图”按钮，在打开的下拉列表中选择“簇状柱形图”选项。

(4) 在当前工作表中创建一个柱形图，图中显示了键盘每月的销售情况，如图 5.63 所示。根据图表的展示，可以清晰地看到键盘 6 月的销售量最大，2 月的销售量最小。

以上创建图表的方法是先选择数据表的数据，再创建图表；用户也可先选择图表类型，创建图表，此时创建的是空白图表，在“图表工具”选项卡中单击“选择数据”按钮 选择数据，打开“编辑数据源”对话框，选择单元格区域。

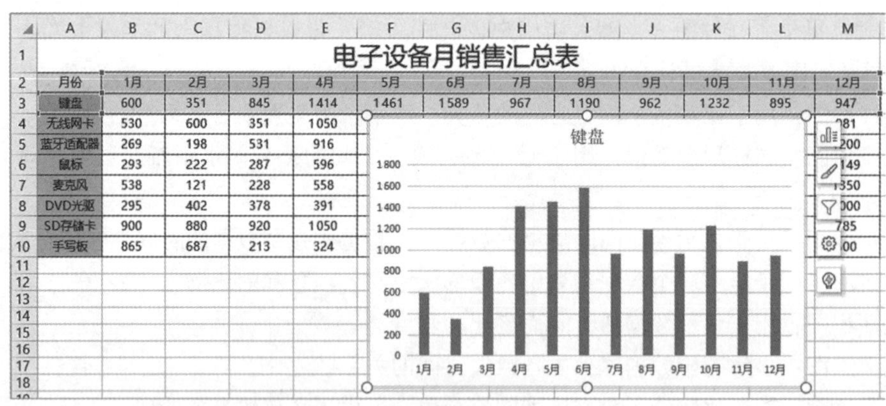

图 5.63　键盘每月销售情况

12.3　图表的组成

WPS 表格的图表由图表区、绘图区、图表标题、数据系列、数据标签、坐标轴、网格线、图例、数据表等基本组成部分构成，如图 5.64 所示。

(1) 图表区：整个图表及其包含的所有元素。

(2) 绘图区：在二维图表中，以坐标轴为界并包含全部数据系列的区域；在三维图表中，以坐标轴为界并包含数据系列、分类名称、刻度和坐标轴标题。

(3) 图表标题：图表的文本标题。

(4) 数据系列：图表上的一组相关数据点，取自工作表的一行或一列。图表中的每个数据系列以不同的颜色和图案加以区别，在同一图表上可以绘制一个以上的数据系列。

（5）数据标签：显示数据系列的具体值。根据不同的图表类型，数据标签可以表示数值、数据系列名称、百分比等。

（6）坐标轴：为图表提供计量和比较的参考线，一般包括 X 轴、Y 轴。

（7）网格线：在图表中从坐标轴刻度线延伸，并贯穿整个绘图区。

（8）图例：是图表中的数据系列。

（9）数据表：在图表下面显示的每个数据系列的值。

（10）背景墙及基底：三维图表中包含在三维图形周围的区域，显示维度和边角尺寸。

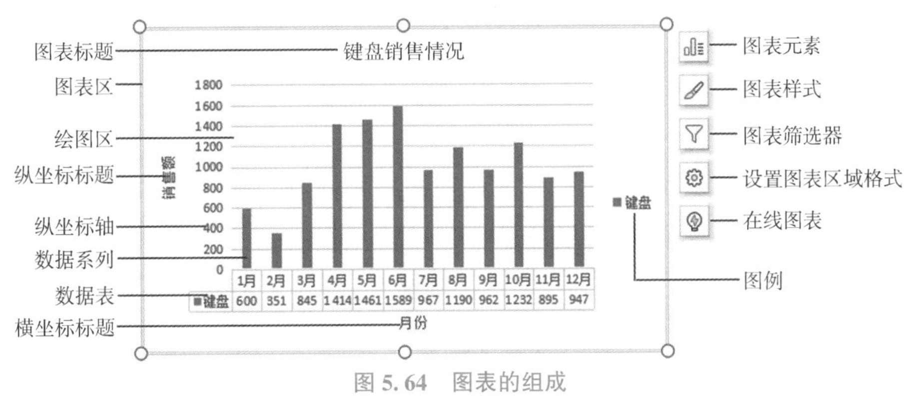

图 5.64　图表的组成

插入图表后，图表右侧会自动显示 5 个按钮。其作用如下：

- 图表元素：可以增加、删除或更改图表元素，如坐标轴、数据标签、数据表、图表标题等。
- 图表样式：可以设置图表的样式和配色方案。
- 图表筛选器：可以设置图表上需要显示的数据点和名称。
- 设置图表区域格式：可以精确地设置所选图表元素的格式。
- 在线图表：可以使用更加丰富的图表样式。

知识点 13　图表的编辑

图表创建后，可以对图表进行编辑，包括修改图表数据、修改图表类型、设置图表样式、更改图表格式、调整图表布局、调整图表对象的显示与分布等操作。

选择创建好的图表，选项卡中会出现“图表工具”选项卡，如图 5.65 所示。

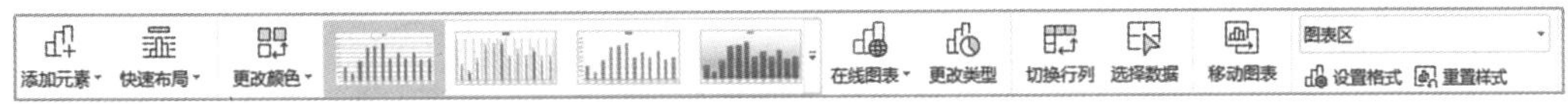

图 5.65　“图表工具”选项卡

（1）添加元素：添加、删除或更改图表元素，如坐标轴、数据标签、图表标题等。

（2）快速布局：修改图表的布局样式，每种布局包含了不同的元素。

（3）更改颜色：更改图表的配色方案。

（4）图表样式：更改图表的样式。

（5）在线图表：使用互联网上更加丰富的图表样式。

(6) 更改类型 更改类型：更改图表的类型。

(7) 切换行列 切换行列：在图表显示中，将行与列数据内容互换。

(8) 选择数据 选择数据：更改图表所选的数据区域。

(9) 移动图表 移动图表：将图表移动到其他工作表中。

(10) 图表属性 图表区 设置格式 重置样式：在编辑窗口右侧打开图表“属性”窗格，用户对图表元素进行设置；重置样式将图表元素恢复到默认值。

★★ 任务实操

打开“电子设备月销售汇总表.xlsx”，对“键盘”每月的销售统计的柱形图进行编辑，如图5.66所示。

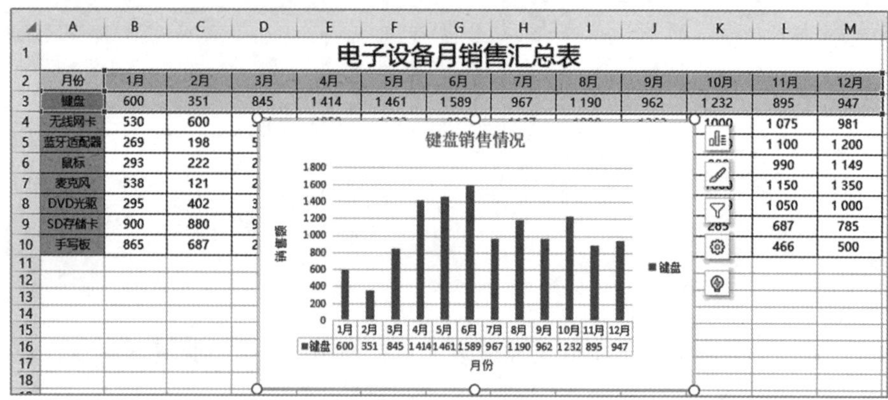

图 5.66　电子设备月销售汇总表

完成以下操作：

(1) 将柱形图中的1~12月的销售情况，修改为1~6月的销售情况。

(2) 将柱状图修改为条形图。

(3) 为柱形图更改布局，更改为“布局10”。

(4) 为柱形图更改样式，更改为“样式5”。

(5) 将柱形图的图表标题更改为“键盘全年销售统计”；在数据系列上方显示“数据标签”；去掉数据表；将图例位置改为“底端”。

具体操作

(1) 更改图表数据源。

图表创建后，可以更改图表的数据源，具体操作如下：

①选择创建好的图表，在“图表工具”选项卡中单击“选择数据”按钮 选择数据，打开“编辑数据源”对话框。

②单击“图表数据区域”文本框右侧的“收缩”按钮，当前对话框将收缩，在工作表中选择“A2：G3”单元格区域，单击“展开”按钮，展开“编辑数据源”对话框，如图5.67所示。

③在“编辑数据源”对话框中，可以看到在“轴标签（分类）”列表框中的序列发生了变化，图表中的内容也更改为1~6月的销售情况。

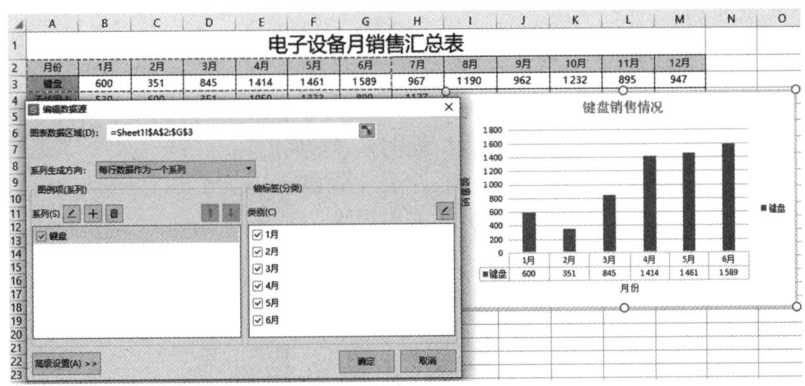

图 5.67　“编辑数据源”对话框

（2）更改图表类型。

图表的类型由“柱形图”更改为“条形图”，具体操作如下：

①选择创建好的图表，在“图表工具”选项卡中单击“更改类型”按钮 更改类型，打开“更改图表类型”对话框，如图 5.68 所示。

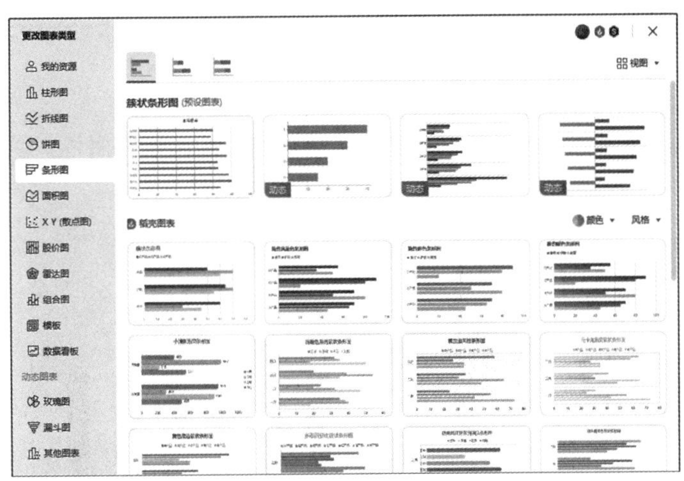

图 5.68　“更改图表类型”对话框

②在“更改图表类型”对话框中，左侧图表类型列表中，选择“条形图”，单击“簇状条形图”，图表类型更改为“条形图”，如图 5.69 所示。

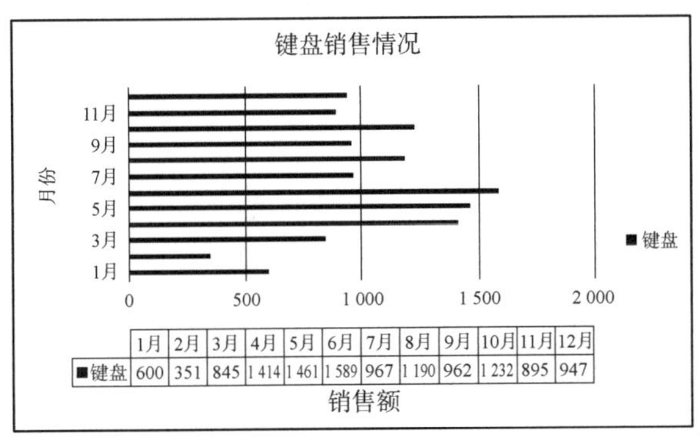

图 5.69　图表类型更改为“条形图”

(3) 更改图表布局。

为柱形图更改布局，具体操作如下：

选择创建好的图表，在“图表工具”选项卡中单击“快速布局”按钮 快速布局，在下拉列表中选择“布局 10”，图表中的布局进行了更改，如图 5.70 所示。

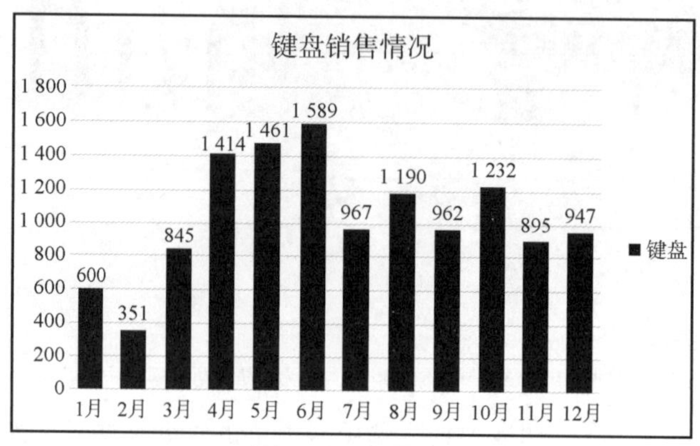

图 5.70 布局 10

(4) 更改图表样式。

为柱形图更改图表样式，具体操作如下：

选择创建好的图表，在“图表工具”选项卡中的“样式”列表 的下拉按钮，在下拉列表中选择“样式 5”，图表中的样式发生了变化，如图 5.71 所示。

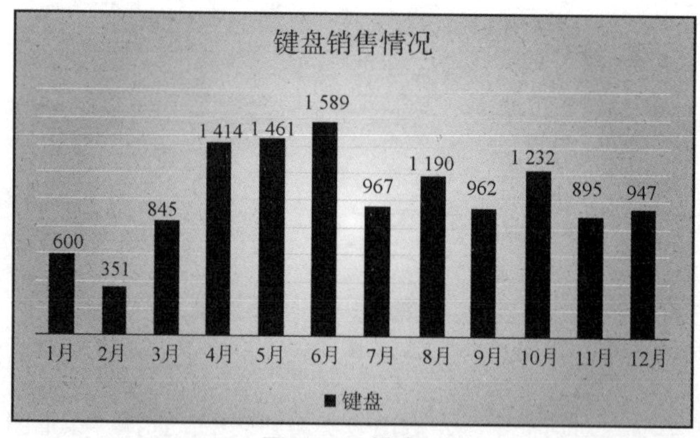

图 5.71 样式 5

(5) 更改图表元素。

编辑图表元素包括修改图表标题、修改数据标签、显示/隐藏数据表、更改图例等。具体操作如下：

①选择创建好的图表，在“图表工具”选项卡中单击“添加元素”按钮 添加元素，在下拉列表中选择“图表标题”，在选项中可以选择删除图表标题或设置“图表标题”的位置。

②修改“图表标题”内容时，单击图表区域中的“键盘销售情况”文本框，激活“图表标题”后，再次单击文字，插入光标，输入“键盘全年销售统计”。

③在“图表工具”选项卡中单击“添加元素”按钮 添加元素，在下拉列表中选择［数据标签］→［数据标签外］。

④在“图表工具”选项卡中单击“添加元素”按钮，在下拉列表中选择［数据表］→［无］。

⑤在“图表工具”选项卡中单击“添加元素”按钮，在下拉列表中选择［图例］→［底部］。设置完成后，图表更改为如图 5.72 所示的样式。

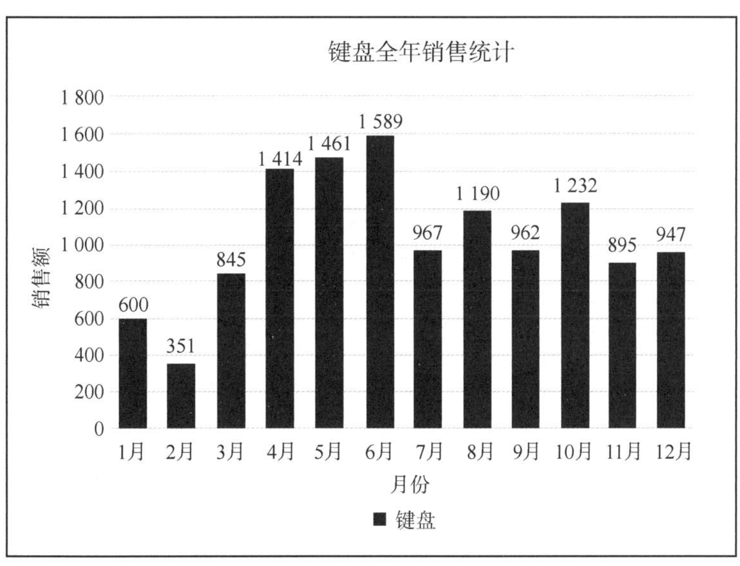

图 5.72　图表元素的修改

任务四

数据管理与分析

☑**任务目标**：了解数据管理和分析的方法；掌握排序、筛选和分类汇总的数据分析方法；掌握建立和编辑数据透视图和数据透视表方法；能够学会具体问题具体分析，选择合适的数据分析工具，选择适当的形式将分析结果展示出来。

知识点 14　数据排序

WPS 表格中具有强大的数据统计和数据分析的功能，WPS 表格提供了统计和分析数据的方法，包括数据排序、筛选、分类汇总、数据透视表和数据透视图。

数据排序是管理和分析数据工作中的一项重要内容。在 WPS 表格中，可以将数据按照指定的顺序规律进行排序，用户还可以使用自定义排序功能，指定名词的先后顺序，将数据进行分组。

数据排序中，有一个非常重要的概念：关键字。关键字是指工作表进行排序的依据列；如果排序的关键字为表格中的一列，这种排序称为单列排序；如果排序的关键字为表格中两列或多列，这种排序称为多列排序；如果排序的关键字是一组特殊的序列，这种排序称为自定义排序。

一般情况下，数据排序分为以下三种情况。

(1) 单列排序。

单列排序是在工作表中以一列单元格中的数据为依据，对工作表中的所有数据进行排序。

排列方法：确定排序关键字所在列，选定此列中一个单元格，在“数据”选项卡中单击“排序”按钮，在下拉列表中选择“升序”或“降序”。

升序排序的默认规则如下：

①对于数字，按数值从小到大进行排序。

②对于文本，按音序表顺序进行排序。

③对于逻辑值，FALSE 小，TRUE 大。

(2) 多列排序。

单列排序时，会遇到其他列的数据出现相同的情况，如果需要进一步排序，需要再指定一列为关键字，进行排序。第一次排序的关键字为主要关键字，后续排序的关键字为次要关键字。多列排序方法如下：

①单击工作表任意单元格。

②在“数据”选项卡中单击“排序”按钮，在下拉列表中选择“自定义排序”，打开“排序”对话框。

③在“主要关键字”处，设置第一次排序的列号，设定根据“排序依据”和“次序”。

④单击“添加条件”按钮，添加一个次要关键字，在“次要关键字”处，设置第二次排序的列号，设定根据“排序依据”和“次序”，如图 5.74 所示。

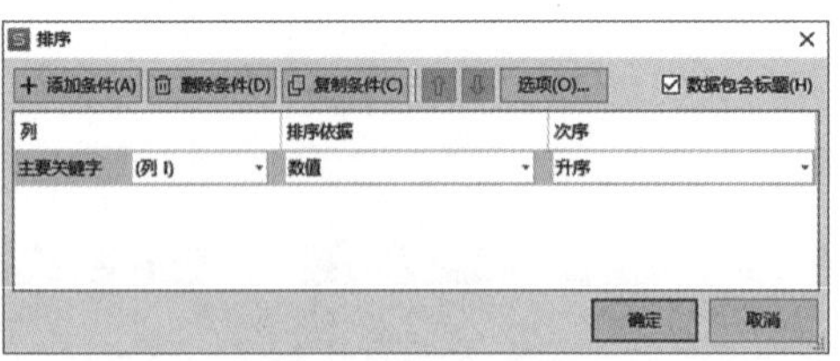

图 5.73 “排序”对话框

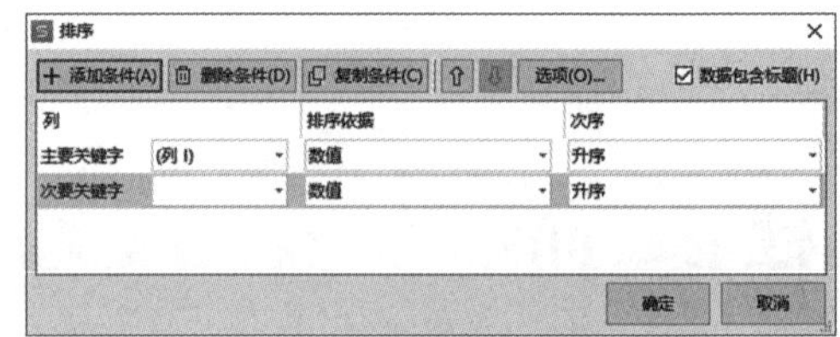

图 5.74 主要关键字和次要关键字

(3) 自定义排序。

如果对工作表的排序关键字并不是工作表中的列，是一组特殊的序列，进行排序时具体操作如下：

①单击工作表任意单元格。

②在“数据”选项卡中单击“排序”按钮，在下拉列表中选择“自定义排序”，打开“排序”对话框。

③在“主要关键字”处，单击“次序”下方下拉列表，选择“自定义序列”，打开“自定义序列”对话框，如图 5.75 所示。

④在“输入序列”文本框中输入所需排序的序列，序列中数据以逗号或回车分隔，输入完成后，单击“添加”按钮，排序序列添加到左侧“自定义序列”的文本框中，单击选中“排序序列”，单击“确定”按钮。

★ **操作训练**

打开“某公司员工信息表 . xlsx”，如图 5.76 所示。

完成下面操作：

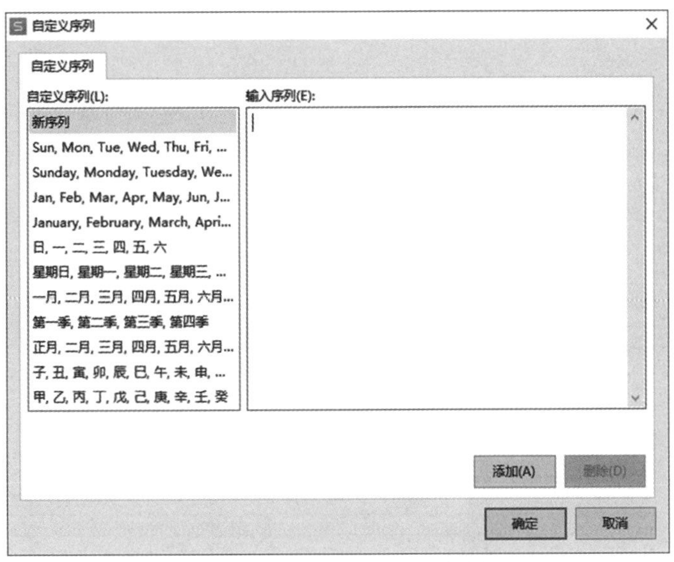

图 5.75　“自定义序列”对话框

	A	B	C	D	E	F	G	H	I	J	K
1	员工编号	姓名	部门	人员类别	岗位	性别	学历	出生日期	入职时间	年龄	工资
2	QU001	[illegible]国生	采购部	管理	主管	女	大专	1979/2/17	2015/1/20	41	3,619
3	QU002	叶卫权	财务部	管理	专职	男	本科	1980/11/7	2015/5/25	39	10,086
4	QU003	朱云	仓储部	管理	专职	女	硕士	1981/5/12	2015/6/5	38	6,956
5	QU004	于向生	研发部	技术	专职	男	本科	1969/12/31	2015/8/1	50	3,972
6	QU005	刘春恒	综合管理部	管理	分管副总	男	大专	1989/10/27	2015/8/11	30	4,269
7	QU006	王云	采购部	管理	专职	男	本科	1986/11/15	2016/1/23	33	3,801
8	QU007	韩耿	财务部	管理	专职	男	大专	1979/12/1	2016/4/22	40	9,772
9	QU008	曾涛	财务部	管理	专职	男	硕士	1982/4/5	2016/7/10	37	7,670
10	QU009	胡志强	仓储部	管理	专职	男	大专	1985/12/18	2016/7/16	34	4,402
11	QU010	黄增良	仓储部	管理	专职	男	硕士	1985/2/28	2016/11/2	35	4,203
12	QU011	李正春	人力资源部	管理	招聘培训主管	男	本科	1989/10/14	2016/11/9	30	9,913
13	QU012	侯晋	综合管理部	管理	分管副总	男	大专	1977/5/15	2017/2/23	42	3,585
14	QU013	刘敬彬	采购部	管理	主管	男	大专	1980/11/26	2017/4/1	39	3,670
15	QU014	李洋	财务部	管理	主管	女	本科	1966/10/20	2017/5/13	53	11,935
16	QU015	张利民	仓储部	管理	专职	女	大专	1981/2/24	2017/9/28	39	4,991
17	QU016	田卫平	人力资源部	管理	合同主管	女	硕士	1989/12/2	2017/10/11	30	6,712
18	QU017	聂迪	采购部	管理	主管	男	大专	1989/10/30	2017/12/26	30	7,058
19	QU018	陈庆来	综合管理部	管理	分管副总	男	本科	1989/4/15	2018/4/11	30	7,023
20	QU019	高庆莲	研发部	技术	专职	男	本科	1969/10/7	2018/9/17	50	3,457
21	QU020	翁衍	研发部	技术	专职	女	大专	1964/2/3	2018/10/17	56	4,067
22	QU021	杜和平	综合管理部	管理	分管副总	男	大专	1984/7/17	2018/11/18	35	4,606
23	QU022	杨琳	人力资源部	管理	专职	女	大专	1982/6/10	2019/1/13	37	4,603
24	QU023	白菁	综合管理部	管理	分管副总	女	本科	1983/8/24	2019/3/31	36	6,734
25	QU024	赵爽	研发部	技术	专职	男	博士	1980/3/29	2019/4/18	39	3,424
26	QU025	翁亮	人力资源部	管理	总监	男	大专	1986/6/15	2019/6/22	33	2,890
27	QU026	蒋倩	仓储部	管理	专职	男	本科	1987/10/12	2019/8/21	32	9,456
28	QU027	夏建华	研发部	技术	专职	男	本科	1984/3/26	2019/11/12	35	3,649
29	QU028	华书涛	采购部	管理	主管	男	大专	1985/11/30	2019/12/23	34	4,992
30	QU029	孟少林	人力资源部	管理	人事经理	男	本科	1967/6/15	2020/1/22	52	3,932
31	QU030	王少泓	财务部	管理	主管	男	大专	1980/10/6	2020/2/5	39	3,629

图 5.76　某公司员工信息表

(1) 将公司员工根据部门分组，按部门名称升序排序。

(2) 将公司员工根据部门分组后，每个部门的员工再按照工资从高到低排序。

(3) 将公司员工根据部门分组后，每个部门的员工再根据“博士、硕士、本科、大专”的顺序进行排序。

具体步骤

(1) 单列排序。

本案例中，涉及公司的多个部门，每个部门涉及多名员工，要把同一部门的员工放到一起，可以用排序来完成，这是一个单列排序的问题，排序关键字为“部门”。具体操作如下：

①选择“部门”列的任一单元格。

②在“数据”选项卡中单击“排序”按钮 排序，在下拉列表中选择“升序”，结果如图 5.77 所示。

	A	B	C	D	E	F	G	H	I	J	K
1	员工编号	姓名	部门	人员类别	岗位	性别	学历	出生日期	入职时间	年龄	工资
2	QU002	叶卫权	财务部	管理	专职	男	本科	1980/11/7	2015/5/25	39	10,086
3	QU007	韩耿	财务部	管理	专职	男	大专	1979/12/1	2016/4/22	40	9,772
4	QU008	曾涛	财务部	管理	专职	男	硕士	1982/4/5	2016/7/10	37	7,670
5	QU014	李洋	财务部	管理	主管	女	本科	1966/10/20	2017/5/13	53	11,935
6	QU030	王少泓	财务部	管理	主管	男	大专	1980/10/6	2020/2/5	39	3,629
7	QU001	张国生	采购部	管理	主管	女	大专	1979/2/17	2015/1/20	41	3,619
8	QU006	王云	采购部	管理	专职	男	本科	1986/11/15	2016/1/23	33	3,801
9	QU013	刘敬彬	采购部	管理	主管	男	大专	1980/11/26	2017/4/1	39	3,670
10	QU017	聂迪	采购部	管理	主管	男	大专	1989/10/30	2017/12/26	30	7,058
11	QU028	华书涛	采购部	管理	主管	男	大专	1985/11/30	2019/12/23	34	4,992
12	QU003	朱云	仓储部	管理	专职	女	硕士	1981/5/12	2015/6/5	38	6,956
13	QU009	胡志强	仓储部	管理	专职	男	大专	1985/12/18	2016/7/16	34	4,402
14	QU010	黄增良	仓储部	管理	专职	男	硕士	1985/2/28	2016/11/2	35	4,203
15	QU015	张利民	仓储部	管理	专职	女	大专	1981/2/24	2017/9/28	39	4,991
16	QU026	蒋倩	仓储部	管理	专职	男	本科	1987/10/12	2019/8/21	32	9,456
17	QU011	李正春	人力资源部	管理	招聘培训主管	男	本科	1989/10/14	2016/11/9	30	9,913
18	QU016	田卫平	人力资源部	管理	合同主管	女	硕士	1989/12/2	2017/10/11	30	6,712
19	QU022	杨琳	人力资源部	管理	专职	女	大专	1982/6/10	2019/1/13	37	4,603
20	QU025	翁亮	人力资源部	管理	总监	男	大专	1986/6/15	2019/6/22	33	2,890
21	QU029	孟少林	人力资源部	管理	人事经理	男	本科	1967/6/15	2020/1/22	52	3,932
22	QU004	于向生	研发部	技术	专职	男	本科	1969/12/31	2015/8/1	50	3,972
23	QU019	高庆莲	研发部	技术	专职	男	本科	1969/10/7	2018/9/17	50	3,457
24	QU020	翁衍	研发部	技术	专职	女	大专	1964/2/3	2018/10/17	56	4,067
25	QU024	赵爽	研发部	技术	专职	男	博士	1980/3/29	2019/4/18	39	3,424
26	QU027	夏建华	研发部	技术	专职	男	本科	1984/3/26	2019/11/12	35	3,649
27	QU005	刘春恒	综合管理部	管理	分管副总	男	大专	1989/10/27	2015/8/11	30	4,269
28	QU012	侯晋	综合管理部	管理	分管副总	男	大专	1977/5/15	2017/2/23	42	3,585
29	QU018	陈庆来	综合管理部	管理	分管副总	男	本科	1989/4/15	2018/4/11	30	7,023
30	QU021	杜和平	综合管理部	管理	分管副总	男	大专	1984/7/17	2018/11/18	35	4,606
31	QU023	白菁	综合管理部	管理	分管副总	女	本科	1983/8/24	2019/3/31	36	6,734

图 5.77　按“部门”升序排序

（2）多列排序。

本案例中，需要进行两次排序，第一次以“部门”为主要关键字，升序排序；第二次以“工资”为次要关键字，降序排序。具体操作如下：

①选择工作表中的任一单元格。

②在“数据”选项卡中单击“排序”按钮 排序，在下拉列表中选择“自定义排序”，打开“排序”对话框。

③在“排序”对话框中，勾选“数据包含标题”，“主要关键字”下拉列表中选择“部门”，次序为“升序”；单击“添加条件”按钮，在添加的“次要关键字”下拉列表中选择“工资”，次序为“降序”，具体设置如图 5.78 所示。

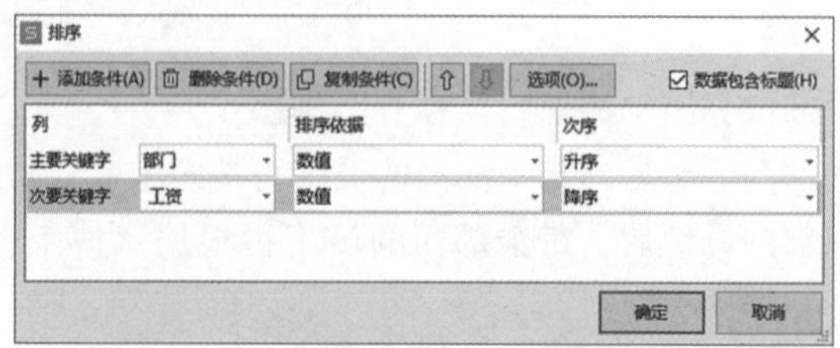

图 5.78　设置主要关键字和次要关键字

④单击“确定”按钮，完成排序，如图 5.79 所示。

	A	B	C	D	E	F	G	H	I	J	K
1	员工编号	姓名	部门	人员类别	岗位	性别	学历	出生日期	入职时间	年龄	工资
2	QU014	李洋	财务部	管理	主管	女	本科	1966/10/20	2017/5/13	53	11,935
3	QU002	叶卫权	财务部	管理	专职	男	本科	1980/11/7	2015/5/25	39	10,086
4	QU007	韩耿	财务部	管理	专职	男	大专	1979/12/1	2016/4/22	40	9,772
5	QU008	曾涛	财务部	管理	专职	男	硕士	1982/4/5	2016/7/10	37	7,670
6	QU030	王少泓	财务部	管理	主管	男	大专	1980/10/6	2020/2/5	39	3,629
7	QU017	聂迪	采购部	管理	主管	男	大专	1989/10/30	2017/12/26	30	7,058
8	QU028	华书涛	采购部	管理	主管	男	大专	1985/11/30	2019/12/23	34	4,992
9	QU006	王云	采购部	管理	专职	男	本科	1986/11/15	2016/1/23	33	3,801
10	QU013	刘敬彬	采购部	管理	主管	男	大专	1980/11/26	2017/4/1	39	3,670
11	QU001	张国生	采购部	管理	主管	女	大专	1979/2/17	2015/1/20	41	3,619
12	QU026	蒋倩	仓储部	管理	专职	男	本科	1987/10/12	2019/8/21	32	9,456
13	QU003	朱云	仓储部	管理	专职	女	硕士	1981/5/12	2015/6/5	38	6,956
14	QU015	张利民	仓储部	管理	专职	女	大专	1981/2/24	2017/9/28	39	4,991
15	QU009	胡志强	仓储部	管理	专职	男	大专	1985/12/18	2016/7/16	34	4,402
16	QU010	黄增良	仓储部	管理	专职	男	硕士	1985/2/28	2016/11/2	35	4,203
17	QU011	李正春	人力资源部	管理	招聘培训主管	男	本科	1989/10/14	2016/11/9	30	9,913
18	QU016	田卫平	人力资源部	管理	合同主管	女	硕士	1989/12/2	2017/10/11	30	6,712
19	QU022	杨琳	人力资源部	管理	专职	女	大专	1982/6/10	2019/1/13	37	4,603
20	QU029	孟少林	人力资源部	管理	人事经理	男	本科	1967/6/15	2020/1/22	52	3,932
21	QU025	翁亮	人力资源部	管理	总监	男	大专	1986/6/15	2019/6/22	33	2,890
22	QU020	翁衍	研发部	技术	专职	女	大专	1964/2/3	2018/10/17	56	4,067
23	QU004	于向生	研发部	技术	专职	男	本科	1969/12/31	2015/8/1	50	3,972
24	QU027	夏建华	研发部	技术	专职	男	本科	1984/3/26	2019/11/12	35	3,649
25	QU019	高庆莲	研发部	技术	专职	男	本科	1969/10/7	2018/9/17	50	3,457
26	QU024	赵爽	研发部	技术	专职	男	博士	1980/3/29	2019/4/18	39	3,424
27	QU018	陈庆来	综合管理部	管理	分管副总	男	本科	1989/4/15	2018/4/11	30	7,023
28	QU023	白菁	综合管理部	管理	分管副总	女	本科	1983/8/24	2019/3/31	36	6,734
29	QU021	杜和平	综合管理部	管理	分管副总	男	大专	1984/7/17	2018/11/18	35	4,606
30	QU005	刘春恒	综合管理部	管理	分管副总	男	大专	1989/10/27	2015/8/11	30	4,269
31	QU012	侯晋	综合管理部	管理	分管副总	男	大专	1977/5/15	2017/2/23	42	3,585

图 5.79　多列排序结果

（3）自定义排序。

本案例中，员工根据部门分组后，还要根据学历的从高到低排序。第一次排序主要关键字为“部门”，第二次排序的关键字为“博士、硕士、本科、大专”序列。具体操作如下：

①选择工作表中的任一单元格。

②在“数据”选项卡中单击“排序”按钮，在下拉列表中选择“自定义排序”，打开“排序”对话框。

③在“排序”对话框中，勾选“数据包含标题”，“主要关键字”下拉列表中选择“部门”，次序为“升序”；单击“添加条件”按钮，在添加的“次要关键字”下拉列表中选择“学历”，次序选择“自定义序列”，打开“自定义序列”对话框，如图 5. 80 所示。

④在“输入序列”文本框中输入“博士，硕士，本科，大专”，单击“添加”按钮，添加到左侧“自定义序列”中，选择此序列，单击“确定”按钮；出现“排序”对话框，如图 5. 81 所示。

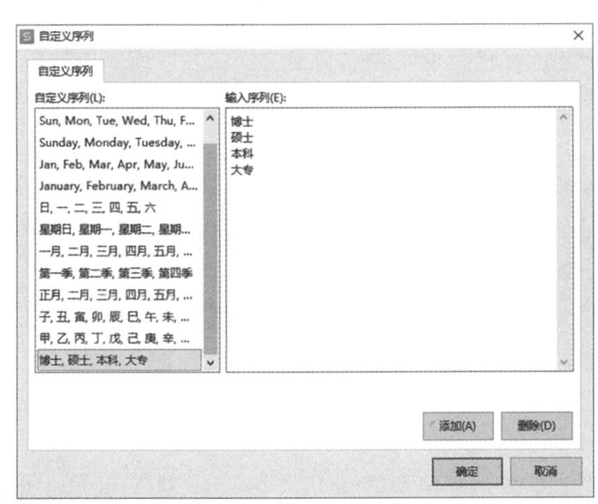

图 5. 80　自定义序列

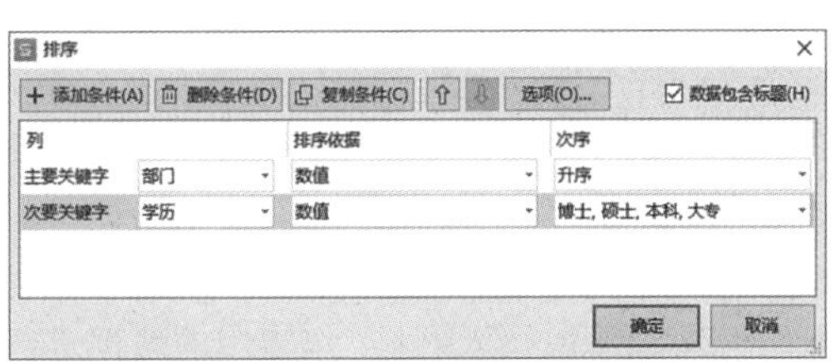

图 5. 81　“排序”对话框的设置

⑤单击“确定”按钮，完成排序，如图 5.82 所示。

	A	B	C	D	E	F	G	H	I	J	K
1	员工编号	姓名	部门	人员类别	岗位	性别	学历	出生日期	入职时间	年龄	工资
2	QU008	曾涛	财务部	管理	专职	男	硕士	1982/4/5	2016/7/10	37	7,670
3	QU002	叶卫权	财务部	管理	专职	男	本科	1980/11/7	2015/5/25	39	10,086
4	QU014	李洋	财务部	管理	主管	女	本科	1966/10/20	2017/5/13	53	11,935
5	QU007	韩耿	财务部	管理	专职	男	大专	1979/12/1	2016/4/22	40	9,772
6	QU030	王少泓	财务部	管理	主管	男	大专	1980/10/6	2020/2/5	39	3,629
7	QU006	王云	采购部	管理	专职	男	本科	1986/11/15	2016/1/23	33	3,801
8	QU001	张国生	采购部	管理	主管	女	大专	1979/2/17	2015/1/20	41	3,619
9	QU013	刘敬彬	采购部	管理	主管	男	大专	1980/11/26	2017/4/1	39	3,670
10	QU017	聂迪	采购部	管理	主管	男	大专	1989/10/30	2017/12/26	30	7,058
11	QU028	华书涛	采购部	管理	主管	男	大专	1985/11/30	2019/12/23	34	4,992
12	QU003	朱云	仓储部	管理	专职	女	硕士	1981/5/12	2015/6/5	38	6,956
13	QU010	黄增良	仓储部	管理	专职	男	硕士	1985/2/28	2016/11/2	35	4,203
14	QU026	蒋倩	仓储部	管理	专职	男	本科	1987/10/12	2019/8/21	32	9,456
15	QU009	胡志强	仓储部	管理	专职	男	大专	1985/12/18	2016/7/16	34	4,402
16	QU015	张利民	仓储部	管理	专职	女	大专	1981/2/24	2017/9/28	39	4,991
17	QU016	田卫平	人力资源部	管理	合同主管	女	硕士	1989/12/2	2017/10/11	30	6,712
18	QU011	李正春	人力资源部	管理	招聘培训主管	男	本科	1989/10/14	2016/11/9	30	9,913
19	QU029	孟少林	人力资源部	管理	人事经理	男	本科	1967/6/15	2020/1/22	52	3,932
20	QU022	杨琳	人力资源部	管理	专职	女	大专	1982/6/10	2019/1/13	37	4,603
21	QU025	翁亮	人力资源部	管理	总监	男	大专	1986/6/15	2019/6/22	33	2,890
22	QU024	赵爽	研发部	技术	专职	男	博士	1980/3/29	2019/4/18	39	3,424
23	QU004	于向生	研发部	技术	专职	男	本科	1969/12/31	2015/8/1	50	3,972
24	QU019	高庆莲	研发部	技术	专职	男	本科	1969/10/7	2018/9/17	50	3,457
25	QU027	夏建华	研发部	技术	专职	男	本科	1984/3/26	2019/11/12	35	3,649
26	QU020	翁衍	研发部	技术	专职	女	大专	1964/2/3	2018/10/17	56	4,067
27	QU018	陈庆来	综合管理部	管理	分管副总	男	本科	1989/4/15	2018/4/11	30	7,023
28	QU023	白菁	综合管理部	管理	分管副总	女	本科	1983/8/24	2019/3/31	36	6,734
29	QU005	刘春恒	综合管理部	管理	分管副总	男	大专	1989/10/27	2015/8/11	30	4,269
30	QU012	侯晋	综合管理部	管理	分管副总	男	大专	1977/5/15	2017/2/23	42	3,585
31	QU021	杜和平	综合管理部	管理	分管副总	男	大专	1984/7/17	2018/11/18	35	4,606

图 5.82　自定义序列排序结果

知识点 15　数据筛选

数据筛选是指把符合条件的数据显示在工作表内，不符合条件的数据隐藏起来，方便用户查看和管理数据。WPS 表格提供了自动筛选、自定义筛选和高级筛选 3 种筛选方式。

(1) 自动筛选。

自动筛选是根据用户设定的条件，自动显示符合条件的数据，隐藏其他数据。

(2) 自定义筛选。

自定义筛选建立在自动筛选基础上，用户可以设置复杂筛选条件。

(3) 高级筛选。

高级筛选是根据用户设置的筛选条件来筛选数据，高级筛选可以筛选出同时满足两个或两个以上约束条件的数据。高级筛选是在工作表中建立一个条件区域，条件区域的第一行为列标题，列标题下方输入筛选条件。条件区域必须与数据区域至少间隔一行。

★ 操作训练

打开“某公司员工信息表 . xlsx”，如图 5.83 所示。

完成下面操作：

(1) 对工作表中数据进行筛选，查看学历为“本科”的员工信息。

(2) 对工作表中数据进行筛选，查看年龄在 50 岁以上（含 50 岁）的员工信息。

(3) 对工作表中数据进行筛选，查看“财务部”“男”职工和“仓储部”“女”职工的信息。

具体步骤

(1) 自动筛选。

在本案例中，需要将工作表中的数据进行筛选操作，在保留“学历”是“本科”的员工信息，其他信息隐藏。具体操作如下：

	A	B	C	D	E	F	G	H	I	J	K
1	员工编号	姓名	部门	人员类别	岗位	性别	学历	出生日期	入职时间	年龄	工资
2	QU001	张国生	采购部	管理	主管	女	大专	1979/2/17	2015/1/20	41	3,619
3	QU002	叶卫权	财务部	管理	专职	男	本科	1980/11/7	2015/5/25	39	10,086
4	QU003	朱云	仓储部	管理	专职	女	硕士	1981/5/12	2015/6/5	38	6,956
5	QU004	于向生	研发部	技术	专职	男	本科	1969/12/31	2015/8/1	50	3,972
6	QU005	刘春恒	综合管理部	管理	分管副总	男	大专	1989/10/27	2015/8/11	30	4,269
7	QU006	王云	采购部	管理	专职	男	本科	1986/11/15	2016/1/23	33	3,801
8	QU007	韩耿	财务部	管理	专职	男	大专	1979/12/1	2016/4/22	40	9,772
9	QU008	曾涛	财务部	管理	专职	男	硕士	1982/4/5	2016/7/10	37	7,670
10	QU009	胡志强	仓储部	管理	专职	男	大专	1985/12/18	2016/7/16	34	4,402
11	QU010	黄增良	仓储部	管理	专职	男	硕士	1985/2/28	2016/11/2	35	4,203
12	QU011	李正春	人力资源部	管理	招聘培训主管	男	本科	1989/10/14	2016/11/9	30	9,913
13	QU012	侯晋	综合管理部	管理	分管副总	男	大专	1977/5/15	2017/2/23	42	3,585
14	QU013	刘敬彬	采购部	管理	主管	男	大专	1980/11/26	2017/4/1	39	3,670
15	QU014	李洋	财务部	管理	主管	女	本科	1966/10/20	2017/5/13	53	11,935
16	QU015	张利民	仓储部	管理	专职	女	大专	1981/2/24	2017/9/28	39	4,991
17	QU016	田卫平	人力资源部	管理	合同主管	女	硕士	1989/12/2	2017/10/11	30	6,712
18	QU017	聂迪	采购部	管理	主管	男	大专	1989/10/30	2017/12/26	30	7,058
19	QU018	陈庆来	综合管理部	管理	分管副总	男	本科	1989/4/15	2018/4/11	30	7,023
20	QU019	高庆莲	研发部	技术	专职	男	本科	1969/10/7	2018/9/17	50	3,457
21	QU020	翁衍	研发部	技术	专职	女	大专	1964/2/3	2018/10/17	56	4,067
22	QU021	杜和平	综合管理部	管理	分管副总	男	大专	1984/7/17	2018/11/18	35	4,606
23	QU022	杨琳	人力资源部	管理	专职	女	大专	1982/6/10	2019/1/13	37	4,603
24	QU023	白青	综合管理部	管理	分管副总	女	本科	1983/8/24	2019/3/31	36	6,734
25	QU024	赵爽	研发部	技术	专职	男	博士	1980/3/29	2019/4/18	39	3,424
26	QU025	翁亮	人力资源部	管理	总监	男	大专	1986/6/15	2019/6/22	33	2,890
27	QU026	蒋倩	仓储部	管理	专职	男	本科	1987/10/12	2019/8/21	32	9,456
28	QU027	夏建华	研发部	技术	专职	男	本科	1984/3/26	2019/11/12	35	3,649
29	QU028	华书涛	采购部	管理	主管	男	大专	1985/11/30	2019/12/23	34	4,992
30	QU029	孟少林	人力资源部	管理	人事经理	男	本科	1967/6/15	2020/1/22	52	3,932
31	QU030	王少泓	财务部	管理	主管	男	大专	1980/10/6	2020/2/5	39	3,629

图 5.83　某公司员工信息表

①选择工作表数据区任一单元格，在“数据”选项卡中单击“筛选”按钮，进入筛选状态，列标题单元格右侧显示出“筛选”按钮。

②找到“学历”列标题，在 G1 单元格中单击“筛选”按钮，在打开的下拉列表中，仅选择“本科”复选框，单击“确定”按钮，如图 5.84 所示。

	A	B	C	D	E	F	G	H	I	J	K
1	员工编号	姓名	部门	人员类别	岗位	性别	学历	出生日期	入职时间	年龄	工资
2	QU008	曾涛						1982/4/5	2016/7/10	37	7,670
3	QU002	叶卫权						1980/11/7	2015/5/25	39	10,086
4	QU014	李洋						1966/10/20	2017/5/13	53	11,935
5	QU007	韩耿						1979/12/1	2016/4/22	40	9,772
6	QU030	王少泓						1980/10/6	2020/2/5	39	3,629
7	QU006	王云						1986/11/15	2016/1/23	33	3,801
8	QU001	张国生						1979/2/17	2015/1/20	41	3,619
9	QU013	刘敬彬						1980/11/26	2017/4/1	39	3,670
10	QU017	聂迪						1989/10/30	2017/12/26	30	7,058
11	QU028	华书涛						1985/11/30	2019/12/23	34	4,992
12	QU003	朱云						1981/5/12	2015/6/5	38	6,956
13	QU010	黄增良						1985/2/28	2016/11/2	35	4,203
14	QU026	蒋倩						1987/10/12	2019/8/21	32	9,456
15	QU009	胡志强						1985/12/18	2016/7/16	34	4,402
16	QU015	张利民						1981/2/24	2017/9/28	39	4,991
17	QU016	田卫平						1989/12/2	2017/10/11	30	6,712
18	QU011	李正春						1989/10/14	2016/11/9	30	9,913
19	QU029	孟少林						1967/6/15	2020/1/22	52	3,932
20	QU022	杨琳						1982/6/10	2019/1/13	37	4,603
21	QU025	翁亮	人力资源部	管理	总监	男	大专	1986/6/15	2019/6/22	33	2,890

升序　降序　颜色排序　高级模式
内容筛选　颜色筛选　文本筛选　清空条件
(支持多条件过滤，例如：北京 上海)
名称　选项
(全选)（30）
本科（11，36.6%）　仅筛选此项
博士（1）
大专（14）
硕士（4）
分析　确定　取消

图 5.84　“筛选”对话框

③此时工作表中仅显示学历为“本科”的数据，其余数据被隐藏，如图 5.85 所示。

	A	B	C	D	E	F	G	H	I	J	K
1	员工编号	姓名	部门	人员类别	岗位	性别	学历	出生日期	入职时间	年龄	工资
3	QU002	叶卫权	财务部	管理	专职	男	本科	1980/11/7	2015/5/25	39	10,086
4	QU014	李洋	财务部	管理	主管	女	本科	1966/10/20	2017/5/13	53	11,935
7	QU006	王云	采购部	管理	专职	男	本科	1986/11/15	2016/1/23	33	3,801
14	QU026	蒋倩	仓储部	管理	专职	男	本科	1987/10/12	2019/8/21	32	9,456
18	QU011	李正春	人力资源部	管理	招聘培训主管	男	本科	1989/10/14	2016/11/9	30	9,913
19	QU029	孟少林	人力资源部	管理	人事经理	男	本科	1967/6/15	2020/1/22	52	3,932
23	QU004	于向生	研发部	技术	专职	男	本科	1969/12/31	2015/8/1	50	3,972
24	QU019	高庆莲	研发部	技术	专职	男	本科	1969/10/7	2018/9/17	50	3,457
25	QU027	夏建华	研发部	技术	专职	男	本科	1984/3/26	2019/11/12	35	3,649
27	QU018	陈庆来	综合管理部	管理	分管副总	男	本科	1989/4/15	2018/4/11	30	7,023
28	QU023	白菁	综合管理部	管理	分管副总	女	本科	1983/8/24	2019/3/31	36	6,734

图 5.85　学历为本科的信息

④取消筛选，再次单击“筛选”按钮筛选。

（2）自定义筛选。

在本案例中，需要将工作表中的数据进行筛选操作，根据年龄列筛选，筛选条件为大于等于50。具体操作如下：

①选择工作表数据区任一单元格，在“数据”选项卡中单击“筛选”按钮筛选，进入筛选状态，列标题单元格右侧显示出“筛选”按钮。

②找到“年龄”列标题，在J1单元格中单击“筛选”按钮，在打开的下拉列表中，选择“数字筛选”按钮，在下拉列表中选择“大于或等于”，如图5.86所示。

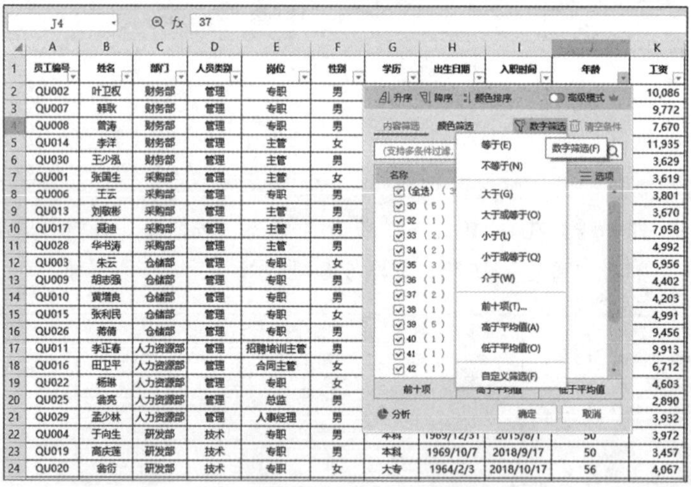

图 5.86　“筛选”对话框

③打开“自定义自动筛选方式”对话框，在“大于或等于”文本框中输入“50”，单击“确定”按钮，如图5.87所示。

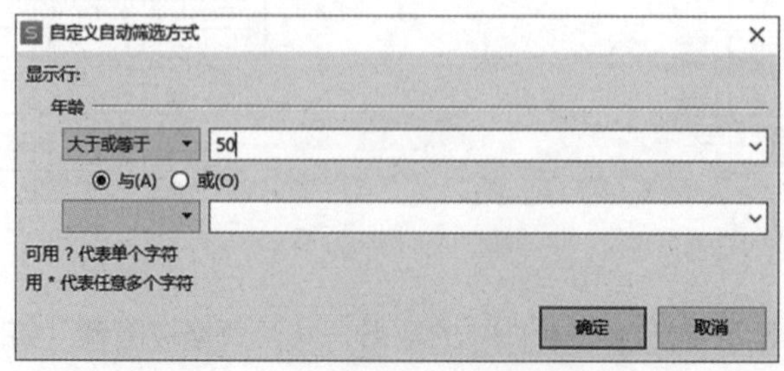

图 5.87　“自定义自动筛选方式”对话框

④此时工作表中仅显示年龄大于或等于“50”的数据，其余数据被隐藏，如图 5.88 所示。

	A	B	C	D	E	F	G	H	I	J	K
1	员工编号	姓名	部门	人员类别	岗位	性别	学历	出生日期	入职时间	年龄	工资
4	QU014	李洋	财务部	管理	主管	女	本科	1966/10/20	2017/5/13	53	11,935
19	QU029	孟少林	人力资源部	管理	人事经理	男	本科	1967/6/15	2020/1/22	52	3,932
23	QU004	于向生	研发部	技术	专职	男	本科	1969/12/31	2015/8/1	50	3,972
24	QU019	高庆莲	研发部	技术	专职	男	本科	1969/10/7	2018/9/17	50	3,457
26	QU020	翕衍	研发部	技术	专职	女	大专	1964/2/3	2018/10/17	56	4,067

图 5.88　年龄大于或等于 50 的信息

（3）高级筛选。

在本案例中，筛选条件有两个：一个是对部门的筛选，筛选值为“财务部”和“仓储部”；另一个是对性别的筛选，筛选值为“男”和“女”。涉及筛选条件比较复杂，因此用高级筛选。具体操作如下：

①输入筛选条件，条件区域必须与数据区域至少间隔一行。在当前工作表的“M3:N5”单元格区域中输入筛选条件，如图 5.89 所示。

	A	B	C	D	E	F	G	H	I	J	K	L	M	N
1	员工编号	姓名	部门	人员类别	岗位	性别	学历	出生日期	入职时间	年龄	工资			
2	QU008	曾涛	财务部	管理	专职	男	硕士	1982/4/5	2016/7/10	37	7,670			
3	QU002	叶卫权	财务部	管理	专职	男	本科	1980/11/7	2015/5/25	39	10,086		部门	性别
4	QU014	李洋	财务部	管理	主管	女	本科	1966/10/20	2017/5/13	53	11,935		财务部	男
5	QU007	韩耿	财务部	管理	专职	男	大专	1979/12/1	2016/4/22	40	9,772		仓储部	女
6	QU030	王少泓	财务部	管理	主管	男	大专	1980/10/6	2020/2/5	39	3,629			
7	QU006	王云	采购部	管理	专职	男	本科	1986/11/15	2016/1/23	33	3,801			
8	QU001	张国生	采购部	管理	主管	女	大专	1979/2/17	2015/1/20	41	3,619			
9	QU013	刘敬彬	采购部	管理	主管	男	大专	1980/11/26	2017/4/1	39	3,670			
10	QU017	聂迪	采购部	管理	主管	男	大专	1989/10/30	2017/12/26	30	7,058			
11	QU028	华书涛	采购部	管理	主管	男	大专	1985/11/30	2019/12/23	34	4,992			
12	QU003	朱云	仓储部	管理	专职	女	硕士	1981/5/12	2015/6/5	38	6,956			
13	QU010	黄增良	仓储部	管理	专职	男	硕士	1985/2/28	2016/11/2	35	4,203			
14	QU026	蒋倩	仓储部	管理	专职	男	本科	1987/10/12	2019/8/21	32	9,456			
15	QU009	胡志强	仓储部	管理	专职	男	大专	1985/12/18	2016/7/16	34	4,402			
16	QU015	张利民	仓储部	管理	专职	女	大专	1981/2/24	2017/9/28	39	4,991			

图 5.89　输入筛选条件

②选择数据列表中的任一单元格，在“数据”选项卡中单击“筛选”按钮 下方的下拉按钮，在打开的下拉列表中选择“高级筛选”，打开“高级筛选”对话框。

③打开“高级筛选”对话框中，“方式”选择“在原有区域显示筛选结果”；“列表区域”是整个工作表数据，系统自动填充，如果需要修改，可以单击文本框右侧的“收缩”按钮，重新选择数据区；“条件区域”是设置筛选条件的单元格区域，单击文本框右侧的“收缩”按钮，选择“M3：N5”，再单击“展开”按钮，恢复“高级筛选对话框”，单击“确定”按钮，完成高级筛选，如图 5.90 所示。

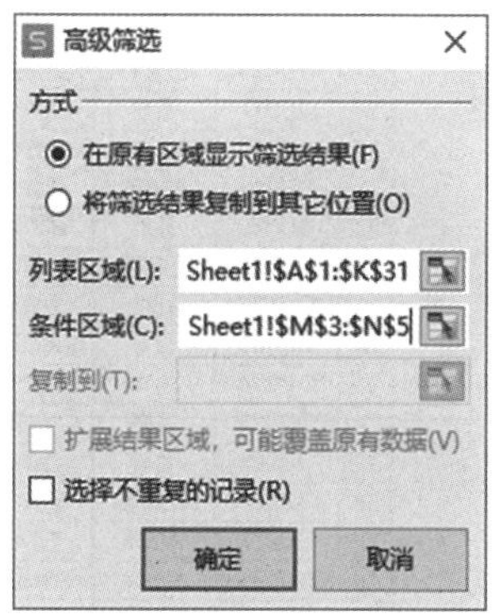

图 5.90　“高级筛选”对话框

④此时工作表中显示“财务部”“男”职工和“仓储部”“女”职工的数据，其余数据被隐藏，如图 5.91 所示。

	A	B	C	D	E	F	G	H	I	J	K
1	员工编号	姓名	部门	人员类别	岗位	性别	学历	出生日期	入职时间	年龄	工资
2	QU008	曾涛	财务部	管理	专职	男	硕士	1982/4/5	2016/7/10	37	7,670
3	QU002	叶卫权	财务部	管理	专职	男	本科	1980/11/7	2015/5/25	39	10,086
5	QU007	韩耿	财务部	管理	专职	男	大专	1979/12/1	2016/4/22	40	9,772
6	QU030	王少泓	财务部	管理	主管	男	大专	1980/10/6	2020/2/5	39	3,629
12	QU003	朱云	仓储部	管理	专职	女	硕士	1981/5/12	2015/6/5	38	6,956
16	QU015	张利民	仓储部	管理	专职	女	大专	1981/2/24	2017/9/28	39	4,991

图 5.91　高级筛选结果

知识点 16　数据的分类汇总

分类汇总是对工具表中的数据进行数据分析的一种方法。分类汇总操作实际上就是分类加汇总，操作过程是先通过排序功能对数据进行分类排序，再将分类后的数据进行统计汇总，使数据变得清晰直观。

分类汇总的步骤：

(1) 确定关键字，将数据进行分类排序。在“数据”选项卡中单击“排序”按钮，在下拉列表中选择“升序”或“降序”。

(2) 对已完成排序的数据进行汇总操作。在“数据”选项卡中单击“排序”按钮，在下拉列表中选择“升序”或“降序”。

★ 操作训练

打开“某公司员工信息表.xlsx”，如图 5.92 所示。

	A	B	C	D	E	F	G	H	I	J	K
1	员工编号	姓名	部门	人员类别	岗位	性别	学历	出生日期	入职时间	年龄	工资
2	QU001	[illegible]国生	采购部	管理	主管	女	大专	1979/2/17	2015/1/20	41	3,619
3	QU002	叶卫权	财务部	管理	专职	男	本科	1980/11/7	2015/5/25	39	10,086
4	QU003	朱云	仓储部	管理	专职	女	硕士	1981/5/12	2015/6/5	38	6,956
5	QU004	于向生	研发部	技术	专职	男	本科	1969/12/31	2015/8/1	50	3,972
6	QU005	刘春恒	综合管理部	管理	分管副总	男	大专	1989/10/27	2015/8/11	30	4,269
7	QU006	王云	采购部	管理	专职	男	本科	1986/11/15	2016/1/23	33	3,801
8	QU007	韩耿	财务部	管理	专职	男	大专	1979/12/1	2016/4/22	40	9,772
9	QU008	曾涛	财务部	管理	专职	男	硕士	1982/4/5	2016/7/10	37	7,670
10	QU009	胡志强	仓储部	管理	专职	男	大专	1985/12/18	2016/7/16	34	4,402
11	QU010	黄增良	仓储部	管理	专职	男	硕士	1985/2/28	2016/11/2	35	4,203
12	QU011	李正春	人力资源部	管理	招聘培训主管	男	本科	1989/10/14	2016/11/9	30	9,913
13	QU012	侯晋	综合管理部	管理	分管副总	男	大专	1977/5/15	2017/2/23	42	3,585
14	QU013	刘敬彬	采购部	管理	主管	男	大专	1980/11/26	2017/4/1	39	3,670
15	QU014	李洋	财务部	管理	主管	女	本科	1966/10/20	2017/5/13	53	11,935
16	QU015	张利民	仓储部	管理	专职	女	大专	1981/2/24	2017/9/28	39	4,991
17	QU016	田卫平	人力资源部	管理	合同主管	女	硕士	1989/12/2	2017/10/11	30	6,712
18	QU017	聂迪	采购部	管理	主管	男	大专	1989/10/30	2017/12/26	30	7,058
19	QU018	陈庆来	综合管理部	管理	分管副总	男	本科	1989/4/15	2018/4/11	30	7,023
20	QU019	高庆莲	研发部	技术	专职	男	本科	1969/10/7	2018/9/17	50	3,457
21	QU020	翁衍	研发部	技术	专职	女	大专	1964/2/3	2018/10/17	56	4,067
22	QU021	杜和平	综合管理部	管理	分管副总	男	大专	1984/7/17	2018/11/18	35	4,606
23	QU022	杨琳	人力资源部	管理	专职	女	大专	1982/6/10	2019/1/13	37	4,603
24	QU023	白菁	综合管理部	管理	分管副总	女	本科	1983/8/24	2019/3/31	36	6,734
25	QU024	赵爽	研发部	技术	专职	男	博士	1980/3/29	2019/4/18	39	3,424
26	QU025	翁亮	人力资源部	管理	总监	男	大专	1986/6/15	2019/6/22	33	2,890
27	QU026	蒋倩	仓储部	管理	专职	男	本科	1987/10/12	2019/8/21	32	9,456
28	QU027	夏建华	研发部	技术	专职	男	本科	1984/3/26	2019/11/12	35	3,649
29	QU028	华书涛	采购部	管理	主管	男	大专	1985/11/30	2019/12/23	34	4,992
30	QU029	孟少林	人力资源部	管理	人事经理	男	本科	1967/6/15	2020/1/22	52	3,932
31	QU030	王少泓	财务部	管理	主管	男	大专	1980/10/6	2020/2/5	39	3,629

图 5.92　某公司员工信息表

完成下面操作：计算各个部门的平均年龄。

具体步骤

分析：本案例求各个部门的平均年龄，并不是求所有员工的平均年龄，直接使用“AVERAGE 函数”是不正确的。在日常分析问题时，应该将数据表中数据先根据部门分类，分类后，每个部门单独计算平均年龄。具体操作如下：

(1) 数据分类。在 WPS 表格中，对数据进行分类，使用排序即可。确定排序关键字为“部门”。选择“部门”列中的任一单元格，在“数据”选项卡中单击“排序”按钮，在下拉列表中选择“升序”。分类后的数据如图5.93所示。

E10　主管

	A	B	C	D	E	F	G	H	I	J	K
1	员工编号	姓名	部门	人员类别	岗位	性别	学历	出生日期	入职时间	年龄	工资
2	QU002	叶卫权	财务部	管理	专职	男	本科	1980/11/7	2015/5/25	39	10,086
3	QU007	韩耿	财务部	管理	专职	男	大专	1979/12/1	2016/4/22	40	9,772
4	QU008	曾涛	财务部	管理	专职	男	硕士	1982/4/5	2016/7/10	37	7,670
5	QU014	李洋	财务部	管理	主管	女	本科	1966/10/20	2017/5/13	53	11,935
6	QU030	王少泓	财务部	管理	主管	男	大专	1980/10/6	2020/2/5	39	3,629
7	QU001	张国生	采购部	管理	主管	女	大专	1979/2/17	2015/1/20	41	3,619
8	QU006	王云	采购部	管理	专职	男	本科	1986/11/15	2016/1/23	33	3,801
9	QU013	刘敬彬	采购部	管理	主管	男	大专	1980/11/26	2017/4/1	39	3,670
10	QU017	聂迪	采购部	管理	主管	男	大专	1989/10/30	2017/12/26	30	7,058
11	QU028	华书涛	采购部	管理	主管	男	大专	1985/11/30	2019/12/23	34	4,992
12	QU003	朱云	仓储部	管理	专职	女	硕士	1981/5/12	2015/6/5	38	6,956
13	QU009	胡志强	仓储部	管理	专职	男	大专	1985/12/18	2016/7/16	34	4,402
14	QU010	黄增良	仓储部	管理	专职	男	硕士	1985/2/28	2016/11/2	35	4,203
15	QU015	张利民	仓储部	管理	专职	女	大专	1981/2/24	2017/9/28	39	4,991
16	QU026	蒋倩	仓储部	管理	专职	男	本科	1987/10/12	2019/8/21	32	9,456
17	QU011	李正春	人力资源部	管理	招聘培训主管	男	本科	1989/10/14	2016/11/9	30	9,913
18	QU016	田卫平	人力资源部	管理	合同主管	女	硕士	1989/12/2	2017/10/11	30	6,712
19	QU022	杨琳	人力资源部	管理	专职	女	大专	1982/6/10	2019/1/13	37	4,603
20	QU025	翁亮	人力资源部	管理	总监	男	大专	1986/6/15	2019/6/22	33	2,890
21	QU029	孟少林	人力资源部	管理	人事经理	男	本科	1967/6/15	2020/1/22	52	3,932
22	QU004	于向生	研发部	技术	专职	男	本科	1969/12/31	2015/8/1	50	3,972
23	QU019	高庆莲	研发部	技术	专职	男	本科	1969/10/7	2018/9/17	50	3,457
24	QU020	翁衍	研发部	技术	专职	女	大专	1964/2/3	2018/10/17	56	4,067
25	QU024	赵爽	研发部	技术	专职	男	博士	1980/3/29	2019/4/18	39	3,424
26	QU027	夏建华	研发部	技术	专职	男	本科	1984/3/26	2019/11/12	35	3,649
27	QU005	刘春恒	综合管理部	管理	分管副总	男	大专	1989/10/27	2015/8/11	30	4,269
28	QU012	侯晋	综合管理部	管理	分管副总	男	大专	1977/5/15	2017/2/23	42	3,585
29	QU018	陈庆来	综合管理部	管理	分管副总	男	本科	1989/4/15	2018/4/11	30	7,023
30	QU021	杜和平	综合管理部	管理	分管副总	男	大专	1984/7/17	2018/11/18	35	4,606
31	QU023	白菁	综合管理部	管理	分管副总	女	本科	1983/8/24	2019/3/31	36	6,734

图5.93　数据依据部门分类

（2）选择数据区任一单元格，在“数据”选项卡中单击“分类汇总”按钮，打开分类汇总对话框。

（3）“分类字段”是数据进行排序的关键字，在下拉列表中选择“部门”。

（4）本例中求年龄的平均值，“汇总方式”下拉列表中选择“平均值”。

（5）“选中汇总项”是选择对哪列进行汇总，在列表框中选择“年龄”。

（6）“替换当前分类汇总”选项是只显示本次分类汇总，如果需要嵌套分类汇总，这项不选。

（7）“每组数据分页”选项是表示分类汇总后的数据是否分页显示。

（8）“汇总结果显示在数据下方”选项是将分类汇总后的数据显示在原数据下方。设置结束后，单击“确定”按钮，如图5.94所示。

（9）此时工作表中数据，根据部门进行了分组，显示了每个部门的平均年龄，如图5.95所示。

（10）数据表进行分类汇总后，数据将分级显示。在列标左侧

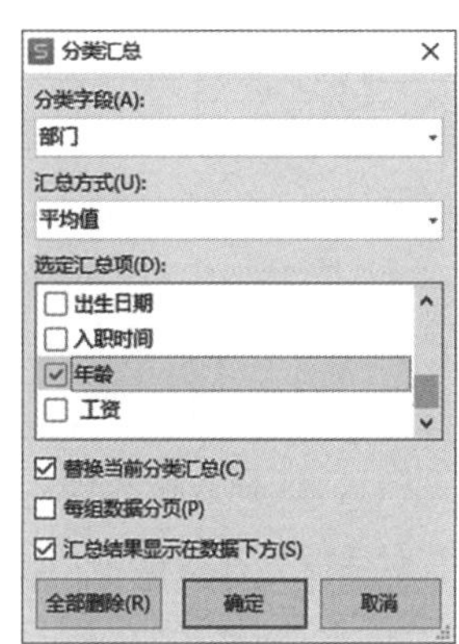

图5.94　“分类汇总”对话框

有 1 2 3 三个按钮，表示此分类汇总数据分为三层，当前为第 3 级，可以看到全部内容；在分类汇总数据表格的左上角单击 2 ，隐藏汇总的部分数据，如图 5.96 所示；在分类汇总数据表格的左上角单击 1 ，隐藏汇总的全部数据，只显示总计的汇总数据，如图 5.97 所示。

A1　fx　员工编号

	A	B	C	D	E	F	G	H	I	J	K
1	员工编号	姓名	部门	人员类别	岗位	性别	学历	出生日期	入职时间	年龄	工资
2	QU002	叶卫权	财务部	管理	专职	男	本科	1980/11/7	2015/5/25	39	10,086
3	QU007	韩耿	财务部	管理	专职	男	大专	1979/12/1	2016/4/22	40	9,772
4	QU008	曾涛	财务部	管理	专职	男	硕士	1982/4/5	2016/7/10	37	7,670
5	QU014	李洋	财务部	管理	主管	女	本科	1966/10/20	2017/5/13	53	11,935
6	QU030	王少泓	财务部	管理	主管	男	大专	1980/10/6	2020/2/5	39	3,629
7			财务部 平均值							41.6	
8	QU001	张国生	采购部	管理	主管	女	大专	1979/2/17	2015/1/20	41	3,619
9	QU006	王云	采购部	管理	专职	男	本科	1986/11/15	2016/1/23	33	3,801
10	QU013	刘敬彬	采购部	管理	主管	男	大专	1980/11/26	2017/4/1	39	3,670
11	QU017	聂迪	采购部	管理	主管	男	大专	1989/10/30	2017/12/26	30	7,058
12	QU028	华书涛	采购部	管理	主管	男	大专	1985/11/30	2019/12/23	34	4,992
13			采购部 平均值							35.4	
14	QU003	朱云	仓储部	管理	专职	女	硕士	1981/5/12	2015/6/5	38	6,956
15	QU009	胡志强	仓储部	管理	专职	男	大专	1985/12/18	2016/7/16	34	4,402
16	QU010	黄增良	仓储部	管理	专职	男	硕士	1985/2/28	2016/11/2	35	4,203
17	QU015	张利民	仓储部	管理	专职	女	大专	1981/2/24	2017/9/28	39	4,991
18	QU026	蒋倩	仓储部	管理	专职	男	本科	1987/10/12	2019/8/21	32	9,456
19			仓储部 平均值							35.6	
20	QU011	李正春	人力资源部	管理	招聘培训主管	男	本科	1989/10/14	2016/11/9	30	9,913
21	QU016	田卫平	人力资源部	管理	合同主管	女	硕士	1989/12/2	2017/10/11	30	6,712
22	QU022	杨琳	人力资源部	管理	专职	女	大专	1982/6/10	2019/1/13	37	4,603
23	QU025	翁亮	人力资源部	管理	总监	男	大专	1986/6/15	2019/6/22	33	2,890
24	QU029	孟少林	人力资源部	管理	人事经理	男	本科	1967/6/15	2020/1/22	52	3,932
25			人力资源部 平均值							36.4	
26	QU004	于向生	研发部	技术	专职	男	本科	1969/12/31	2015/8/1	50	3,972
27	QU019	高庆莲	研发部	技术	专职	男	本科	1969/10/7	2018/9/17	50	3,457
28	QU020	翁衍	研发部	技术	专职	女	大专	1964/2/3	2018/10/17	56	4,067
29	QU024	赵爽	研发部	技术	专职	男	博士	1980/3/29	2019/4/18	39	3,424
30	QU027	夏建华	研发部	技术	专职	男	本科	1984/3/26	2019/11/12	35	3,649
31			研发部 平均值							46	
32	QU005	刘春恒	综合管理部	管理	分管副总	男	大专	1989/10/27	2015/8/11	30	4,269
33	QU012	侯晋	综合管理部	管理	分管副总	男	大专	1977/5/15	2017/2/23	42	3,585
34	QU018	陈庆来	综合管理部	管理	分管副总	男	本科	1989/4/15	2018/4/11	30	7,023
35	QU021	杜和平	综合管理部	管理	分管副总	男	大专	1984/7/17	2018/11/18	35	4,606

图 5.95　数据表分类汇总结果

	A	B	C	D	E	F	G	H	I	J	K
1	员工编号	姓名	部门	人员类别	岗位	性别	学历	出生日期	入职时间	年龄	工资
7			财务部 平均值							41.6	
13			采购部 平均值							35.4	
19			仓储部 平均值							35.6	
25			人力资源部 平均值							36.4	
31			研发部 平均值							46	
37			综合管理部 平均值							34.6	
38			总平均值							38.26666667	

图 5.96　隐藏部分数据

	A	B	C	D	E	F	G	H	I	J	K
1	员工编号	姓名	部门	人员类别	岗位	性别	学历	出生日期	入职时间	年龄	工资
38			总平均值							38.26666667	

图 5.97　隐藏全部数据

（11）选择数据区任一单元格，在“数据”选项卡中单击“分类汇总”按钮 分类汇总，打开分类汇总对话框，在对框中单击“全部删除”按钮，可以删除已创建的分类汇总。

知识点 17　数据透视表和数据透视图

分类汇总可以对数据进行分析，但分类汇总适合按一个关键字分类，对一个或多个数据列进行汇总的情况。而数据透视表可以对多个数据列进行分类，实现对大量数据的快速汇总，能够通过图表的形式将数据更加直观、清晰地表现出来。

(1) 数据透视表。

数据透视表是一种交互式报表，它集筛选、排序和分类汇总等功能于一身，是 WPS 表格中重要的分析性报告工具。从组成结构来看，数据透视表分为以下 4 个部分，如图 5.98 所示。

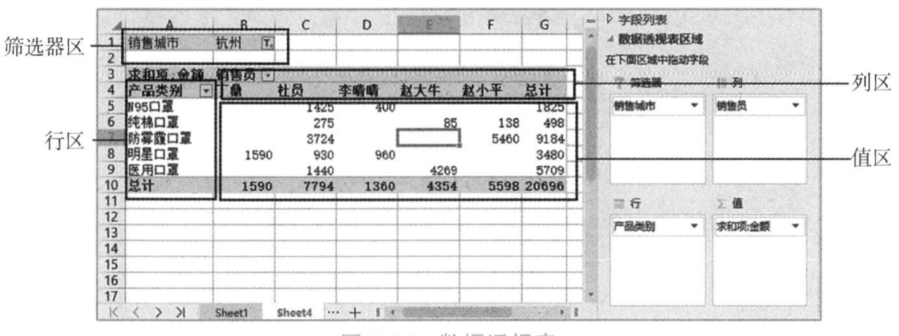

图 5.98　数据透视表

- 筛选器区。该区域中的字段将作为数据透视表的报表筛选字段。
- 行区。该区域中的字段将作为数据透视表的行标签。
- 列区。该区域中的字段将作为数据透视表的列标签。
- 值区。该区域中的字段将作为数据透视表显示汇总的数据。

(2) 数据透视图。

数据透视图为关联数据透视表中的数据提供了图形显示形式，数据透视图也是交互的，如图 5.99 所示。数据透视图是数据透视表和图表的结合，与图表的效果类似。

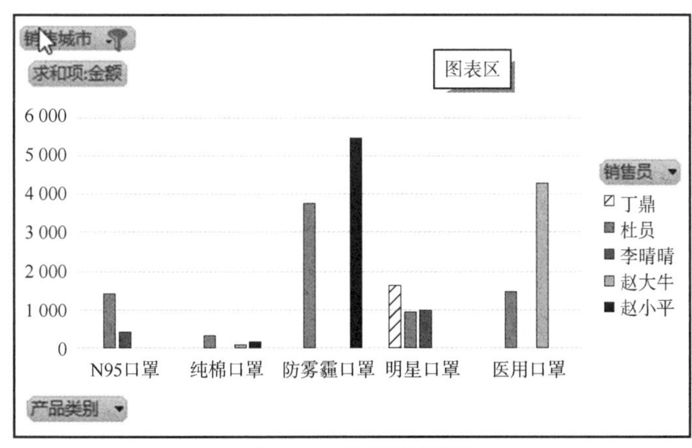

图 5.99　数据透视图

★★ 任务实操

打开“口罩销售情况表.xlsx”，如图 5.100 所示。

完成下面操作：

(1) 将表中数据进行汇总统计，查看各个销售城市中不同口罩、每个销售员的销售总额。对表格进行美化。

(2) 选择不同的销售城市，查看不同口罩的销售数量。

	A	B	C	D	E	F	G
1	日期	销售城市	产品类别	销售员	数量	单价	金额
2	2020/1/1	深圳	明星口罩	丁鼎	2	30	60
3	2020/1/5	深圳	明星口罩	丁鼎	5	30	150
4	2020/1/6	厦门	明星口罩	丁鼎	27	30	810
5	2020/1/7	南昌	医用口罩	赵大牛	213	3	639
6	2020/1/8	厦门	明星口罩	赵大牛	6	30	180
7	2020/1/10	杭州	防雾霾口罩	杜员	82	28	2 296
8	2020/1/10	南昌	明星口罩	丁鼎	27	30	810
9	2020/1/11	厦门	医用口罩	赵大牛	96	3	288
10	2020/1/11	杭州	纯棉口罩	杜员	89	1	89
11	2020/1/12	杭州	医用口罩	赵大牛	260	3	780
12	2020/1/14	杭州	明星口罩	李晴晴	32	30	960
13	2020/1/14	杭州	防雾霾口罩	杜员	51	28	1 428
14	2020/1/17	厦门	明星口罩	杜员	22	30	660
15	2020/1/18	深圳	明星口罩	赵大牛	26	30	780
16	2020/1/23	杭州	纯棉口罩	赵小平	66	1	66
17	2020/1/23	杭州	纯棉口罩	杜员	87	1	87

图 5.100　口罩销售情况表

（3）将第（2）题中的表格内容生成直观的图表，对图表进行美化。

具体操作

（1）建立数据透视表。

在本例中，需要查看各个销售城市、不同口罩、每个销售员的销售总额，可以需要进行三次的分类和一次的计算，需要建立数据透视表。具体操作如下：

①选择数据表中的任一单元格，在“插入”选项卡中单击“数据透视表”按钮 数据透视表，打开“创建数据透视表”对话框。在“请选择放置数据透视表的位置”处，选择“新工作表”后，单击“确定”按钮。“创建数据透视表”对话框如图 5.101 所示。

②创建数据透视表后，在工作表右侧会出现“数据透视表”窗格，如图 5.102 所示。“字段列表”中列出了表格中所有的列标题。在数据透视表中，字段指的是表格中的一列，字段名指的是表格中的列标题。

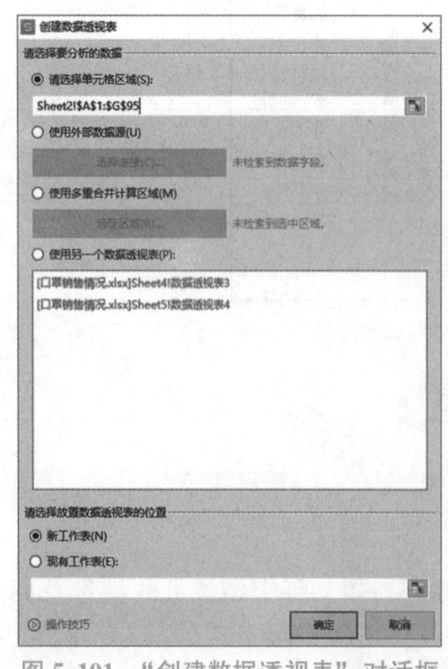

图 5.101　“创建数据透视表”对话框

图 5.102　“数据透视表”窗格

③在“字段列表”中，选中“销售城市”，按住鼠标左键不放，拖放到“数据透视表区域”中的“行”列表框中。

④选中“产品类型”，按住鼠标左键不放，拖放到“数据透视表区域”中的“行”列表框中。

⑤选中“销售员”，按住鼠标左键不放，拖放到“数据透视表区域”中的“列”列表框中。

⑥选中“金额”，按住鼠标左键不放，拖放到“数据透视表区域”中的“值”列表框中。字段拖动完成，数据透视表也自动生成了，如图 5.103 所示。

求和项:金额		销售员					
销售城市	产品类别	丁鼎	杜员	李晴晴	赵大牛	赵小平	总计
杭州		**1 590**	**7 794**	**1 360**	**4 354**	**5 598**	**20696**
	N95口罩		1 425	400			1 825
	纯棉口罩		275		85	138	498
	防雾霾口罩		3 724			5 460	9 184
	明星口罩	1 590	930	960			3 480
	医用口罩		1 440		4 269		5 709
南昌		**3 234**	**2 018**	**2 405**	**3 561**	**960**	**12178**
	N95口罩		550	2 325			2 875
	纯棉口罩	81	220	80			381
	明星口罩	960				960	1 920
	医用口罩	2 193	1 248		3 561		7 002
厦门		**4 229**	**721**	**1 095**	**3 665**	**2 955**	**12665**
	N95口罩				1 400		1 400
	纯棉口罩	65	61	45	84	29	284
	防雾霾口罩					364	364
	明星口罩	3 600	660	1 050	180		5 490
	医用口罩	564			2 001	2 562	5 127
深圳		**2 933**	**3 813**	**9 050**	**6 654**	**896**	**23346**
	N95口罩	1 850		6 425	1 050		9 325
	纯棉口罩		261				261
	防雾霾口罩		3 192			896	4 088
	明星口罩	210	360		780		1 350
	医用口罩	873		2 625	4 824		8 322
总计		**11 986**	**14 346**	**13 910**	**18 234**	**10 409**	**68885**

图 5.103　拖动字段

⑦“值”列表框中默认进行求和，单击选项后面的“下拉”按钮▼，在下拉列表中选择“值字段设置”，打开“值字段设置”对话框，可以选择求平均值、最大值、最小值等，如图 5.104 所示。

图 5.104　“值字段设置”对话框

⑧创建完成数据透视表后，可以随时改变“数据透视表”窗格中的各区域的字段，可以在“分析”选项卡中更改透视表的显示方式，可以在透视表中选择数据的排序方式。

⑨选择“数据透视表”中的任一单元格，在“设计”选项卡的“样式”列表中，选择合适的样式，在“开始”选项卡上对文字进行格式设置。最后效果如图 5. 105 所示。

求和项:金额		销售员					
销售城市	产品类别	丁鼎	杜员	李晴晴	赵大牛	赵小平	总计
⊟杭州		1 590	7 794	1 360	4 354	5 598	20 696
	N95口罩		1 425	400			1 825
	纯棉口罩		275		85	138	498
	防雾霾口罩		3 724			5 460	9 184
	明星口罩	1 590	930	960			3 480
	医用口罩		1 440		4 269		5 709
⊟南昌		3 234	2 018	2 405	3 561	960	12 178
	N95口罩		550	2 325			2 875
	纯棉口罩	81	220	80			381
	明星口罩	960				960	1 920
	医用口罩	2 193	1 248		3 561		7 002
⊟厦门		4 229	721	1 095	3 665	2 955	12 665
	N95口罩				1 400		1 400
	纯棉口罩	65	61	45	84	29	284
	防雾霾口罩					364	364
	明星口罩	3 600	660	1 050	180		5 490
	医用口罩	564			2 001	2 562	5 127
⊟深圳		2 933	3 813	9 050	6 654	896	23 346
	N95口罩	1 850		6 425	1 050		9 325
	纯棉口罩		261				261
	防雾霾口罩		3 192			896	4 088
	明星口罩	210	360		780		1 350
	医用口罩	873		2 625	4 824		8 322
总计		11 986	14 346	13 910	18 234	10 409	68 885

图 5. 105　数据透视图美化效果

（2）切片器的使用。

选择不同的销售城市，可以查看不同口罩的销售数量。制作出可交互的数据透视表，需要在数据透视表中插入“切片器”。具体操作如下：

①选择数据表中的任一单元格，在“插入”选项卡中单击“数据透视表”按钮 数据透视表，打开“创建数据透视表”对话框。在“请选择放置数据透视表的位置”处，选择“新工作表”后，单击“确定”按钮。

②在“字段列表”中，选中“产品类型”，按住鼠标左键不放，拖放到“数据透视表区域”中的“行”列表框中。

③选中“数量”，按住鼠标左键不放，拖放到“数据透视表区域”中的“值”列表框中，默认求和。字段拖动完成，数据透视表自动生成，如图 5. 106 所示。

④选中数据透视表区域任一单元格，在“分析”选项卡中单击“插入切片器”按钮 数据透视表，打开“插入切片器”对话框，在列表中选择“销售城市”，单击“确定”按钮，如图 5. 107 所示。

⑤单击“销售城市”切片器中的按钮，可以查看对应城市的各种类型口罩的销售数量，如图 5. 108 所示。

⑥单击选择“切片器”在“选项”选项卡中设置切片器的样式；选择数据透视表，在“设计”选项卡中设置数据透视表的样式，最终效果如图 5. 109 所示。

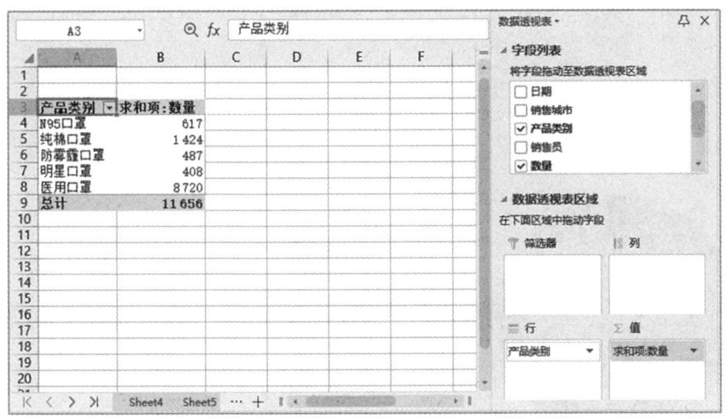

产品类别	求和项:数量
N95口罩	617
纯棉口罩	1 424
防雾霾口罩	487
明星口罩	408
医用口罩	8 720
总计	11 656

图 5.106　产品数量

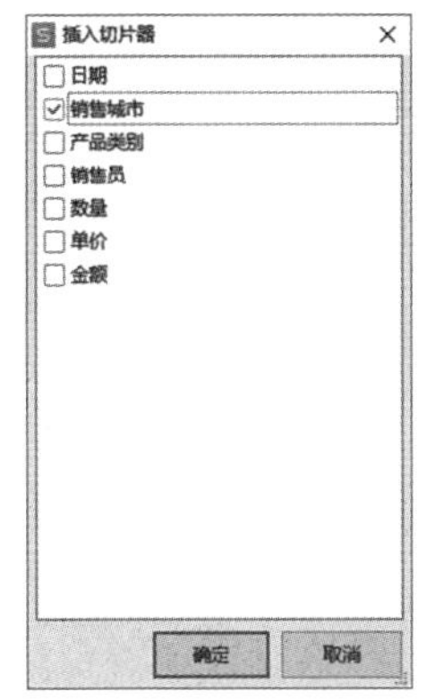

图 5.107　“插入切片器”对话框

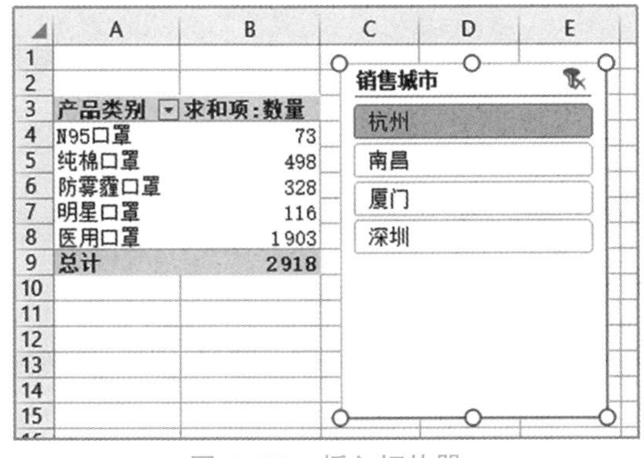

产品类别	求和项:数量
N95口罩	73
纯棉口罩	498
防雾霾口罩	328
明星口罩	116
医用口罩	1 903
总计	2 918

图 5.108　插入切片器

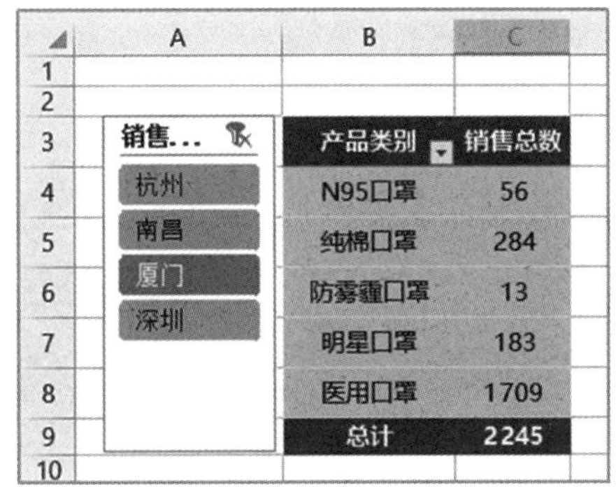

产品类别	销售总数
N95口罩	56
纯棉口罩	284
防雾霾口罩	13
明星口罩	183
医用口罩	1709
总计	2245

图 5.109　厦门的销售情况

（3）数据透视图。

将图 5.109 显示的销售情况更直观显示出来，可以为数据透视表添加数据透视图。这时，在切片器中选择不同销售城市时，数据透视表中显示该城市的口罩销售情况，数据透视图显示该城市口罩销售情况的对比图表。具体操作如下：

①选中图 5.109 所示的数据透视表区域的任一单元格，在“分析”选项卡中，单击“数据透视图”按钮，打开“图表”对话框，如图 5.110 所示。

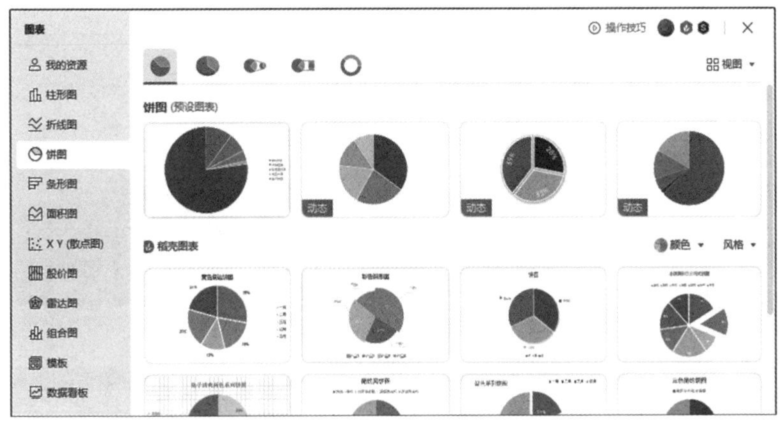

图 5.110　“图表”对话框

②在“图表”对话框中，选择“饼图”图表类型，在工作表中插入一个“饼图”，如图 5.111 所示。

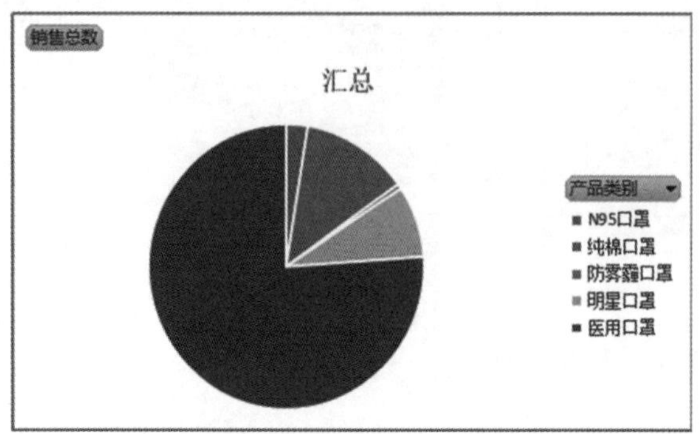

图 5.111　数据透视图

③单击选择数据透视图，在“图表工具”中，设置图表的元素、样式等。最终效果如图 5.112 所示。

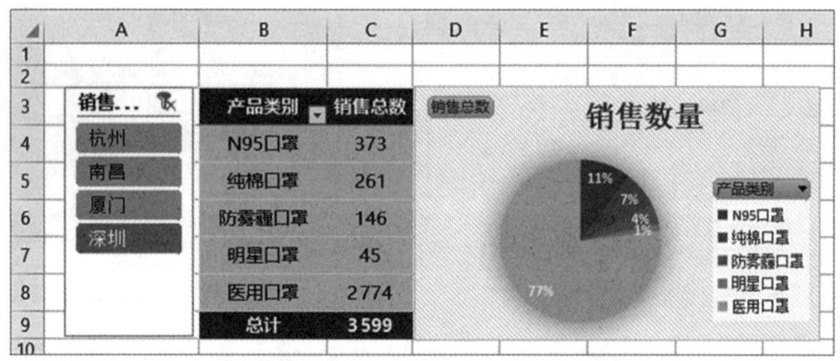

产品类别	销售总数
N95口罩	373
纯棉口罩	261
防雾霾口罩	146
明星口罩	45
医用口罩	2774
总计	3599

图 5.112　数据透视表和数据透视图

创新实践训练和巩固训练

操作题：编辑评选表

打开“创新实践训练——三好学生评选表.xls”，参考效果如图 5.113 所示。

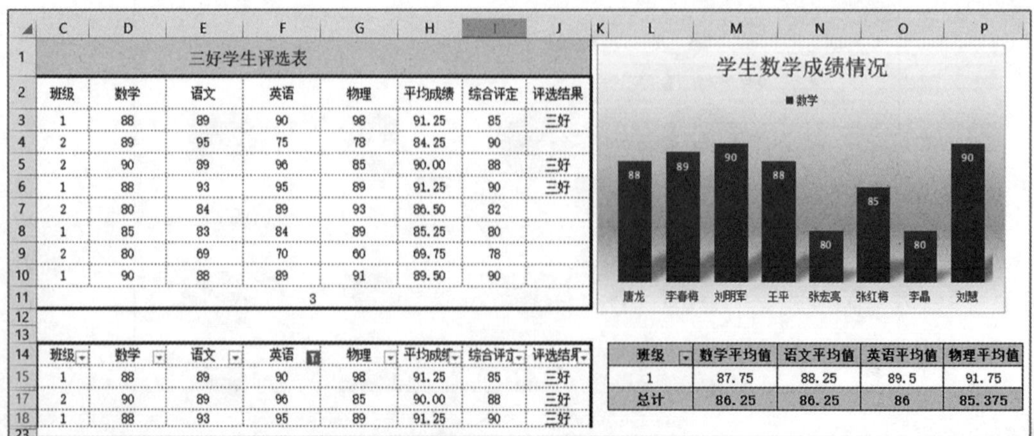

三好学生评选表

班级	数学	语文	英语	物理	平均成绩	综合评定	评选结果
1	88	89	90	98	91.25	85	三好
2	89	95	75	78	84.25	90	
2	90	89	96	85	90.00	88	三好
1	88	93	95	89	91.25	90	三好
2	80	84	89	93	86.50	82	
1	85	83	84	89	85.25	80	
2	80	69	70	60	69.75	78	
1	90	88	89	91	89.50	90	
3							

班级	数学	语文	英语	物理	平均成绩	综合评定	评选结果
1	88	89	90	98	91.25	85	三好
2	90	89	96	85	90.00	88	三好
1	88	93	95	89	91.25	90	三好

班级	数学平均值	语文平均值	英语平均值	物理平均值
1	87.75	88.25	89.5	91.75
总计	86.25	86.25	86	85.375

图 5.113　参考效果

完成以下操作：

（1）表格的标题“三好学生评选表”“微软雅黑、14号”，合并并居中显示，设置为“淡红色”底纹。

（2）表中数据设置为宋体、10.5磅、居中对齐。

（3）表格中除标题行，其余行行高18磅。

（4）设置表格内框线为蓝色虚线，外框线为黑色粗实线。

（5）用函数计算数学、语文、英语、物理四科的平均成绩。平均成绩保留两位小数。

（6）用IF函数计算评选结果，满足“平均成绩大于等于90且综合评定成绩大于等于85”条件的为三好学生，在评选结果下方显示“三好”，否则单元格不显示任何内容。

（7）用COUNTIF函数统计三好学生的人数。

（8）以姓名列为X轴，数学成绩为数据区域，制作柱形图。图例放在“右侧”，图表标题为“学生数学成绩情况”，美化图表。

（9）创建数据透视表，显示1班和2班学生的数学、英语、语文和物理的平均成绩。将数据透视表建在新的工作表中，美化数据透视表。

（10）新建一个工作表，改名为“筛选表”，将表格中的数据复制到新工作表中。对新工作表中的数据进行筛选，筛选出英语成绩“优秀”的同学（优秀为成绩大于或等于90分）。

职业素养拓展

云表平台是一款操作简单、功能强大的无代码开发工具，使用它无论是个人工作效率还是企业管理效率都能大幅提高。云表平台是通过画表格开发管理软件的纯中文开发工具。适应全行业各种场景应用，可以与主流信息系统无缝集成。开发过程无须编程，像搭建积木一样简便快捷，功能扩展同样方便。非常适合软件开发者、代理商和企业用户作为软件个性化定制开发工具。尝试了解云表的免费版基础功能，尝试学习如何用云表进行无代码开发。

思政引导

经济学家玛丽·米克（Mary Meeker）曾这样预言：“新时代最重要的趋势是将世界上的信息组织起来，让每个角落的人都能够找到最有价值的信息。”为此，国家统计局创新升级了“涵盖内容更加全面、使用体验更加快捷”的新版数据库——“国家统计数据库”，该数据库公开透明，信息共享，每天都在努力为我们提供有意义的数据。2021年7—12月至2022年1—7月全国居民消费价格如图5.114所示。

通过登录国家统计局网站：http：//www.stats.gov.cn/，查找国家统计局2022-08-10发布的“2022年7月份居民消费价格同比上涨2.7%环比上涨0.5%”，并查找你感兴趣的其他民生数据，将数据进行处理后与同学分享。

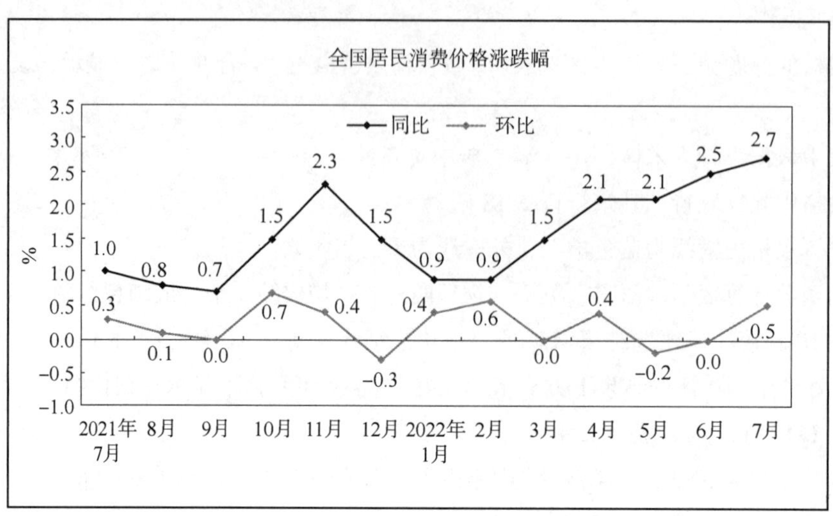

图 5.114　2021 年 7—12 月至 2022 年 1—7 月全国居民消费价格

总结与自我评价

总结与自我评价				
本模块知识点	自我评价			
数据的填充方法、编辑、格式设置	□完全掌握	□基本掌握	□有疑问	□完全没掌握
利用公式进行数据计算	□完全掌握	□基本掌握	□有疑问	□完全没掌握
利用函数进行数据分析和计算	□完全掌握	□基本掌握	□有疑问	□完全没掌握
创建图表和编辑图表	□完全掌握	□基本掌握	□有疑问	□完全没掌握
数据排序	□完全掌握	□基本掌握	□有疑问	□完全没掌握
数据筛选	□完全掌握	□基本掌握	□有疑问	□完全没掌握
分类汇总	□完全掌握	□基本掌握	□有疑问	□完全没掌握
数据透视图和数据透视表	□完全掌握	□基本掌握	□有疑问	□完全没掌握
需要老师解答的疑问				
自己解决的问题				

项目模块六

办公软件——WPS 演示

WPS 演示主要用于制作与播放具有图文并茂展示效果的演示文稿，其广泛应用于学术报告、论文答辩、辅助教学、产品展示、工作汇报等场合下的多媒体演示。

【项目目标】

本项目模块将通过 3 个任务来介绍 WPS 演示的操作方法，包括演示文稿的基本操作，文本输入与美化，插入艺术字、图片、形状、表格、图表和媒体文件等内容；通过任务实操，让学生掌握使用 WPS 演示制作出优秀的演示文稿的能力。

任务一

编辑与设置演示文稿

☑**任务目标**：了解 WPS 演示的工作界面和基本功能；了解模板的使用；掌握文稿中插入文本的方法，能将图片、图形文件插入文稿；掌握幻灯片的基本操作。

知识点 1　WPS 演示的工作界面组成

1.1　启动和退出 WPS 演示

(1) 启动 WPS 演示。

启动 WPS 演示有以下三种方法：

①通过“开始”菜单，选择“WPS Office”，启动 WPS Office 2019，在首页上，单击“新建”按钮，或按［Ctrl+N］组合键，在“新建”标签列表中单击“新建演示”按钮。

②双击桌面上的 WPS Office 2019 图标，进入 WPS Office 2019 首页上，在“功能列表”中选择“打开”按钮，在“打开”对话框中选择 WPS 文档，单击“打开”按钮。

③将 WPS Office 2019 锁定在任务栏的“快速启动区”（即任务区）中，单击 WPS Office 图标，进入 WPS Office 首页后，在“最近”列表区中双击最近打开过的 WPS 文档。

(2) 退出 WPS 演示。

退出 WPS 演示主要有以下四种方法：

①单击 WPS Office 2019 窗口右上角的“关闭”按钮。

②按［Alt+F4］组合键。

③在标签列表区中选择要关闭的 WPS 文档，在文档名称上右击，在弹出的快捷菜单中选择“关闭”命令。

④单击标签列表区中文档名称右侧的“关闭”按钮。

1.2 WPS 演示的工作界面

启动 WPS 演示后，进入其工作界面，如图 6.1 所示。下面详细介绍 WPS 演示工作界面中的主要组成部分。

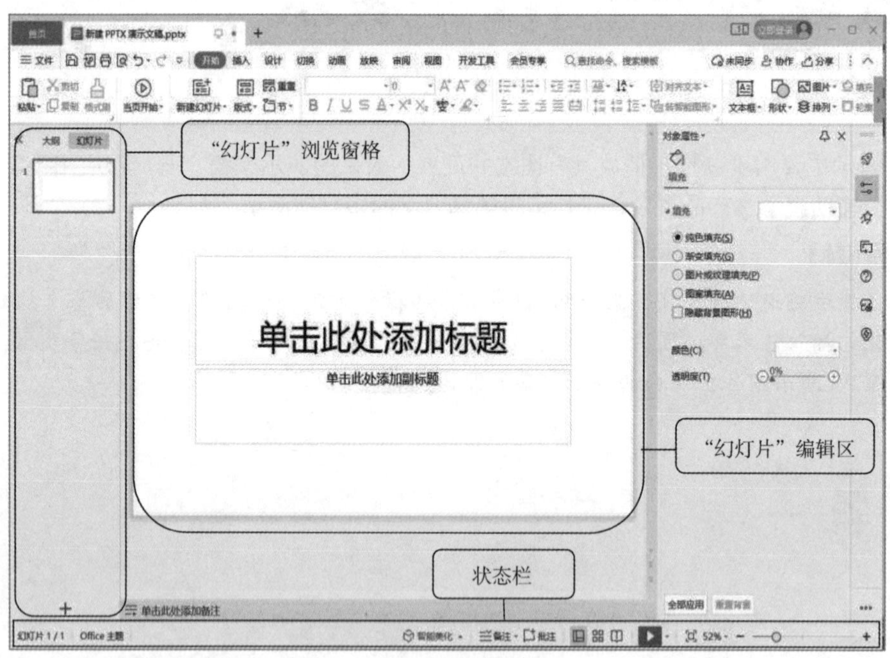

图 6.1　WPS 演示的工作界面

(1) 幻灯片编辑区。

幻灯片编辑区是 WPS 演示工作界面的中心，用于显示和编辑幻灯片的内容。

(2) 幻灯片浏览窗格。

幻灯片浏览窗格位于幻灯片编辑区的左侧，主要显示当前演示文稿中所有幻灯片的缩略图。单击某张幻灯片缩略图，可以在幻灯片编辑区中显示该幻灯片的内容。

(3) 状态栏。

状态栏位于工作界面的底端，用于显示当前幻灯片的页面信息。它主要包括状态提示栏、

“备注”按钮、“批注”按钮、视图切换按钮组、“播放”按钮、“最佳显示比例”按钮和显示比例栏。

单击“备注”按钮，用于隐藏和显示备注面板；单击“播放”按钮，可以播放当前幻灯片，单击“播放”按钮右侧的下拉按钮，在打开的下拉列表中还可以选择“从头开始”；单击“最佳显示比例”按钮，可以使幻灯片显示比例自动适应当前窗口的大小。

知识点 2　WPS 演示的窗口视图方式

WPS 演示为用户提供了普通、幻灯片浏览、备注页、阅读视图和幻灯片母版视图等多种视图，每种视图都有特定的工作区、工具栏、相关的按钮及其他工具。不同的视图应用场合不同，但在每一种视图下对演示文稿的任何改动都会对演示文稿生效，并且所有改动都会反映到其他视图中。

2.1　视图切换

WPS 演示的视图切换有以下三种方法：

（1）在“视图”选项卡中单击所需视图按钮。普通表示普通视图，幻灯片浏览表示幻灯片浏览视图，阅读视图为阅读视图，幻灯片母版为幻灯片母版视图。

（2）通过下方状态栏右侧的视图按钮区域进行切换。该区域提供了普通视图按钮、幻灯片浏览视图按钮、阅读视图按钮和幻灯片放映视图按钮的快捷切换按钮。

（3）按［F5］键可进入幻灯片放映视图。

2.2　认识 WPS 演示视图

（1）普通视图。

普通视图即演示文稿的默认视图，该视图有四个工作区域：幻灯片导航区（包括幻灯片选项卡、大纲选项卡）、幻灯片编辑区、幻灯片任务窗格和备注窗格。普通视图是幻灯片编辑的主要视图，大部分操作都在此视图下进行。

（2）幻灯片浏览视图。

幻灯片浏览视图是缩略图形式的幻灯片视图，在幻灯片浏览视图中可以对幻灯片进行复制、剪切、粘贴、移动、新建、删除、幻灯片设计、背景、动画方案、切换、隐藏、转为 WPS 文档等操作。

（3）幻灯片母版视图。

幻灯片母版是存储关于模板信息的设计模板的一个元素，模板信息包括字体、字号、字的颜色、占位符大小、位置及层次关系、背景设计和配色方案等。

在幻灯片母版视图中可以进行复制、剪切、粘贴、选择性粘贴、母版新建、母版删除、母版保护、重命名等操作，可以进行幻灯片设计，可以设计母版版式、背景等，大部分操作和普通视图的操作相同。

（4）幻灯片放映视图。

幻灯片放映视图是幻灯片放映状态显示出来的视图，显示幻灯片演示文稿的最终播放效果，也就是观众会看到的播放效果。如不满意或者想退出放映，可以单击右键选择“结束放映”，或者按键盘上的［Esc］键。

在幻灯片放映视图中可以进行上一页、下一页、第一页、最后一页的跳转操作，也可以进行定位相关操作、使用放大镜、观看备注内容、设置屏幕相关操作、设置指针相关操作、打开幻灯片放映帮助以及结束放映操作，但是不能对幻灯片的内容进行编辑。

知识点3　演示文稿的基本操作

3.1　新建演示文稿

创建WPS演示文档的方法如下：

（1）启动WPS演示，选择［文件］→［新建］，选择“新建空白演示”。

（2）启动WPS演示，按［Ctrl+N］组合键，新建一个空白演示。

（3）利用模板新建演示文稿，WPS演示提供了免费和付费两种不同类型的模板，这里主要介绍通过免费模板新建带有内容的演示文稿。

具体方法：在WPS演示的工作界面中选择［文件］→［新建］命令，在打开的下拉列表中选择“本机上的模板”选项，选择所需模板样式后，单击“确定”按钮，便可新建该模板样式的演示文稿。

3.2　打开演示文稿

打开WPS演示文档的方法如下：

（1）在WPS演示的工作界面中，单击［文件］→［打开］命令或按［Ctrl+O］组合键，打开“打开文件”对话框，选择需要打开的演示文稿后，单击“打开”按钮即可。

（2）打开最近使用的演示文稿。在WPS演示的工作界面中单击“文件”菜单，在打开的“最近使用”列表中查看最近打开的演示文稿，选择需打开的演示文稿即可将其打开。

（3）以只读方式打开演示文稿。打开“打开文件”对话框，在其中选择需要打开的演示文稿，单击“打开”按钮右侧的下拉按钮，在打开的下拉列表中选择“以只读方式打开”选项。

（4）以副本方式打开演示文稿。在打开的“打开文件”对话框中选择需打开的演示文稿后，单击“打开”按钮右侧的下拉按钮，在打开的下拉列表中选择“以副本方式打开”选项，此时演示文稿标题栏中将显示“副本”字样。

3.3　保存演示文稿

（1）创建后首次保存文档。

完成文档的编辑操作后，必须将其保存在计算机中，保存方法如下：

- 选择［文件］→［保存］命令
- 按［Ctrl+S］组合键
- 单击“快速访问工具栏”中的保存按钮

打开“另存文件”对话框，在“位置”下拉列表框中选择文档的保存路径，在“文件名”文本框中设置文件的保存名称，完成设置后，单击“保存”按钮。

（2）对原有文档进行保存。

对原有文档进行编辑后，需要重新保存，可以选择［文件］→［保存］命令；或按［Ctrl+S］组合键；或单击“快速访问工具栏”中的保存按钮，可以保存到原有文档中。

若需要更改原有文档的文件名或存储位置，需要选择［文件］→［另存为］命令，打开“另存文件”对话框。

知识点4　幻灯片的基本操作

演示文稿是由若干张幻灯片组成，每张幻灯片有自己独立表达的主题。幻灯片的操作同样是 WPS 演示中编辑演示文稿的重要操作。

4.1 新建幻灯片

在新建空白演示文稿时，一般默认只有一张幻灯片，在实际编辑操作中，需要用户手动新建幻灯片。新建幻灯片的方法有：

（1）在“幻灯片”浏览窗格中新建幻灯片，在“幻灯片”浏览窗格中的空白区域或是已有的幻灯片上单击鼠标右键，在弹出的快捷菜单中选择“新建幻灯片”命令；将鼠标移动到已有的幻灯片上，单击幻灯片右下角显示的“新建幻灯片”按钮，或单击“幻灯片”浏览窗格下方的“新建幻灯片”按钮，在打开的面板中选择需要的幻灯片版式选项，即可新建幻灯片。

（2）通过按钮新建幻灯片，在普通视图或幻灯片浏览视图中选择一张幻灯片，在“开始”选项卡中单击“新建幻灯片”下拉按钮，在打开的下拉列表中选择一种幻灯片版式即可。

4.2 应用幻灯片版式

版式是幻灯片中各种元素的排列组合方式，WPS 演示软件默认提供了 11 种版式。如果对新建的幻灯片版式不满意，可进行更改。

应用幻灯片版式的具体操作如下：

在“开始”选项卡中单击“版式”按钮，在打开的下拉列表中选择一种幻灯片版式，即可将其应用于当前幻灯片。

4.3 选择幻灯片

在对幻灯片操作之前，首先要选择需要操作的幻灯片。具体选择方法如表 6.1 所示。

表 6.1 选择幻灯片操作方法

选择幻灯片	操作方法
选择单张幻灯片	在“幻灯片”浏览窗格中，单击幻灯片缩略图即可选择当前幻灯片
选择多张幻灯片	在幻灯片浏览视图或“幻灯片”浏览窗格中按住［Shift］键并单击幻灯片可选择多张连续的幻灯片；按住［Ctrl］键并单击幻灯片可选择多张不连续的幻灯片
选择全部幻灯片	在幻灯片浏览视图或“幻灯片”浏览窗格中按［Ctrl+A］组合键，即可选择全部幻灯片

4.4 移动和复制幻灯片

移动和复制幻灯片的方法主要有以下 3 种：

（1）通过拖曳鼠标移动和复制幻灯片。选择需移动的幻灯片，按住鼠标左键不放拖曳到目标位置后释放鼠标完成移动操作；选择幻灯片，按住［Ctrl］键的同时并拖曳幻灯片到目标位置，即可完成幻灯片的复制操作。

（2）通过菜单命令移动和复制幻灯片。选择需移动或复制的幻灯片，在其上单击鼠标右键，在弹出的快捷菜单中选择“剪切”或“复制”命令，定位到目标位置，单击鼠标右键，在弹出的快捷菜单中选择“粘贴”命令，完成幻灯片的移动或复制。

（3）通过组合键移动和复制幻灯片。选择需移动或复制的幻灯片，按［Ctrl+X］组合键（剪切）或［Ctrl+C］组合键（复制），然后在目标位置按［Ctrl+V］组合键进行粘贴，完成移动或复制操作。

4.5 删除幻灯片

当演示文稿中，某页幻灯片不需要了，可以将其删除，具体操作如下：

（1）选择要删除的幻灯片，然后单击鼠标右键，在弹出的快捷菜单中选择“删除幻灯片”命令。

（2）选择要删除的幻灯片，按［Delete］键。

4.6　显示和隐藏幻灯片

（1）隐藏幻灯片。

在“幻灯片”浏览窗格中选择需要隐藏的幻灯片，在所选幻灯片上单击鼠标右键，在弹出的快捷菜单中选择“隐藏幻灯片”命令，可以看到所选幻灯片的编号上有一根斜线。

（2）显示幻灯片。

在“幻灯片”浏览窗格中选择需要显示的幻灯片，在所选幻灯片上单击鼠标右键，在弹出的快捷菜单中选择“隐藏幻灯片”命令，即可去除编号上的斜线。

（3）播放幻灯片。

幻灯片的播放，可以从第一张开始也可以从任意一张幻灯片开始。若希望从第一张开始播放，那么单击“开始”选项卡中的“当页开始”下拉按钮，在打开的下拉列表中选择“从头开始”；或者按键盘上的［F5］键。若想从指定幻灯片开始播放，则选中指定“幻灯片”，单击“从当前开始”按钮。需要注意的是，播放当前幻灯片时，按［Page Down］键将继续播放下一张幻灯片；按［Esc］键将退出幻灯片播放状态。

★操作训练

创建“演示文稿 1. pptx”，并完成如下基本操作：

（1）新建幻灯片；

（2）更改幻灯片版式；

（3）复制两张该幻灯片，并更改其中一张幻灯片版式；

（4）删除其中一张幻灯片；

（5）从第二张幻灯片开始播放幻灯片。

具体操作

（1）启动 WPS Office 软件后，在打开的界面中单击“新建”按钮，然后选择“新建演示”→“新建空白演示”选项，即可新建一个名为“演示文稿 1”的空白演示文稿，如图 6.2 所示。

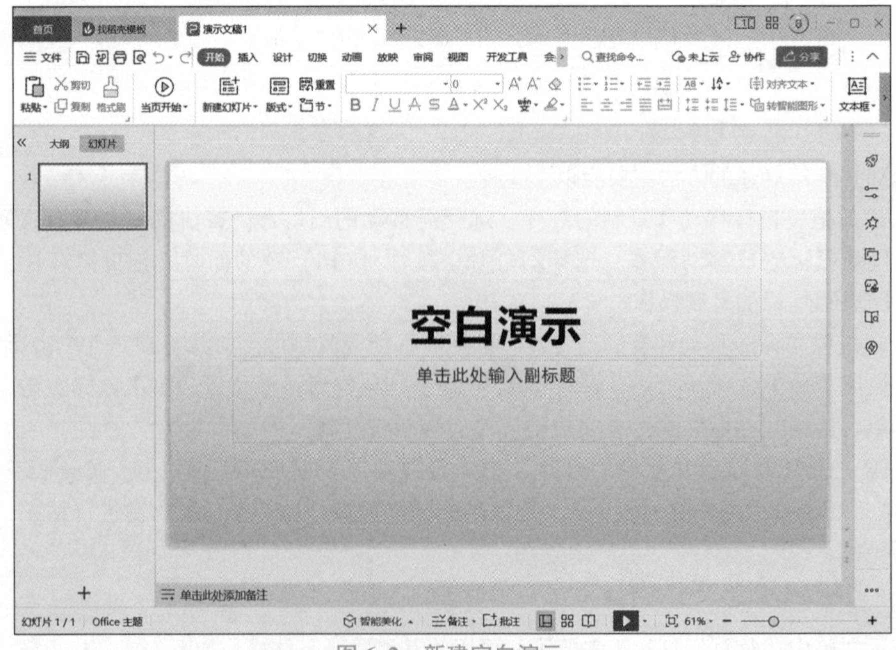

图 6.2　新建空白演示

（2）在“幻灯片”浏览窗格中新建幻灯片，在“幻灯片”浏览窗格中的空白区域或是已有的幻灯片上单击鼠标右键，在弹出的快捷菜单中选择“新建幻灯片”命令，如图 6.3 所示。

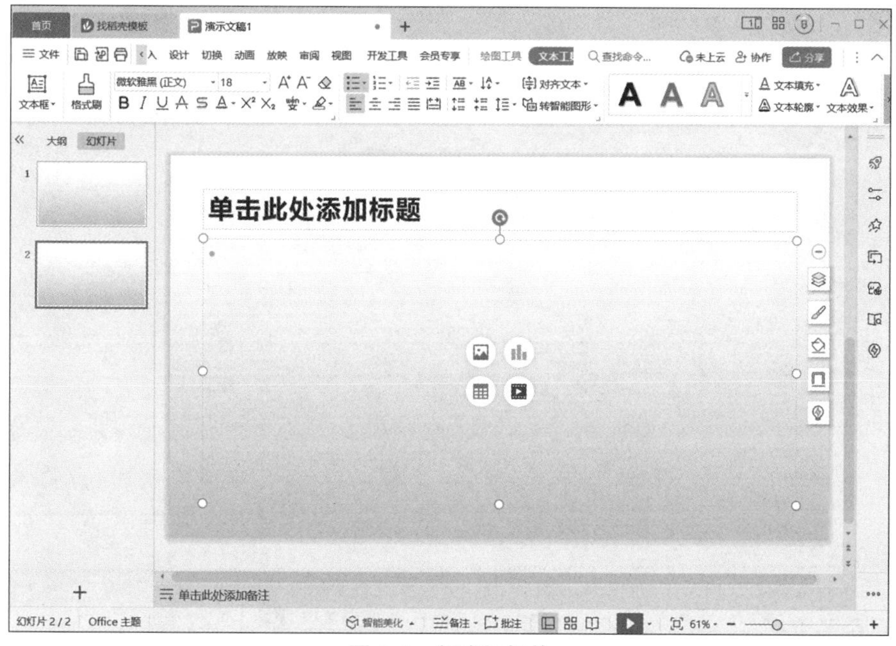

图 6.3　新建幻灯片

（3）在“开始”选项卡中单击“版式”按钮，在打开的下拉列表中选择一种幻灯片版式，即可将其应用于当前幻灯片，如图 6.4 所示。

图 6.4　更改幻灯片版式

（4）通过菜单命令移动和复制幻灯片，选择需移动或复制的幻灯片，在其上单击鼠标右键，在弹出的快捷菜单中选择“剪切”或“复制”命令，定位到目标位置，单击鼠标右键，在弹出的快捷菜单中选择“粘贴”命令，完成幻灯片的移动或复制，如图 6. 5 所示。

图 6. 5　幻灯片复制

（5）选中其中一张复制的幻灯片，在“开始”选项卡中单击“版式”按钮，在打开的下拉列表中选择一种幻灯片版式，即可将其应用于当前幻灯片，如图 6. 6 所示。

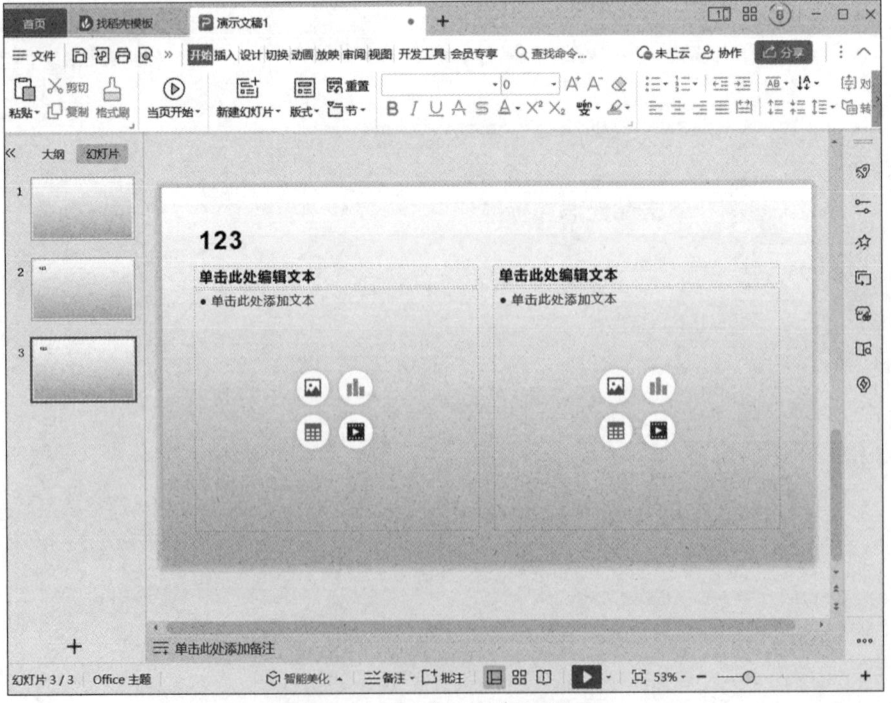

图 6. 6　更改复制幻灯片版式

（6）选择要删除的幻灯片，然后单击鼠标右键，在弹出的快捷菜单中选择“删除幻灯片”命令。

（7）选中第二张指定“幻灯片”，单击“从当前开始”按钮，如图 6.7 所示。

图 6.7　播放幻灯片

知识点 5　编辑幻灯片

5.1　插入文本

在占位符中输入文本：占位符可分为文本占位符和项目占位符两种形式，其中文本占位符用于放置标题和正文等文本内容，单击占位符，即可输入文本内容；项目占位符中通常包含“插入图片”“插入表格”“插入图表”“插入视频”等项目，单击相应的图标，可插入相应的对象。

通过文本框输入文本：在“插入”选项卡中单击“文本框”下拉按钮，在打开的下拉列表中选择“横向文本框”选项或“竖向文本框”选项，当鼠标指针变为十形状时，单击需添加文本的空白位置就会出现一个文本框，在其中输入文本即可。

5.2　插入并编辑艺术字

在 WPS 演示中插入艺术字的操作与在 WPS 文字中插入艺术字基本相同。具体操作如下：选择需要插入艺术字的幻灯片，单击“插入”选项卡中的“艺术字”按钮，在打开的下拉列表中选择需要的艺术字样式，然后修改艺术字中的文字即可，如图 6.8 所示。

编辑艺术字是指对艺术字的文本填充颜色、文本效果、文本轮廓以及预设样式等进行设置。选择需要编辑的艺术字，在“绘图工具”和“文本工具”选项卡中进行设置即可。

5.3　插入与编辑图片

单击幻灯片中项目占位符中的“插入图片”图标可打开“更改图片”对话框进行插入；也

可以先选择需要插入图片的幻灯片，然后在“插入”选项卡中单击“图片”按钮，打开“插入图片”对话框，在其中选择要插入的图片进行插入，如图 6.9 所示。

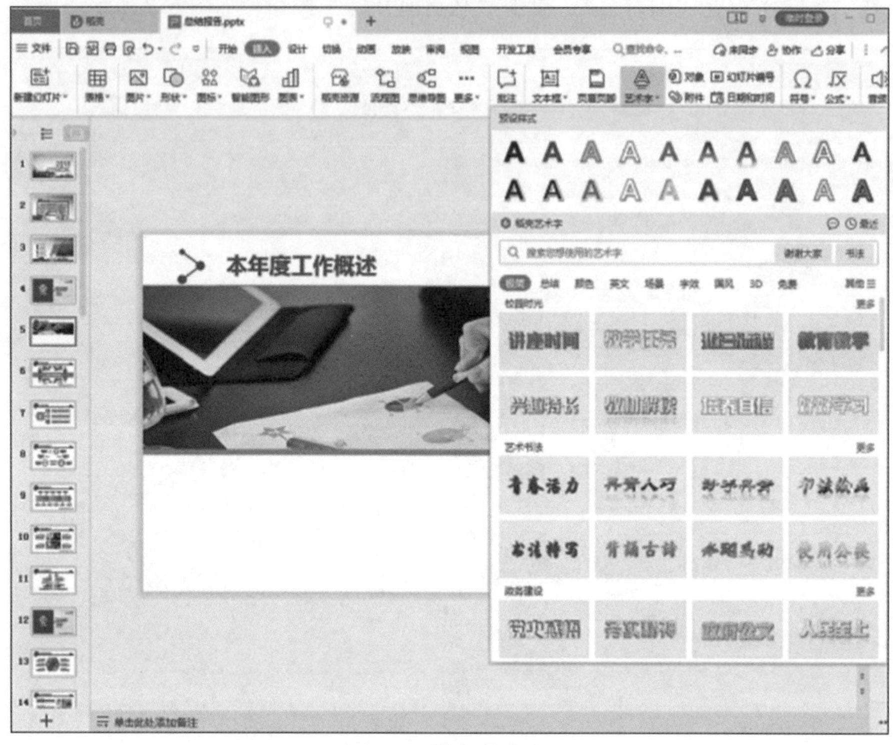

图 6.8　插入艺术字

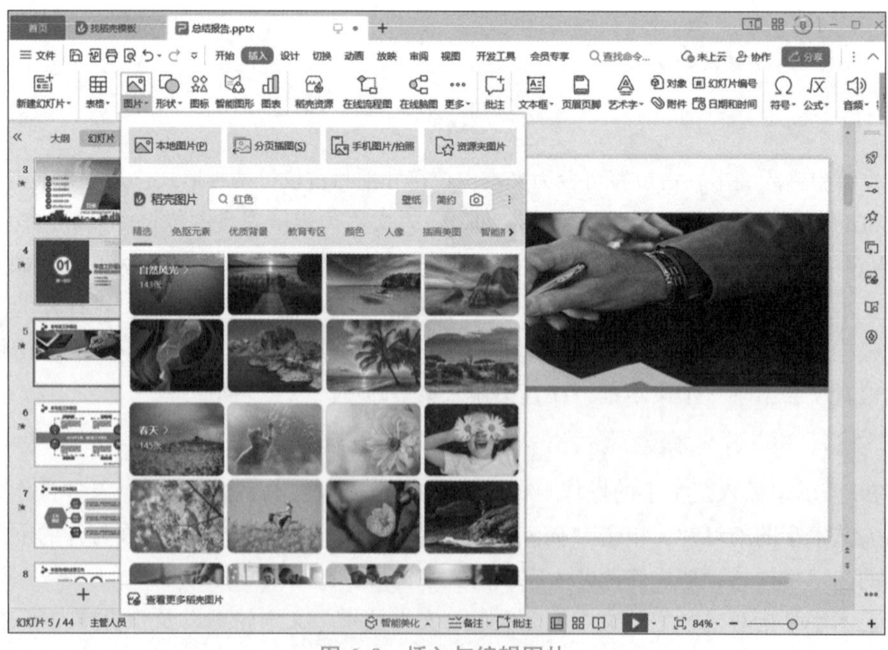

图 6.9　插入与编辑图片

WPS 演示有强大的图片调整功能，通过它可快速实现图片轮廓的添加、设置图片倒影效果和调整亮度对比度等操作，使图片的效果更加美观，如图 6.10 所示。

图 6.10 图片调整

5.4 插入并编辑表格

在幻灯片中可以插入表格，具体方法有 3 种：

（1）自动插入表格，选择要插入表格的幻灯片，在“插入”选项卡中单击“表格”按钮，在打开的下拉列表中拖曳鼠标选择表格的行数和列数，到合适位置后单击鼠标即可插入表格。

通过“插入表格”对话框插入表格，选择要插入表格的幻灯片，在“插入”选项卡中单击“表格”按钮，在打开的下拉列表中选择“插入表格”选项，打开“插入表格”对话框，在其中输入表格所需的行数和列数，单击“确定”按钮完成插入。

（2）通过占位符图标插入表格：当幻灯片中有项目占位符时，单击“插入表格”图标，打开“插入表格”对话框，在其中进行设置即可。

（3）为了使表格样式与幻灯片整体风格更搭配，可以为表格添加样式，WPS 演示提供了很多预设的表格样式供用户使用。在“表格样式”选项卡的“样式”列表中选择需要的样式即可，如图 6.11 所示。同时，在该选项中单击“填充”按钮、“边框”按钮、“效果”按钮，在打开的下拉列表中可为表格设置底纹、边框和三维立体效果。

图 6.11 “表格样式”选项卡

5.5 插入与编辑图表

在 WPS 演示中插入与编辑图表的具体操作如下：

在“插入”选项卡中单击“图表”按钮或在项目占位符中单击“插入图表”按钮，打开“插入图表”对话框，在对话框左侧选择图表类型。用户可根据需要进行调整和更改图表。

（1）调整图表大小。

选择图表，将鼠标指针移到图表边框上，当鼠标指针变为↖形状时，按住鼠标左键不放并拖曳鼠标，可调整图表大小。

（2）调整图表位置。

将鼠标指针移动到图表上，当鼠标指针变为✥形状时，按住鼠标左键不放拖曳，移至合适位置后释放鼠标，可调整图表位置。

（3）编辑图表数据。

在“图表工具”选项卡中单击“编辑数据”按钮，打开“WPS 演示中的图表”窗口，修改单元格中的数据，修改完成后关闭窗口即可。

与 WPS 表格一样，WPS 演示为图表提供了很多预设样式，可以帮助用户快速美化图表。通过“图表工具”选项卡，对图表元素进行修改，如图 6.12 所示；通过“绘图工具”选项卡，对图表进行美化，如图 6.13 所示。

图 6.12 “图表工具”选项卡

图 6.13 “绘图工具”选项卡

5.6 插入媒体文件

演示文稿的用途越来越广泛，仅使用图片、文字早已不能满足用户的需求，越来越多的音频、视频等多媒体对象被应用在演示文稿中，有声有色、图文并茂的幻灯片越来越受欢迎。多媒体对象的播放可控性很强，对于演示活动帮助很大。

利用“插入”选项卡向幻灯片中添加音频、视频的具体操作如下：

打开要添加音频、视频的演示文稿，选择要插入的幻灯片，单击“插入”选项卡，在功能区中，可供选择的有三项：视频、音频、屏幕录制。

（1）插入视频。

选择需要添加视频的幻灯片，在“插入”选项卡，单击“视频”按钮下方的下拉按钮▼，从打开的下拉列表中选择“嵌入本地视频”“链接到本地视频”或“开场动画视频”，如图 6.14 所示。在“插入视频”对话框中选定目标视频，双击打开。

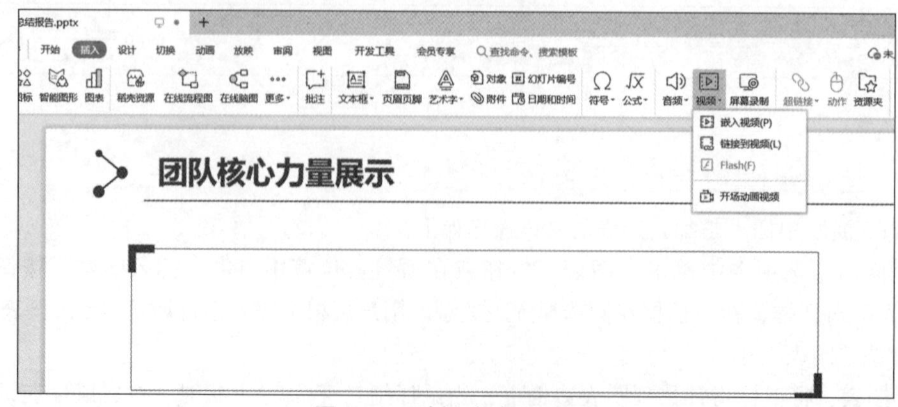

图 6.14 “插入视频”选项

视频插入幻灯片后，可以通过拖动的方式移动其位置，拖动其四周的尺寸控点还可以改变其大小。选择视频，单击下方的“播放/暂停”按钮，可在幻灯片上预览视频，如图 6.15所示。

图 6.15　播放/暂停视频

（2）插入音频。

在幻灯片中插入音频有以下 4 种方法：

①单击“音频”，在下拉菜单中选择“嵌入音频”命令，打开“嵌入音频”对话框，选取包含插入声音文件的文件夹，再选择所需声音文件，单击“打开”按钮；WPS 演示会弹出对话框，询问“您希望在幻灯片放映时如何开始播放声音?”，可选取“自动”或“在单击时”播放。

②“幻灯片切换”窗格给幻灯片添加音频。在幻灯片上右击，从快捷菜单中选择“幻灯片切换”命令，调出“幻灯片切换”窗格，如图 6.16 所示；单击“修改切换效果”区域的“声音”下拉按钮，可以选择一种声音，或选择最后一项“来自文件”，打开“添加声音”对话框，通过浏览选取所需声音文件，单击“打开”按钮。可勾选“播放下一段声音前一直循环”选项。单击“应用于所有幻灯片”选项，实现每次切换时都有音频播放。如不需要，则选择单击此选项。

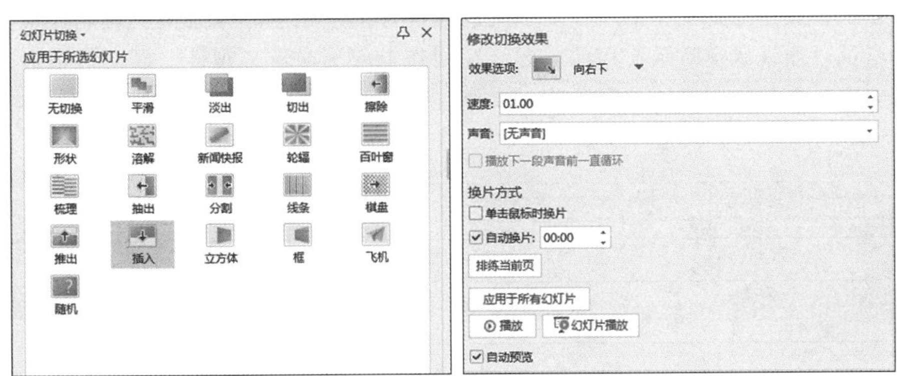

图 6.16　“幻灯片切换”窗格

③利用“动画窗格”给幻灯片添加音频。在幻灯片中选择要设置动画效果的对象（如文本框、图片等），然后在“动画”选项卡中选择一种动画效果（如“飞入”）。单击功能区中的“动画窗格”，调出右侧的“动画窗格”，在“动画窗格”的动画对象列表中单击选中的动画对象右边的下拉按钮，从中选择“效果选项”，弹出“飞入”对话框，从中设置背景音乐，如图 6.17 所示。

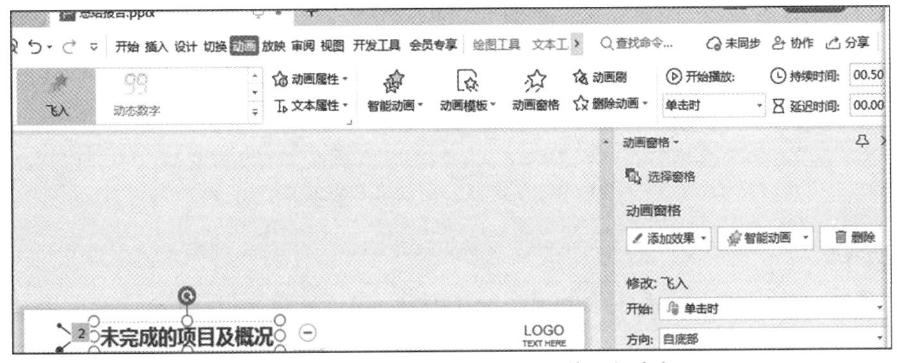

图 6.17　用“动画窗格”给幻灯片添加音频

④插入背景音乐。在“插入”选项卡中单击“音频”下拉按钮，在下拉菜单中选择“嵌入

音频”命令项，打开“插入音频”对话框，从中选择一个音频文件插入幻灯片中。选中刚插入的音频文件（即小喇叭图标），WPS 演示选项卡区出现“音频工具”选项卡，单击“设为背景音乐”按钮。在功能区中可设置音量、淡入淡出效果及其作用时间、音频使用范围（当前页还是跨幻灯片）、是否循环播放、音频图标是否隐藏等。

提示：背景音乐在幻灯片放映的状态下播放。

（3）视频、音频的删除。

视频、音频的删除方法有以下 2 种：

- 打开插入了视频的文件，进入插入了视频的演示文稿，选中插入的视频对象（包括 Flash 文件），按［Delete］键删除。
- 打开插入了音频的文件，进入插入了音频的演示文稿，选中代表音频的小喇叭图标，按［Delete］键删除即可。

★ 操作训练

制作“背影”演示文稿，背影选自于中学语文的一篇课文，在语文教学中常常会用到课件，随着多媒体教学的普及和推广，演示文稿类课件的应用率越来越高。在制作课件时，需要根据学科的性质来确定演示文稿的主题，在制作上应更注重美观性，以便将学生带入课文中营造的氛围。本例将制作“背影”演示文稿，要求图文并茂并添加背景音乐。最终效果如图 6.18 所示。

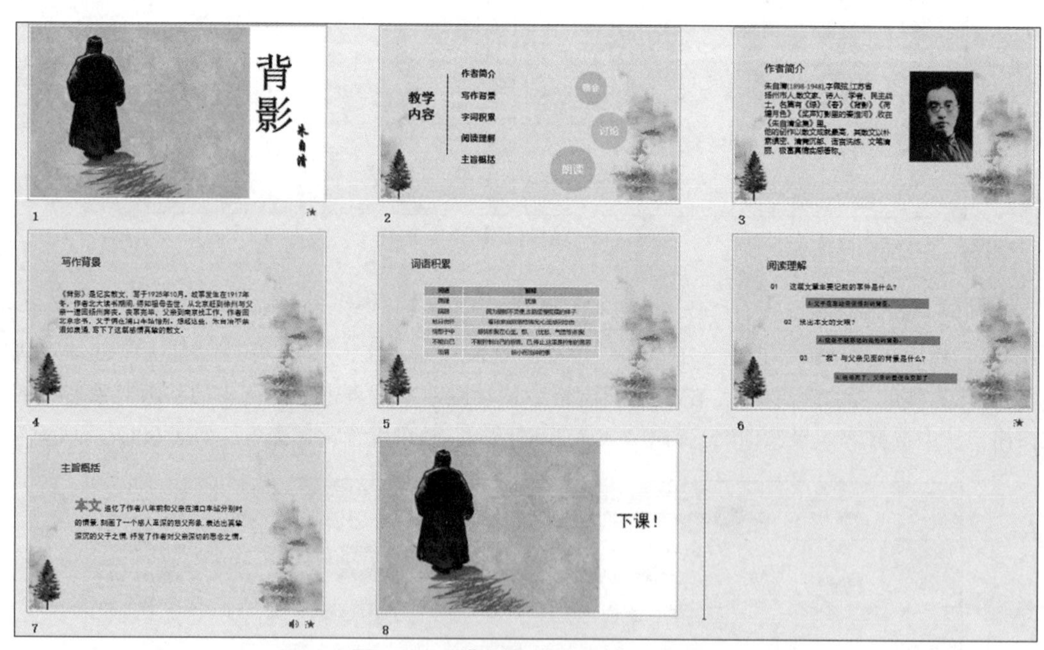

图 6.18 “背影”演示文稿效果图

具体操作

（1）启动 WPS Office，进入 WPS 演示工作界面，新建空白演示文稿，将其保存为“背影 . pptx”演示文稿。

（2）单击“幻灯片”窗格底部的“新建幻灯片”按钮，在打开的列表框中选择“空白演示”幻灯片选项。新建空白幻灯片后，按［Ctrl+M］组合键，快速新建 6 张幻灯片，如图 6.19 所示。

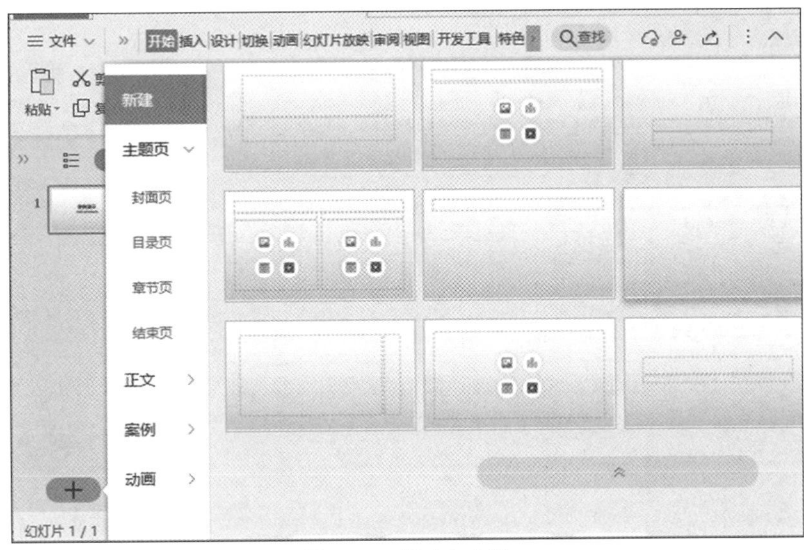

图 6.19　新建幻灯片

(3) 选择第 1 张幻灯片，在“设计”功能选项卡中单击“背景”按钮，打开“对象属性”窗格，在“填充”栏中单击选中“图片或纹理填充”选项，在“图片填充”下拉列表框中选择“本地文件”选项，选择“背景. jpg”选项，单击“打开”按钮返回“对象属性”窗格，单击“全部应用”按钮，为所有幻灯片应用该背景图片，如图 6.20 所示。

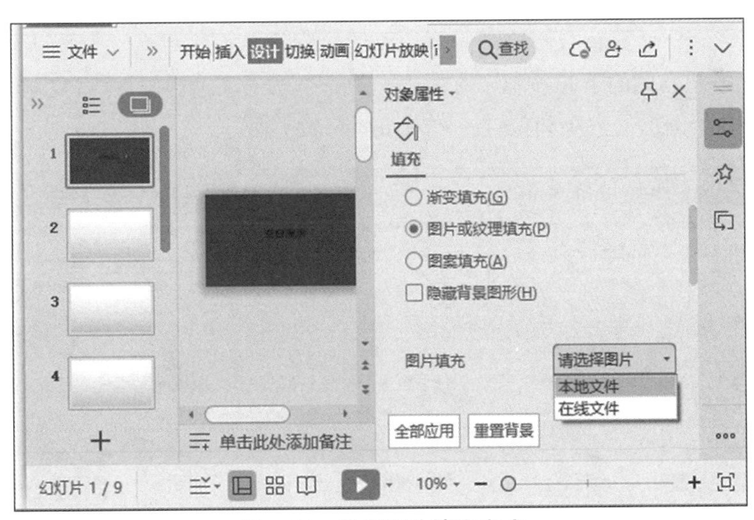

图 6.20　选择图片填充方式

(4) 使用相同方法，为第 1 张和第 8 张幻灯片的背景应用“图片 1. jpg”和“图片 2. jpg”图片。

(5) 关闭“对象属性”窗格，在第 1 张幻灯片中选择“标题”和“副标题”占位符，按 [Delete] 键删除。

(6) 选择第 2 张幻灯片，在幻灯片页面左侧绘制文本框，输入相应文本，字体为“黑体”，字号大小分别为“44”和“28”，字体加粗。

(7) 在“插入”功能选项卡中单击“形状”按钮，在打开的列表框中选择“直线”选项，在幻灯片编辑区中绘制直线，点击直线，在“绘图工具”中设置直线颜色为黑色，宽度为 2.75 磅，如图 6.21 所示。

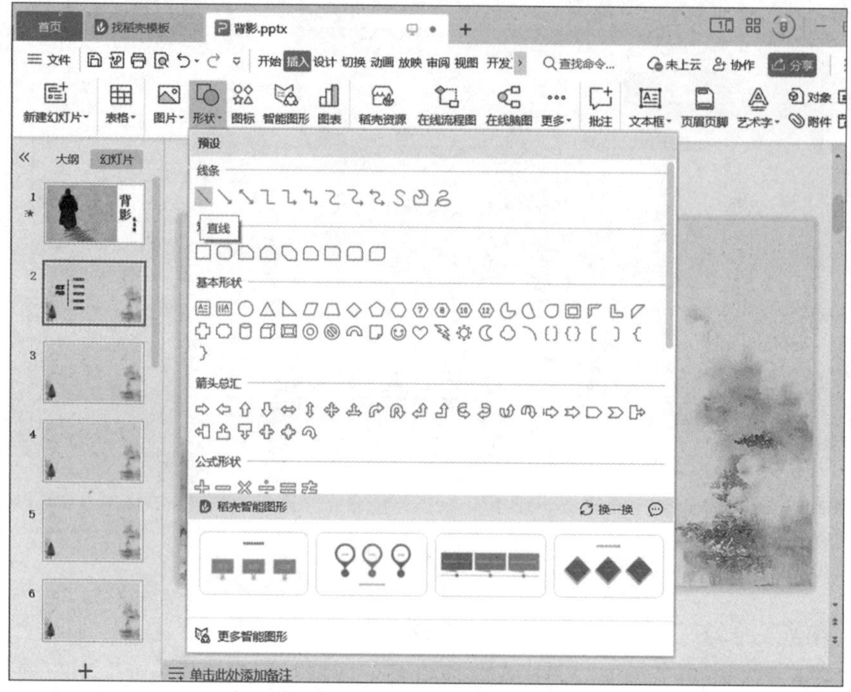

图 6.21 绘制直线

（8）在“插入”功能选项卡中单击“形状”按钮，在打开的列表框中选择“椭圆”选项，按住［Shift］键在幻灯片页面右侧绘制圆形。取消轮廓颜色，然后在“绘图工具”功能选项卡中单击“填充”按钮右侧的下拉按钮，在打开的列表框中修改颜色，然后复制两个圆形，更改填充颜色，调整 3 个圆形的大小和位置，效果如图 6.22 所示。

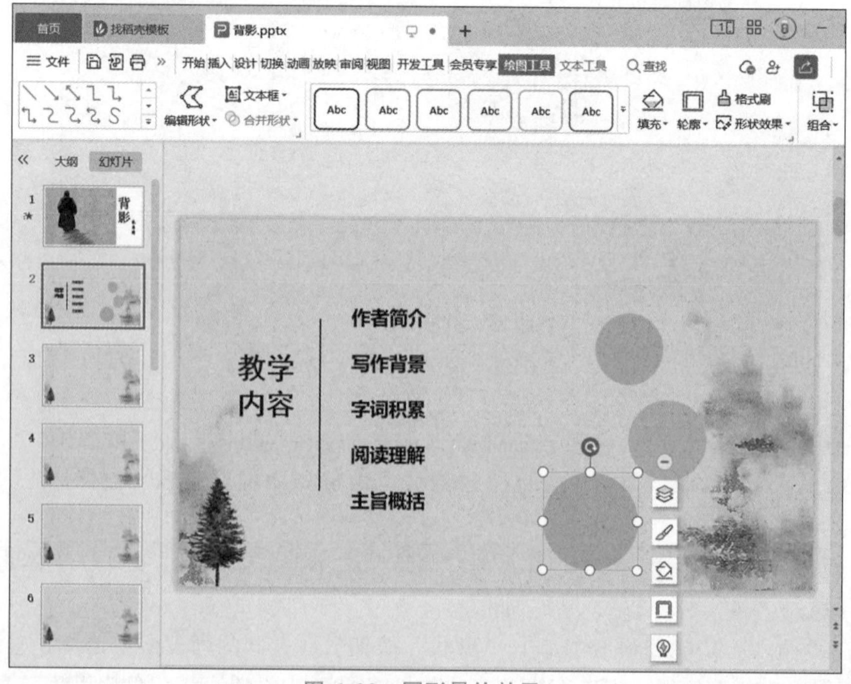

图 6.22 圆形最终效果

(9) 分别在3个圆形上单击鼠标右键，在弹出的快捷菜单中选择“编辑文字”命令，分别输入“朗读”“领会”“讨论”文本，字号大小分别设置为“28”“32”“36”，如图6.23所示。

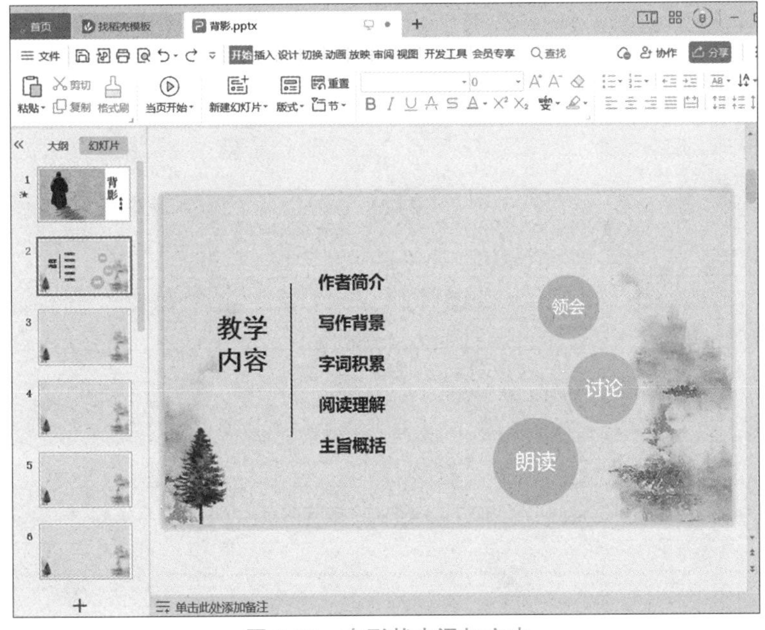

图6.23　在形状中添加文本

(10) 选择第3张幻灯片，在左侧绘制文本框，输入相应文本字体为“微软雅黑”，字号大小为“32”，并分别为“作者简介”，作者介绍中文字字体调整为“24”。在右侧“插入”功能选项卡中单击“图片”按钮，打开“插入图片”对话框，选择插入“朱自清.jpg”图片。选择插入的图片，在“图片工具”功能选项卡中单击“图片效果”按钮，在打开的列表框中选择[柔化边缘]/[5磅]，如图6.24所示。

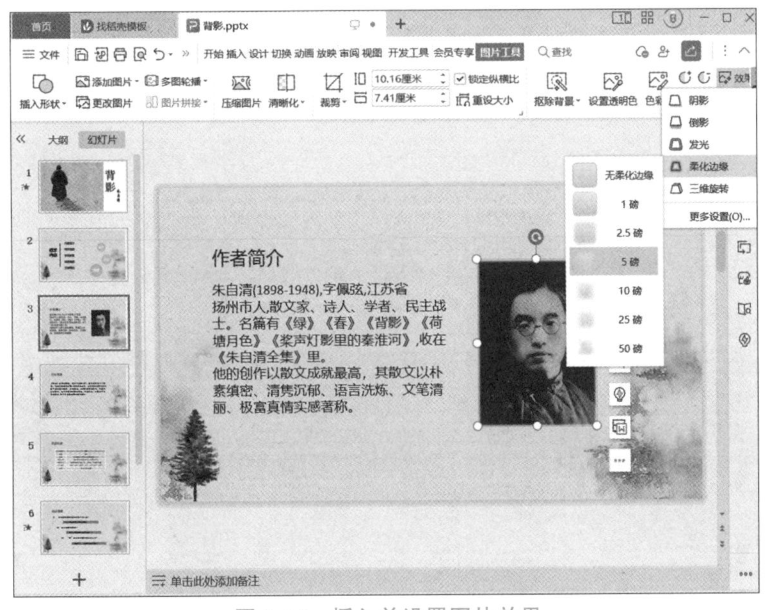

图6.24　插入并设置图片效果

（11）选择第4张幻灯片，首先在左侧绘制文本框并输入文本，字体为“黑体”，字号大小为“32”，并为“写作背景”，下面字体为“黑体”“24”，如图6.25所示。

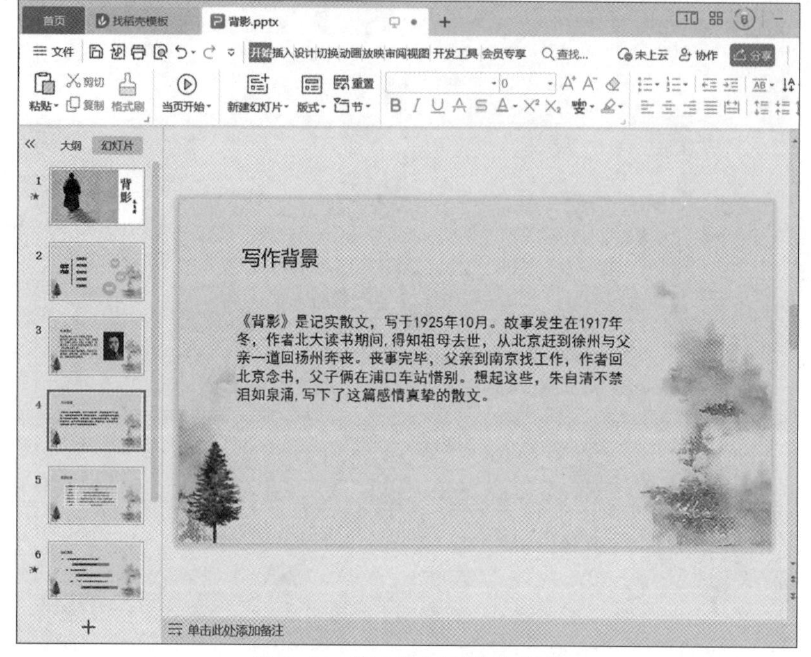

图6.25　第4张幻灯片的效果

（12）选择第5张幻灯片，首先在左侧绘制文本框并输入文本，字体为“黑体”，字号大小为“32”、并为“词语积累”，再点击“插入”插入表格，绘制7行2列的表格。设置第一行填充颜色为“蓝色”，其余各行填充颜色为“灰色”，添加文字即可，如图6.26所示。

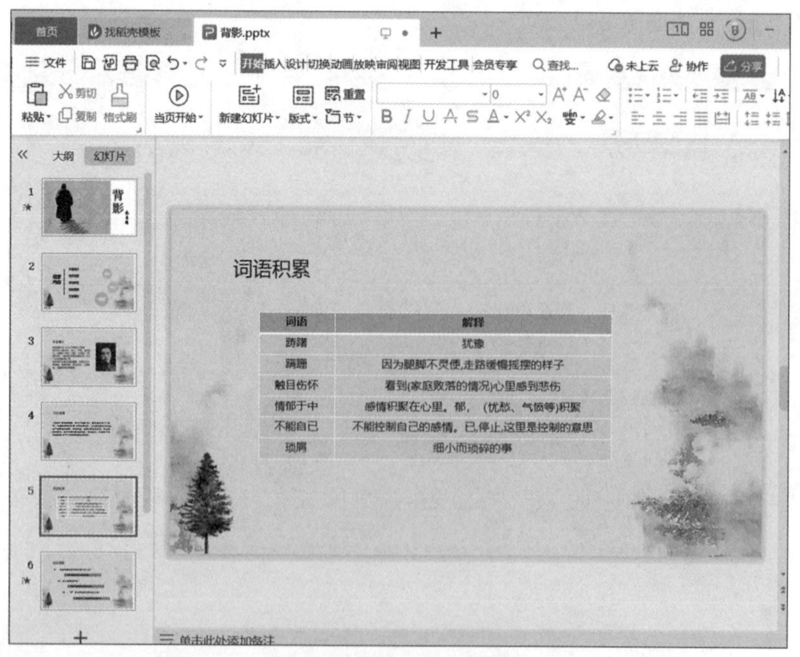

图6.26　插入表格效果

（13）选择第6张幻灯片，首先在左侧绘制文本框并输入文本，字体为“黑体”，字号大小为“32”，并为“阅读理解”，绘制文本框并输入问题文本，复制文本框4次，调整文本框位置。绘制文本框并输入答案文本，设置文本框填充颜色为“蓝色”，复制2次，如图6.27所示。

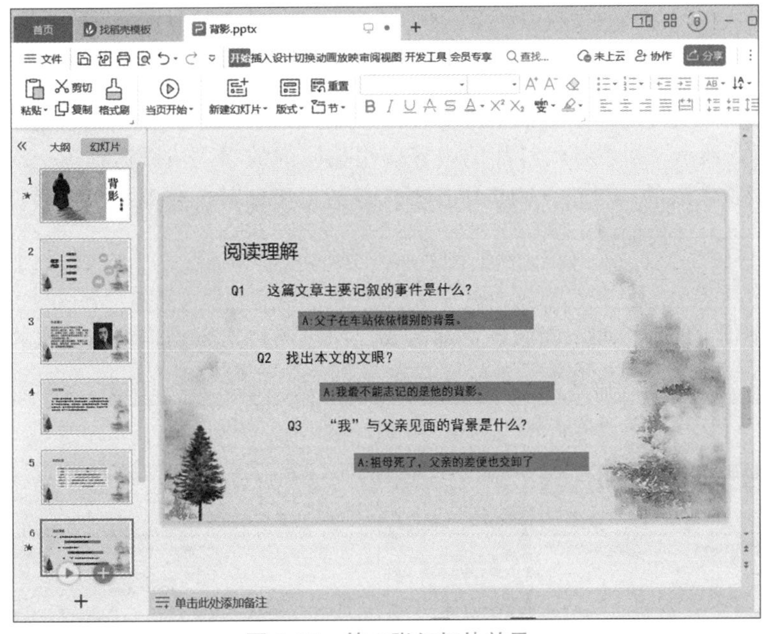

图6.27　第6张幻灯片效果

（14）选择第7张幻灯片，首先在左侧绘制文本框并输入文本，字体为“黑体”，字号大小为“32”，并为“主旨概括”，再绘制文本框，输入文本。点击“插入”，选择“插入艺术字”选项，将文本中“本文”二字设为艺术字。点击“音频”选项，选择“嵌入音频”，选择本地音频文件，插入音频即可，如图6.28所示。

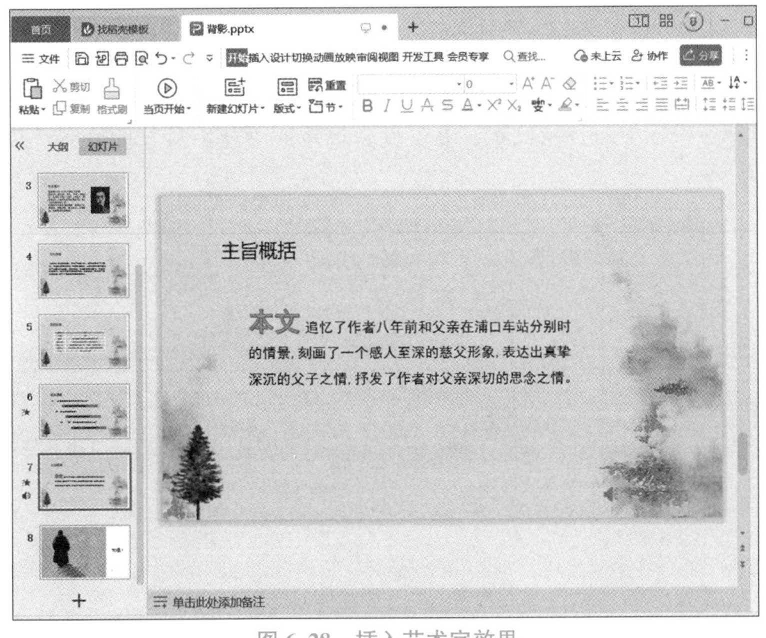

图6.28　插入艺术字效果

(15) 选择第 8 张幻灯片，在右侧空白位置绘制文本框并输入“下课!”文本，字体格式为“黑体”“54”。

知识点 6　应用与编辑幻灯片模板

6.1　应用幻灯片模板

WPS 演示的模板均已经对颜色、字体和效果等进行了合理的搭配，用户只需选择一种固定的模板，就可以为演示文稿中各幻灯片的内容应用相同的效果，从而达到统一幻灯片风格的目的。在“设计”选项卡的“模板”列表中选择需要的模板即可，或单击“更多设计”按钮，在打开的对话框中进行选择即可。

6.2　编辑模板

WPS 演示中预设的模板如不能满足实际需要，用户还可以根据需要自定义设置模板。可以更改模板的颜色，点击“配色方案”即可。还可以自定义主题颜色，点击“自定义”，然后“创建自定义配色”，如图 6.29 所示。

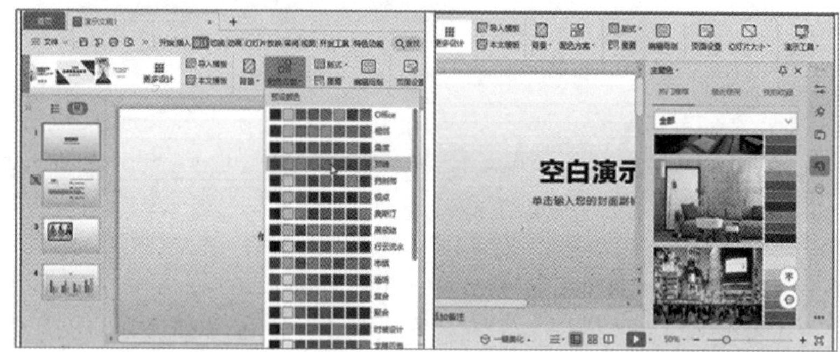

图 6.29　编辑模板

知识点 7　应用幻灯片母版

幻灯片母版是模板的一部分，是一种特殊的幻灯片，其保存格式和普通幻灯片不同。母版中的设置能影响到相应模板中的各项设置，通过母版设置能统一幻灯片的外观，达到很好的演示效果，如图 6.30 所示。

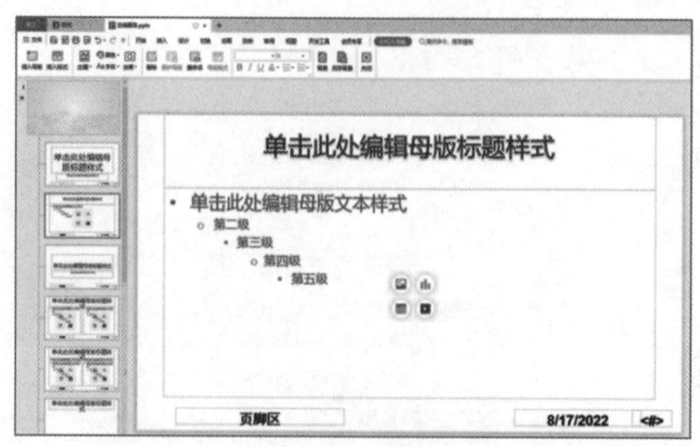

图 6.30　母版实例

7.1　幻灯片母版操作

选择“视图”选项卡，单击“幻灯片母版”按钮，进入模板编辑状态，幻灯片选项卡中出现了“幻灯片母版”选项卡和相应的功能区功能组，如图6.31所示。

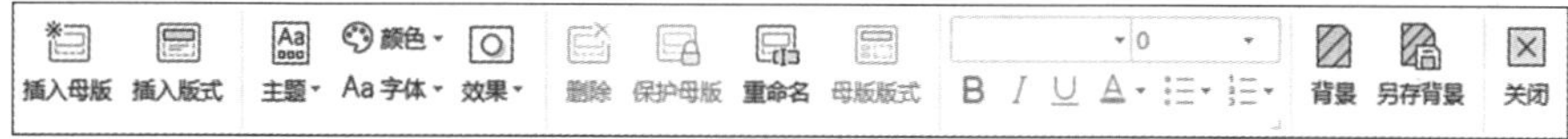

图6.31　“幻灯片母版”选项卡

如需要统一幻灯片的外观，就要用幻灯片母版的修改来完成。

母版包括幻灯片母版、讲义母版和备注母版三种，其中幻灯片母版中包括标题母版和幻灯片母版，两种母版为一组。由于WPS演示支持多母版操作，通过选中一页母版，右击打开快捷菜单中的“新标题母版”或者“新幻灯片母版”，添加其他母版。也可利用编辑母版功能组中的按钮完成母版的添加、删除、保护、重命名母版版式设置等操作。母版设置完要单击“关闭”按钮，回到幻灯片普通视图模式。

通过标题母版控制所有使用标题版式的幻灯片属性，通过幻灯片母版控制所有使用其他版式的幻灯片属性，幻灯片母版的应用比较多，最常用；标题母版用得比较少，多用于首尾两页。

7.2　统一设置日期、页码

选择“插入”选项卡上的“页眉页脚”按钮，弹出“页眉和页脚”对话框，单击“幻灯片”标签，可为幻灯片设置统一的日期和时间、幻灯片编号、页脚内容，以及是不是在标题幻灯片中显示，单击“应用”或“全部应用”即可；如单击“取消”则此次设置无效，如图6.32所示。

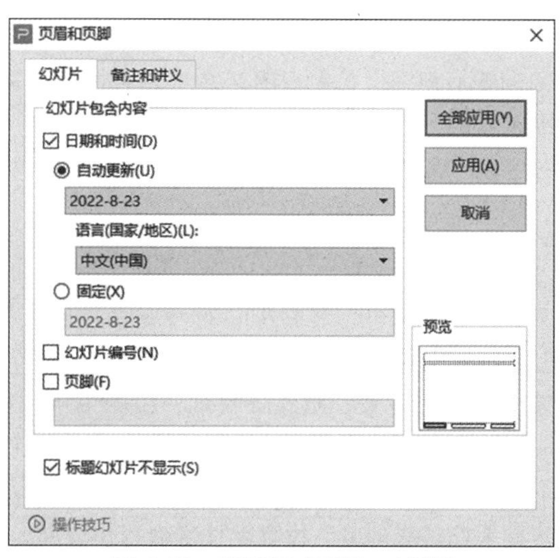

图6.32　“页眉和页脚”对话框

勾选复选项“标题幻灯片不显示”，则标题幻灯片不显示此次设置的内容。单击“关闭母版视图”，回到普通视图，则普通版式的幻灯片中出现了统一设置的日期、页码等内容，标题幻灯片中则不显示设置的内容。

7.3　统一设置标志

很多幻灯片中的固定位置都有统一的标志，套用起来很方便，在减轻工作强度的同时也会让人耳目一新。

选择“视图”选项卡，单击“幻灯片母版”按钮，进入模板编辑状态，选中导航栏中第一张幻灯片母版，在其中绘制前后页跳转按钮图形，并设置好跳转动画，如图 6. 33 所示。

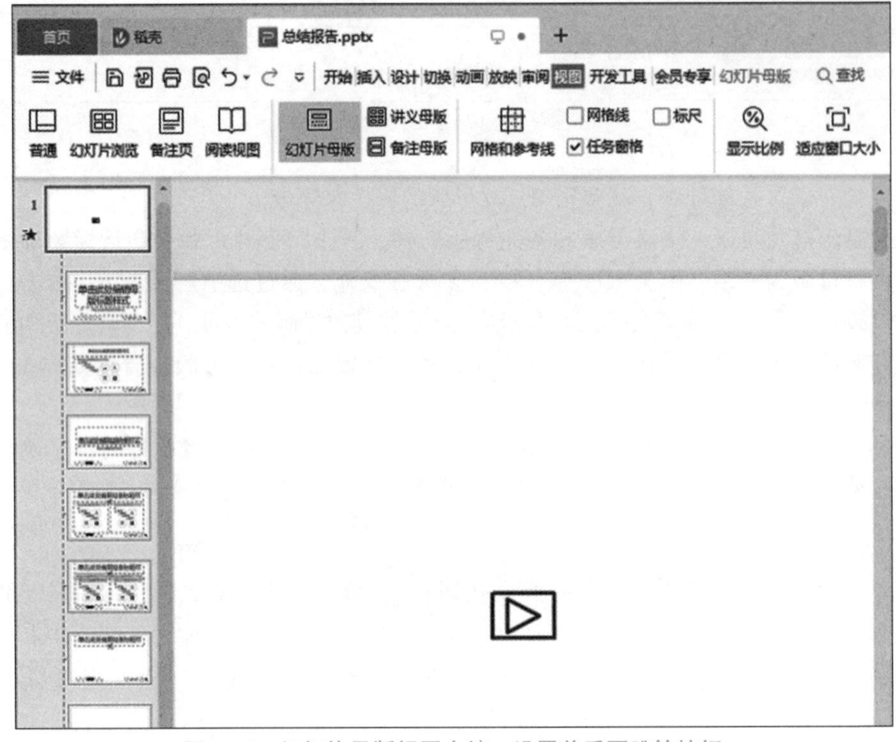

图 6. 33　幻灯片母版视图中统一设置前后页跳转按钮

单击“关闭”按钮，回到普通视图，单击视图切换工具栏中的“幻灯片浏览”按钮，幻灯片中都出现了前后页跳转按钮图形，只有设置为标题母版的除外。

通过母版统一设置跳转按钮、各种元素位置、格式、动画等，省时省力，能快速使幻灯片的外观规范统一。

7. 4　应用设计模板

设计模板是包含演示文稿样式的文件，包括项目符号和字体的类型和大小、占位符大小和位置、背景设计和填充、配色方案以及幻灯片母版和可选的标题母版。好的设计模板可以省去很多烦琐的工作，使制作出来的演示更专业、版式更合理、主题更鲜明、界面更美化、字体更规范、配色更标准，可以让一篇演示文稿的形象迅速提升，增加可观赏性；同时可以让演示思路更清晰、逻辑更严谨、更易于理解，更方便处理图表、文字、图片等内容。

设计模板是演示文稿的骨架性组成部分。传统设计模板包括封面、内页两张背景，现代设计一般包括片头动画、封面、目录、过渡页、内页、封底、片尾动画等页面。

（1）设计模板的来源。

可通过以下途径获得设计模板：

①从论坛网站筛选好的设计模板下载获得。

②分享设计模板。

③利用办公软件自带的设计模板。

④自制设计模板。

⑤可以通过将演示文稿另存为模板。

（2）设计模板的套用。

①套用其他幻灯片母版/版式。

在“设计”选项卡中单击“导入模板”按钮 导入模板，打开“应用设计模板”对话框，选择需要导入的演示文稿，单击“打开”按钮。

②套用在线幻灯片母版/版式。

套用在线幻灯片母版（模板）需要计算机连接互联网，有以下两种方法：

- 在“设计”选项卡中单击“更多设计”按钮 更多设计，在“在线设计”对话框中进行选择。
- 在幻灯片普通视图下单击左侧缩略图任意幻灯片，单击下方“+”按钮，打开“在线模板”对话框，在展示页左侧“封面页”标签中选择所需模板。

★★ 任务实操

制作“销售总结”演示文稿模板，销售总结类演示文稿是公司常用的一类演示文稿，用于反映公司当前的销售情况，以分析市场整体状况、公司运作情况等。

具体操作

（1）新建“销售总结.pptx”工作簿，在“视图”功能选项卡中单击“幻灯片母版”按钮。

（2）进入幻灯片母版视图，选择第1张幻灯片，在“插入”功能选项卡中单击“图片”按钮，打开“插入图片”对话框，插入“图片1.png”图片，将插入的图片移动到幻灯片编辑区的左上角，如图6.34所示。

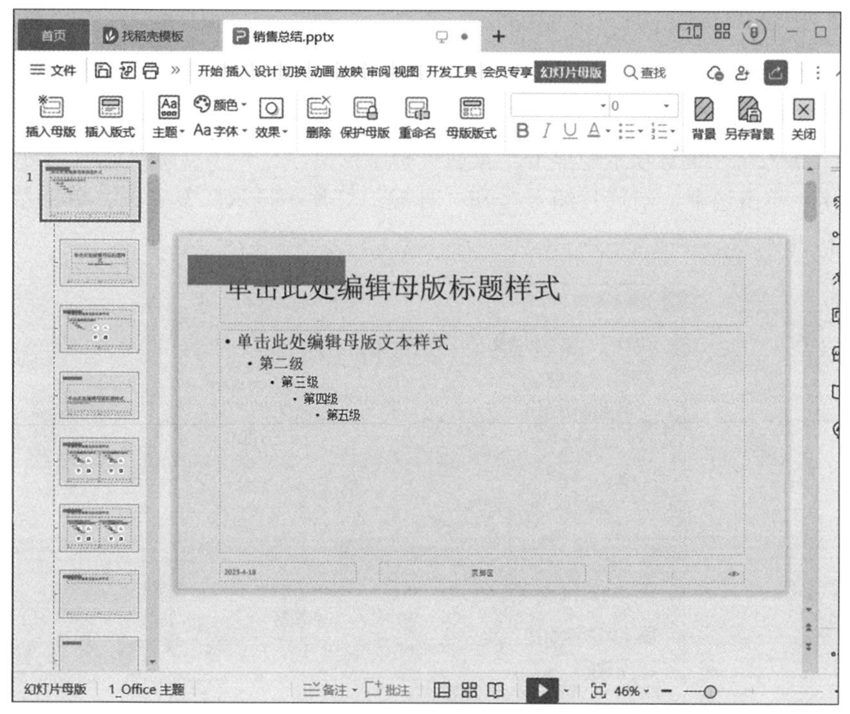

图6.34　插入图片

（3）在“插入”功能选项卡中单击“形状”按钮，在打开的列表框中选择“矩形”选项，在页脚区左侧绘制矩形，并取消矩形形状的轮廓色，将填充色设置为“绿色”。

（4）在矩形右侧再绘制一个矩形，该矩形左侧边框对齐第 1 个矩形的右边框，该矩形右侧边框对齐幻灯片的右边框。然后取消矩形形状的轮廓色，将填充色设置为“灰色”，如图 6.35 所示。

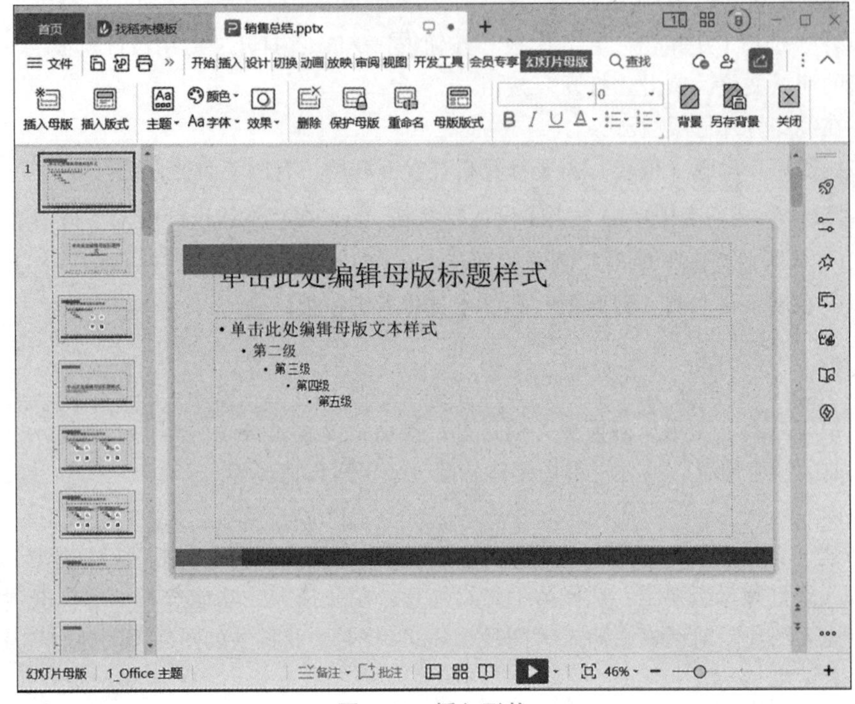

图 6.35　插入形状

（5）保持矩形形状的选中状态，在“绘图工具”功能选项卡中单击“下移一层”按钮右侧的下拉按钮，在打开的列表框中选择“置于底层”选项，将形状置于底层。

（6）在“插入”功能选项卡中单击“页眉页脚”按钮，打开“页眉和页脚”对话框的“幻灯片”选项卡，单击选中“幻灯片编号”和“标题幻灯片不显示”复选框，单击“全部应用”按钮，如图 6.36 所示。

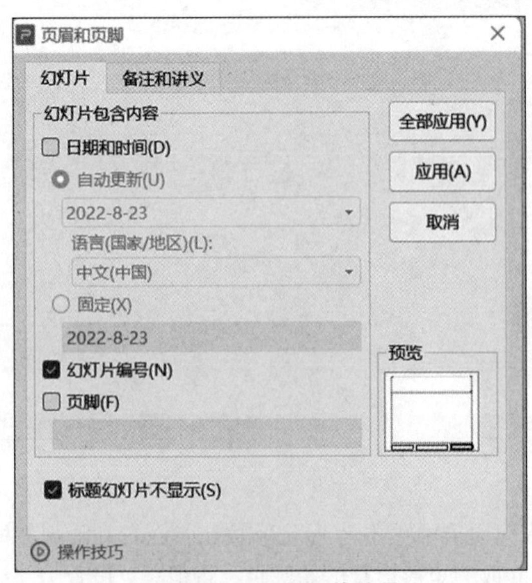

图 6.36　显示幻灯片编号

(7) 选择第2张幻灯片，在“设计”功能选项卡中单击“背景”按钮下方的下拉按钮，在打开的列表框中选择“背景”选项。打开“对象属性”窗格，在“填充”栏中单击选中“隐藏背景图形”复选框，如图6.37所示。

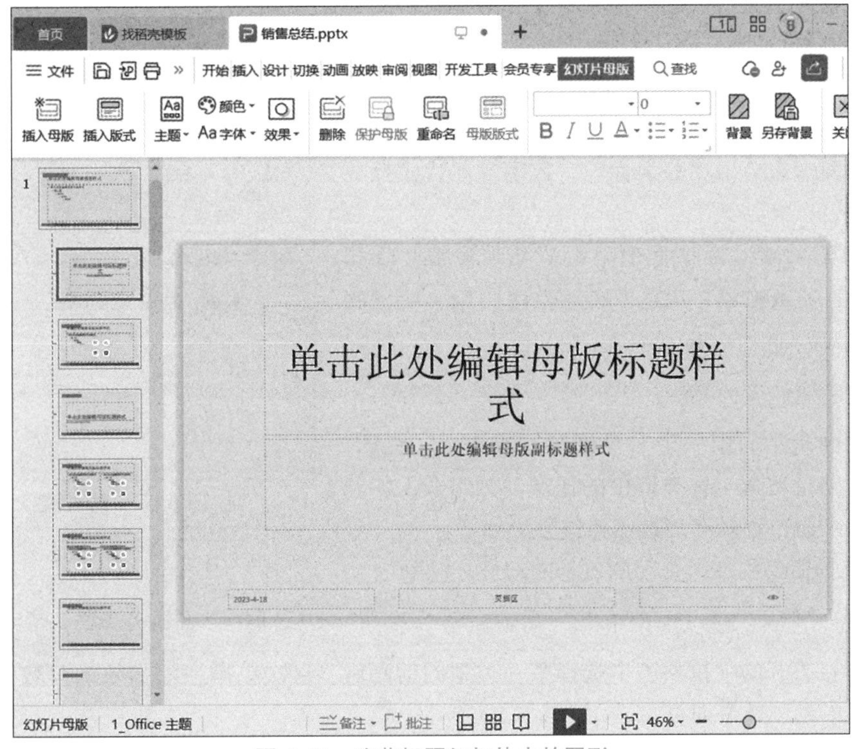

图6.37　隐藏标题幻灯片中的图形

(8) 关闭“对象属性”窗格，在“视图”功能选项卡中单击“普通”按钮，退出幻灯片母版视图。

任务二　设置幻灯片动画效果

☑任务目标：掌握幻灯片动画的编辑；掌握幻灯片超链接与动作按钮的绘制。

知识点8　设置幻灯片对象动画

在WPS演示中，幻灯片动画有两种类型：幻灯片对象动画和幻灯片切换动画。幻灯片对象动画是指为幻灯片中添加的对象设置的动画效果，不同的对象动画组合在一起形成复杂而自然的动画效果。动画效果在幻灯片放映时才能看到并生效。

8.1　添加单一动画

为对象添加单一动画效果是指为某个对象或多个对象快速添加进入、退出、强调或动作路径动画。具体操作方法如下：

（1）在幻灯片编辑区中选择要设置动画的对象。

（2）在“动画”选项卡中单击“动画”列表右下角的下拉按钮，在打开的下拉列表中，选择某一类型动画下的动画选项即可。

（3）为幻灯片对象添加动画效果后，系统将自动在幻灯片编辑窗口中对设置了动画效果的对象进行预览放映，且该对象旁边会出现数字标识，数字顺序代表播放动画的顺序。

（4）在“动画”选项卡中单击“动画窗格”按钮动画窗格，打开“动画窗格”，在“动画窗格”中，可以查看和修改动画，如图6.38所示。

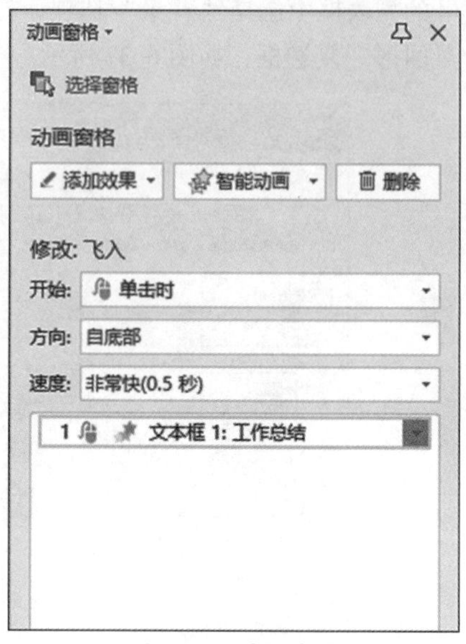

图6.38　动画窗格

8.2　添加组合动画

组合动画是指为同一个对象同时添加进入、强调、退出和动作路径动画4种类型中的任意动画组合，如同时添加进入和退出动画等。具体操作方法如下：

（1）选择需要添加组合动画效果的幻灯片对象。

（2）在“动画”选项卡中单击“动画窗格”按钮动画窗格，打开“动画窗格”，单击“添加效果”按钮，在打开的下拉列表中选择某一类型的动画后，再次单击“添加效果”按钮，继续选择其他类型的动画效果即可。

8.3　设置动画效果

用户在为幻灯片中的对象添加了动画效果后，还可以对动画效果进行设置，如动画的开始方式、方向、播放速度和播放顺序等，使幻灯片效果更加流畅、自然。

设置动画效果主要通过“动画窗格”实现，在“动画”选项卡中单击“动画窗格”按钮打开动画窗格。

（1）设置动画开始方式。

通过动画窗格的“开始”下拉列表框可设置动画开始方式，包括“单击时”“之前”和“之后”3种。

- “单击时”表示单击时播放动画；
- “之前”表示与上一项动画同时播放；
- “之后”表示在上一项动画之后播放。

（2）设置动画方向。

通过动画窗格的“方向”下拉列表框可设置动画的进入或退出的方向，不同动画显示的方向选项不同。

（3）设置动画播放速度。

通过动画窗格的“速度”下拉列表框可设置动画的播放速度，计时单位为秒。

（4）调整动画播放顺序。

在动画窗格的“动画列表框”中可选择需要调整播放顺序的动画选项，在“重新排序”栏中，单击向上或向下按钮，调整动画顺序；或选择动画选项后按住鼠标左键不放，拖动鼠标调整动画播放顺序。

知识点 9　设置幻灯片切换动画效果

幻灯片切换动画是指放映演示文稿时幻灯片进入、离开屏幕时的动画效果。其具体操作如下：

（1）选择需要设置切换效果的幻灯片。

（2）在“切换”选项卡的“切换动画”列表框中选择需要的选项，为幻灯片添加相应的切换效果。

（3）为幻灯片添加切换效果后，“切换方案”列表框右侧的“效果选项”按钮用于设置切换效果的播放效果；“速度”数值框用于设置切换速度；“声音”下拉列表框用于设置切换效果的声音；单击选中“单击鼠标时换片”复选框表示单击时应用切换效果，否则自动播放切换效果；单击“应用到全部”按钮可以将切换效果应用到所有幻灯片中，如图 6.39 所示。

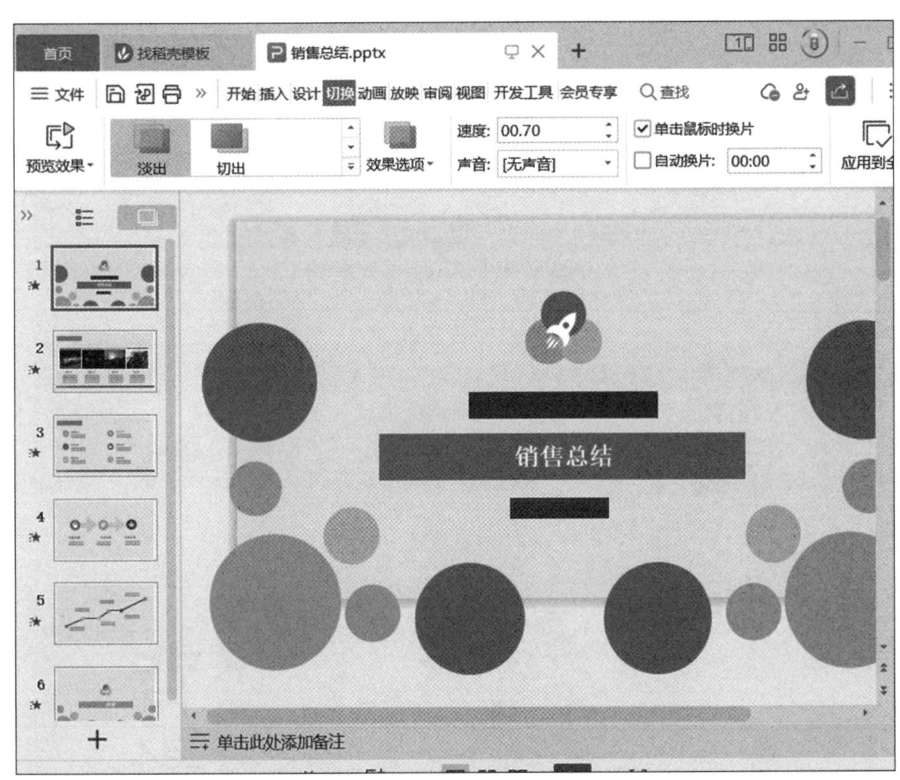

图 6.39　设置幻灯片切换动画效果

★ 操作训练

将“背影 . pptx”演示文稿设置动画并设置幻灯片切换动画效果。

具体操作

（1）打开“背影 . pptx”演示文稿，选择第 6 张幻灯片，选中第 2 个文本框，添加动画效果，打开“动画窗格”，单击“添加效果”，选择飞入效果，速度设置为 0.5 秒，如图 6.40 所示。

（2）用同样的方式给第 4 个和第 6 个文本框依次添加动画效果。

（3）选择第 1 张幻灯片，在“切换”功能选项卡的“切换方案”列表框中选择“立方体”选项，“声音”下拉列表框用于设置切换效果的声音为“风铃”，速度设置为 01.00，如图 6.41 所示。

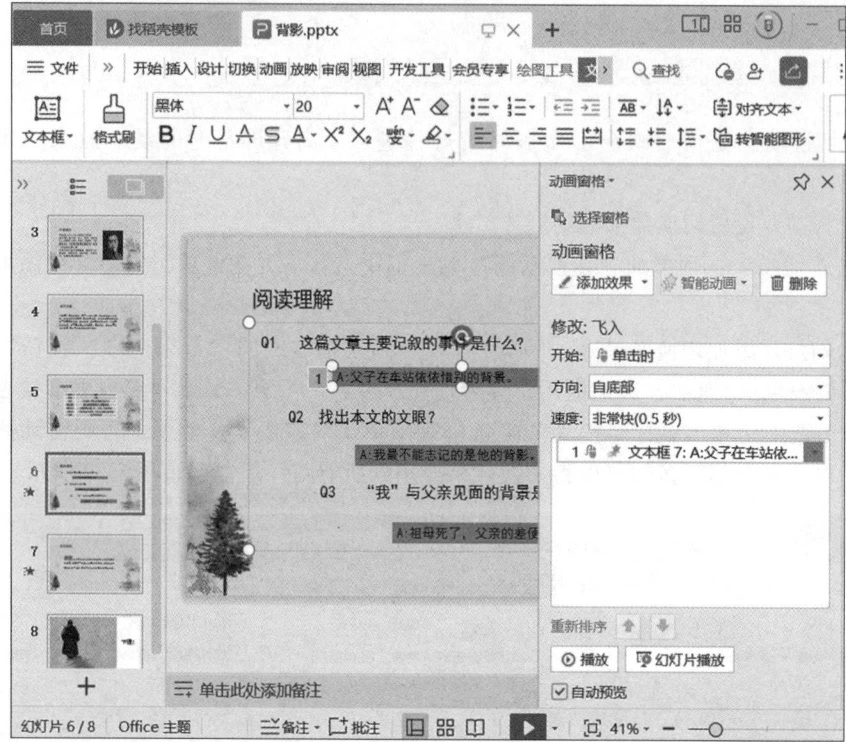

图 6.40　添加动画效果

图 6.41　添加切换效果

（4）用同样的方式给其他幻灯片设置切换效果。

知识点 10　创建超链接

在 WPS 演示中，可以为幻灯片中的文本、图片、形状和文本框等对象创建超链接，将此幻灯片与其他幻灯片、网页或文件等对象进行连接。超链接是幻灯片交互的重要手段，其具体操作如下：

（1）选取需设置超链接的文本或对象。

（2）在“插入”选项卡中，单击“超链接”按钮 超链接；或者右键单击，在快捷菜单中选择“超链接”命令；还可以使用组合健［Ctrl+K］，打开“插入超链接”对话框，如图 6.42 所示。

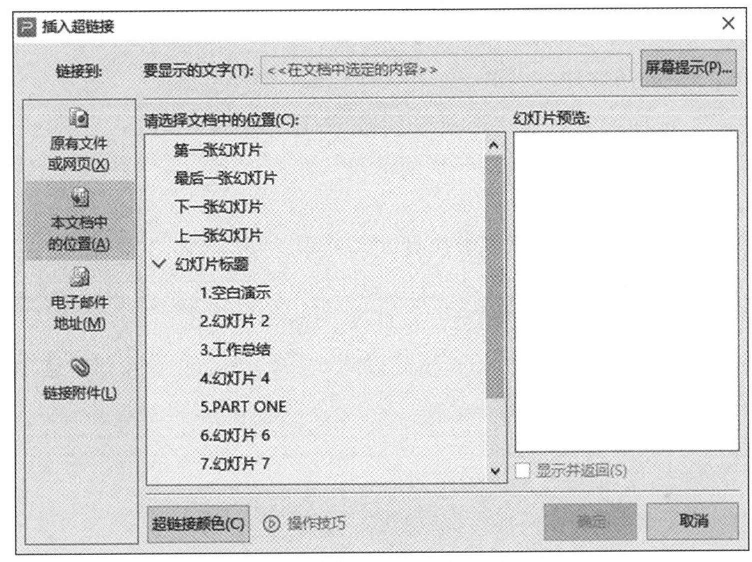

图 6.42　“插入超链接”对话框

- “原有文件或网页”，选取要链接的文件或网页，也可键盘输入要链接的文件或网页地址。
- “本文档中的位置”，从列表中选取要链接的幻灯片页或预设的“自定义放映”。超链接到“自定义放映”时，勾选“幻灯片预览”下的“显示并返回”复选框。
- “电子邮件地址”，在“电子邮件地址”框中键入所需的电子邮件地址，或者在“最近用过的电子邮件地址”框中选取所需的电子邮件地址，“主题”框中键入电子邮件消息的主题。
- “链接附件”，选择本地文件作为超链接的附件。

（3）单击“屏幕提示”按钮，会弹出“设置超链接屏幕提示”，输入提示文字，单击“确定”按钮，回到“插入超链接”窗口，单击“确定”按钮。设置屏幕提示是为在播放时能准确分清超链接对象，鼠标指向设置超链接的对象时显示预设的内容。

（4）删除超链接。右击要删除的超链接的文本对象，在右键菜单上选取“取消超链接”，即可取消，选取“编辑超链接”即可重新设置超链接；按［Delete］键则删除超链接和该超链接的文本或对象。

知识点 11　添加动作按钮

（1）添加“动作按钮”超链接设置单页幻灯片。

添加“动作按钮”超链接的具体操作如下：

①选取要设置动作的幻灯片。

②选择“插入”选项卡，单击“形状”按钮 形状 下方的下拉按钮▼，在下拉列表框中的“动作按钮”组中选取所需的动作按钮。

③在幻灯片编辑窗口拖动绘制动作按钮，绘制完成，弹出“动作设置”对话框，如图 6.43 所示。

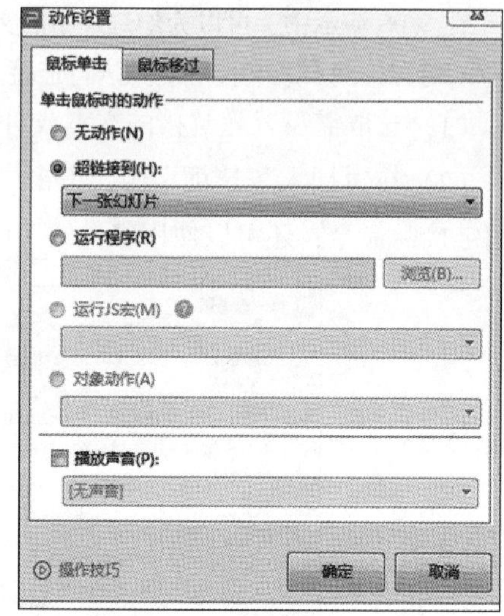

图 6.43 “动作设置”对话框

④在“鼠标单击”选项卡的“超链接到”的下拉列表中选择“下一张幻灯片”，单击“确定”按钮完成单页动作设置；也可以单击“超链接到”后的下拉列表按钮，选取要链接的目标，单击“确定”按钮完成动作设置。

（2）其他形状设置为动作按钮。

绘制其他形状，将其设置为动作按钮，具体操作如下：

①选取要设置动作的幻灯片。

②选择“插入”选项卡，单击“形状”按钮 形状 下方的下拉按钮▼，在下拉列表框中选择所需的形状，在幻灯片编辑窗口拖动绘制图形。

③右击此图形，在弹出的快捷菜单中执行“动作设置”命令，弹出“动作设置”对话框。

④选取“鼠标单击”或者“鼠标移过”选项卡。选择所需动作“超链接到”单选项，单击“超链接到”后的下拉列表按钮，选取要链接的目标，单击“确定”按钮完成单页动作设置。

（3）为所有幻灯片添加动作按钮。

为所有幻灯片添加动作按钮，具体操作如下：

①在“视图”选项卡中，单击“幻灯片母版”按钮 幻灯片母版。

②在母版中插入动作按钮，操作和以上方法相同。

③如果使用单个幻灯片母版，母版插入动作在所有演示文稿有效。如果用多个幻灯片母版，则必须在每个母版上添加动作。操作完成后单击“关闭”按钮，幻灯片就添加了动作。

任务三 放映演示文稿

☑任务目标：了解演示文稿打包的方法；掌握为演示文稿不同应用场合设置不同放映方式的方法；掌握演示文稿打印的设置方法。

知识点 12 放映设置

12.1 幻灯片放映类型

（1）演讲者放映（全屏幕）。

这是 WPS 演示默认的放映类型，将以全屏幕的状态放映演示文稿。在放映过程中，演讲者具有完全的控制权，不仅可以手动切换幻灯片和动画效果，也可以暂停放映、添加注释等，按［Esc］键可结束放映。

（2）展台自动循环放映（全屏幕）。

这种放映类型不需要人为控制，系统将自动全屏循环放映演示文稿。放映过程中，不能通过单击切换幻灯片，但可以通过单击幻灯片中的超链接来进行切换，按［Esc］键可结束放映。

12.2　设置幻灯片放映方式

设置放映方式包括设置演示文稿的放映类型、放映选项、放映幻灯片的数量以及换片方式等。

打开演示文稿，在“放映”选项卡上，单击“放映设置”按钮 幻灯片母版，打开“设置放映方式”对话框，如图 6.44 所示。

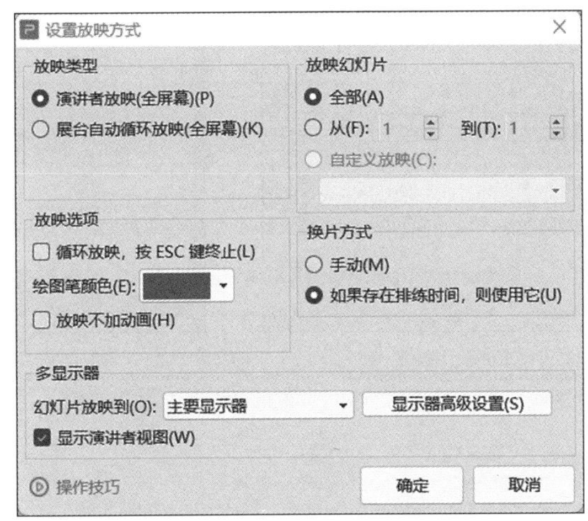

图 6.44　“设置放映方式”对话框

（1）设置放映类型：在“放映类型”栏中单击选中相应的单选按钮，即可为幻灯片设置相应的放映类型。

（2）设置放映选项：在“放映选项”栏中单击选中“循环放映，按［Esc］键终止”复选框可设置循环放映。

（3）设置放映幻灯片的数量：在“放映幻灯片”栏中可设置需要放映的幻灯片数量，可以选择放映演示文稿中所有的幻灯片，或手动输入放映开始和结束的幻灯片页数。

（4）设置换片方式：在“推进幻灯片”栏中可设置幻灯片的切换方式，单击选中“手动”单选按钮，表示在演示过程中将手动切换幻灯片及演示动画效果；单击选中“如果存在排练计时，则使用它”单选按钮，表示演示文稿将按照幻灯片的排练时间自动切换幻灯片和动画，但是如果没有已保存的排练计时，即便单击选中该单选按钮，放映时还是以手动方式进行控制。

12.3　自定义放映

在放映演示文稿时，用户可以根据需要只放映演示文稿中的部分幻灯片，并且这些幻灯片既可以是连续的，也可以是不连续的，其具体操作如下：

（1）在“放映”功能选项卡中单击“自定义放映”按钮，打开“自定义放映”对话框，单击“新建”按钮，如图 6.45 所示。

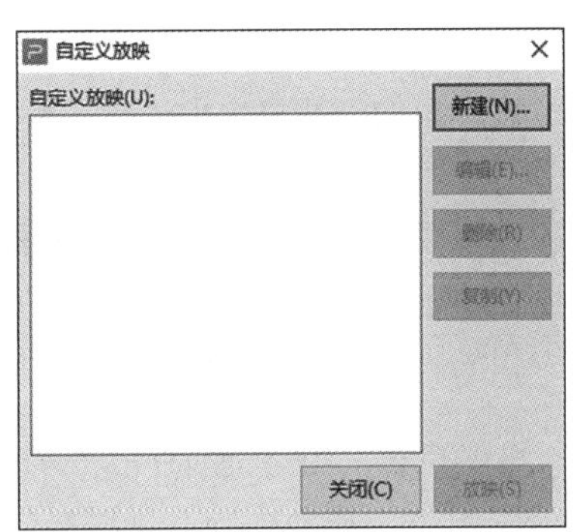

图 6.45　“自定义放映”对话框

（2）打开“定义自定义放映”对话框，如图 6.46 所示；在“幻灯片放映名称”文本框中输入自定义放映幻灯片的名称；在“在演示文稿中的幻灯片”列表框中选择自定义放映的幻灯片，单击“添加”按钮，将幻灯片添加到“在自定义放映中的幻灯片”列表框中。

（3）单击“确定”按钮，返回“自定义放映”对话框，如图 6.47 所示。在“自定义放映”列表框中显示了添加的自定义放映项目，单击“放映”按钮，即可进入放映状态，对添加的幻灯片进行放映。

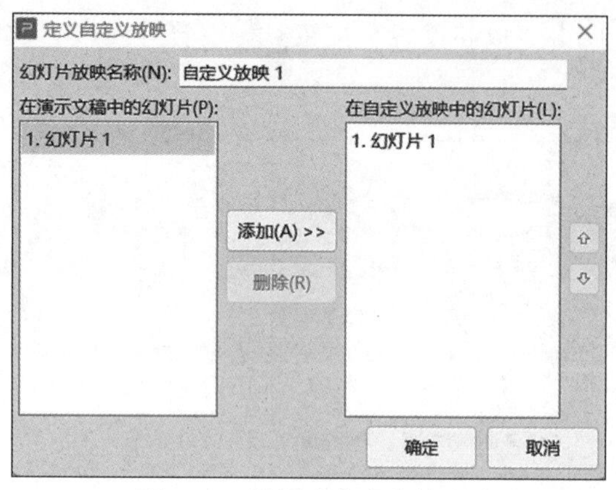

图 6.46　设置“自定义放映”

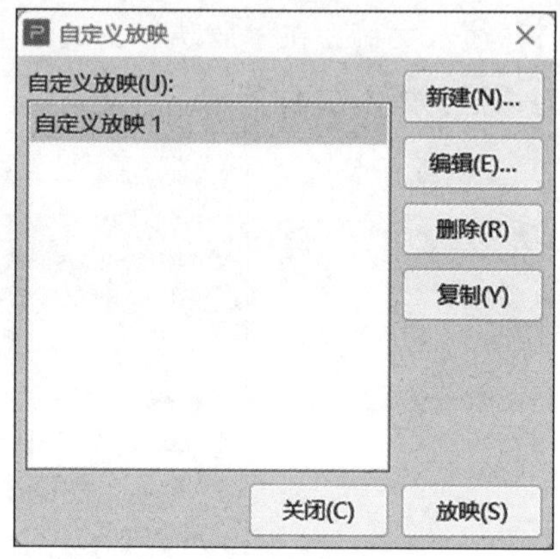

图 6.47　“自定义放映”对话框

知识点 13　放映幻灯片

13.1　开始放映

（1）在“幻灯片放映”选项卡中单击“从头开始”按钮从头开始或按 F5 键，将从第 1 张幻灯片开始放映。

（2）在“幻灯片放映”选项卡中单击“从当前开始”按钮当页开始或按［Shift+F5］组合键，将从当前选择的幻灯片开始放映。

（3）单击状态栏上的“幻灯片放映”按钮，将从当前幻灯片开始放映。

13.2　切换放映

（1）切换到上一张幻灯片：按［Page up］键、按［←］键或按［Back Space］键。

（2）切换到下一张幻灯片：单击鼠标左键、按空格键、按［Enter］键或按［→］键。

13.3　放映过程中的控制

在幻灯片的放映过程中有时需要对某一张幻灯片进行更多的说明和讲解，此时可以暂停该幻灯片的放映，暂停放映可以直接按“S”键或“+”键，也可在需暂停的幻灯片中单击鼠标右键，在弹出的快捷菜单中选择“暂停”命令。此外，在右键快捷菜单中还可以选择“指针选项”命令，在其子菜单中选择“圆珠笔”或“荧光笔”命令，对幻灯片中的重要内容做标记。

需要注意的是，在放映演示文稿时，无论当前放映的是哪一张幻灯片，都可以通过幻灯片的快速定位功能快速定位到指定的幻灯片进行放映。具体操作方法：在放映的幻灯片中单击鼠标右键，在弹出的快捷菜单中选择“定位”命令，在弹出的子菜单中选择要切换到的目标幻灯片即可。

知识点 14　输出演示文稿

在 WPS 演示中，用户可以将演示文稿输出为不同格式的文件，方便浏览者通过不同的方式浏览演示文稿的内容。

14.1　将演示文稿输出为 PDF

将演示文稿输出为 PDF 文档的具体操作方法如下：

（1）演示文稿编辑完成后，单击“文件”菜单。

（2）在“文件”菜单中选择“输出为 PDF 格式”命令，打开“输出为 PDF”对话框，如图 6.48 所示。默认已选中打开的演示文稿，在“输出范围”栏中设置演示文稿的输出范围，在“保存目录”栏中设置输出 PDF 文档的保存位置，然后单击“开始输出”按钮。

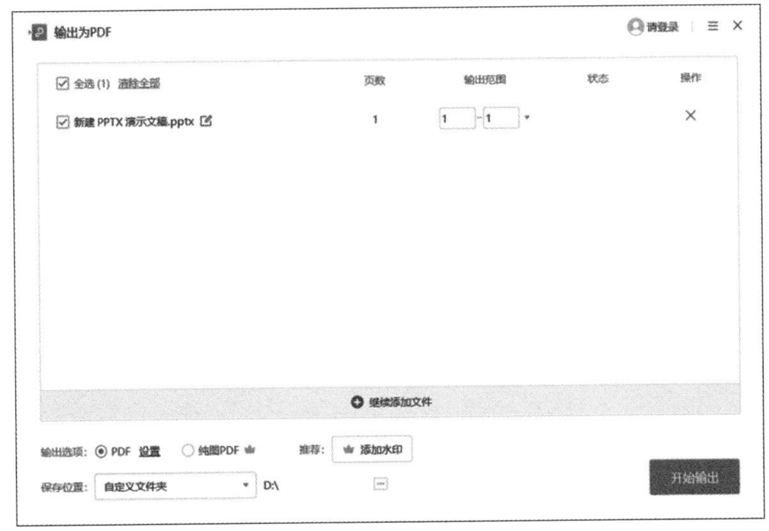

图 6.48　输出为 PDF 对话框

14.2　将演示文稿输出为图片

将演示文稿输出为图片的具体操作方法如下：

（1）演示文稿编辑完成后，单击“文件”菜单。

（2）在“文件”菜单中选择“输出为图片”，打开“输出为图片”对话框，如图 6.49 所示。在该对话框中设置输出方式、输出页数、输出格式和输出目录等内容后，单击“输出”按钮。

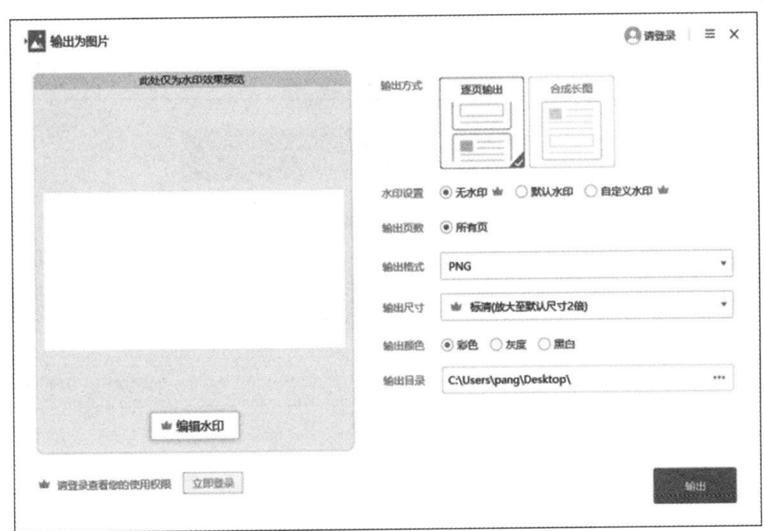

图 6.49　输出为图片对话框

14.3 将演示文稿打包

将演示文稿打包后复制到其他计算机中，即使该计算机没有安装打开演示文稿的相关软件，也可以播放该演示文稿。具体操作如下：

(1) 演示文稿编辑完成后，单击“文件”菜单。

(2) 在“文件”菜单中选择［文件打包］→［打包成文件夹］，打开“演示文件打包”对话框，如图 6.50 所示。在该对话框中设置文件夹名称和位置，然后单击“确定”按钮。

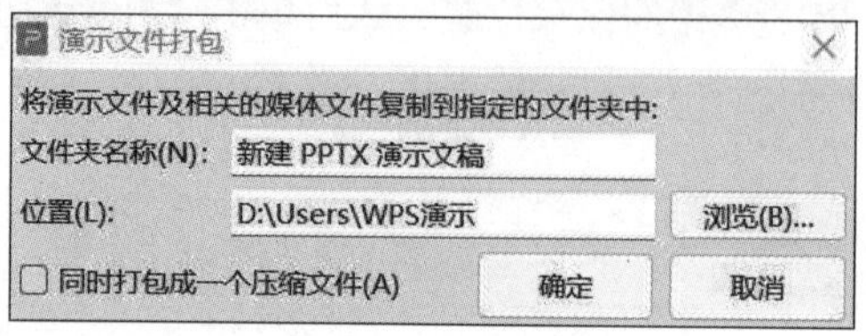

图 6.50　演示文件打包对话框

14.4 打印演示文稿

演示文稿的打印内容可以分为幻灯片、讲义、备注和大纲等形式，打印的具体操作如下：

(1) 演示文稿编辑完成后，单击“文件”菜单。

(2) 在“文件”菜单中选择［打印］→［打印预览］，进入“打印预览”窗口，如图 6.51 所示。

图 6.51　“打印预览”界面

(3) 单击“打印内容”按钮，打开下拉列表选择需要打印的版式，如图 6.52 所示。

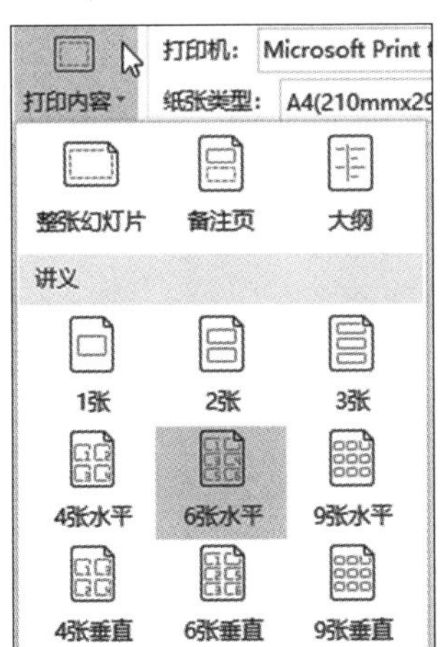

图 6.52　“打印内容”下拉列表

（4）在“打印预览”选项卡中设置打印的其他选项，设置完成后，单击“直接打印”按钮，进行演示文档的打印。

★★ 任务实操

公司部门工作总结展示。

某 IT 公司要进行年终部门工作总结，完成 PPT 制作，要求幻灯片中加入图形、文字、动画等元素，使 PPT 具有生动的动画，还要通过创建交互式演示文稿，达到幻灯片放映时的跳转，真正达到图文并茂的作用。演示文稿效果如图 6.53 所示。

具体操作

（1）应用设计方案。

①启动 WPS Office，单击“新建”按钮，进入 WPS Office 的工作界面，在上方选择“演示”选项，切换至 WPS 演示工作界面，在“推荐模板”中选择“新建空白文档”选项，新建名为“演示文稿 1”的空白演示文稿。

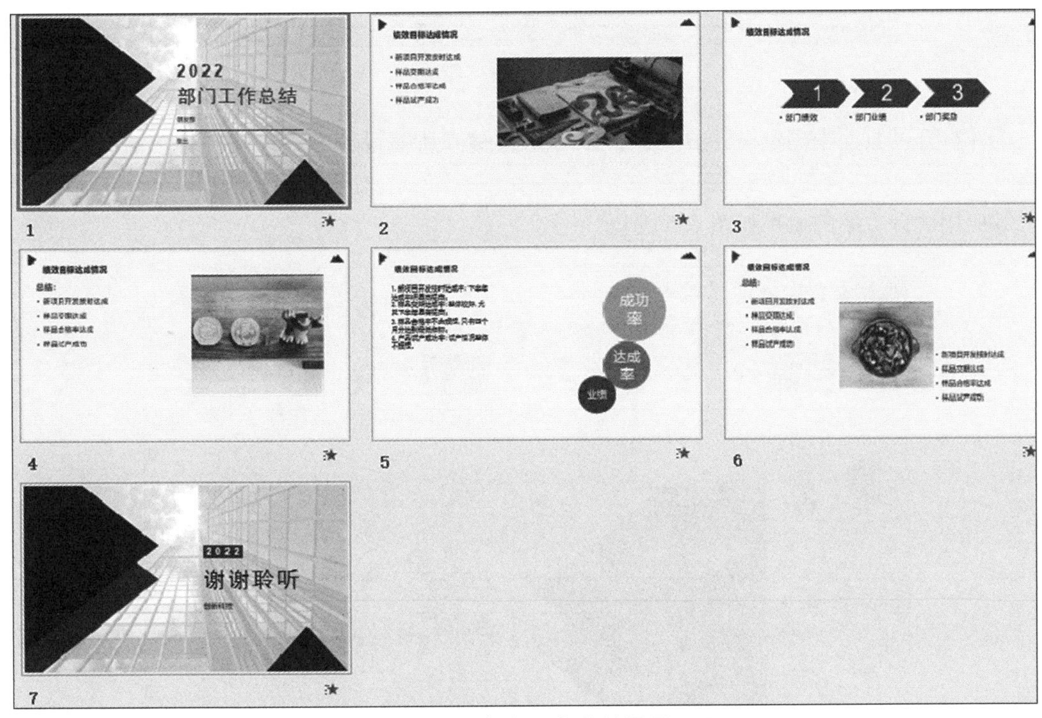

图 6.53　公司部门工作总结展示 PPT

②按［Ctrl+S］组合键，打开“另存文件”对话框，在“位置”栏中选择保存路径，在“文件名”下拉列表框中输入“部门工作总结 . pptx”，单击“保存”按钮。

③在“设计”功能选项卡中的“设计方案”列表框中单击“更多设计”按钮。

④在打开的对话框中单击“在线设计方案”选项卡，在右侧面板上方单击“免费专区”超链接，在“快速找到”栏中单击“更多”超链接，在打开列表框的“场景”栏中选择“教育培训”选项，单击“确定”按钮，如图 6.54 所示。

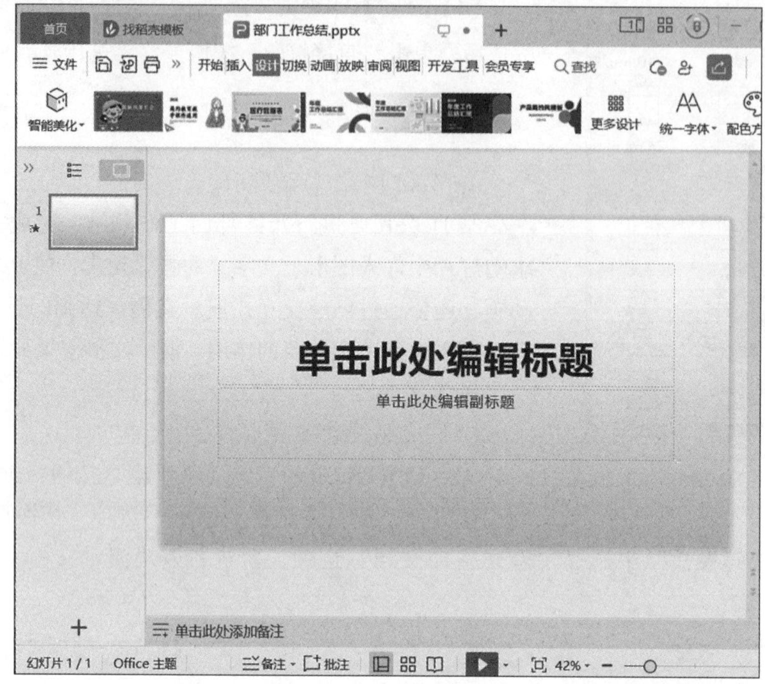

图 6.54　选择设计方案

⑤在打开的页面中浏览设计方案，将鼠标指针移到所需设计方案缩略图上方，单击“应用风格”按钮。

⑥应用设计方案的效果如图 6.55 所示。

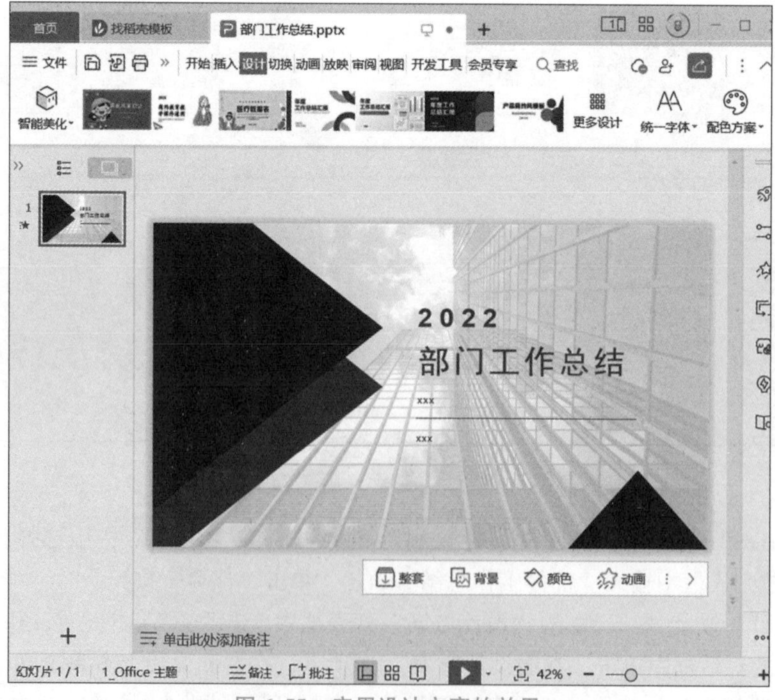

图 6.55　应用设计方案的效果

（2）输入与设置文本。

在“部门工作总结 . pptx”演示文稿的标题幻灯片中输入文本并进行设置，其具体操作如下：

在副标题文本框中输入文本“研发部”文本，在第一个“编辑文本”文本框中输入“张三”文本，如图 6. 56 所示。

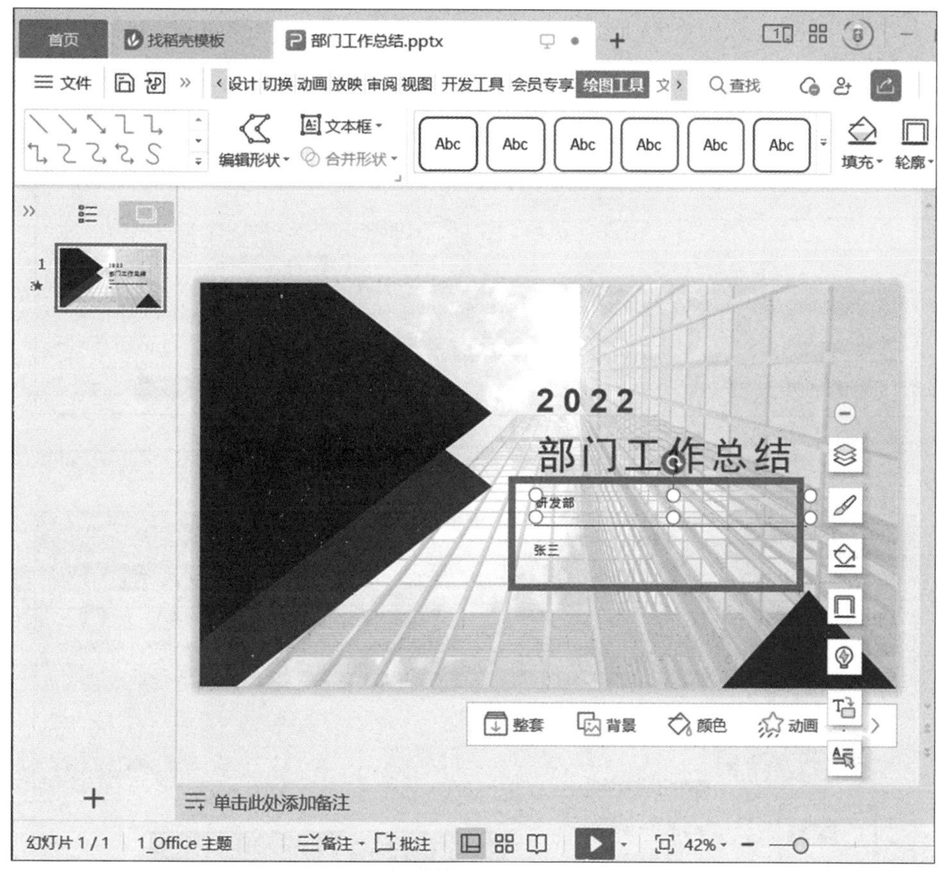

图 6. 56　输入文本

（3）插入与编辑图片。

在“部门工作总结 . pptx”演示文稿中执行新建幻灯片的操作，然后在幻灯片中插入并编辑图片，其具体操作如下：

①选择第 1 张幻灯片，在“插入”功能选项卡中单击“新建幻灯片”按钮下方的下拉按钮，在打开的列表框中选择“两栏内容”选项，新建“两栏内容”版式幻灯片。

②在标题文本框中输入标题，在左侧的正文文本占位符中输入文本，字号设置为“20”，在右侧的占位符中单击“插入图片”按钮，或在“插入”功能选项卡中单击“图片”按钮。

③在打开的“插入图片”对话框中选择素材文件夹中的“图片 1. png”图片，单击“打开”按钮，如图 6. 57 所示。

④插入图片后，将鼠标指针移动到图片右下角的控制点上，按住［Ctrl］键，按住鼠标左键不放向右下角拖动鼠标指针，等比调整图片大小。

⑤将鼠标指针移到图片中间位置，按住鼠标左键不放拖动鼠标指针适当调整图片的位置，如图 6. 58 所示。

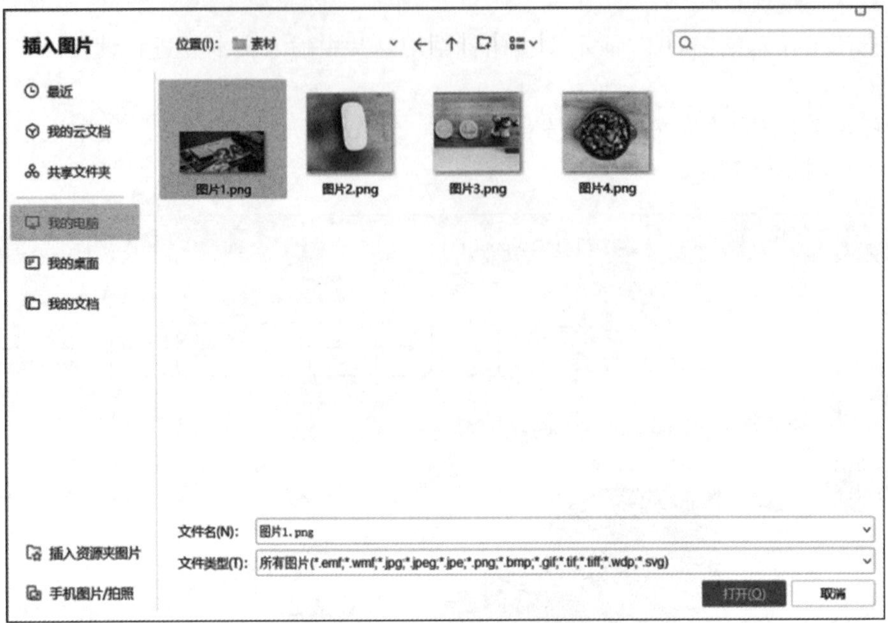

图 6.57　插入图片

图 6.58　调整图片

⑥选择第 2 张幻灯片，依次按［Ctrl+C］组合键和［Ctrl+V］组合键，在其后面复制一张相同的幻灯片。

⑦选择第 3 张幻灯片，修改左侧占位符中的文本，然后在上方绘制一个横向文本框，在其中

输入“总结:”文本，字体格式设置为微软雅黑（正文）、24、蓝色、加粗。

⑧选择右侧的图片，在“图片工具”功能选项卡中单击“更改图片”按钮，在打开的“更改图片”对话框中选择“图片 2. jpg”图片，单击“打开”按钮，更改图片后的效果如图 6. 59 所示。

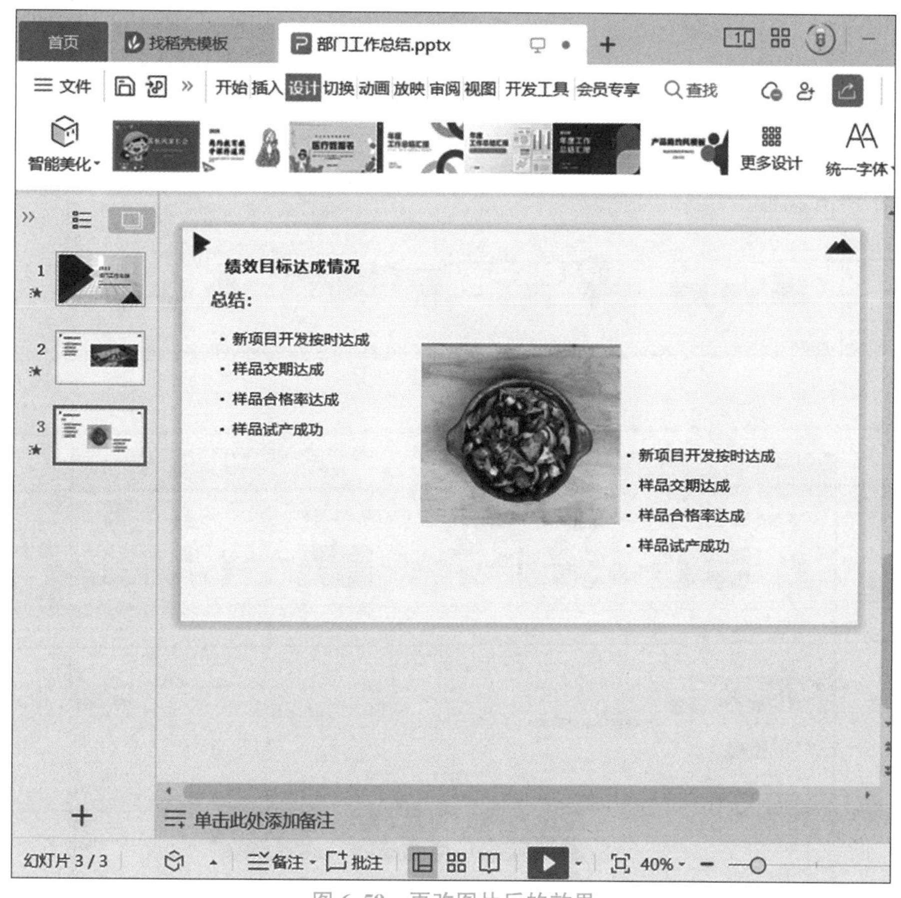

图 6. 59　更改图片后的效果

（4）插入智能图形。

在“部门工作总结 . pptx”演示文稿中插入并编辑智能图形，其具体操作如下：

①选择第 2 张幻灯片，依次按［Ctrl+C］组合键和［Ctrl+V］组合键，在其后面复制一张相同的幻灯片。

②选择第 3 张幻灯片，拖动鼠标指针框选除标题外的正文内容，按［Delete］键删除，然后再选择正文占位符，按［Delete］键删除。

③选择第 3 张幻灯片，在“插入”功能选项卡中单击“智能图形”按钮，在打开的下拉列表框中选择“智能图形”。

④在打开的“选择智能图形”对话框中单击“流程”选项卡，在中间的列表框中选择“基本 V 形流程”选项，然后单击“插入”按钮，如图 6. 60 所示。

⑤将文本插入点定位至智能图形的左侧第一个形状中，输入“1”。

⑥在“设计”功能选项卡中单击“添加项目符号”按钮，在形状下方添加项目符号，输入“部门绩效”，如图 6. 61 所示。

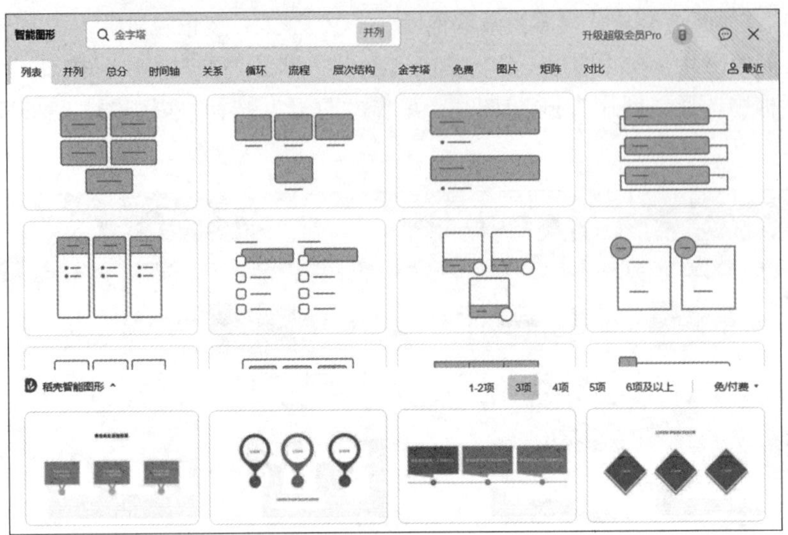

图 6.60　插入智能图形

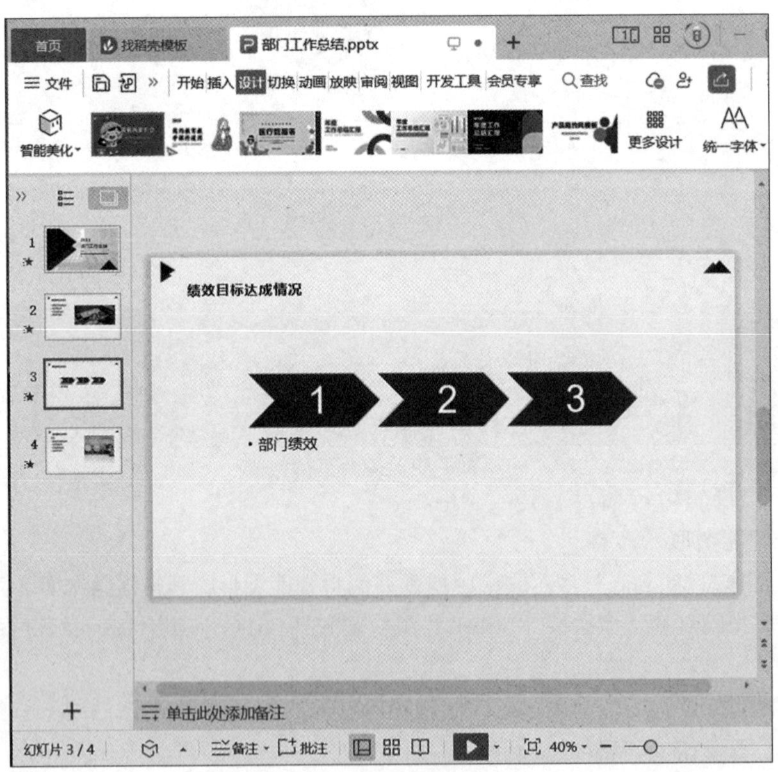

图 6.61　添加项目符号并输入文本

⑦利用相同方法，在其他形状中输入文本，然后插入项目符号，输入文本后设置字号为“24”，如图 6.62 所示。

（5）绘制与编辑形状。

在“部门工作总结 . pptx”演示文稿中绘制并编辑图形，其具体操作如下：

①选择第 4 张幻灯片，复制并粘贴幻灯片，删除标题外的内容，然后在左上方插入文本框并输入文本，设置字体格式为思源黑体、20。

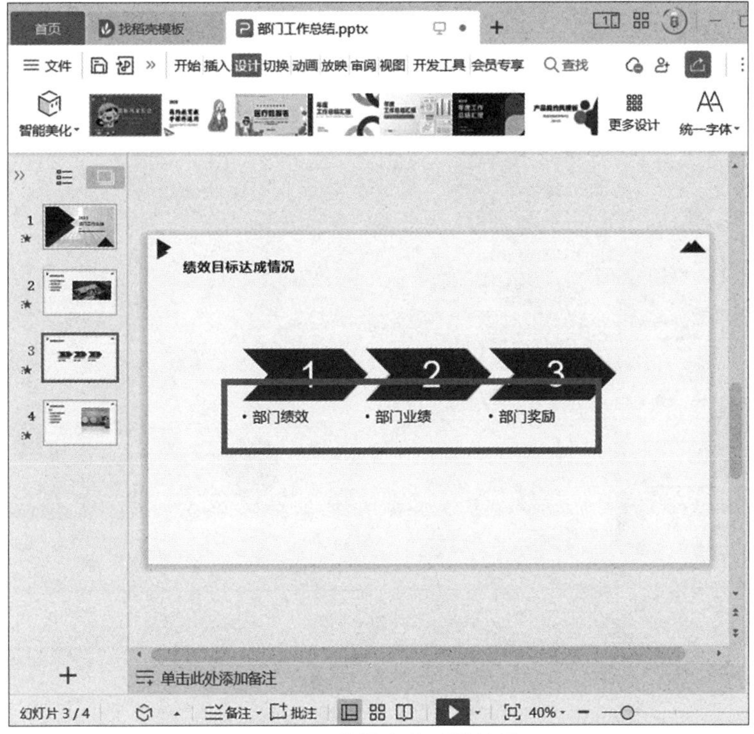

图 6.62　编辑文本后的效果

②在“插入”功能选项卡中单击“形状”按钮，在打开的列表框的“基本形状”栏中选择“椭圆”形状，如图 6.63 所示，按住［Shift］键，在幻灯片编辑区的右下方绘制一个圆形，如图 6.64 所示。

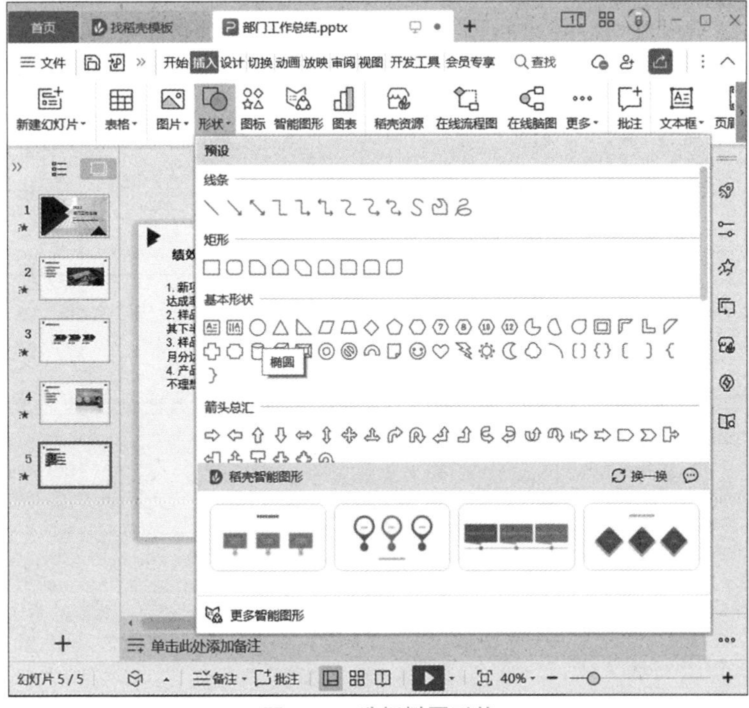

图 6.63　选择椭圆形状

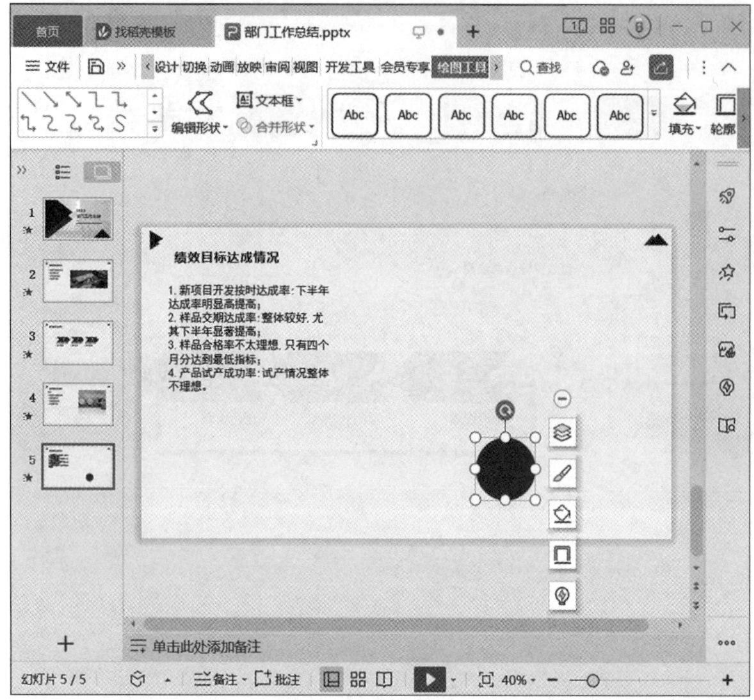

图 6.64　绘制圆形

③在“绘图工具”功能选项卡中单击“填充”按钮右侧的下拉按钮，在打开的列表框中选择“标准色”栏中的“浅蓝”选项，如图 6.65 所示。单击“轮廓”按钮右侧的下拉按钮，在打开的列表框中选择“无边框颜色”选项。

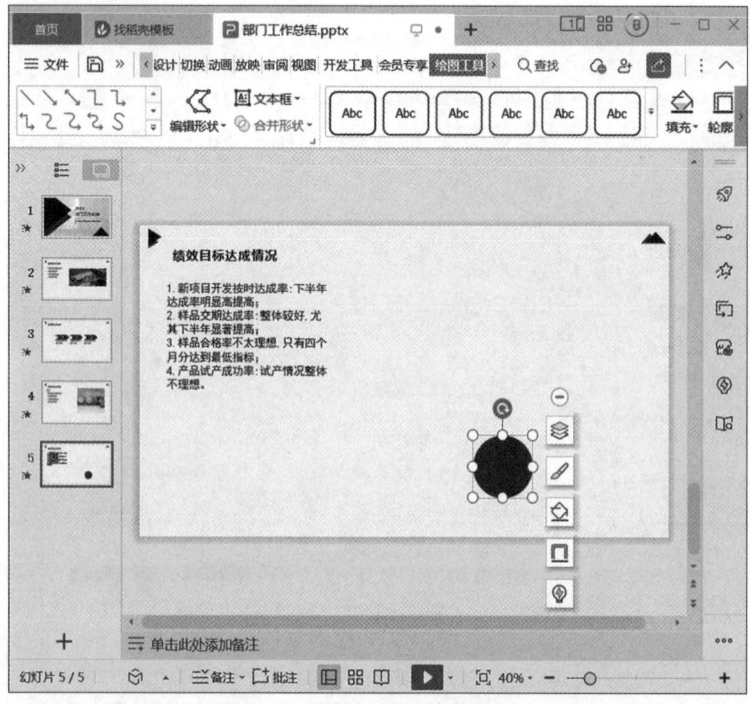

图 6.65　更改图形填充颜色

④在圆形上单击鼠标右键，在弹出的快捷菜单中选择“编辑文字”命令，然后在其中输入“达成率”，将字体格式设置为华文楷体、40，如图6.66所示。

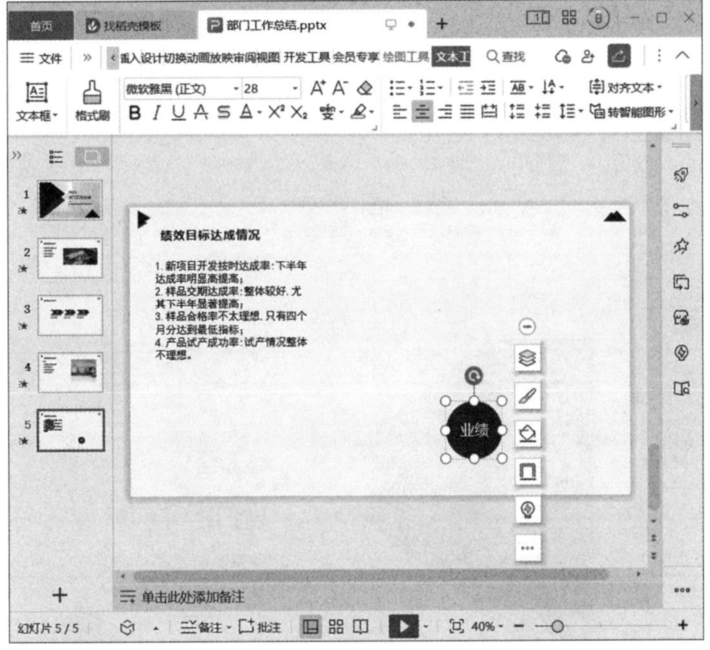

图6.66　给图形添加文字

⑤复制两个圆形，将其分别调整到合适的位置和大小，分别设置填充色为“浅绿”和“深红”，再对圆形中的文本进行修改，然后在圆形下方绘制3个文本框，并在其中输入相应的文本，如图6.67所示。

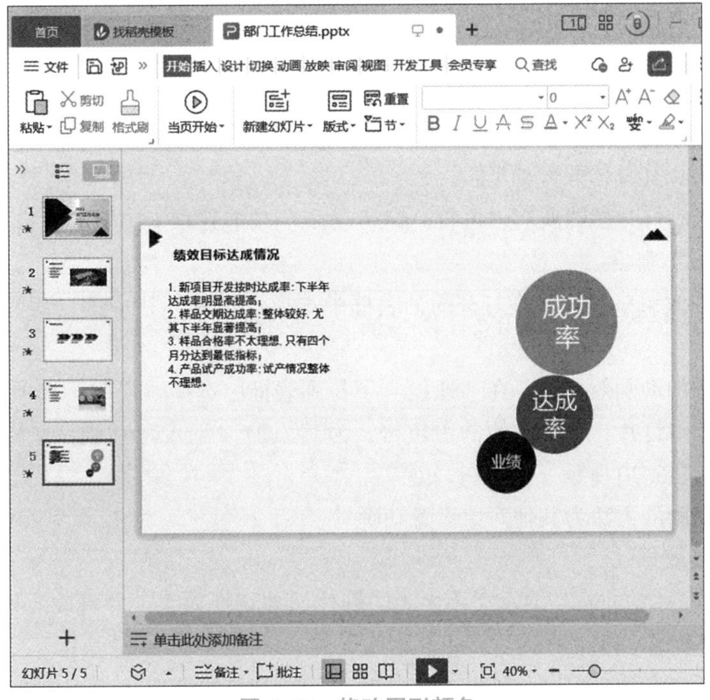

图6.67　修改图形颜色

⑥使用插入文本和图片的方法制作第6张幻灯片。

⑦选择第6张幻灯片，在“幻灯片”窗格中单击“新建幻灯片”按钮，在打开的列表框中选择“结束页”版式幻灯片。

⑧在新建的幻灯片的副标题文本框中输入“创新科技”，效果如图6.68所示。

图6.68 结束页

（6）设置动画。

在“部门工作总结.pptx”演示文稿中通过“自定义动画”窗格为幻灯片中的文本、图片等对象添加动画效果，其具体操作如下：

①选择第1张幻灯片中的所有占位符，在“动画”功能选项卡中单击“自定义动画”按钮，打开“自定义动画”窗格。

②单击“添加效果”按钮，在打开的列表框中选择“进入”栏中的“缓慢进入”选项，如图6.69所示。

③为占位符添加动画效果后，在“速度”下拉列表框中选择“慢速”选项。

④选择第2张幻灯片，选择左侧的占位符，为其添加“飞入”动画，并将动画播放速度修改为“快速”，如图6.70所示。

⑤按照设置动画的方法为其他对象设置动画。

（7）设置切换效果。

在“部门工作总结.pptx”演示文稿中为幻灯片添加切换效果，并更改效果选项，为其添加切换声音，其具体操作如下：

①选择第1张幻灯片，在“切换”功能选项卡的“切换方案”下拉列表框中选择“百叶窗”选项，如图6.71所示。

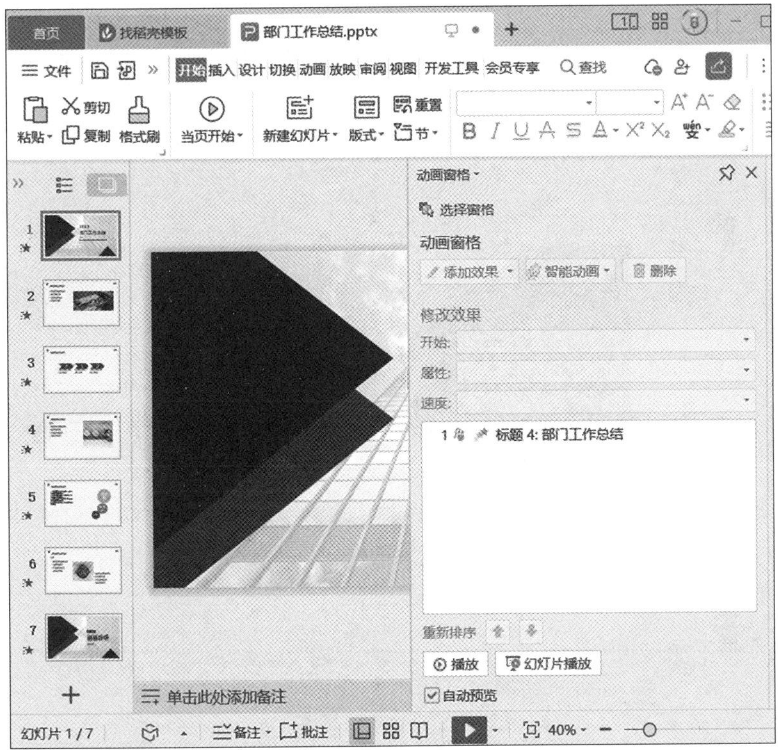

图 6.69　修改动画播放速度

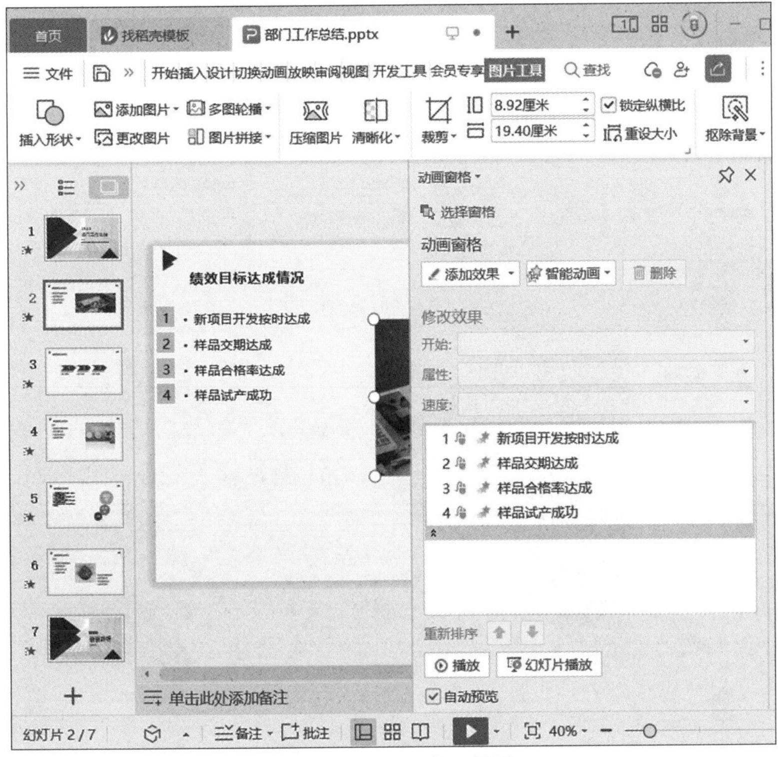

图 6.70　添加动画效果

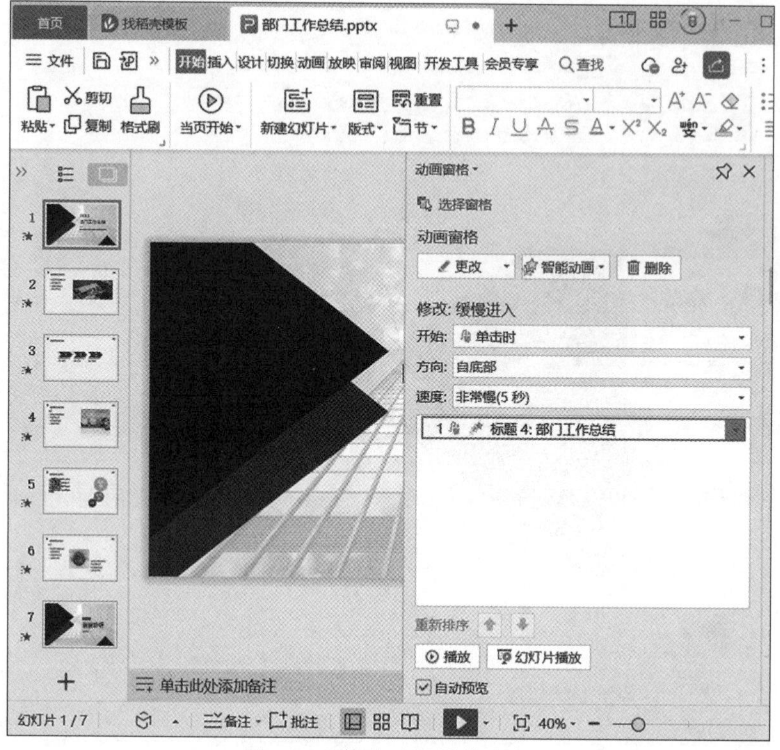
图 6.71　修改动画播放速度

②为该张幻灯片添加切换效果后，单击“效果选项”按钮，在打开的列表框中选择“垂直”选项，如图 6.72 所示。

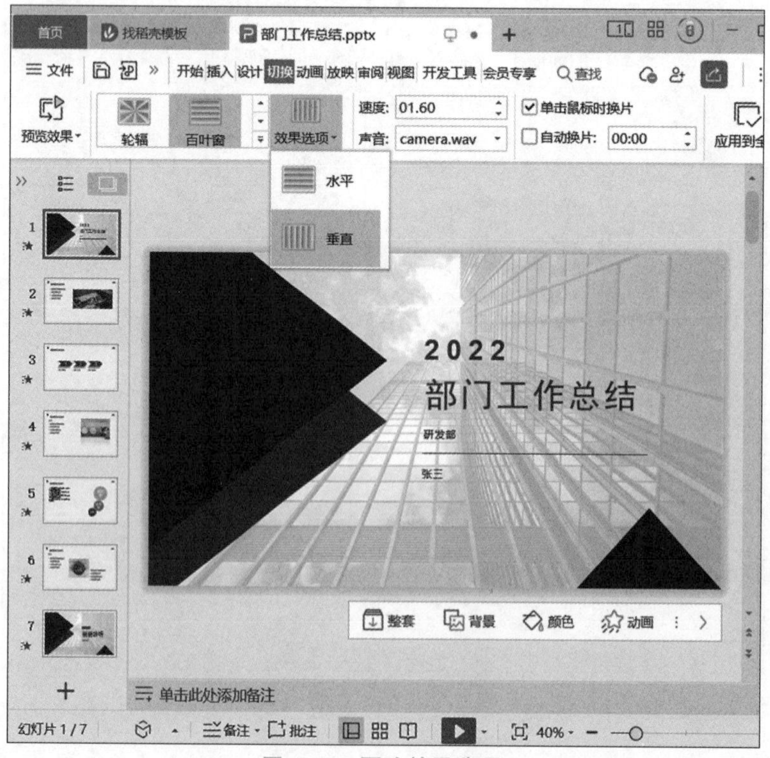
图 6.72　更改效果选项

③在“声音”下拉列表框中选择“照相机”选项，如图 6.73 所示。

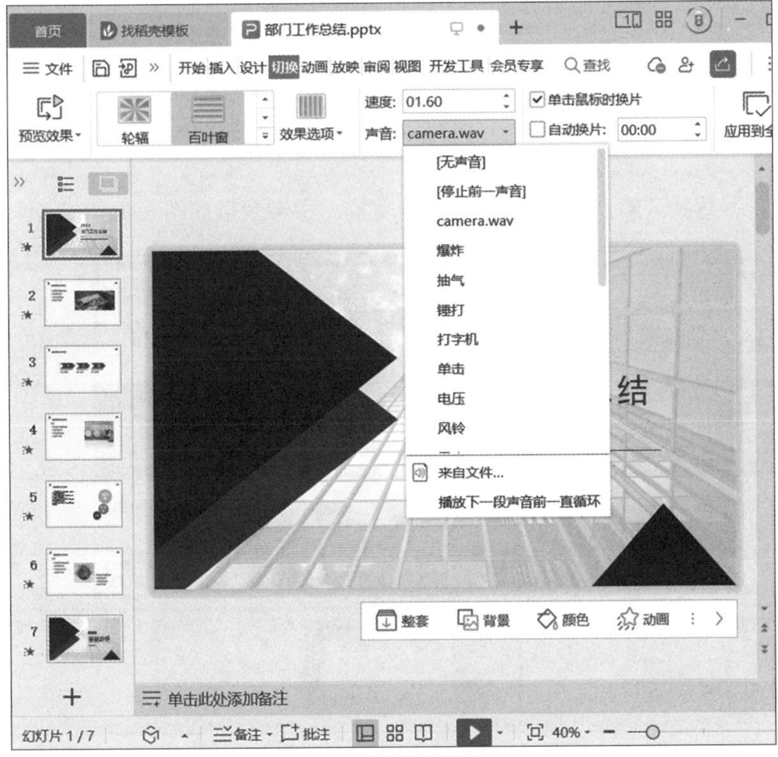

图 6.73　设置切换声音

④单击“应用到全部”按钮，如图 6.74 所示。

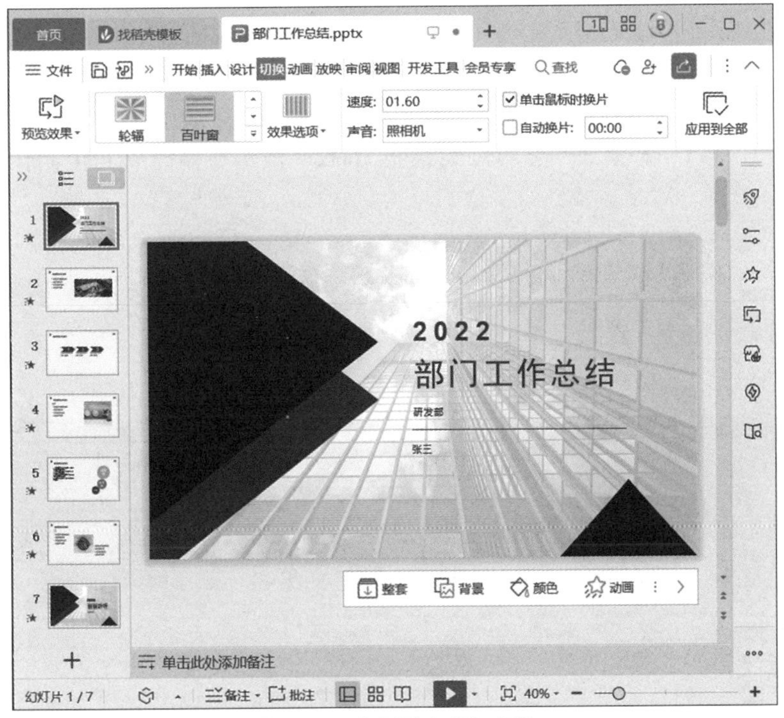

图 6.74　应用到全部幻灯片

（8）放映演示文稿。

按［F5］键从第 1 张幻灯片开始放映，单击鼠标查看动画效果。

创新实践训练和巩固训练

操作题：

（1）新建“智慧社区项目汇报 . pptx”演示文稿，参考效果如图 6.75 所示。

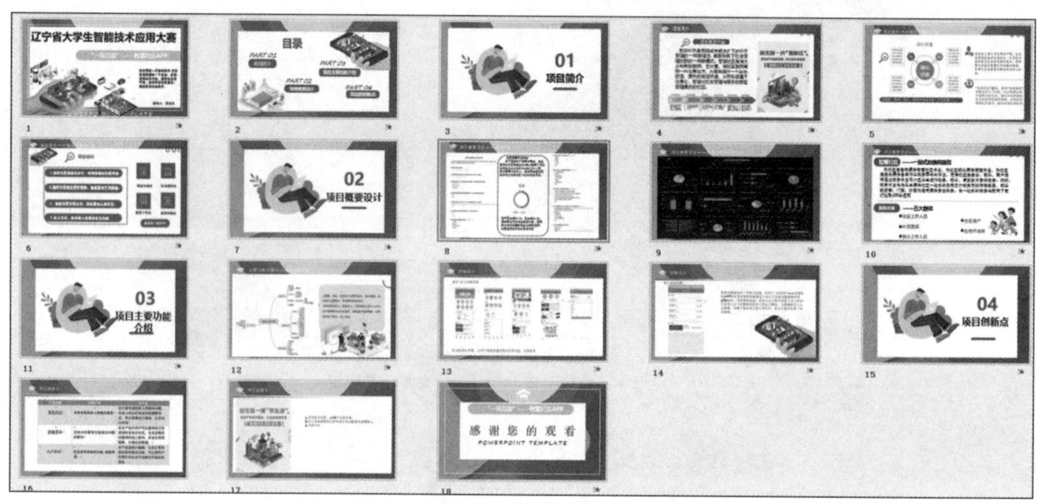

图 6.75　智慧社区项目汇报 PPT

完成以下操作：

①在 WPS 中新建一个空白演示文稿并设置和调整幻灯片主题。

②进入母版视图，调整幻灯片主题和母版样式，以及设置标题占位符和文本。

③为幻灯片添加背景，并输入与编辑数据。使用图形编辑目录。

④在幻灯片的目录部分创建超链接，方便快速查看，完成后保存幻灯片。

（2）新建“‘1+1’新模式绘乡村项目汇报 . pptx”演示文稿完成 PPT 制作，参考效果如图 6.76 所示。

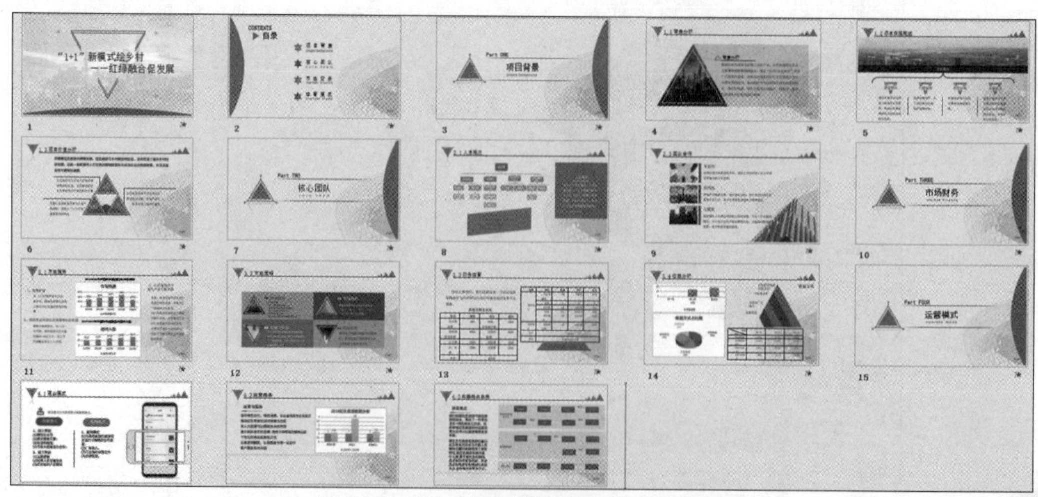

图 6.76　“1+1”新模式绘乡村项目 PPT

完成以下操作：

①为幻灯片中的对象添加并设置动画效果，并为幻灯片设置不同样式的切换效果。

②设置幻灯片的交互动作，使幻灯片能够按照移动的顺序播放。

③添加声音并对设置好的幻灯片设置放映方式，完成后设置幻灯片的放映时间以方便查看。

④设置幻灯片的放映方式，对幻灯片进行打包操作，并使用播放器播放打包后的效果。

职业素养拓展

【国家级大学生创新创业训练计划】

国家级大学生创新创业训练计划（简称“国创计划”）坚持以学生为中心的理念，遵循“兴趣驱动、自主实践、重在过程”原则，旨在通过资助大学生参加项目式训练，推动高校创新创业教育教学改革，促进高校转变教育思想观念、改革人才培养模式、强化学生创新创业实践，培养大学生独立思考、善于质疑、勇于创新的探索精神和敢闯会创的意志品格，提升大学生创新创业能力，培养适应创新型国家建设需要的高水平创新创业人才。

教育部于2007年启动国家大学生创新性实验计划，并于2012年在全国推广实施大学生创新创业训练计划。十五年来，国创计划发展成为高校培养大学生创新创业能力的重要载体，在激发学生的创新思维和创新意识中发挥了重大作用。

国创计划项目周期为1年。获批的项目团队会获得一定的经费支持，项目团队在教师的指导下按照申请书上的具体计划实施。实施项目时需要将产生的材料保留，如发表论文、调研报告、开发的软件、发明的实物、工商注册材料、经营材料、视频、获奖记录等各类成果；项目实施中期学校会进行中期考核，到期后会进行结题验收。教育部高等教育司每年在3—6月份受理一次立项申请，11月份受理结题申请。每年会遴选优秀国创计划项目在全国大学生创新创业年会(每年3月左右）上进行交流和宣传。

各类本科院校特别重视国创计划的实施，为了更好地培育大学生创新创业训练计划项目，提高学生参与的积极性，扩大参与面，有些高校将项目设置校级、省级、国家级三个级别。学生将符合立项申请基本条件的项目向所在高校提出申请，高校评审遴选后确定具体级别，并将省级、国家级项目报省级教育行政部门和教育部审核备案。

国创计划围绕经济社会发展和国家战略需求，重点支持直接面向大学生的内容新颖、目标明确、具有一定创造性和探索性、技术或商业模式有所创新的训练和实践项目。国创计划实行项目式管理，分为创新训练项目、创业训练项目和创业实践项目三类。

(1) 创新训练项目是本科生个人或团队，在导师指导下，自主完成创新性研究项目设计、研究条件准备和项目实施、研究报告撰写、成果（学术）交流等工作。

(2) 创业训练项目是本科生团队在导师指导下，团队中每个学生在项目实施过程中扮演一个或多个具体角色，完成商业计划书编制、可行性研究、企业模拟运行、撰写创业报告等工作。

(3) 创业实践项目是学生团队在学校导师和企业导师共同指导下，采用创新训练项目或创新性实验等成果，提出具有市场前景的创新性产品或服务，以此为基础开展创业实践活动。

平台（http：//gjcxcy. bjtu. edu. cn/Index. aspx)，能够查找到2012年至今的所有项目的基本信息、国创计划相关的所有管理文件和通知。

思政引导

阅读节选内容，查找文字中提及的重要领域的创新成果，做成幻灯片进行展示。

进入 21 世纪以来，全球科技创新进入空前密集活跃的时期，新一轮科技革命和产业变革正在重构全球创新版图、重塑全球经济结构。以人工智能、量子信息、移动通信、物联网、区块链为代表的新一代信息技术加速突破应用，以合成生物学、基因编辑、脑科学、再生医学等为代表的生命科学领域孕育新的变革，融合机器人、数字化、新材料的先进制造技术正在加速推进制造业向智能化、服务化、绿色化转型，以清洁高效可持续为目标的能源技术加速发展将引发全球能源变革，空间和海洋技术正在拓展人类生存发展新疆域。总之，信息、生命、制造、能源、空间、海洋等的原创突破为前沿技术、颠覆性技术提供了更多创新源泉，学科之间、科学和技术之间、技术之间、自然科学和人文社会科学之间日益呈现交叉融合趋势，科学技术从来没有像今天这样深刻影响着国家前途命运，从来没有像今天这样深刻影响着人民生活福祉。

——习近平《努力成为世界主要科学中心和创新高地》

总结与自我评价

总结与自我评价				
本模块知识点	自我评价			
幻灯片基本操作，复制、移动、新建	□完全掌握	□基本掌握	□有疑问	□完全没掌握
幻灯片中插入和编辑文本、图片、图形和媒体文件	□完全掌握	□基本掌握	□有疑问	□完全没掌握
编辑幻灯片母版	□完全掌握	□基本掌握	□有疑问	□完全没掌握
设置幻灯片动画效果	□完全掌握	□基本掌握	□有疑问	□完全没掌握
设置超链接和动作按钮	□完全掌握	□基本掌握	□有疑问	□完全没掌握
幻灯片放映设置	□完全掌握	□基本掌握	□有疑问	□完全没掌握
需要老师解答的疑问				
自己解决的问题				

项目模块七

计算机网络与 Internet

计算机网络已经走进千家万户，那么为更好地体验计算机网络给人们带来更好的工作和娱乐体验，就要先了解网络的工作原理，掌握网络的基本配置，为以后网络组建和网络维护打下良好基础。

【项目目标】

本项目模块通过 5 个任务介绍计算机网络的定义和功能，介绍网络体系结构和网络通信介质，让学生了解 TCP/IP 网络协议的配置和 Internet 的基本应用；通过任务实操让学生掌握制作双绞线的方法。

任务一 计算机网络概述

☑**任务目标**：掌握计算机网络的定义，了解计算机网络的发展阶段，熟悉计算机网络的功能，掌握计算机网络的体系结构。

知识点 1　计算机网络的定义

计算机网络是指将地理位置不同的具有独立功能的多台计算机及其外部设备，通过通信线路连接起来，在网络操作系统、网络管理软件及网络通信协议的管理和协调下，实现资源共享和信息传递的计算机系统。计算机网络是计算机技术和通信技术紧密结合的产物。

知识点 2　计算机网络的发展

计算机网络的形成与发展经历了四个阶段：

第一阶段：计算机技术与通信技术相结合，形成了初级的计算机网络模型。此阶段网络应用主要目的是提供网络通信、保障网络连通。这个阶段的网络严格说来仍然是多用户系统的变种。美国在 1963 年投入使用的飞机定票系统 SABBRE-1 就是这类系统的代表。

第二阶段：在计算机通信网络的基础上，实现了网络体系结构与协议完整的计算机网络。此阶段网络应用的主要目的是提供网络通信、保障网络连通、网络数据共享和网络硬件设备共享。这个阶段的代表是美国国防部的 ARPAnet 网络。目前，人们通常认为它就是网络的起源，同时也是 Internet 的起源。

第三阶段：解决了计算机联网与互连标准化的问题，提出了符合计算机网络国际标准的“开放式系统互联参考模型（OSI/RM）”，从而极大地促进了计算机网络技术的发展。此阶段网络应用已经发展到为企业提供信息共享服务的信息服务时代。具有代表性的系统是 1985 年美国国家科学基金会的 NSFnet。

第四阶段：计算机网络向互联、高速、智能化和全球化发展，并且迅速得到普及，实现了全球化的广泛应用，代表作是 Internet。

知识点 3　计算机网络的功能

通常计算机网络具有以下四大功能，其中最主要的功能是资源共享和信息交换。

（1）资源共享：凡是入网用户均能享受网络中各个计算机系统的全部或部分软件、硬件和数据资源。资源共享是计算机网络最根本的功能，通过资源共享可以大大提高系统资源的利用率。

（2）数据通信：通过计算机网络使不同地区的用户可以快速和准确地相互传送信息，这些信息包括数据、文本、图形、动画、声音和视频等。

（3）分布处理与负载均衡：当计算机网络中的某个计算机系统负荷过重时，可以将其处理的任务传送到网络中的其他计算机系统中，以提高整个系统的利用率。

（4）提高可靠性：是指在计算机网络中的多台计算机可以通过网络彼此间相互备用，一旦某台计算机出现故障，其任务可由其他计算机代为处理，从而提高整个网络系统的可靠性。

知识点 4　计算机网络体系结构和 TCP/IP 参考模型

计算机网络体系结构是指计算机网络层次结构模型，它是各层的协议以及层次之间的端口的集合。在计算机网络中实现通信必须依靠网络通信协议，国际标准化组织 1997 年提出的开放系统互联参考模型，习惯上称为 ISO/OSI 参考模型。ISO/OSI 参考模型如图 7.1 所示。

OSI 模型纯粹是理论模型，没有考虑适当技术的可用性，这限制了其实际实施。因此，大家一直使用 TCP/IP 参考模型，并且沿用至今。TCP/IP 参考模型如图 7.2 所示。

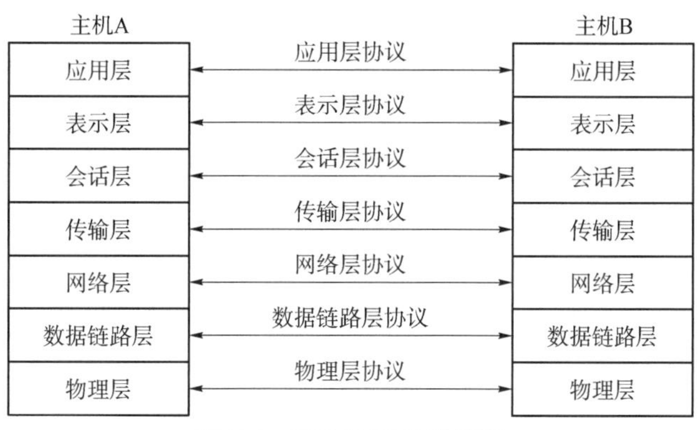

图 7.1　ISO/OSI 参考模型

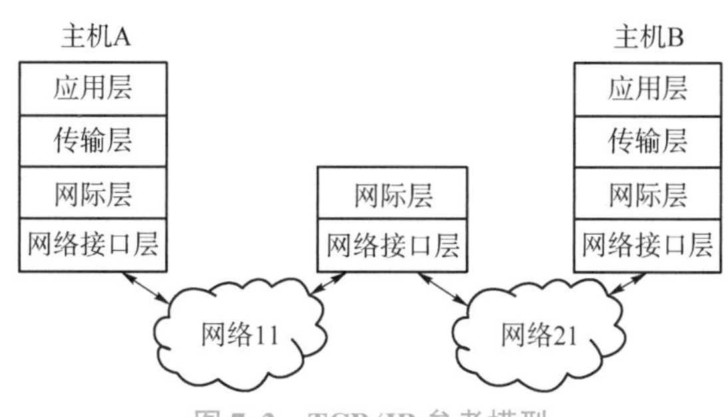

图 7.2　TCP/IP 参考模型

任务二　计算机网络的组成和分类

☑**任务目标**：熟悉计算机网络的组成，掌握计算机网络的分类。

知识点 5　计算机网络的组成

一个完整的计算机网络系统，基本组成包括计算机网络硬件系统和计算机网络软件系统。具体包括终端计算机、网络设备、传输介质、网络通信软件、网络设备软件。

（1）终端计算机。

终端计算机不仅仅是网络节点中存在的物理计算机主机，也有虚拟的主机终端，比如用虚拟软件模拟的多台独立计算机系统，组成一个虚拟的计算机网络，同样可以实现物理计算机网络中所能实现的功能。

（2）网络设备。

网络设备指的是交换机、路由器、硬件防火墙、网卡、集中接入服务器等。网络设备是计算机网络的骨架，是搭建计算机网络系统的拓扑结构所必须要用到的设备。

(3) 传输介质。

传输介质是指在网络中传输信息的载体，常用的传输介质分为有线传输介质和无线传输介质两大类。不同的传输介质，其特性也各不相同，它们不同的特性对网络中数据通信质量和通信速度有较大影响。

(4) 网络通信软件。

网络通信软件指的是安装在终端计算机中的软件，像操作系统软件比如 Window Server、Linux 和 UNIX，像网络应用软件有常见的即时通信软件如 QQ、邮件软件、浏览器等。

(5) 网络设备软件。

网络设备里安装相应功能的网络操作系统，从而实现通信连接，比如路由器里的配置程序，思科和华为路由器里的操作系统软件。

知识点 6　计算机网络的分类

6.1　按照网络覆盖范围分类

网络有多种类别，按照网络覆盖范围进行分类有局域网、广域网、城域网和无线个人局域网。

(1) 局域网 (LAN)。

局域网 (Local Area Network，LAN) 是指连接近距离的计算机组成的网络，分布范围一般在几米至几千米。局域网是生活中最多的一类网络，小到一间办公室，大到整座建筑物，甚至一个校园、一个社区，它们都可以通过建立局域网来实现资源共享和信息通信。局域网的广泛应用正在使人们的生活方式发生着巨大的改变。局域网最大的特点是分布范围小、布线简单，使用灵活，通信速度也比较快，可靠性强，传输中误码率较低。

(2) 广域网 (WAN)。

广域网 (Wide Area Network，WAN) 是指连接远距离的计算机组成的网络，分布范围一般在几千千米至上万千米。因特网就是一个典型的广域网，它的分布横贯世界各大洲，形成一个庞大的全球性网络。与局域网相比，它的分布范围大了许多，它不仅实现了单位内、地区内的通信，而且还实现了国家与国家之间的国际通信，但其通信速度比局域网要低一些。

(3) 城域网 (MAN)。

城域网 (Metropolitan Area Network，MAN) 介于局域网与广域网之间，是一个地区、一个城市或一个行业系统使用的网络。分布范围一般在十几千米至上百千米。比如工商银行，为了便于各地区间信息和货币的传输，将各分行间相连，形成一个网络，这样就解决了异地存取的麻烦。

(4) 无线个人局域网 (WPAN)。

无线个人局域网 (Wireless Personal Area Network，WPAN) 是一种采用无线连接的个人局域网，是为了实现活动半径小、业务类型丰富、面向特定群体、无线无缝的连接而提出的新兴无线通信网络技术。在网络构成上，WPAN 位于整个网络链的末端，用于实现同一地点终端与终端间的连接，如连接手机和蓝牙耳机等。WPAN 所覆盖的范围一般在10 m半径以内，必须运行于许可的无线频段。WPAN 设备具有价格便宜、体积小、易操作和功耗低等优点。

6.2　按照传输介质分类

依据传输介质类型可以分为有线网和无线网。

（1）有线网。

有线网是采用光纤、同轴电缆和双绞线来连接的计算机网络。光纤网采用光导纤维作传输介质。光纤传输距离长，传输率可达数千兆位每秒，抗干扰性强，不会受到电子监听设备的监听，是高安全性网络的理想选择。不过其价格偏高，且需要高水平的安装技术。同轴电缆网比较经济，安装较为便利，但传输率和抗干扰能力一般，传输距离较短。双绞线网用得较多，它价格便宜，安装方便，但易受干扰，传输率较低，传输距离比同轴电缆要短。

（2）无线网。

无线网用电磁波作为载体来传输数据，无线网联网费用较高，联网方式灵活方便，是一种逐渐过渡的联网方式。

6.3　按照拓扑结构分类

依据不同的拓扑结构分类有星型网络、环型网络和总线型网络，其他网状形、树形等类型的拓扑结构以上述三种类型为基础。

（1）星型网络。

星型网络拓扑结构是以中央节点为中心，所有节点与中央节点相连而成的一种结构，属于集中控制的主从式结构，在信息传输时，与中央节点相连的任意两个节点要进行信息通信，都要通过中央节点才能实现。星型网络拓扑结构特点是很容易在网络中增加新的站点，数据的安全性和优先级容易控制，易实现网络监控，但中心节点的故障会引起整个网络瘫痪。现在企事业单位和家庭网络多数都是星型网络拓扑结构。星型网络拓扑结构图如图 7.3 所示。

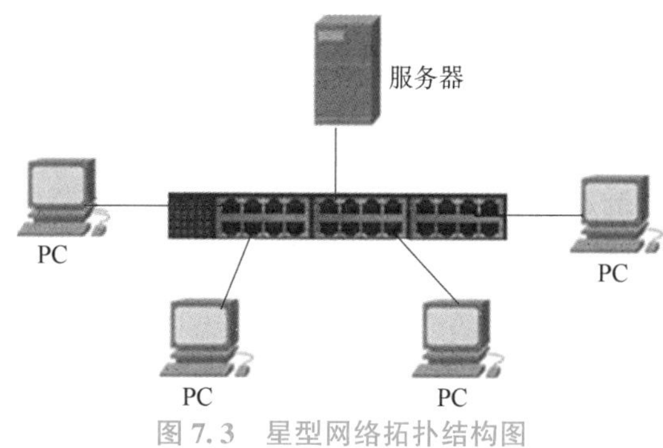

图 7.3　星型网络拓扑结构图

（2）环型网络。

环型网络拓扑结构是所有节点以环形排列，首尾相连形成一个封闭环路，信息流就沿着这条环路按顺序单向传播，通过中间节点存储再转发最后到达目的节点。环型网络的特点是容易安装和监控，但容量有限，网络建成后，难以增加新的站点，因此经常用在专用网络，平时并不常见。环型网络拓扑结构图如图 7.4 所示。

（3）总线型网络。

总线型网络的拓扑结构是所有的站点共享一条数据通道。总线型网络结构的布线非常简单，布上总线直接往上挂连节点就可以了，易于扩充可随意添加新节点。因而造价比较低，稳定性差，当网络出现故障时，很难诊断故障点也难隔离，更重要的是只有传送完一个信息流之后，才能开始下一个信息流的传送工作，所以随着用户的增多，容易造成线路竞争，降低通信速度。总线型网络安全性低，监控比较困难，因此对于计算机网络而言，总线型网络拓扑结构很少见。总线型网络拓扑结构图如图 7.5 所示。

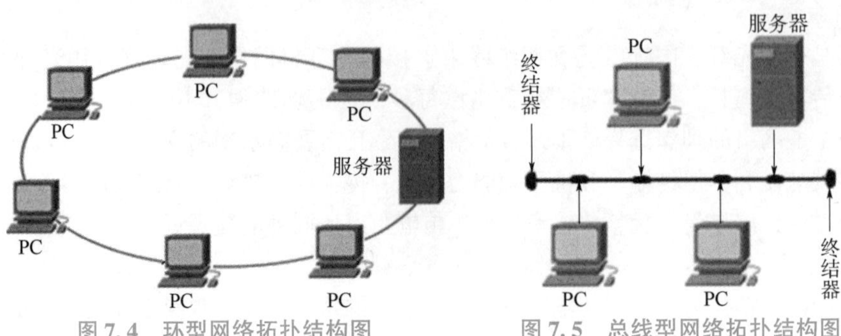

图 7.4　环型网络拓扑结构图　　图 7.5　总线型网络拓扑结构图

任务三

网络传输介质和通信设备

☑**任务目标：**熟悉常用的计算机网络通信介质，认知常见的计算机网络设备。

知识点 7　网络传输介质

（1）双绞线。

双绞线就是把两根互相绝缘的铜导线并排放在一起，然后用规则的方法绞合起来。双绞线的价格便宜且性能也不错，其通信距离一般为 100 m 左右，使用十分广泛。双绞线分为屏蔽双绞线和非屏蔽双绞线两大类，后者更加便宜，但传输距离和抗干扰性能比不上前者。双绞线如图 7.6所示。

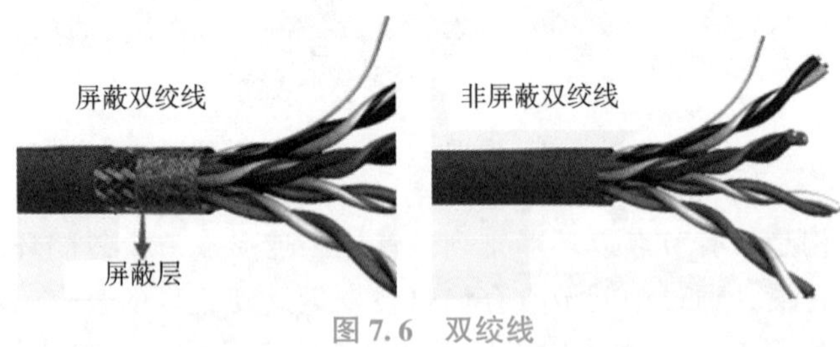

图 7.6　双绞线

（2）同轴电缆。

同轴电缆由内导体铜质芯线、绝缘保护层、外导体屏蔽层以及保护塑料外层组成。由于外导体屏蔽层的作用，同轴电缆具有很好的抗干扰特性，被广泛用于传输较高速率的数据。在局域网的初期曾广泛地使用同轴电缆作为传输媒体，但随着技术的进步，在局域网领域基本上都采用双绞线作为传输媒体。目前，同轴电缆主要用在有线电视网的居民小区中，同轴电缆的带宽取决于电缆的质量。同轴电缆如图 7.7 所示。

（3）光缆。

光缆是利用光纤传递光脉冲来进行通信。光缆如图 7.8 所示。

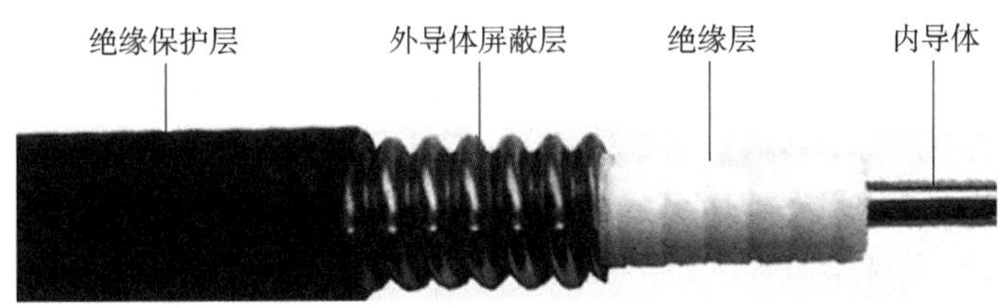

图 7.7　同轴电缆

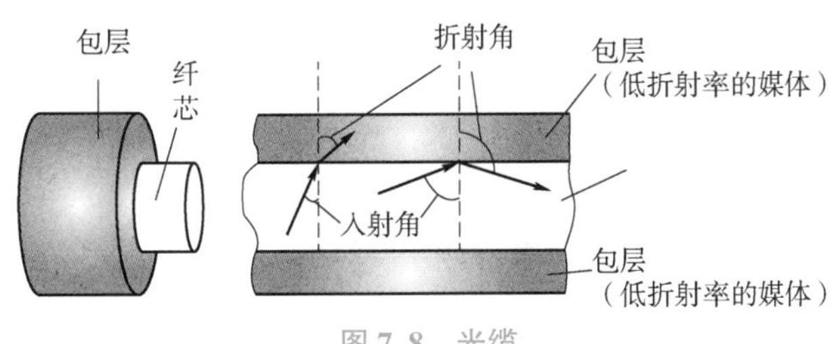

图 7.8　光缆

光纤不仅具有通信容量非常大的特点，还具有其他的一些特点：

①传输损耗小，中继距离长，对远距离传输特别经济。

②抗雷电和电磁干扰性能好。这在有大电流脉冲干扰的条件下尤为重要。

③无串音干扰，保密性好，也不易被窃听或截取数据。

④体积小，重量轻。

（4）无线电短波通信。

无线电短波由于具有容易产生、可以传播很远的距离、能够穿过建筑物的特性，被广泛用于通信。无线电短波的传输是全方向的，因此发射和接收装置不需要在物理上进行精确对准。

（5）微波通信。

微波频率在 100 MHz 以上。微波能沿着直线传播，具有很强的方向性，因此，发射天线和接收天线必须精确地对准。

（6）蓝牙。

蓝牙是一种支持设备短距离通信（一般 10 m 内）的无线电技术，能在包括移动电话、无线耳机、笔记本电脑、相关外设等众多设备之间进行无线信息交换。利用蓝牙技术，能够有效地简化移动通信终端设备之间的通信，也能够成功地简化设备与 Internet 之间的通信，从而使数据传输变得更加迅速高效，为无线通信拓宽道路。蓝牙采用分散式网络结构支持点对点及点对多点通信。

知识点 8　网络通信设备

（1）交换机（Switch）。

交换机有二层交换机和三层交换机。二层交换机属数据链路层设备，可以识别数据帧中的 MAC 地址信息，根据 MAC 地址进行转发，并将这些 MAC 地址与对应的端口记录在自己内部的一个地址表中。三层交换机的主要功能包括物理编址、网络拓扑结构、错误校验、帧序列以及流量控制。另外，还具备对虚拟局域网（Virtual Local Area Network，VLAN）的支持、对链路汇聚的支持，甚至有的还具有防火墙的功能。交换机如图 7.9 所示。

(2) 路由器 (Router)。

路由器是广域网与局域网连接时必不可少的互连设备，它将数据分组“封装”到含有路由和传送信息的数据包中，在公共数据网中传送。当路由器收到一个数据包后，读出其中的源和目标网络地址，然后根据路由表中的信息，利用复杂的路由算法为数据包选择合适的路由并转发该数据包。数据包到达目标节点前的路由器后，分解为数据链路层所认识的数据帧，并把它传送到目标节点。这种转发和拥塞控制减少数据传输的盲目性和平衡网络流量改善网络性能。同时延伸网络距离，实现局域网接入 Internet 和多个局域网之间的远程连接。当前路由器有专用和家用两种。家用路由器如图 7.10 所示。

图 7.9　交换机

图 7.10　家用路由器

(3) 客户机 (Client)。

客户机又称为用户工作站，是用户与网络打交道的设备，一般由用户 PC 担任，每一个客户机都运行在它自己的并为服务器所认可的操作系统环境中，客户机主要通过服务器享受网络上提供的各种资源。

(4) 服务器 (Server)。

服务器和通用的计算机架构类似，但是由于需要提供更加可靠的服务，因此在处理能力、稳定性、可靠性、安全性、可扩展性、可管理性等方面要求较高。在网络环境下，根据服务器提供的服务类型不同，分为文件服务器、数据库服务器、应用程序服务器、Web 服务器等。客户机和服务器连接示意图如图 7.11 所示。

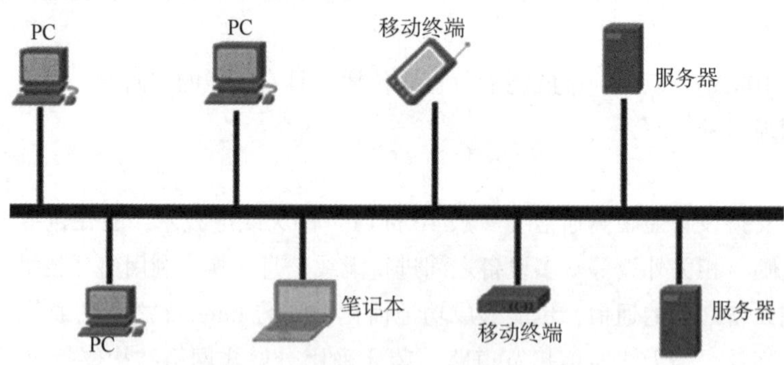

图 7.11　客户机和服务器连接示意图

任务四

TCP/IP 协议

☑任务目标：掌握 TCP/IP 协议的工作原理，掌握计算机联网过程中 TCP/IP 四项配置。

知识点 9 TCP/IP 协议概述

网络协议是计算机网络中进行数据交换而建立的规则、标准或约定的集合。现在无论是局域网还是广域网都使用 TCP/IP 协议。TCP/IP 是“Transmission Control Protocol/Internet Protocol”的简写，中文译名为传输控制协议/互联网络协议，规范了网络上的所有通信设备。TCP/IP 是 Internet 的基础协议。

在 Internet 中几乎可以无差错地传送数据。对普通用户来说，并不需要了解网络协议的整个结构，仅需了解 IP 的地址格式，即可与世界各地进行网络通信。Internet 协议版本 4（TCP/IPv4）属性如图 7.12 所示。

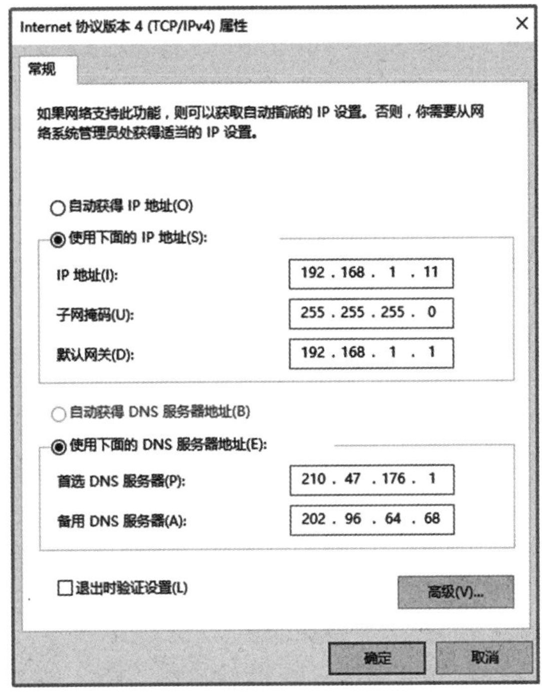

图 7.12 TCP/IPv4 配置

知识点 10 IP 地址

在 TCP/IPv4 配置中首先要配置 IP 地址。IP 地址是给每个连接在 Internet 上的主机分配的一个唯一的地址，这个地址是进行网络层访问的标识，也是连接设备在网络层间进行通信的依据。现在主要有 IPv4 和 IPv6 两个版本，这里只对 IPv4 进行阐述。IP 地址是由“网络号”和“主机号”组成的。IP 地址二进制表示方法和点分十进制的转化方法如图 7.13 所示。

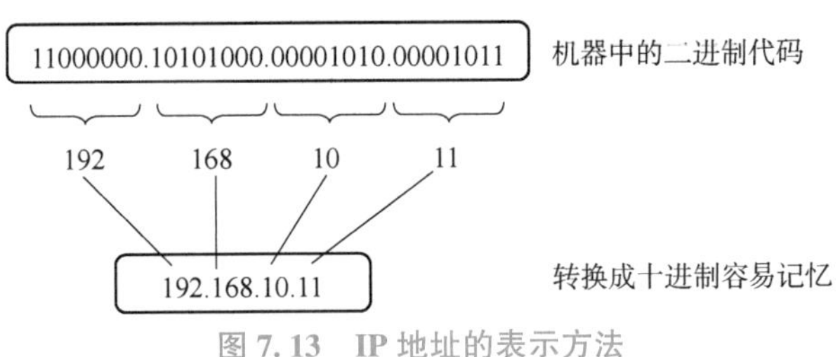

图 7.13 IP 地址的表示方法

IP 地址可分为以下五类:

(1) A 类 IP 地址。

一个 A 类 IP 地址由 1 字节的网络地址和 3 字节主机地址组成,网络地址的最高位必须是“0”,地址范围从 1. 0. 0. 0 到 126. 0. 0. 0。可用的 A 类网络有 126 个,每个网络能容纳 1 亿多个主机。A 类 IP 分配给具有大量主机而局域网络个数较少的大型网络。

(2) B 类 IP 地址。

一个 B 类 IP 地址由 2 个字节的网络地址和 2 个字节的主机地址组成,网络地址的最高位必须是“10”,地址范围从 128. 0. 0. 0 到 191. 255. 255. 255。可用的 B 类网络有 16 382 个,每个网络能容纳 6 万多个主机,B 类地址分配给一般的中型网络。

(3) C 类 IP 地址。

一个 C 类 IP 地址由 3 字节的网络地址和 1 字节的主机地址组成,网络地址的最高位必须是“110”。范围从 192. 0. 0. 0 到 223. 255. 255. 255。C 类网络每个网络能容纳 254 个主机。C 类地址分配给小型网络,如一般的局域网和校园网,它可连接的主机数量是最少的,采用把所属的用户分为若干的网段进行管理。

(4) D 类地址用于多点广播 (Multicast)。

D 类 IP 地址第一个字节以“1110”开始,它是一个专门保留的地址。它并不指向特定的网络,目前这一类地址被用在多点广播 (Multicast) 中。多点广播地址用来一次寻址一组计算机,它标识共享同一协议的一组计算机。

(5) E 类 IP 地址。

以“11110”开始,为将来使用保留。

在 IP 地址 3 种主要类型里,各保留了 3 个区域作为私有地址提供给普通用户,其地址范围如下:

- A 类地址:10. 0. 0. 0~10. 255. 255. 255 。
- B 类地址:172. 16. 0. 0~172. 31. 255. 255 。
- C 类地址:192. 168. 0. 0~192. 168. 255. 255。

A 类地址的第一组数字为 1~126。注意,数字 0 和 127 不作为 A 类地址,数字 127 保留给内部回送函数,而数字 0 则表示该地址是本地宿主机,不能传送。B 类地址的第一组数字为 128~191。C 类地址的第一组数字为 192~223。

知识点 11　子网掩码

TCP/IPv4 必须配置子网掩码。子网掩码 (Subnet Mask) 用来指明一个 IP 地址的哪些位标识的是主机所在的子网,以及哪些位标识的是主机的位掩码。子网掩码不能单独存在,它必须结合 IP 地址一起使用。一个有效的子网掩码由两部分组成,分别是左边的扩展网络地址位 (用数字 1 表示) 和右边的主机地址 (用数字 0 表示)。

通过计算机的子网掩码判断两台计算机是否属于同一网段的方法是,将计算机十进制的 IP 地址和子网掩码转换为二进制的形式,然后进行二进制“与” (AND) 计算 (全 1 则得 1,不全 1 则得 0),如果得出的结果是相同的,那么这两台计算机就属于同一网段。比如网络中有一台 PC 的 IP 地址为 192. 168. 1. 1、子网掩码为 255. 255. 255. 0,另一台 PC 的 IP 地址为 192. 168. 1. 2、子网掩码也为 255. 255. 255. 0,两台 PC 的 IP 与子网掩码相与会得出相同的网络号 192. 168. 1. 0,这样两台 PC 在同一网络中就可以通信。

知识点 12　网关

如果所有主机都在同一网络，TCP/IPv4 不用配置网关，主机之间就可以通信。但想通信的主机不在同一网络，就需要配置网关实现异网通信。

网关实质上是一个网络通向其他网络的 IP 地址。比如有网络 A 和网络 B，网络 A 的 IP 地址范围为“192. 168. 1. 1~192. 168. 1. 254”，子网掩码为 255. 255. 255. 0；网络 B 的 IP 地址范围为“192. 168. 2. 1~192. 168. 2. 254”，子网掩码为 255. 255. 255. 0。在没有路由器的情况下，两个网络之间是不能进行 TCP/IP 协议通信，即使是两个网络连接在同一台交换机上，TCP/IP 协议也会根据子网掩码（255. 255. 255. 0）判定两个网络中的主机处在不同的网络。而要实现这两个网络之间的通信，则必须通过网关。如果网络 A 中的主机发现数据包的目的主机不在本地网络中，就把数据包转发给它自己的网关，再由网关转发给网络 B 的网关，网络 B 的网关再转发给网络 B 的某个主机，网络 B 向网络 A 转发数据包的过程也是如此。所以只有设置好网关的 IP 地址，TCP/IP 协议才能实现不同网络之间的相互通信。

网关的 IP 地址是具有路由功能的设备的 IP 地址，具有路由功能的设备有路由器、启用了路由协议的服务器（实质上相当于一台路由器）、代理服务器（也相当于一台路由器）。

知识点 13　DNS 域名服务器

网络中的主机如果想连入 Internet，TCP/IPv4 必须配置 DNS 服务器 IP 地址。全世界连入 Internet 网络的主机太多，要访问一个主机，使用 IP 地址访问，不容易记忆，所以使用名字记忆，而要实现域名解析，必须使用域名服务器，它实际上是一个分布式数据库，分级管理全世界的主机。访问 Internet 主机，通过域名服务器逐级查找目标主机的名字对应的 IP 地址，实现数据的通信。

DNS 是域名系统（Domain Name System）的缩写，它是由解析器和域名服务器组成的。域名服务器是指保存有该网络中所有主机的域名和对应 IP 地址，并具有将域名转换为 IP 地址功能的服务器。将域名映射为 IP 地址的过程就称为域名解析。当用户在应用程序中输入 DNS 名称时，DNS 服务可以将此名称解析为与之相关的其他信息如 IP 地址。家用网络由于是路由器直接分配主机 IP，因此不需要手动配置 TCP/IP。

任务五　Internet 概述及应用

☑**任务目标：**了解 Internet 的定义和基本概念，掌握 Internet 的介入方式，熟悉 Internet 的各种应用。

知识点 14　Internet 概述

Internet 是世界上规模最大、覆盖面最广、信息资源最为丰富的计算机信息资源网络。它是将遍布全球各个国家和地区的计算机系统连接而成的一个计算机互联网络。从技术角度看，Internet是一个以TCP/IP作为通信协议连接各国、各地区、各机构计算机网络的数据通信网络。从资源角度来看，Internet是一个集各部门、各领域的各种信息资源为一体的，提供网络用户共享的信息资源网络。

14.1 Internet基本概念

（1）Internet（因特网，也叫国际互联网）：是Interconnection Network组合成的新词，通过TCP/IP通信协议连接全世界的计算机网络，实现服务与资源的共享。

（2）Internet地址：每一台上网的计算机都有一个Internet地址。Internet地址有两种形式：IP地址，它是数字方式，是以点分隔的一组数字（如202.107.236.37）。域名地址：它是以点分隔的一组字母或词（如搜狐网站的域名地址为http://www.sohu.com），人们总是喜欢用这种易读易记的名字来标识计算机。域名是Internet上的主机的名字，域名采用层次结构，每一层构成一个子域名，子域名之间用圆点隔开，自左向右分别为：计算机名.网络名.机构名.最高域名。以机构区分的最高域名有：com商业机构，gov政府机构，mil军事机构，org非盈利组织，edu教育机构，net网络服务机构。以地域区分的最高域名有：au澳大利亚，ca加拿大，cn中国等。

（3）HTTP（超文本传输协议）：它是一个非常简单的通信协议，该协议所检索的文档包含着用户可以进一步检索的链接，保证了超文本在网络中完整有效地传输。

（4）主页（Home Page）：它是指一个站点的首页，是进入一个新站点首先看到的页面，它包含了链接同一站点其他项的指针，也包含了到别的站点的链接。

14.2 Internet的接入

Internet接入方式有电话线拨号接入（PSTN）、ADSL接入、HFC（Cable Modem）、光纤宽带接入、无源光网络（PON）、无线网络、电力网接入（PLC）等。这里主要讲述光纤宽带接入。通过光纤接入小区节点或楼道，再由网线连接到各个共享点上，提供一定区域的高速互联接入。特点是速率高，抗干扰能力强，适用于家庭、个人或各类企事业团体，可以实现各类高速率的互联网应用（视频服务、高速数据传输、远程交互等），缺点是一次性布线成本较高。光纤宽带接入主要有FTTB、FTTH和FTTR三种。

（1）FTTB，即Fiber to The Building（光纤到楼），它是利用数字宽带技术，光纤直接到小区里，再通过双绞线连接到各个用户。

（2）FTTH，即Fiber To The Home（光纤到户）。具体说，FTTH是指将光网络单元（ONU）安装在住家用户或企业用户处。

（3）FTTR，即Fiber To The Room（光纤到卧室），即千兆时代下家庭网络的新型覆盖模式，它是在FTTB（十兆时代光纤到楼）和FTTH（百兆时代光纤到户）的基础上，再将光纤布设进一步衍生到每一个房间，让每一个房间都可以达到千兆光纤网速，实现全屋Wi-Fi 6千兆全覆盖的新型组网方案。

14.3 万维网

万维网WWW是World Wide Web的简称，WWW是基于“客户机/服务器”方式的信息发现技术和超文本技术的综合。

WWW服务器通过超文本标记语言（HTML）把信息组织成为图文并茂的超文本，利用链接从一个站点跳到另一个站点。这样以来就彻底摆脱了以前查询工具只能按特定路径一步步地查找信息的限制。

知识点 15　Internet 的应用

15.1　电子邮件

电子邮件是一种用电子手段提供信息交换的通信方式，是互联网应用最广的服务。通过网络的电子邮件系统，用户可以以非常低廉的价格、非常快速的方式，与世界上任何一个角落的网络用户联系。电子邮件可以是文字、图像、声音等多种形式。同时，用户可以得到大量免费的新闻、专题邮件，并轻松实现信息搜索。电子邮件的存在极大地方便了人与人之间的沟通与交流，促进了社会的发展。

15.2　文件传输

文件传输（File Transfer）是将一个文件或其中的一部分从一个计算机系统传到另一个计算机系统。它可能把文件传输至另一计算机中去存储，或访问远程计算机上的文件，或把文件传输至另一计算机上去运行或处理，或把文件传输至打印机去打印。由于网络中各个计算机的文件系统往往不相同，因此要建立全网公用的文件传输规则，称作文件传输协议（FTP）。

15.3　搜索引擎

所谓搜索引擎，就是根据用户需求与一定算法，运用特定策略从互联网检索出指定信息反馈给用户的一门检索技术。搜索引擎依托于多种技术，如网络爬虫技术、检索排序技术、网页处理技术、大数据处理技术、自然语言处理技术等，为信息检索用户提供快速、高相关性的信息服务。搜索引擎技术的核心模块一般包括爬虫、索引、检索和排序等，同时可添加其他一系列辅助模块，以为用户创造更好的网络使用环境。

搜索引擎发展到今天，基础架构和算法在技术上都已经基本成型。搜索引擎已经发展成为根据一定的策略、运用特定的计算机程序从互联网上搜集信息，在对信息进行组织和处理后，为用户提供检索服务，将用户检索相关的信息展示给用户的系统。当前好多浏览器公司都为用户提供搜索引擎服务，而这里最具代表性的就是国内的百度（Baidu）搜索和国外的谷歌（Google）搜索。百度搜索引擎、谷歌搜索引擎分别如图 7.14 和图 7.15 所示。

图 7.14　百度搜索引擎　　图 7.15　谷歌搜索引擎

★★任务实操

双绞线制作

（1）实验环境。

实验器材：网线钳、测线仪、双绞线、水晶头。

（2）知识准备。

①RJ45 水晶头。

RJ45 水晶头共有 8 根铜质引脚，与双绞线的 8 根导线相对应。把双绞线通过压线工具压入水晶头中即可制成一根双绞线。水晶头的引脚是有排列顺序的。把水晶头的引脚一面称为正面，把水晶头带有一个塑料簧片（称为卡榫）的一面称为背面。如果使水晶头正面朝向自己，背面远离自己时，正面最左侧的引脚为第 1 引脚。识别第 1 引脚很重要，因为在把双绞线压入水晶头时，是以第 1 引脚为顺序的参照引脚。水晶头第 1 引脚的确认如图 7.16 所示。

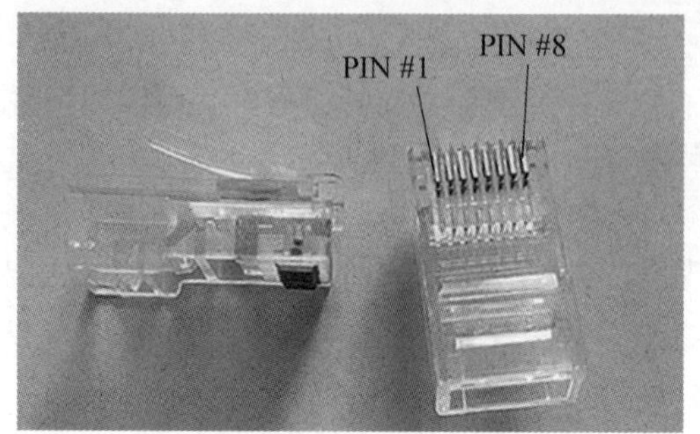

图 7.16　水晶头第 1 引脚的确认

②双绞线。

双绞线由 8 根两两绞合的铜缆组成，只有 4 根双绞线进行通信，1、2、3、6 通信，4、5、7、8 保留。EIA/TIA 的布线标准中规定了两种双绞线的线序，即 568A 和 568B。双绞线如图 7.17 所示，双绞线的线序如表 7.1 所示。

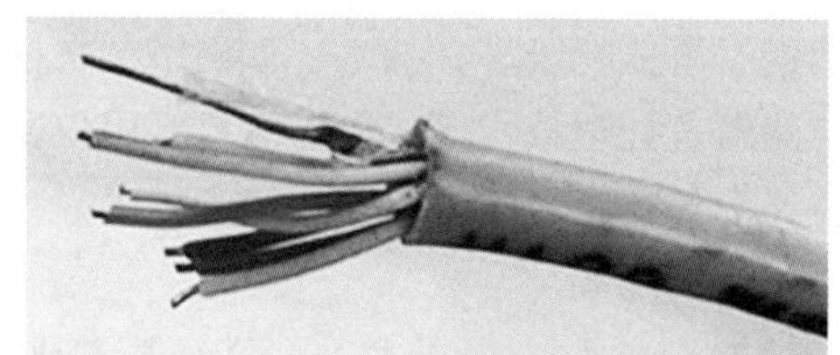

图 7.17　双绞线

表 7.1　EIA/TIA568 标准的双绞线线序

引脚号	1	2	3	4	5	6	7	8
T568A	白绿	绿	白橙	蓝	白蓝	橙	白棕	棕
T568B	白橙	橙	白绿	蓝	白蓝	绿	白棕	棕

一般制作的双绞线有两类：一类是直通线，另一类是交叉线。直通线是指一根双绞线的两端都执行同一个标准，例如 T568B，这种直通线一般用于不同类别的设备之间，例如网卡与交换机、网卡与墙壁上的信息插座等。直通线应用广泛，其中 B-B 线为工程默认。交叉线即一根双绞线执行两个标准，一端是 T568A，另一端是 T568B，在双绞线两侧线序是不一致的，不难看出是将引脚的 1、3 和 2、6 进行了对调。这种双绞线一般用于同类设备间相连。例如两台计算机通过双绞线直接连在一起构成的最简单网络，就是用交叉线把两台计算机的网卡直接相连。

③压线钳。

压线钳通常具有剥线刀、剥线槽、压线口。压线口负责把水晶头上的 8 根刀片压破铜缆绝缘层，剥触铜缆。压线口有 8PIN 和 6PIN，分别用来制作 RJ45 水晶头和 RJ11 水晶头（电话线）。剥线刀特别锋利，在剥线过程中要注意不要割破手指。压线钳如图 7.18 所示。

④测线仪。

网络电缆测试仪有两个部件，一个用于信号发生，一个用于信号接收和指示。网络电缆测试仪可以对双绞线 1、2、3、4、5、6、7、8、G 线对逐根（对）测试，并可区分判定哪一根（对）

错线、短路和开路。网络电缆测试仪如图 7.19 所示。

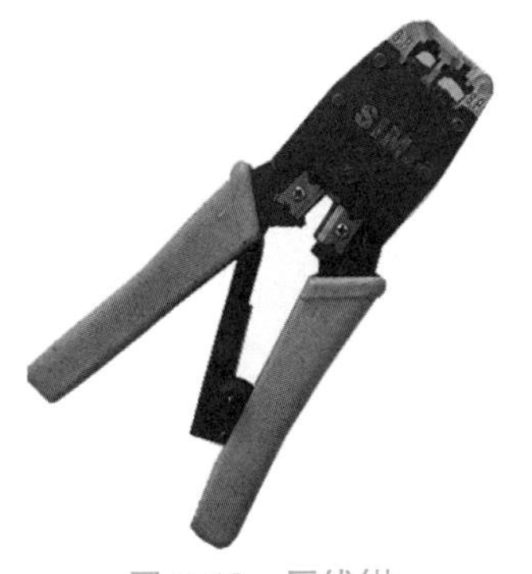

图 7.18　压线钳

图 7.19　网络电缆测试仪

(3) 实训内容。

①双绞线制作。

裁剪适当长度的双绞线，

- 剥去适当长度的双绞线塑料护套，第一次做可以长一些；
- 将 4 组线对的 8 根导线依线序排列整齐、压平，并将线头剪齐（注意这 8 根芯线不要剥除绝缘层）；
- 双绞线插入水晶头内，要插到底。由于水晶头是透明的，可以从水晶头的侧面和顶部查看，同时注意要连同塑料护套也压入水晶头内，并且塑料护套要尽量到达水晶头根部的斜坡处，这样可以尽可能地防止空气进入水晶头，氧化铜缆；
- 用压线钳压紧，第一次做可以多压几次。

②双绞线的检查。

- 外观检查。

双绞线制好后，要进行外观检查。例如检查双绞线的护套是否破损，与水晶头连接是否可靠，线序是否正确，塑料护套是否到达斜坡，水晶头根部有卡塑料护套卡夹“ˆ”向上，压线后“ˆ”向下变成“ˇ”状，正好牢牢咬住塑料护套。

- 通过测试仪进行测试。

把双绞线两端分别插入网络电缆测试仪两个部件的 RJ45 口，打开电源开关，观察信号的接收情况。如果接收部件的 4 个指示灯依次发光，表示连接正确。如果有的灯不发光或发光的次序不对，则说明连接有问题，这时需要重新制作。注意双绞线线序问题，直通线平行闪烁，交叉线交叉闪烁，交叉闪烁要注意 1 对 3、2 对 6。

创新实践训练

实践题——交叉线连接两台计算机

两个同学一组，用制作的交叉型双绞线连接两台计算机并且能够通信。

(1) 对使用的计算机自定义 PCA 和 PCB，用实训一制作的一根交叉线，按图 7.20 连接两台 PC 的网卡。

(2) 设置两台 PC 的 IP 地址和子网掩码。PCA：192.168.1.1 255.255.255.0，PCB：192.168.1.2 255.255.255.0。不用设置网关和首选 DNS 服务器。

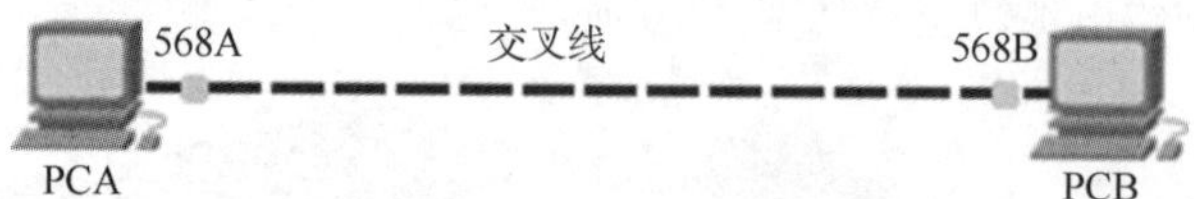

图 7.20　A-B 线连接两台计算机

（3）在 PCB 上打开“运行”，输入“CMD”后，在弹出的仿真 DOS 里输入“Ping 192.168.1.1”，再按 Enter 键。

ping 测试通过如图 7.21 所示。这说明通信成功，结论是一个最小的局域网只由一根双绞线和两台 PC 组成，而并不需要交换机等设备。如果不能通信，要进行故障排除。排除故障的方法如下：

（1）用测试仪检测交叉线是否能正常工作。

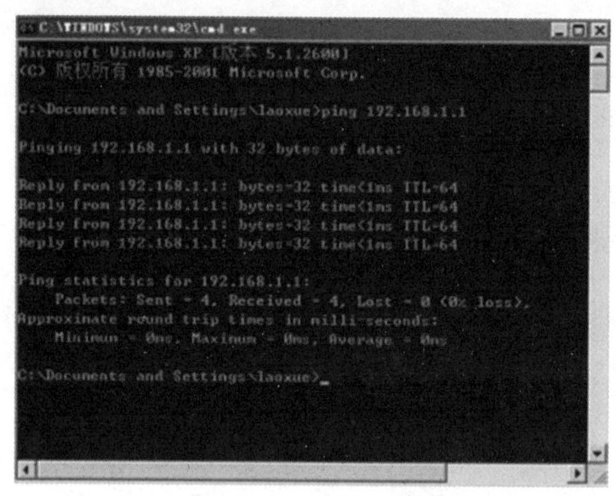

图 7.21　ping 测试通过

（2）检查两台 PC 的防火墙是否处于开启状态，如果开启，关掉就可以了。打开“控制面板”，运行“Windows 防火墙”，选择“关闭”。再检查 Windows 策略，把权限设为可以访问。

巩固训练

1. 单选题

（1）校园网按照作用范围分属于哪一种网络？（　　）

A. 局域网　　B. 广域网　　C. 城域网　　D. 个人区域网

（2）接入 Internet 的计算机必须共同遵守下列哪一个协议？（　　）

A. CPI/IP　　B. PCT/IP　　C. PTC/IP　　D. TCP/IP

（3）超文本传输协议的英文缩写是什么？（　　）

A. DNS　　B. HTTP　　C. FTP　　D. SMTP

（4）将一个局域网连入 Internet，首选的设备是下列哪一个？（　　）

A. 路由器　　B. 中继器　　C. 网桥　　D. 网关

（5）在局域网中，最常用的、成本最低的传输介质是下列哪一种？（　　）

A. 双绞线　　B. 同轴电缆　　C. 光纤　　D. 无线通信

（6）以下对 IP 地址说法不正确的是哪一个？（　　）

A. 一个 IP 地址共四个字节

B. 一个 IP 地址以二进制表示共 32 位

C. 新 Internet 协议是发展第 6 版，简称 IPV6

D. 127.0.0.1 可以用在 A 类网络中

(7) 以下哪一类 IP 地址标识的网络数量最多？(　　)

A. A 类　　B. B 类　　C. C 类　　D. D 类

(8) 下面 IP 地址中哪一个是 B 类地址？(　　)

A. 10.10.10.1　　B. 191.168.0.1　　C. 192.168.0.1　　D. 202.113.0.1

(9) DNS 服务器的作用是实现什么？(　　)

A. 两台主机之间的文件传输　　B. 电子邮件的收发功能

C. IP 地址和 MAC 地址的相互转换　　D. 域名和 IP 地址的相互转换

(10) 二层交换机对应 ISO/OSI 参考模型的哪个层次？(　　)

A. 物理层　　B. 数据链路层　　C. 网络层　　D. 运输层

2. 填空题

(1) 计算机网络是（　　）技术和通信技术结合的产物。

(2) 当今计算机网络两个主要网络体系结构分别是 OSI/RM 和（　　）。

(3) 常用的有线介质有同轴电缆、双绞线和（　　）三种。

(4) IPV4 中 IP 地址的长度为（　　）位。

(5) C 类 IP 地址，每个网络可有（　　）台主机。

(6)（　　）指一个站点的首页，是进入一个新站点首先看到的页面，它包含了链接同一站点其他项的指针，也包含了到别的站点的链接。

(7) 根据 Internet 的域名代码规定，域名中的 .edu 代表（　　）机构网站。

(8) 255.255.255.0 为（　　）类 IP 地址的默认子网掩码。

(9)（　　）是计算机网络最本质的功能。

(10) 依据传输介质类型计算机网络可以分为有线网和（　　）。

3. 简答题

(1) 在计算机网络中，Internet 与 internet 的区别是什么？

(2) 举例说明局域网和广域网在生活中的应用。

(3) 生活中哪些应用属于 Internet？

(4) 家庭用户如何使用 FTTR 接入 Internet？

职业素养拓展

【一定要了解的中国大学生计算机设计大赛】

中国大学生计算机设计大赛是为了推动高校本科面向 21 世纪的计算机教学的知识体系、课程体系、教学内容和教学方法的改革，引导学生踊跃参加课外科技活动，激发学生学习计算机知识技能的兴趣和潜能，为培养德智体美全面发展、具有运用信息技术解决实际问题的综合实践能力、创新创业能力，以及团队合作意识的人才服务，是全国普通高校大学生竞赛排行榜榜单的赛事之一。大赛国赛的参赛对象覆盖中国大陆高等院校中所有专业的当年在校本科生（包括来华留学生）。大赛每年举办一次，国赛决赛时间在当年 7 月中旬至 8 月下旬。大赛以三级竞赛形式开展，校级初赛——省级复赛——国家级决赛。

中国大学生计算机设计大赛竞赛内容目前分设：软件应用与开发、微课与教学辅助、物联网应用、大数据应用、人工智能应用、信息可视化设计、数媒静态设计、数媒动漫与短片、数媒游戏与交互设计、计算机音乐创作等类别，以及国际生“学汉语，写汉字”赛项。其中，计算机音乐创作类竞赛，是我国大陆开设最早的、面向大学生进行计算机音乐创作的国家级赛事。

中国大学生计算机设计大赛是适合所有专业的计算机基础操作和计算机专业能力比拼的竞赛。

思政引导

华为是5G技术最先进的制造商，用任正非的话说，华为5G技术领先世界1~2年的时间，华为不仅能提供5G端到端的服务，5G专利数量也是全球第一。华为公布2022年的上半年营收数据显示，华为5G等运营商业务仍在快速增长，同比增长27.5%。对此，就有外媒表示，华为在5G方面干脆利落，因此才有这么好的成绩。

干脆1：迅速剔除美元器件、美技术等

芯片等规则被修改后，华为第一时间就剔除了5G基站等模块产品中美元器件，还删除了大量美代码，通过自研技术实现替代，删除的代码多达6 000万行。在华为所有产品中，5G模块产品可以说最先实现去美化，并实现了向全球发货。也正因为如此，华为5G基站数量全球第一，数量超过120万座，而全球5G基站数量才220万座；在爱立信、诺基亚等暂停向俄出货5G设备，华为却依旧出货。这就是华为5G设备的优势。

干脆2：打造安全形象

美在全球范围内对华为5G进行污蔑，谎称华为5G设备和技术不安全，但华为也积极反击。华为表示可以向美企出售全部的5G技术，让其基于华为5G技术打造5G网络，甚至研发6G。随后，华为5G又接受德国老牌安全公司“解剖式”检查，并没有发现任何不安全的证据。还有就是，华为还明确表示可以签订无后门协议，甚至计划在欧洲建设工厂，用于欧洲的5G设备等实现欧洲生产制造。功夫不负有心人，英方面最先表示华为5G设备和技术是安全的，放弃是因为压力太大，并决定与华为合作在埃塞俄比亚建设5G网络。随后美中小运营商等纷纷表示不愿意拆除华为电信设备，因为其他厂商的电信设备建设成本高、运营成本也高，除非是给超350亿元的补贴。可以说，美污蔑华为5G设备和技术不安全已经成为众人皆知的谎言，于是，越来越多的国家和地区运营商开始选择华为5G。

干脆3：迅速进入新的领域

美要求盟国运营商放弃华为5G设备和技术，华为就迅速进入全新的5G ToB领域，通过5G技术赋能工矿企业，打造5G智慧工厂等；通过5G赋能交通等，打造5G智慧城市。数据显示，华为已经成为5G ToB领域内领导者，并在全球范围内建成了几十个示范区，获得了超过3 000个5G ToB合同。不仅如此，华为还先后成立十余个军团，像煤矿军团、海关和港口军团、智慧公路军团等。

这就是我们的民族企业——华为，一直都在挺直脊梁，用中国人的智慧与行动昂首向未来！

【摘录于外媒：华为在5G方面“干脆利落”河南优质科技领域创作者白萝卜科技 2022-08-21 19：39】

总结与自我评价

总结与自我评价				
本模块知识点	自我评价			
计算机网络的定义	□完全掌握	□基本掌握	□有疑问	□完全没掌握
计算机网络的发展阶段	□完全掌握	□基本掌握	□有疑问	□完全没掌握
计算机网络的体系结构	□完全掌握	□基本掌握	□有疑问	□完全没掌握
计算机网络的组成	□完全掌握	□基本掌握	□有疑问	□完全没掌握
计算机网络的分类	□完全掌握	□基本掌握	□有疑问	□完全没掌握
常见的网络通信介质	□完全掌握	□基本掌握	□有疑问	□完全没掌握
TCP/IP 协议及配置	□完全掌握	□基本掌握	□有疑问	□完全没掌握
Internet 的特点	□完全掌握	□基本掌握	□有疑问	□完全没掌握
Internet 的应用	□完全掌握	□基本掌握	□有疑问	□完全没掌握
双绞线的制作	□完全掌握	□基本掌握	□有疑问	□完全没掌握
简单的网络组建	□完全掌握	□基本掌握	□有疑问	□完全没掌握
需要老师解答的疑问				
自己想要扩展学习的问题				

项目模块八

计算机新技术及应用

随着计算机网络的发展，计算机技术不断创新，这不仅对社会的发展起到了积极的作用，更深深影响着人们的日常生活。本模块介绍云计算、大数据、人工智能、物联网、移动互联网、虚拟现实、3D 打印技术等计算机新技术及应用的相关内容。

【项目目标】

本项目模块将通过 6 个任务来介绍云计算、大数据、人工智能、物联网、移动互联网、虚拟现实、3D 打印技术等计算机新技术及其应用。

任务一

云计算

☑**任务目标**：了解云计算的定义、特点及应用。

云计算（Cloud Computing）这个词对很多人来说并不陌生，比如阿里云、华为云等。无论个人手机或者计算机上网，还是每个公司的技术部门都或多或少会接触到云。如云存储、云相册，有的是使用亚马逊云计算服务（Amazon Web Services，AWS）或者阿里云等公有云，有的是自建私有云，还有的公司使用混合云。当前云计算正在成为行业 IT 技术的标配，绝大多数 IT 相关技术研发和推广过程都会考虑到和“云”的结合，进行程序设计架构时更要考虑到云环境的部署运行，尽量符合云原生的应用架构。云计算正在成为物联网、大数据、人工智能、机器学习等技术的基石。

知识点 1　云计算的定义

云计算其本质就是利用网络提供按需的 IT 服务，其服务包括虚拟机计算服务、网络存储服务、数据库服务和物联网机器学习等，通过网络接入的方式将这些服务提供给终端用户。维基百科给出的云计算定义是：一种基于互联网的计算方式，通过这种方式，共享的软硬件资源和信息可以按需求提供给计算机终端和其他设备。

从目前发展的现状来看，云计算具有以下特点。

（1）超大规模。

一般的企业私有云大概拥有数百乃至上千台服务器，亚马逊、IBM、微软、Yahoo！等的“云”服务器均拥有几十万台，而 Google 云计算已经拥有 100 多万台服务器，超大规模的“云”正前所未有地赋能用户。

（2）虚拟化。

云计算支持用户在任意位置、使用各种终端获取应用服务。用户无须了解，也不用关心云主机到底在哪里，如何部署的，只需要通过网络获取需要的资源。

（3）资源共享。

它对用户隐藏了资源组织实现的细节，每一用户感觉是使用独立属于自己的资源，但不同的用户又可能是在实际共享同一个资源池，或甚至是同一台服务器。比如，不同国家或地区的两个用户，他们的服务独立地运行在同一台物理服务器，彼此隔离，但又共享硬件资源，将每台机器上空闲的计算能力提供给更多的用户，从而充分利用资源。

（4）高可靠性。

“云”使用了数据多副本容错、计算节点同构可互换等措施来保障服务的高可靠性，使用云计算比使用本地计算机可靠。

（5）通用性。

云计算不针对特定的应用，在“云”的支撑下可以构造出千变万化的应用，同一个“云”可以同时支撑不同的应用运行。

（6）高可扩展性。

“云”的规模可以动态伸缩，满足应用和用户规模增长的需要。

（7）按需服务，低成本。

“云”是一个庞大的资源池，需要什么买什么，就像生活中自来水、电、煤气那样计费使用。“云”的按需计费，不同于传统的固定容量计费模式，它可以精确到时间单位，并且用户可以自己根据实际需要灵活地调整资源的购买量和使用量。由于“云”的特殊容错措施可以采用极其廉价的节点来构成云，“云”的自动化集中式管理使大量企业无须负担日益高昂的数据中心管理成本，市场份额庞大，因此单用户可以充分享受“云”的低成本优势。

（8）潜在的危险性。

云计算服务除了提供计算服务外，还必然随之提供存储服务。提供云计算服务的机构能够提供给客户的是商业信用，但对机构内部则不然。所以客户数据是存在潜在危险的，因此，商业机构和政府机构在选择云计算服务、特别是国外机构提供的云计算服务时，一定要重点考虑潜在的数据安全性。

知识点 2　云计算的发展

从技术发展上看，云计算经历了三个阶段。

第一个阶段是单纯的计算虚拟化阶段，这个阶段虚拟化软件兴起，当时还基本停留在单机操作的时代，后来出现了一些比较简单的虚拟机管理系统（如 CloudStack 等），仅提供了控制虚拟机的开启和关闭等功能。

第二个阶段是整合存储和网络的全面软件定义时代，虚拟机需要连接网络和挂载存储，网络虚拟化通过软件定义网络（Software Defined Network，SDN）实现在既定的物理网络拓扑之下自定义网络数据包的传输，从而构建虚拟的网络拓扑，存储虚拟化技术通过软件定义的存储提供块存储、文件存储以及对象存储服务。前两个阶段都是在 IaaS 层面上。

第三个阶段云原生时代，伴随着容器和 Kubernetes 技术的兴起，PaaS 开始逐渐落地，从原来复杂的有状态的单体架构逐渐演变成简单的无状态的微服务架构。在这个阶段，云计算提供更多的是平台服务，摆脱了资源的束缚，直接面向服务编程、运维和管理。

全球云计算市场规模一直在不断地快速扩张，至 2021 年，以 IaaS、SaaS、PaaS 为代表的全球云计算市场规模约为 2 654 亿美元，同比增长 18.22%。预计 2025 年全球云计算市场规模将达到 4 557 亿美元。国内，在云计算 IaaS 市场中，阿里云以绝对优势排在首位，华为云、腾讯云和天翼云依次位列第二至四位。

知识点 3　云计算的主要技术与应用

3.1　云计算的主要技术

云计算并不是一种简单的分布式计算，它实际是分布式计算、效用计算、负载均衡、并行计算、网络存储、热备份冗杂和虚拟化等计算机技术高度整合演进并跃升的产物。

（1）虚拟化技术。

虚拟化技术（Virtualization）是一种资源管理优化技术，将计算机的各种物理资源予以抽象、转换，然后呈现出来的一个可供分割并任意组合为一个或多个虚拟计算机的配置环境。虚拟化技术打破了计算机内部实体结构间不可切割的障碍，使用户能够以比原本更好的配置方式来应用这些计算机硬件资源。而这些资源的虚拟形式将不受现有架设方式、地域或物理配置所限制。

虚拟化技术是一个广义的术语，根据不同的对象类型可以细分为：

①平台虚拟化（Platform Virtualization）：针对计算机和操作系统的虚拟化。

②资源虚拟化（Resource Virtualization）：针对特定的系统资源的虚拟化，如内存、存储、网络资源等。

③应用程序虚拟化（Application Virtualization）：包括仿真、模拟、解释技术等，如 Java 虚拟机（JVM）。

（2）云计算架构分层。

一般来说，大家比较公认的云架构是划分为基础设施层、平台层和软件服务层三个层次的。对应名称为 IaaS、PaaS 和 SaaS，如图 8.1 所示。

IaaS（Infrastructure as a Service）为基础设施即服务，主要包括计算机服务器、通信设备、存储设备等，能够按需向用户提供计算能力、存储能力或网络能力等 IT 基础设施类服务。IaaS 的成熟应用其核心在于虚拟化技术，通过虚拟化技术可以将形形色色的计算设备统一虚拟化为虚拟资源池中的计算资源，将存储设备统一虚拟化为虚拟资源池中的存储资源，将网络设备统一虚拟化为虚拟资源池中的网络资源。

PaaS（Platform as a Service）为平台即服务。传统计算机架构是“硬件+操作系统/开发工具+应用软件”，而云计算的平台层提供的就是类似操作系统和开发工具的功能。微软公司的

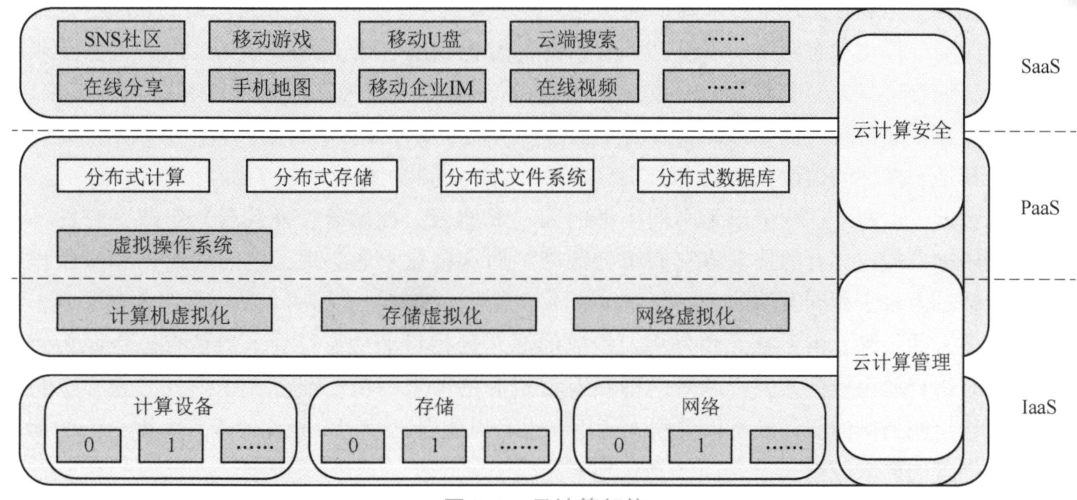

图 8.1　云计算架构

Windows Azure 和谷歌公司的 GAE，是 PaaS 平台中最为知名的两个产品。

SaaS（Software as a Service）为软件即服务，通过互联网提供软件服务的软件应用模式。在这种模式下，用户不需要自己在硬件、软件和开发团队的建设上投资，只需要支付“云”的租赁费用，就可以享受到相应的服务，而且整个系统的维护也由厂商负责。

（3）云计算资源监控。

云系统上的资源数据十分庞大，同时资源信息更新速度快，想要精准、可靠的动态信息需要有效途径确保信息的快捷性。而云系统能够为动态信息进行有效部署，同时兼备资源监控功能，有利于对资源的负载、使用情况进行管理。其次，资源监控作为资源管理的“血液”，对整体系统性能起关键作用，一旦系统资源监管不到位、信息缺乏可靠性，那么其他子系统引用了错误的信息，必然对系统资源的分配造成不利影响。资源监控过程中，只要在各个云服务器上部署 Agent 代理程序便可进行配置与监管活动。

（4）云计算部署。

现有的大部分企业 IT 部门需要跨越多个不同环境，管理复杂 IT 架构。IT 部门必须反复重新评估如何通过云部署满足新的业务目标，决策应用如何以经济有效的方式迁移到云计算基础架构。越来越多的企业所思考的问题不再是是否要将企业的数据和系统搬上云端，而是以何种模式构建企业的云。企业必须决定选用不同应用的部署方案：公有云、私有云或者混合云。

①公有云，云端资源开放给社会公众使用。云端的所有权、日常管理和操作的主体可以是一个商业组织、学术机构、政府部门或者它们其中的几个联合。云端可能部署在本地，也可能部署于其他地方。公共云主要为外部客户提供服务的云，它所有的服务是供别人使用，而不是自己用。目前，典型的公共云有微软的 Windows Azure Platform，亚马逊的 AWS、Salesforce .com，以及国内的阿里巴巴、用友伟库等。对于使用者而言，公共云的最大优点是，其所应用的程序、服务及相关数据都存放在公共云的提供者处，自己无须做相应的投资和建设。目前最大的问题是，由于数据不存储在自己的数据中心，其安全性存在一定风险。同时，公共云的可用性不受使用者控制，这方面也存在一定的不确定性。

②私有云，云端资源所有的服务不是供别人使用，而是供自己内部人员或分支机构使用。这是私有云的核心特征。而云端的所有权、日常管理和操作的主体到底属于谁并没有严格的规定，可能是本单位，也可能是第三方机构，还有可能是二者的联合。云端位于本单位内部，也可能托

管在其他地方。一般企业是自己采购基础设施，搭建云平台，在此之上开发应用的云服务。私有云可充分保障虚拟化私有网络的安全。私有云的部署比较适合于有众多分支机构的大型企业或政府部门。随着这些大型企业数据中心的集中化，私有云将会成为它们部署 IT 系统的主流模式。私有云部署在企业自身内部，因此其数据安全性、系统可用性都可由自己控制。但其缺点是投资较大，尤其是一次性的建设投资较大。

③混合云，由两个或两个以上不同类型的云（私有云、社区云、公共云）组成，它们各自独立，但用标准的或专有的技术将它们组合起来，而这些技术能实现云之间的数据和应用程序的平滑流转。由多个相同类型的云组合在一起属于多云的范畴，比如两个私有云组合在一起，混合云属于多云的一种。由私有云和公共云构成的混合云是目前最流行的，当私有云资源短暂性需求过大时，自动租赁公共云资源来平抑私有云资源的需求峰值。混合云是供自己和客户共同使用的云，它所提供的服务既可以供别人使用，也可以供自己使用。相比较而言，混合云的部署方式对提供者的要求较高。

3.2 云计算应用

（1）存储云。

存储云，又称云存储，是在云计算技术上发展起来的一个新的存储技术。云存储是一个以数据存储和管理为核心的云计算系统。用户可以将本地的资源上传至云端上，可以在任何地方连入互联网来获取云上的资源。大家所熟知的谷歌、微软等大型网络公司均有云存储的服务，在国内，百度云和微云则是市场占有量最大的存储云。存储云向用户提供了存储容器服务、备份服务、归档服务和记录管理服务等，大大方便了使用者对资源的管理。

（2）医疗云。

医疗云，是指在云计算、移动技术、多媒体、4G 通信、大数据以及物联网等新技术基础上，结合医疗技术，使用“云计算”来创建医疗健康服务云平台，实现了医疗资源的共享和医疗范围的扩大。因为云计算技术的运用与结合，医疗云提高医疗机构的效率，方便居民就医。像现在医院的预约挂号、电子病历、医保等都是云计算与医疗领域结合的产物，医疗云还具有数据安全、信息共享、动态扩展、布局全国的优势。

（3）金融云。

金融云，是指利用云计算的模型，将信息、金融和服务等功能分散到庞大分支机构构成的互联网“云”中，旨在为银行、保险和基金等金融机构提供互联网处理和运行服务，同时共享互联网资源，从而解决现有问题并且达到高效、低成本的目标。在 2013 年 11 月 27 日，阿里云整合阿里巴巴旗下资源并推出阿里金融云服务。其实，这就是现在基本普及了的快捷支付，因为金融与云计算的结合，现在只需要在手机上简单操作，就可以完成银行存款、购买保险和基金买卖。现在，不仅仅阿里巴巴推出了金融云服务，像苏宁金融、腾讯等企业均推出了自己的金融云服务。

（4）教育云。

教育云，实质上是指教育信息化的一种发展。具体地，教育云可以将所需要的任何教育硬件资源虚拟化，然后将其传入互联网中，以向教育机构和学生老师提供一个方便快捷的平台。现在流行的慕课就是教育云的一种应用。慕课（MOOC），指的是大规模开放在线课程。现阶段慕课的三大优秀平台为 Coursera、edX 以及 Udacity，在国内，中国大学 MOOC 也是非常好的平台。在 2013 年 10 月 10 日，清华大学推出来 MOOC 平台——学堂在线，许多大学现已使用学堂在线开设了一些课程的 MOOC。

3.3　云计算的特点

云计算的产生是需求推动、技术进步、商业模式转变共同促进的结果。

（1）需求推动指的是政、企客户想要通过低成本投入换取高性能的信息化服务，以满足政、企所服务的用户在互联网、移动互联网应用上更高质量的追求体验。

（2）技术进步指的是虚拟化技术、分布与并行计算、互联网技术的发展与成熟，使基于互联网提供包括 IT 基础设施、开发平台、软件应用成为可能。宽带技术及用户发展，使基于互联网的服务使用模式逐渐成为主流。

（3）商业模式转变指的是少数云计算的先行者已经将云计算服务开始进行商业运营。市场对云计算商业模式已认可，越来越多的用户接受并使用云计算，云计算服务生态系统正在形成，云计算产业链开始进入快速发展和整合期，传统软件公司开始进行云转型，云计算安全将成为网络安全行业极具发展前景的细分市场。

任务二　大数据

☑**任务目标**：了解大数据的定义、特点及应用。

今天的大数据技术，引燃了人们实现智慧城市、智慧医疗、智慧教育等有关人工智慧的激情。人们真切地认识到，对于人工智能，只要让数据发生质变，即使是简单的数据，也可能比复杂的算法更有效。

知识点 4　大数据的定义

麦肯锡全球研究所给出的定义是：一种规模大到在获取、存储、管理、分析方面大大超出了传统数据库软件工具能力范围的数据集合，具有海量的数据规模、快速的数据流转、多样的数据类型和价值密度低四大特征。而维克托·迈尔-舍恩伯格及肯尼斯·库克耶编写的《大数据时代》中大数据指不用随机分析法（抽样调查）这样捷径，而采用所有数据进行分析处理。大数据的 5V 特点（IBM 提出）：Volume（大量）、Velocity（高速）、Variety（多样）、Value（低价值密度）、Veracity（真实性）。

（1）Volume（大量）：指大数据量非常大。

（2）Velocity（高速）：指大数据必须得到高效、迅速的处理。

（3）Variety（多样）：体现在数据类型的多样化，除了包括传统的数字、文字，还有更加复杂的语音、图像、视频等。

（4）Value（低价值密度）：指大数据的价值更多地体现在零散数据之间的关联上。

（5）Veracity（真实性）：指与传统的抽样调查相比，大数据反映的内容更加全面、真实。

知识点 5　大数据的发展

通常认为，大数据起源于谷歌的关于谷歌文件系统、MapReduce 和 BigTable 三篇论文。这三篇论文分别发表于2003年、2004年和2007年，也即俗称的谷歌“三驾马车”。2007年，亚马逊也发表了一篇关于Dynamo系统的论文，正是这几篇论文奠定了大数据时代的基础。

2008年9月4日，《自然》（*Nature*）刊登了一个名为“Big Data”的专辑。

2011年5月，美国著名咨询公司麦肯锡（McKinsey）发布《大数据：创新、竞争和生产力的下一个前沿》的报告，首次提出了“大数据”概念，认为数据已经成为经济社会发展的重要推动力。

2012年7月，日本推出“新ICT战略研究计划”，在新一轮IT振兴计划中，日本政府把大数据发展作为国家层面战略提出。这是日本新启动的2011年大地震一度搁置的政府ICT战略研究。

2013年3月29日，美国奥巴马政府宣布推出“大数据研究和发展计划”（Big Data Research and Development Initiative），有人将其比之为克林顿政府当年提出的“信息高速公路”计划。该计划涉及美国国家科学基金会、卫生研究院、能源部、国防部等6个联邦政府部门，投资超两亿美元，研发收集、组织和分析大数据的工具及技术。

2012年3月，我国科技部发布的“十二五国家科技计划信息技术领域2013年度备选项目征集指南”把大数据研究列在首位。中国分别举办了第一届（2011年）和第二届（2012年）“大数据世界论坛”。IT时代周刊等举办了“大数据2012论坛”，中国计算机学会举办了“CNCC2012大数据论坛”。国家科技部，863计划信息技术领域2015年备选项目包括超级计算机、大数据、云计算、信息安全、第五代移动通信系统（5G）等。2015年8月31日，国务院正式印发《促进大数据发展行动纲要》。

国内外传统IT巨头（IBM、微软、惠普、Oracle、联想、浪潮等），通过“硬件+软件+数据”整合平台，向用户提供大数据完备的基础设施和服务，实现“处理-存储-网络设备-软件-应用”，即所谓“大数据一体机”。在大数据时代，这些厂商在原有结构化数据处理的同时，开始加大在可扩展计算、内存计算、库内分析、实时流处理和非结构化数据处理等方面的投入，通过并购大数据分析企业，迅速增强大数据分析实力和扩展市场份额。

国内外互联网巨头（亚马逊、Google、Facebook、阿里巴巴、百度、腾讯等），这些互联网公司基于开源大数据框架（在大数据时代，催生了开源的大数据分布式处理软件框架Hadoop，包括分布式文件系统HDFS，并行编程框架MapReduce，数据仓库工具Hive和大数据分析平台Pig等）进行了自身应用平台的定制和开发，基于自身应用平台、庞大的用户群、海量用户信息以及互联网处理平台，提供精确营销、个性化推介等商务活动，并开始对外提供大数据平台服务。

知识点6　大数据的主要结构与应用

主流的大数据技术可以分为两大类。

一类面向非实时批处理业务场景，着重用于处理传统数据处理技术在有限的时空环境里无法胜任的TB级、PB级海量数据存储、加工、分析、应用等。其典型的业务场景如用户行为分析、订单防欺诈分析、用户流失分析、数据仓库等。这类业务场景的特点是非实时响应。通常，一些单位在晚上交易结束时，抽取各类数据进入大数据分析平台，在数小时内获得计算结果，并用于第二天的业务。比较主流的支撑技术为HDFS、MapReduce、Hive等。

一类面向实时处理业务场景，如微博应用、实时社交、实时订单处理等。这类业务场景，特点是强实时响应，用户发出一条业务请求，在数秒钟之内要给予响应，并且确保数据完整性。比较主流的支撑技术为HBase、Kafka、Storm等。大数据技术架构如图8.2所示。

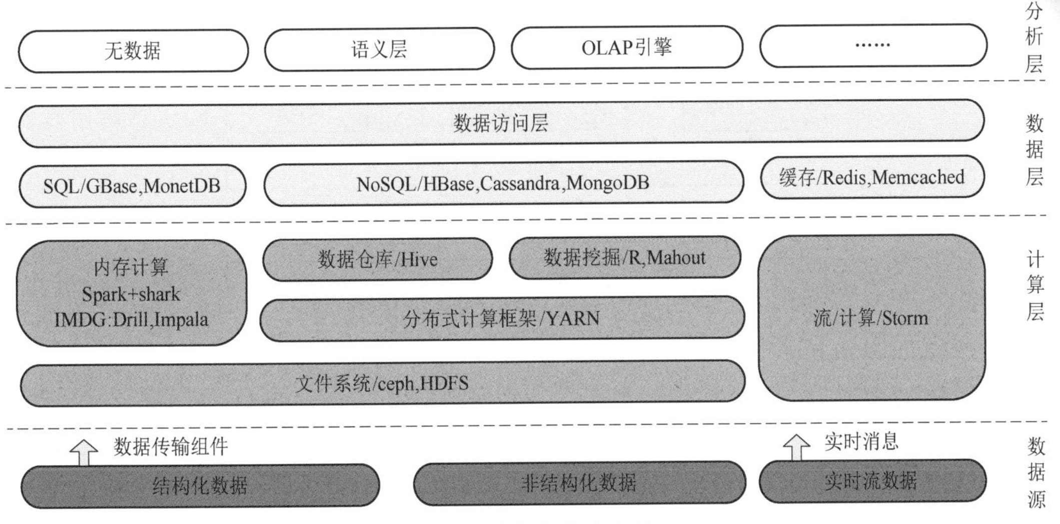

图 8.2　大数据技术架构

（1）HDFS。HDFS 是 Hadoop 的核心子项目，是整个 Hadoop 平台数据存储与访问的基础，在此之上，承载其他如 MapReduce、HBase 等子项目的运转。它是易于使用和管理的分布式文件系统。

（2）MapReduce。MapReduce 是一个软件架构，在数以千计的普通硬件构成的集群中以平行计算的方式处理海量数据，该计算框架具有很高的稳定性和容错能力。

（3）YARN。Apache Hadoop YARN（Yet Another Resource Negotiator，另一种资源协调者）是一种新的资源管理和应用调度框架。基于 YARN，可以运行多种类型的应用程序，例如 MapReduce、Spark、Storm 等。

（4）HBase。HBase 是 Hadoop 平台中重要的非关系型数据库，它通过线性可扩展部署，可以支撑 PB 级数据存储与处理能力。作为非关系型数据库，HBase 适合于非结构化数据存储，它的存储模式是基于列的。

（5）Hive。Hive 是 Apache 基金会下面的开源框架，是基于 Hadoop 的数据仓库工具，它可以把结构化的数据文件映射为一张数据仓库表，并提供简单的 SQL（Structured Query Language）查询功能，后台将 SQL 语句转换为 MapReduce 任务来运行。

（6）Kafka。Apache Kafka 是分布式“发布—订阅”消息系统，最初，它由 LinkedIn 公司开发，而后成为 Apache 项目。Kafka 是一种快速、可扩展的、设计时内在地就是分布式的、分区的和可复制的提交日志服务。

（7）Storm。Storm 是一个免费开源、分布式、高容错的实时计算系统。它能够处理持续不断的流计算任务，目前，比较多地被应用到实时分析、在线机器学习、ETL 等领域。

知识点 7　大数据处理的流程

结合大数据在企业的实际应用场景，可以构建如图 8.3 所示的大数据平台架构。最上第 1 层为应用提供数据服务与可视化，解决企业实际问题。第 2 层是大数据处理核心，包含数据离线处理和实时处理、数据交互式分析以及机器学习与数据挖掘。第 3 层是资源管理，为了支撑数据的处理，需要统一的资源管理与调度。第 4 层是数据存储，存储是大数据的根基，大数据处理框架都构建在存储的基础之上。第 5 层是数据获取，无论是数据存储还是数据处理，前提都是快速、高效地获取数据。

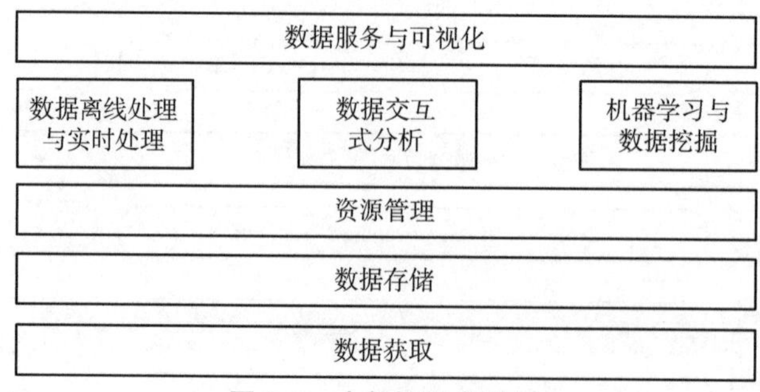

图 8.3 大数据平台架构

（1）数据获取。

大数据处理的数据来源类型丰富，大数据处理的第一步是对数据进行抽取和集成，从中提取出关系和实体，经过关联和聚合等操作，按照统一定义的格式对数据进行存储。现有的数据抽取和集成方法有三种，分别是基于物化或 ETL 方法的引擎、基于联邦数据库或中间件方法的引擎、基于数据流方法的引擎。

（2）数据存储。

存储是所有大数据技术组件的基础，存储的发展远远低于 CPU 和内存的发展，虽然硬盘存储容量多年来在不断地提升，但是硬盘的访问速度却没有与时俱进。所以对于大数据开发人员来说，对大数据平台的调优，很多情况下主要集中在对磁盘 I/O 的优化。1 TB 的硬盘，在数据传输速度约为 100 MB/s 的情况下，读完整个磁盘中的数据至少要花 2.5 h。试想，如果将 1 TB 数据分散存储在 100 个硬盘，并行读取数据，那么不到 2 min 就可以读完所有数据。通过共享硬盘对数据并行读取，可以大大缩短数据读取的时间。

（3）资源管理。

资源管理的本质是集群、数据中心级别资源的统一管理和分配。其中多租户、弹性伸缩、动态分配是资源管理系统要解决的核心问题。为了应对数据处理的各种应用场景，出现了很多大数据处理框架（如 MapReduce、Hive、Spark、Flink、JStorm 等），相应地，也存在着多种应用程序与服务（如离线作业、实时作业等）。为了避免服务和服务之间、任务和任务之间的相互干扰，传统的做法是为每种类型的作业或服务搭建一个单独的集群。在这种情况下，由于每种类型作业使用的资源量不同，有些集群的利用率不高，而有些集群则满负荷运行、资源紧张。为了提高集群资源利用率、解决资源共享问题，YARN 在这种应用场景下应运而生。YARN 是一个通用的资源管理系统，对整个集群的资源进行统筹管理，其目标是将短作业和长服务混合部署到一个集群中，并为它们提供统一的资源管理和调度功能。在实际企业应用中，一般都会将各种大数据处理框架部署到 YARN 集群上（如 MapReduce on YARN、Spark on YARN、Flink on YARN 等），方便资源的统一调度与管理。

（4）数据离线处理与实时处理。

有了数据采集和数据存储系统，可以对数据进行处理。大数据处理按照执行时间的跨度可以分为离线处理和实时处理。

在利用大数据技术对海量数据进行分析的过程中，常规的数据分析可以使用离线分析、实时分析和交互式分析，复杂的数据分析需要利用数据挖掘和机器学习的方法。

机器学习是一门多领域交叉学科，涉及高等数学、概率论、线性代数等多门学科，专门研究计算机怎样模拟或实现人类的学习行为，以获取新的知识或技能，重新组织已有的知识结构，使之不断改善自身的性能。

数据挖掘是从海量数据中通过算法搜索隐藏于其中的信息的过程。数据挖掘中用到了大量机器学习中的数据分析技术和数据管理技术。机器学习是数据挖掘中的一种重要工具，数据挖掘不仅要研究、扩展、应用一些机器学习的方法，还要通过许多非机器学习技术解决数据存储、数据噪声等实际问题。机器学习不仅可以用在数据挖掘上，还可以应用在增强学习与自动控制等领域。总体来讲，从海量数据获取有价值信息的过程中，数据挖掘是强调结果，机器学习是强调使用方法。

（5）数据服务与可视化。

大数据处理的流程中用户最关心的是数据处理的结果，正确的数据处理结果只有通过合适的展示方式才能被终端用户正确理解，因此数据处理结果的展示非常重要，可视化和人机交互是数据解释的主要技术。

使用可视化技术，可以将处理的结果通过图形的方式直观地呈现给用户，标签云、历史流、空间信息流等是常用的可视化技术，用户可以根据自己的需求灵活地使用这些可视化技术。而人机交互技术可以引导用户对数据进行逐步的分析，使用户参与到数据分析的过程中，使用户可以深刻地理解数据分析的结果。

任务三

人工智能

☑**任务目标：**了解人工智能的定义、发展历程和应用。

目前，人工智能体现出前所未有的发展速度，以更高的发展水准，更有效的发展方式渗透在人们生活生产的各个方面，其影响力及渗透力不亚于18世纪的蒸汽机、19世纪的电力与20世纪的信息技术，给人们的生活方面创造了无限大的可能，人工智能能够为全球经济发展提供新的发展引擎。人工智能正在构筑经济社会发展的新动能，创业创新日趋活跃。

知识点8　人工智能的定义

人工智能（Artificial Intelligence，AI）是研究、开发用于模拟、延伸和扩展人智能的理论、方法、技术及应用系统的一门新技术科学。人工智能领域的研究包括机器人、语言识别、图像识别、自然语言处理和专家系统等。

知识点9　人工智能的发展

人工智能的发展历史，可大致分为孕育期、形成期、低潮时期、基于知识的系统、神经网络的复兴和智能体的兴起。

（1）人工智能的孕育期（1956年以前）。

人工智能的孕育期大致可以认为是在1956年以前的时期。这一时期的主要成就是梳理人工智能的发展逻辑，自动机理论、控制论、信息论、神经计算和电子计算机等学科的建立和发展，这些为人工智能的诞生准备了理论和物质的基础。

（2）人工智能的形成期（1956—1969年）。

人工智能的形成期大约从1956年开始到1969年。这一时期的主要成就包括1956年在美国的达特茅斯（Dartmouth）学院召开的为期两个月的学术研讨会，提出了“人工智能”这一术语，标志着这门学科的正式诞生；还有包括在定理机器证明、问题求解、LISP语言、模式识别等关键领域的重大突破。

（3）低潮时期（1966—1973年）。

人工智能快速发展了一段时期后，遇到了很多的困难，遭受了很多的挫折。

（4）基于知识的系统（1969—1988年）。

1965年，斯坦福大学的费根鲍姆（E. A. Feigenbaum）和化学家勒德贝格（J. Lederberg）合作研制出DENDRAL系统。1972—1976年，费根鲍姆又成功开发出医疗专家系统MYCIN。此后，许多著名的专家系统相继研发成功。

（5）神经网络的复兴（1986年至今）。

1982年，美国加州工学院物理学家霍普菲尔德（Hopfield）使用统计力学的方法来分析网络的存储和优化特性，提出了离散的神经网络模型，从而有力地推动了神经网络的研究。

（6）智能体的兴起（1993年至今）。

20世纪90年代，随着计算机网络、计算机通信等技术的发展，关于智能体（Agent）的研究成为人工智能的热点。

我国的人工智能研究起步较晚。智能模拟纳入国家计划的研究始于1978年。1984年召开了智能计算机及其系统的全国学术讨论会。1986年起把智能计算机系统、智能机器人和智能信息处理（含模式识别）等重大项目列入国家高技术研究863计划。1997年起，又把智能信息处理、智能控制等项目列入国家重大基础研究973计划。进入21世纪后，在最新制定的《国家中长期科学和技术发展规划纲要（2006—2020年）》中，“脑科学与认知科学”已列入八大前沿科学问题之一。信息技术将继续向高性能、低成本、普适计算和智能化等主要方向发展，寻求新的计算与处理方式和物理实现是未来信息技术领域面临的重大挑战。

知识点10　人工智能的实际应用

人工智能的应用领域包括专家系统、博弈、定理证明、自然语言理解、图像理解和机器人等。人工智能实际应用有以下几点：

（1）人脸识别。

人脸识别也称人像识别、面部识别，是基于人的脸部特征信息进行身份识别的一种生物识别技术。人脸识别涉及的技术主要包括计算机视觉、图像处理等。

（2）机器翻译。

机器翻译是计算语言学的一个分支，是利用计算机将一种自然语言转换为另一种自然语言的过程。机器翻译用到的技术主要是神经机器翻译技术（Neural Machine Translation，NMT），该技术当前在很多语言上的表现已经超过人类。

（3）文本编辑器或自动更正。

当您键入文档时，有一些内置或可下载的自动更正工具，可根据其复杂程度检查拼写错误、语法、可读性和剽窃。

（4）智慧医学。

在医学上，医生们在人工智能的辅助下更加快速、准确地得出诊断结果，寻找诊治方案。

（5）无人驾驶。

在交通运输方面，无人驾驶技术通过无线网共享车辆之间的信息并进行实时分享，来控制车辆的方向和速度等，从而让车辆在无人驾驶的情况下安全行驶。

（6）人工智能教育。

在教育方面，老师们能够通过人工智能技术对试卷进行扫描，识别出卷面文字等，对试卷进行评分、核分等。除此以外，学生们还可以通过人工智能技术对不会做的习题进行扫描，搜索出想要的解题答案。

（7）智能家居。

人工智能在家居方面最常见的就是扫地机器人了，里面配有电动的抽风机，能够通过快速旋转形成内外气压差，垃圾就会顺着气流被吸入，现在的扫地机器人还增加了导航和障碍识别系统，让其不会到处乱撞，避免碰到家具。

任务四

物联网

☑**任务目标：**了解物联网的定义、关键技术和应用。

物联网（Internet of Things，IoT）是继计算机、互联网和移动通信网之后的世界第三次信息技术革命。计算机的出现改变了传统的计算方式，互联网的出现改变了人们的学习和工作方式，物联网的出现和应用将彻底改变工业制造、农业生产、人们的日常生活等，其应用将深入工业生产、家居生活、交通物流、环境监测、公共安全、军事国防等人类生产与生活的方方面面。

知识点 11　物联网的定义

国内物联网的通用定义是通过射频识别装置、红外感应器、全球卫星定位系统、激光扫描器、环境传感器等信息传感与执行设备，按约定的协议，把任何物品与互联网相连接，进行信息交换和通信，以实现智能化识别、定位、跟踪、监控和管理的一种网络。物联网典型应用模型如图 8.4 所示。图 8.4 所述的装置是一种设备，其强制性的通信能力及可选能力包括感测、激励、数据捕获、数据存储和数据处理。装置负责收集各类信息，并将其提供给信息通信网络做进一步处理。

物联网的基本特征可概括为全面感知、可靠传输和智能处理。

（1）全面感知：利用 RFID、条形码、传感器等感知、捕获、测量技术随时随地对物体进行信息采集和获取。

（2）可靠传输：通过各种通信网络与互联网的融合，将物体（Things）接入信息网络，随时随地进行可靠的信息交互和共享。

（3）智能处理：利用云计算、模糊识别等各种智能计算技术，对海量的跨地域、跨行业、跨部门的数据和信息进行分析处理，提升对物理世界、经济社会各种活动和变化的洞察力，实现智能化的决策和控制。

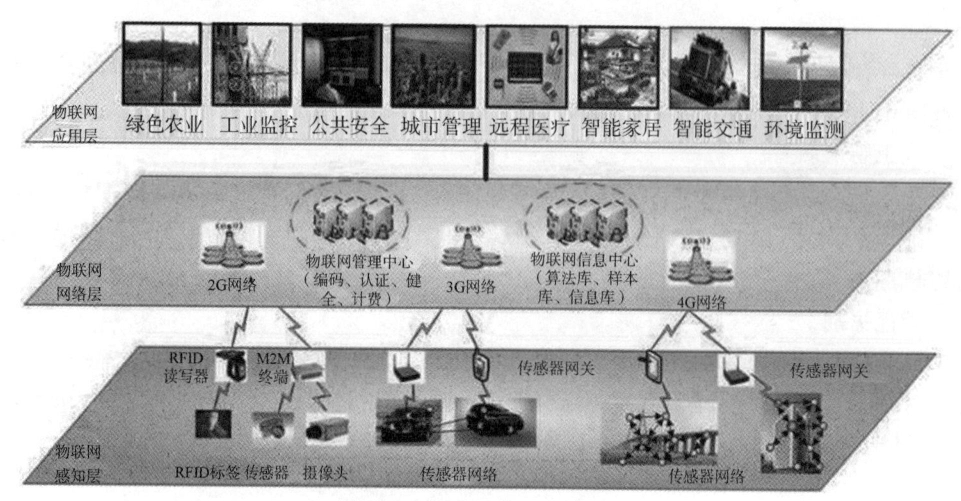

图 8.4　物联网典型应用模型

知识点 12　物联网的关键技术

（1）无线射频识别（RFID）技术。

无线射频识别技术，俗称电子标签（E-Tag），是一种利用射频通信实现的非接触式自动识别技术。RFID 系统由射频标签、读写器和应用系统三部分组成。其中射频标签由天线和芯片组成，每个芯片都含有唯一的识别码。读写器是根据需要并使用相应协议进行读取和写入标签信息的设备，通过网络系统进行通信，从而完成对射频标签信息的获取、解码、识别和数据管理。应用系统主要完成对数据信息的存储和管理，并可以对标签进行读写的控制。

（2）无线节点技术。

无线传感网络由数据采集模块、处理模块、无线通信模块、定位系统、移动管理器和能量供应模块等组成。每个节点都是一个微型的嵌入式系统，同时具有网络节点的终端和路由器双重功能，除了进行本地信息收集和数据处理外，还要对其他节点转发来的数据进行存储、管理和融合等处理。

（3）微机电系统（Micro Electro Mechanical System，MEMS）技术。

随着微电子技术、集成电路技术和加工工艺的发展，微机电系统传感器凭借体积小、质量轻、功耗低、可靠性高、灵敏度高、易于集成以及耐恶劣工作环境等优势，极大地促进了传感器向微型化、智能化、多功能化和网络化发展。

（4）嵌入式技术。

嵌入式系统被定义为以便于使用为中心，以信息技术为基础，软硬件能够裁剪，适应具体的设备系统，对用途、稳定性、费用、大小、耗能严格要求的专用信息系统。嵌入式系统主要由嵌入式微处理器、外围硬件设备、嵌入式操作系统及用户应用程序四部分构成，它是一个能够单独工作的软硬件相结合的系统，可以根据客户的需求设置不同的外部仪器及内部相关应用软件。

知识点 13　物联网的应用

物联网产业是新世纪的朝阳产业。物联网技术被广泛地应用到众多的领域中，包括车辆、电力、金融、环保、石油、个人与企业安防、水文、军事、消防、气象、煤炭、农业与林业、电梯等。尤其是智能电网、公交运输、个人和企业的安防、金融这几个领域的 M2M 应用。物联网应用分类如表 8.1 所示。

表 8.1　物联网应用分类

应用分类	应用案例
工作提效	水电、煤气自动抄表
	快速保险理赔
	电子货币
物流	车辆与货物位置监控
	自动售货机管理
灾害防治	火灾监测、报警和扑灭
	地震洪水监测、报警
安全防范	防止非法入室
	看护老人儿童
	车辆或设备防盗
农业	现代化栽培
	作物病、虫、兽监测
医疗	远程健康检查
	远程健康看护、疾病诊断
交通	交通流量监控、交通状况共享
	公共交通运行管理
	新能源汽车能源智能监控，补给决策
	物流调度管理
设备控制	工厂、家庭、办公室设备监控和能源监测
	仓库环境监控
广告营销	电子商标
	店内、店间导航
	网上电子销售
旅游观光	娱乐设施管理、智能导游

任务五

移动互联网

☑任务目标：了解移动互联网的定义、发展和应用。

移动互联网代表网络智能化的时代，它与云计算、大数据、物联网、人工智能和虚拟现实等技术相结合，能广泛应用于游戏、视频、零售、教育、医疗、旅游等领域。移动互联网的快速发展和广泛应用，不仅让人们的生活和工作更加便捷，而且对社会、经济发展产生了极其深刻的影响。

知识点 14　移动互联网的定义

移动互联网是指移动通信终端与互联网相结合成为一体，是用户使用手机、PAD 或其他无线终端设备，通过速率较高的移动网络，在移动状态下（如在地铁、公交车等）随时、随地访问 Internet 以获取信息，使用商务、娱乐等各种网络服务。

依托电子信息技术的发展，移动互联网能够将网络技术与移动通信技术得以结合在一起，借助无线通信技术客户端的智能化能够实现各项网络信息的获取，这也是作为一种新型业务模式所存在的，涉及应用、软件以及终端的各项内容。

知识点 15　移动互联网的发展

随着移动通信网络的全面覆盖，我国移动互联网伴随着移动网络通信基础设施的升级换代快速发展，尤其是在 2009 年国家开始大规模部署 3G 移动通信网络，2014 年又开始大规模部署 4G 移动通信网络。两次移动通信基础设施的升级换代，有力地促进了中国移动互联网快速发展，服务模式和商业模式也随之大规模创新与发展。4G 移动电话用户扩张带来用户结构不断优化，支付、视频广播等各种移动互联网应用普及，带动数据流量呈爆炸式增长。

整个移动互联网发展历史可以归纳为四个阶段：萌芽阶段、培育成长阶段、高速发展阶段和全面发展阶段。

（1）萌芽阶段（2000—2007 年）。

萌芽阶段的移动应用终端主要是基于 WAP（无线应用协议）的应用模式。该时期由于受限于移动 2G 网速和手机智能化程度，中国移动互联网发展处在一个简单 WAP 应用期。WAP 应用把 Internet 网上 HTML 的信息转换成用 WML 描述的信息，显示在移动电话的显示屏上。由于 WAP 只要求移动电话和 WAP 代理服务器的支持，而不要求现有的移动通信网络协议做任何的改动，因而被广泛地应用于 GSM、CDMA、TDMA 等多种网络中。在移动互联网萌芽期，利用手机自带的支持 WAP 协议的浏览器访问企业 WAP 门户网站是当时移动互联网发展的主要形式。

（2）培育成长阶段（2008—2011 年）。

2009 年 1 月 7 日，工业和信息化部为中国移动、中国电信和中国联通发放 3 张第三代移动通信（3G）牌照，此举标志着中国正式进入 3G 时代，3G 移动网络建设掀开了中国移动互联网发展新篇章。随着 3G 移动网络的部署和智能手机的出现，移动网速的大幅提升初步破解了手机上网带宽瓶颈，移动智能终端丰富的应用软件让移动上网的娱乐性得到大幅提升。同时，我国在 3G 移动通信协议中制定的 TDSCDMA 协议得到了国际的认可和应用。

（3）高速发展阶段（2012—2013 年）。

随着手机操作系统生态圈的全面发展，智能手机规模化应用促进移动互联网快速发展，具有触摸屏功能的智能手机的大规模普及应用解决了传统键盘上网众多不便，安卓智能手机操作系统的普遍安装和手机应用程序商店的出现极大地丰富了手机上网功能，移动互联网应用呈现了爆发式增长。进入 2012 年之后，由于移动上网需求大增，安卓智能操作系统的大规模商业化应用，传统功能手机进入了一个全面升级换代期，传统手机厂商纷纷效仿苹果模式，普遍推出了触摸屏智能手机和手机应用商店，由于触摸屏智能手机上网浏览方便，移动应用丰富，受到了市场极大欢迎。

（4）全面发展阶段（2014 年至今）。

移动互联网的发展永远都离不开移动通信网络的技术支撑，而 4G 网络建设将中国移动互联网发展推上快车道。随着 4G 网络的部署，移动上网网速得到极大提高，上网网速瓶颈限制得到基本破除，移动应用场景得到极大丰富。2013 年 12 月 4 日工信部正式向中国移动、中国电信和中国联通三大运营商发放了 TD-LTE 4G 牌照，中国 4G 网络正式大规模铺开。

知识点 16　移动互联网的 5G 时代

3GPP 即第三代合作伙伴计划，组织成员包括中国、日本、美国等国家，其主要的工作重心放在了移动通信领域。2019 年，该组织对 5G 制定了新的标准，其中包括了对 5G 应用场景的定义。

（1）eMBB（增强移动宽带）。

5G 技术的第一个应用场景，可以直接从字面意思上来理解，即对移动宽带进行调整，进一步改善用户的使用体验。

（2）URLLC（低时延高可靠）。

URLLC 场景能够突出显示出 5G 的优势特征，不过，这里提到的高可靠性并不是我们平时生活中常常会用到的形容词，而是指相关设备的运行、使用时间是否能够与预计时间相符合。

（3）mMTC（海量机器通信）。

mMTC 又称大规模物联网，即利用各种信息技术来与设备进行连接，并可以通过对其进行信息采集来实现预警、监测效果。

5G 具有网络速度快、通信功耗低、网络时延短、智能系统覆盖、安全性能高、商业市场广泛等优势。

任务六　区块链

☑**任务目标**：了解区块链的概念、特点及应用。

区块链这个概念是由一个网名为中本聪的人在 2008 年发表的《比特币：一种点对点的电子现金系统》中提出的。随后他实现了一个比特币系统，并发布了加密数字货币——比特币，接下来出现了以太坊和超级账本这样的大型区块链项目。区块链技术在全球范围内引起了广泛关注，并势不可挡地影响着多个行业的发展趋势。

知识点 17　区块链概念及特点

区块链这个概念是一个网名为中本聪的人在 2008 年发表的《比特币：一种点对点的电子现金系统》中提出的。其描述如下：时间戳服务器对以区块（Block）形式存在的一组数据实施随机散列并加上时间戳，然后将该随机散列进行广播，就像在新闻或世界性新闻组网络（Usenet）的发帖一样。该时间戳能够证实特定数据于某特定时间是确定存在的，因为只有在该时刻存在了才能获取相应的随机散列值。每个时间戳应当将前一个时间戳纳入其随机散列值中，每一个随后的时间戳都对之前的一个时间戳进行增强（Reinforcing），这样就形成了一个链条（Chain），即区块链，如图 8.5 所示。

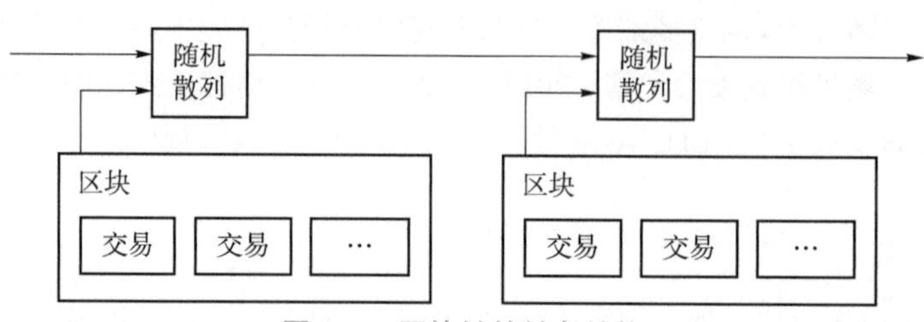

图 8.5　区块链的链条结构

构成区块链的区块是基于密码学生成的，每一个区块包含了前一个区块的哈希值（由加密算法生成）、对应的时间戳记录以及交易数据等信息。本质上，区块链是包含这些交易记录的分布式系统，类似于一个账本。所以，区块链也被称为分布式账本系统。

知识点 18　区块链应用

区块链当前的应用已经数以万计，这里选取几个比较有代表性的进行介绍。

（1）加密数字货币的代表——比特币。

比特币（Bitcoin，BTC）是区块链技术的第 1 个典型应用，由中本聪提出并实现。比特币网络，是对传统交易和支付方式的一个伟大革新。《比特币：一种点对点式的电子现金系统》中指出，比特币的目的是改变传统支付系统“基于信用的模式”，减少交易费用，降低商业行为的损失。比特币网络中的加密数字货币是比特币，在比特币网络进行挖矿可以获取比特币。这种加密数字货币可以通过比特币网络或其他交易网站进行交易，可以用来购买电子商品或与其他的加密数字货币兑换，也可以将比特币捐赠给其他人。

（2）智能合约鼻祖——以太坊。

以太坊（Ethereum）是一个开源的、有智能合约功能的区块链公共平台。它是程序员维塔利克·布特林受比特币启发后提出并组织开发的一个开发平台，用于开发各种基于智能合约的去中心化应用（DApp）。以太坊的目的是要将区块链技术应用于加密数字货币以外的领域，比如社交、众筹、游戏等，随着以太坊的不断发展，已经出现了各种各样的去中心化应用，如电子猫、RPG 游戏、微博客、身份管理、众筹等。

（3）迪士尼区块链平台——龙链（Dragonchain）。

龙链是迪士尼（Disney）进行孵化的一个区块链项目，它是首个比较著名的娱乐行业的区块链项目。龙链的官网地址为：https：//dragonchain.com/。关于龙链的详细信息可访问此网站进行查阅，在龙链的白皮书中指出，它的目的是打造一站式的区块链商业服务平台。它有 3 个重要组成部分：开源平台、孵化器和产品及服务市场，

（4）Linux 基金会的开源账本——超级账本（Hyperledger）。

超级账本（Hyperledger）是一个旨在推动区块链跨行业应用的开源项目，由 Linux 基金会于 2015 年 12 月主导发起该项目，参与项目的成员包括金融、物联网、供应链、制造业等众多领域的领军企业。超级账本的目的是通过提供一个可靠稳定、性能良好的区块链框架促进区块链及

分布式记账系统的跨行业发展与协作，这个框架主要包括 Sawtooth、Iroha、Fabric、Burrow 4 个项目。Hyperledger 的官网地址是 https：//www. hyperledger. org。

（5）区块链操作系统——EOS。

EOS（Enterprise Operation System）是为商用分布式应用设计的一款区块链操作系统。EOS 是区块链领域的奇才 BM（Daniel Larimer）主导开发的类似操作系统的区块链架构平台，旨在实现分布式应用的性能扩展。EOS 提供账户、身份验证、数据库、异步通信以及在数以百计的 CPU 或集群上的程序调度。该技术的最终形式是一个区块链体系架构，该架构每秒可以支持数百万个交易，而普通用户无须支付任何使用费。EOS 的详细资料可以访问它的官网 https：//eos. io/ 进行查阅。

任务七

工业互联网

☑**任务目标**：了解工业互联网的概念、运作模式及应用。

工业互联网是继大数据、“互联网+”、物联网之后，又一个世界级的改革项目。2015 年，我国政府工作报告中第一次提出要实施“中国制造 2025”强国战略，并确定了以“坚持创新驱动、智能转型、强化基础、绿色发展，加快从制造大国转向制造强国”为主题的方向。

知识点 19　工业互联网概念

工业互联网的官方定义为：工业互联网是链接工业全系统、全产业链、全价值链，支撑工业智能化发展的关键基础设施，是新一代信息技术与制造业深度融合所形成的新兴业态和应用模式，是互联网从消费领域向生产领域、从虚拟经济向实体经济拓展的核心载体。基础设施、新兴业态、应用模式和核心载体是对工业互联网的内容、形式、性质的高度概括。

工业互联网包含以下两大内涵。

（1）工业互联网是关键网络基础设施。工业互联网不仅依托于现有互联网，而且工业互联网的发展与推进还会促进现有互联网的演进。工业互联网包括工厂内网、工厂外网和标识解析，能满足制造企业安全、实时、可靠的要求。

（2）工业互联网是新业态和新模式，虽然形式上与互联网和移动互联网相似，但是工业互联网是与工业生产相关的，而且有很多创新应用，如智能化生产、网络化协同等。

知识点 20　工业互联网典型模式

从目前来看，我国主流的工业互联网商业模式有网络化协同、智能化生产、个性化定制和服务化延伸 4 种。

（1）网络化协同。

网络化协同的实现是通过对信息技术及网络技术的应用，将产品研发、产品产业链、企业管理三者与产品设计、产品制造管理、产品服务周期、产品供应链管理、用户关系管理有机结合起来，实现制造企业从单一的制造环节延伸到设计与研发环节的价值链转变，从上游扩展到生产制造环节的管理链转变。简而言之，将工程、生产制造、供应链和企业管理聚集起来形成的制造系统就是网络化协同模式。

（2）智能化生产。

利用先进制造工具与网络信息技术推动生产流程智能化发展，让数据信息能够做到跨系统流动、采集、分析与优化，实现设备性能感知、过程优化、智能排产等智能化生产方式，这些都是智能化生产商业模式的主要特点。

（3）个性化定制。

个性化定制商业模式主要以海尔的 COSMOPlat 工业互联网平台为代表。COSMOPlat 工业互联网平台主要分为四层。首先是为聚合全球资源，以分布式的方式调度各类资源，并使各类资源实现最优搭配的资源层。其次是为支持制造企业应用的快速开发、部署、运行、集成，将工业技术软件化的平台层。再次是提供互联工厂应用服务，输出全流程解决方案的应用层；最后是在互联工厂的基础上，实现资源共享的模式层。

（4）服务化延伸。

制造企业在其产品上增加智能模块，通过产品与网络的链接实现企业对产品运行数据的采集，并在进行大数据分析后为用户提供更多的智能服务，逐渐使企业从单纯地卖产品扩展到卖服务。

知识点 21　工业互联网应用

工业互联网平台是云计算、物联网、大数据、人工智能面向工业场景的交叉叠加，叠加的元素与深度决定了工业互联网平台的发展程度。

工业互联网的实质就是，将不断发展的信息技术融入生产体系（如制造、能源）、基础设施（如交通、电网、城市建设）、机器设备（如机器人、医疗、仪器仪表）中，实现创新链、价值链、产业链的循环与贯通，构建物质空间和数字世界的映射交互。

越来越多与“工业”“互联网”相关的企业，也开始对标国外的模板，尝试打造、宣传自己的工业互联网。2017 年，三一重工、海尔集团、航天科工分别发布了（工业互联网平台）根云、COSMOPlat、INDICS，这是我国直接以工业互联网为名发布的最早的三家平台。

任务八

其他技术

☑**任务目标**：了解 3D 打印技术基本原理，了解虚拟现实技术的概念及应用。

知识点 22　3D 打印技术

3D 打印，即快速成型技术，是基于材料堆积法的一种高新制造技术，被认为是近 20 年来制造领域的一个重大成果。它集机械工程、CAD、逆向工程技术、分层制造技术、数控技术、材料科学、激光技术于一身，可以自动、直接、快速、精确地将设计思想转变为具有一定功能的原型或直接制造模型，从而为原型制造、新设计思想的校验提供一种低成本的实现手段。

3D 打印采用的制造方法是增材制造法。它利用数字模型文件为 3D 打印目标建立模型，然后层层叠加目标材料，直到数字模型文件中的打印目标成型，即为一个完整的过程。如果观察材料层，您会发现它们只是一层层轻薄的水平切片，但这些水平切片最终却可以组成一个新的物体。3D 打印机硬件系统示意图如图 8.6 所示。

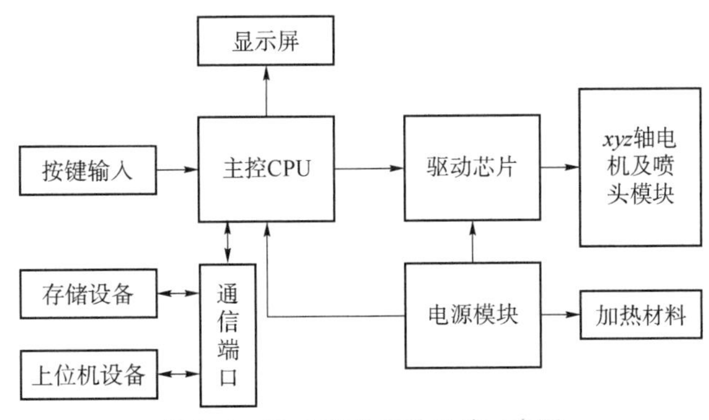

图 8.6　3D 打印机硬件系统示意图

3D 打印机的基本原理、具体打印过程如下。

（1）通过计算机对目标物体进行三维建模。

（2）将目标物体模型“切片”（将三维模型分区为逐层的截面）并将 3D 模型保存为打印目标格式文件（通常为 STL 格式）。

（3）3D 打印机通过读取文件中的横截面信息，用液状体、粉状体或片状体打印材料将这些横截面逐层打印出来，再将各层截面以各种不同的方式粘合在一起从而制造出一个三维实体。

以下是 3D 打印技术出现以来其极具代表的案例：

1986 年，美国科学家 Chuck Hull 开发了第一台商业 3D 印刷机。

1993 年，麻省理工学院获 3D 印刷技术专利。

1995 年，美国 ZCorp 公司从麻省理工学院获得唯一授权并开始开发 3D 打印机。

2005 年，市场上首个高清晰彩色 3D 打印机 Spectrum Z510 由 ZCorp 公司研制成功。

2010 年 11 月，美国 Jim Kor 团队打造出世界上第一辆由 3D 打印机打印而成的汽车 Urbee 问世。

2011 年 6 月 6 日，发布了全球第一款 3D 打印的比基尼。

2011 年 7 月，英国研究人员开发出世界上第一台 3D 巧克力打印机。

2011 年 8 月，南安普敦大学的工程师们开发出世界上第一架 3D 打印的飞机。

2012 年 11 月，苏格兰科学家利用人体细胞首次用 3D 打印机打印出人造肝脏组织。

2013 年 10 月，全球首次成功拍卖一款名为“ONO 之神”的 3D 打印艺术品。

2013 年 11 月，美国得克萨斯州奥斯汀的 3D 打印公司“固体概念”（Solid Concepts）设计制造出 3D 打印金属手枪。

2018 年 8 月 1 日起，3D 打印枪支将在美国合法，3D 打印手枪的设计图也可以在互联网上自由下载。

2018 年 12 月 10 日，俄罗斯宇航员利用国际空间站上的 3D 生物打印机，设法在零重力下打印出了实验鼠的甲状腺。

2019 年 1 月 14 日，美国加州大学圣迭戈分校在《自然·医学》杂志发表论文，首次利用快速 3D 打印技术，制造出模仿中枢神经系统结构的脊髓支架，在装载神经干细胞后被植入脊髓严重受损的大鼠脊柱内，成功帮助大鼠恢复了运动功能。该支架模仿中枢神经系统结构设计，呈圆形，厚度仅有两毫米，支架中间为 H 形结构，周围则是数十个直径 200 微米左右的微小通道，用于引导植入的神经干细胞和轴突沿着脊髓损伤部位生长。

2019 年 4 月 15 日，以色列特拉维夫大学研究人员以病人自身的组织为原材料，3D 打印出全球首颗拥有细胞、血管、心室和心房的“完整”心脏，这在全球尚属首例（3D 打印心脏）。

2022 年 3 月，加拿大英属哥伦比亚大学（UBC）的科学家利用 3D 技术打印出人类睾丸细胞，并发现其有希望产生精子的早期迹象，世界上尚属首次。

2022 年 4 月，一项新 3D 打印系统发表在《自然》杂志上，这项新 3D 打印系统是由美国研究人员开发的一种在固定体积的树脂内打印 3D 物体的方法。打印物体完全由厚树脂支撑，就像一个动作人偶漂浮在一块果冻的中心，可从任何角度进行添加。可更轻松地打印日益复杂的设计作品，同时节省时间和材料。

2022 年 6 月，据外媒报道，一名来自墨西哥的 20 岁女性成为世界第一个通过 3D 打印技术成功进行耳朵移植的人。

知识点 23　虚拟现实技术

通俗直观地说，虚拟现实（Virtual Reality，VR）就是通过各种技术在计算机中创建一个虚拟世界，用户可以沉浸其中。用户用视觉、听觉等感觉来感知这个虚拟世界，与虚拟世界中的场景、物品，甚至是虚拟的人物进行交互。

而广义上的虚拟现实除了狭义的 VR 以外，还包括 AR（Augmented Reality，增强现实）和 MR（Mixed Reality，混合现实），三者合称泛虚拟现实。因此，有时也把泛虚拟现实产业称为 3R 产业。以计算机技术为核心，通过将虚拟信息构建、叠加，再融合于现实环境或虚拟空间，从而形成交互式场景的综合计算平台，这便是泛虚拟现实技术的核心。具体来说，就是建立一个包含实时信息、三维静态图像或者运动物体的完全仿真的虚拟空间，虚拟空间的一切元素按照一定的规则与用户进行交互。而 VR、AR、MR 三个细分领域的差异，就体现在虚拟信息和真实世界的交互方式上。这个虚拟空间既可独立于真实世界之外（使用 VR 技术），也可叠加在真实世界之上（使用 AR 技术），甚至与真实世界融为一体（使用 MR 技术）。

VR 是一项综合性技术，涉及视觉光学、环境建模、信息交互、图像与声音处理、系统集成等多项技术。但它的核心三要素就在于沉浸性（Immersion）、交互性（Interaction）和多感知性（Imagination）。

虚拟现实系统的主要工作流程是将现实世界中的事物转换至虚拟场景中，进而呈现给用户，捕捉用户的交互行为，并做出反应。主要包括实物虚化、虚物实化两个环节，如图 8.7 所示。

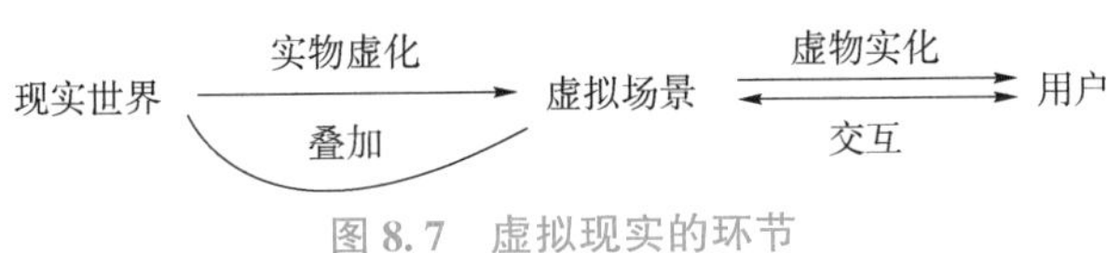

图 8.7　虚拟现实的环节

实物虚化是现实世界向三维虚拟空间的一种映射，是将现实世界的事物转换成虚拟空间中的物体的过程。在虚拟现实中，做好将现实世界映射到虚拟空间的工作是为用户提供逼真的虚拟世界的前提。这需要对现实世界中的物体进行建模，一般的方式有形状外观的几何造型建模和物理行为建模等。

虚物实化是将建模好的虚拟世界呈现给用户的过程，它包括了视觉、听觉甚至触觉等多感官的综合呈现。虚物实化的过程主要涉及视觉绘制、并行绘制、声音渲染和力触觉渲染等技术。

创新实践训练和巩固训练

1. 填空题

（1）云计算定义是一种基于（　　）的计算方式，通过这种方式，（　　）的软硬件资源和信息可以（　　）给计算机终端和其他设备。

（2）大数据的 5V 特点是：（　　）、（　　）、（　　）、（　　）、（　　）。

（3）人工智能的发展历史，可大致分为孕育期、形成期、基于知识的系统、（　　）的复兴和（　　）的兴起。

（4）物联网的基本特征可概括为（　　）、（　　）和（　　）。

（5）5G 具有网络速度快、通信功耗低、网络时延短、（　　）、（　　）、商业市场广泛等优势。

（6）我国主流的工业互联网商业模式有（　　）、智能化生产、（　　）和服务化延伸 4 种。

（7）广义上的虚拟现实除了狭义的 VR 以外，还包括（　　）和（　　），三者合称“泛虚拟现实”。

2. 简答题

（1）请列举云计算的几种具体应用实例并加以简要说明。

（2）请简述 IaaS、PaaS 和 SaaS 的含义。

（3）大数据技术主要包括哪几个方面？各自的作用是什么？

（4）简述人工智能的应用。

（5）什么是互联网？互联网与物联网有什么不同

（6）3GPP 对 5G 制定了新的标准，其中包括了对 5G 应用场景的定义有哪些？

（7）简述区块链的主要特点。

（8）工业互联网包含两大内涵是什么？

职业素养拓展

【一定要了解的中国高校计算机大赛】

2016 年，教育部高等学校计算机类专业教学指导委员会、教育部高等学校软件工程专业教学指导委员会、教育部高等学校计算机课程教学指导委员会、全国高等学校计算机教育研究会联合创办了“中国高校计算机大赛”（China Collegiate Computing Contest，简称 C4）（如图 8.8 所示）（官网 http：//www. c4best. cn/）。中国高校计算机大赛是由 7 项赛事组成的系列赛，包括团体程序天梯赛、微信大数据挑战赛、移动应用创新赛、网络技术挑战赛、微信小程序应用开发赛、人工智能创意赛、智能交互创新赛，每项比赛都是单独发布信息、单独进行比赛。

图 8.8　中国高校计算机大赛官网

思政引导

【携手共建网络文明】

网络文明是新形势下社会文明的重要内容，是建设网络强国的重要领域。

党的十八大以来，在习近平总书记关于网络强国的重要思想指引下，我国积极开展网络文明建设工作，推动完善网络文明建设顶层设计，推进互联网内容建设，弘扬新风正气，深化网络生态治理，网络空间正能量更加充沛，全社会共建共享网上美好精神家园的氛围日渐浓厚。

2022 年 8 月 28 日，中国网络文明大会主论坛环节发布了《共建网络文明天津宣言》。

宣言提出：共建网络文明，严把网络导向，优化网络生态，繁荣网络文化，规范网络行为，维护网络安全。

希望大家主动遵守《网络安全法》《数据安全法》《个人信息保护法》《关键信息基础设施安全保护条例》《网络信息内容生态治理规定》《网络安全审查办法》等 100 余部法律法规和管理规定，共同营造天朗气清的网络生态，共建共享网络文明新风尚！

【摘自绘网络文明美好画卷——我国网络文明建设成就综述　王思北《光明日报》2022 年 8 月 28 日 01 版】

总结与自我评价

总结与自我评价				
本模块知识点	自我评价			
云计算的主要技术	□完全掌握	□基本掌握	□有疑问	□完全没掌握
大数据处理的流程	□完全掌握	□基本掌握	□有疑问	□完全没掌握
人工智能的定义及应用	□完全掌握	□基本掌握	□有疑问	□完全没掌握
物联网关键技术	□完全掌握	□基本掌握	□有疑问	□完全没掌握
移动互联的概念及应用	□完全掌握	□基本掌握	□有疑问	□完全没掌握
区块链概念及应用	□完全掌握	□基本掌握	□有疑问	□完全没掌握
工业互联网概念及应用	□完全掌握	□基本掌握	□有疑问	□完全没掌握
3D 打印技术和虚拟现实技术	□完全掌握	□基本掌握	□有疑问	□完全没掌握
需要老师解答的疑问				
自己想要扩展学习的问题				

参考答案

项目模块一　计算机与信息技术基础

创新实践训练答案：略

巩固训练答案：

(1)—(5) AABDC　(6)—(10) BAADD

(11)—(15) ABADB　(16)—(20) DCADD

项目模块二　计算机系统的基本组成和基本工作原理

创新实践训练答案：略

巩固训练答案

1. 单选题

(1)—(5) CDACB　(6)—(10) CDCBC

2. 填空题

(1) 硬件，软件　(2) 控制器，运算器　(3) 输入设备，输出设备

(4) BIOS，ROM　(5) 输入设备　(6) 软件　(7) 芯片组

(8) 地址，数据，控制　(9) 操作系统　(10) 指令

3. 简答题（略）

项目模块三　计算机操作系统

创新实践训练答案：略

巩固训练答案：

1. 单选题

(1)—(5) DDDBA　(6)—(10) ABACC

2. 填空题

(1) 双击　(2) 只读，隐藏　(3) 底部或下方　(4) 回收站，硬盘

(5) 标题，状态　(6) Alt+Tab　(7) Alt+F4　(8) NTFS

(9) 多　(10) F1

3. 简答题（略）

项目模块四　办公软件——WPS 文字

创新实践训练和巩固训练答案：略

项目模块五　办公软件——WPS 表格

创新实践训练和巩固训练答案：略

项目模块六　办公软件——WPS 演示

创新实践训练和巩固训练答案：略

项目模块七　计算机网络与 Internet

创新实践训练答案：略

巩固训练答案：

1. 单选题

(1)—(5) ADBAA　　(6)—(10) ACBDB

2. 填空题

(1) 计算机　(2) TCP/IP　(3) 光纤　(4) 32　(5) 254　(6) 主页

(7) 教育　(8) C　(9) 资源共享　(10) 无线网

3. 简答题（略）

项目模块八　计算机新技术及应用

创新实践训练和巩固训练答案

1. 填空题

(1) 物联网　共享　按需求提供

(2) Volume（大量）　Velocity（高速）　Variety（多样）　Value（低价值密度）　Veracity（真实性）

(3) 神经网络　智能体　(4) 全面感知　可靠传输　智能处理

(5) 智能系统覆盖　安全性能高　(6) 网络化协同　个性化定制

(7) AR（Augmented Reality，增强现实）　MR（Mixed Reality，混合现实）

2. 简答题（略）

参考文献

[1] 刘志成，石坤泉．大学计算机基础（微课版）[M]. 3 版．北京：人民邮电出版社，2020.

[2] 赵欢．计算机科学概论 [M]. 3 版．北京：人民邮电出版社，2014.

[3] 董卫军，邢为民，索琦．计算机导论——以计算思维为导向 [M]. 北京：电子工业出版社，2014.

[4] 刘瑞新．计算机组装与维护教程 [M]. 8 版．北京：机械工业出版社，2021.

[5] 冯辉，黄敏，李刚．计算机组装与维护（计算机网络技术专业）[M]. 3 版．北京：高等教育出版社，2021.

[6] 曾陈萍，陈世琼，钟黔川．大学计算机应用基础（WINDOWS 10+WPS OFFICE 2019）（微课版）[M]. 北京：人民邮电出版社，2021.

[7] 教育部考试中心．全国计算机等级考试一级教程——计算机基础及 WPS OFFICE 应用 [M]. 北京：高等教育出版社，2021.

[8] 教育部考试中心．全国计算机等级考试二级教程——WPS OFFICE 高级应用与设计 [M]. 北京：高等教育出版社，2021.

[9] 隋庆茹，刘晓彦，韩智慧．大学计算机基础教程 [M]. 4 版．北京：中国水利水电出版社，2019.

[10] 王良明．云计算通俗讲义 [M]. 3 版．北京：电子工业出版社，2019.

[11] 王伟．云计算原理与实践 [M]. 北京：人民邮电出版社，2018.

[12] 陆平．云计算基础架构及关键应用 [M]. 北京：机械工业出版社，2016.

[13] 谢朝阳．大数据：规划、实施、运维 [M]. 北京：电子工业出版社，2018.

[14] 林泽丰．大数据实践之路 [M]. 北京：电子工业出版社，2019.

[15] 薛志东．大数据技术基础 [M]. 北京：人民邮电出版社，2018.

[16] 鲍军鹏，张选平．人工智能导论 [M]. 北京：机械工业出版社，2020.

[17] Melanie Mitchell. AI 3.0 [M]. 成都：四川科学技术出版社，2021.

[18] 莫小泉．人工智能应用基础 [M]. 北京：电子工业出版社，2021.

[19] David Hanes. 物联网（IoT）基础网络技术+协议+用例 [M]. 北京：人民邮电出版社，2021.

[20] 方娟．物联网应用技术：智能家居 [M]. 北京：人民邮电出版社，2021.

[21] 崔勇．移动互联网：原理、技术与应用 [M]. 北京：机械工业出版社，2017.

[22] 郑凤．移动互联网技术架构及其发展 [M]. 北京：人民邮电出版社，2015.

[23] 唐毅．区块链：技术原理与应用实践［M］. 北京：清华大学出版社，2022.

[24] 杨保华．区块链原理、设计与应用［M］. 2 版．北京：机械工业出版社，2022.

[25] 魏毅寅．工业互联网：技术与实践［M］. 2 版．北京：电子工业出版社，2021.

[26] 曾衍瀚．从零开始掌握工业互联网（理论篇）［M］. 北京：人民邮电出版社，2022.

[27] 吕鉴涛．3D 打印：原理、技术与应用［M］. 北京：人民邮电出版社，2017.

[28] 孙伟．虚拟现实：理论、技术、开发与应用［M］. 北京：清华大学出版社，2019.

[29] 邵伟．Unity 2017 虚拟现实开发标准教程［M］. 北京：人民邮电出版社，2019.